Fundamentos da Moderna Engenharia e Ciência dos Materiais

Fundamentos da Moderna Engenharia e Ciência dos Materiais

James Newell

Rowan University

Tradução e Revisão Técnica

José Roberto Moraes d'Almeida, D.Sc.
Professor da Pontifícia Universidade Católica do Rio de Janeiro – PUC-Rio –
Departamento de Engenharia de Materiais
Professor da Universidade do Estado do Rio de Janeiro – UERJ –
Departamento de Engenharia Mecânica

Imagem da capa: a Nanociência está começando a transformar a nanotecnologia e o desenvolvimento em uma variedade de inovações. Entre sólidos e moléculas é no domínio das propriedades das nanopartículas em que se espera uma diferenciação entre o estado sólido. Na verdade, os materiais em nanoescala com uma dimensão menor do que 100 nm apresentam propriedades extraordinárias, que muitas vezes não são observadas em seus homólogos sólidos clássicos. A origem das alterações drásticas nas propriedades físicas e químicas na dimensão nanométrica é um campo de interesse muito importante. No entanto, a nanociência já nasceu no Velho Mundo.

Na verdade, os nanomateriais são sintetizados em um número bastante grande em animais e bactérias, e têm sido utilizados por mais de dois mil anos como corantes na pintura, porque suas cores diferem em função de seus tamanhos e formas. O domínio das nanociências e das nanotecnologias podem, assim, abrir uma porta para o mundo de dimensões em nanoescala.

Estas novas propriedades físicas e químicas não só satisfazem a curiosidade humana mas também prometem novo avanço na tecnologia. Então, Nanoarte é uma disciplina que pode estar localizada em uma área de investigação para a qual convergem arte, ciência e tecnologia. Os resultados obtidos com as nanoestruturas deram origem à Nanoarte, criada pelos cientistas por meio de produtos químicos e processos físicos. Podem agora ser visualizadas a partir de ferramentas poderosas, como a microscopia de força atômica. Dessa forma, a utilização conjunta dessas e da ciência é capaz de transformar sistemas complexos em formas simples para a compreensão de sua origem; o controle dessas propriedades conduzirá a aplicações inovadoras e tecnologias avançadas. Acima de tudo, a Nanoarte revela aos olhos o lado oculto da natureza, tornando palpável ao racional aquilo que é inatingível ao ser humano.

Edson Longo
Coordenador do Instituto Nacional de Ciência e Tecnologia dos Materiais em Nanotecnologia (INCTMN) e integrante do Projeto Nanoarte, que há três anos produz composições obtidas a partir de nanopartículas.

O autor e a editora empenharam-se para citar adequadamente e dar o devido crédito a todos os detentores dos direitos autorais de qualquer material utilizado neste livro, dispondo-se a possíveis acertos caso, inadvertidamente, a identificação de algum deles tenha sido omitida.

Não é responsabilidade da editora nem do autor a ocorrência de eventuais perdas ou danos a pessoas ou bens que tenham origem no uso desta publicação.

Apesar dos melhores esforços do autor, do tradutor, do editor e dos revisores, é inevitável que surjam erros no texto. Assim, são bem-vindas as comunicações de usuários sobre correções ou sugestões referentes ao conteúdo ou ao nível pedagógico que auxiliem o aprimoramento de edições futuras. Os comentários dos leitores podem ser encaminhados à **LTC — Livros Técnicos e Científicos Editora** pelo e-mail ltc@grupogen.com.br.

ESSENTIALS OF MODERN MATERIALS SCIENCE AND ENGINEERING, FIRST EDITION
Copyright © 2009 John Wiley & Sons, Inc.
All Rights Reserved. This translation is published under license.

Direitos exclusivos para a língua portuguesa
Copyright © 2010 by
LTC — Livros Técnicos e Científicos Editora Ltda.
Uma editora integrante do GEN | Grupo Editorial Nacional

Travessa do Ouvidor, 11
Rio de Janeiro, RJ — CEP 20040-040
Tels.: 21-3543-0770 / 11-5080-0770
Fax: 21-3543-0896
www.grupogen.com.br
www.ltceditora.com.br

Capa:
   Fotografia: Rorivaldo Camargo/Cortesia do Instituto Nacional de Ciências dos Materiais em Nanotecnologia/UNESP-IQ/LIEC, Araraquara-SP.
   Projeto: Janete Cozer

Editoração Eletrônica: *Performa*

CIP-BRASIL. CATALOGAÇÃO-NA-FONTE
SINDICATO NACIONAL DOS EDITORES DE LIVROS, RJ

N448f

Newell, James
Fundamentos da moderna engenharia e ciência dos materiais / James Newell ; tradução e revisão técnica José Roberto Moraes d'Almeida. - [Reimpr.]. - Rio de Janeiro : LTC, 2015.

Tradução de: Essentials of modern materials science and engineering, 1st ed
Apêndices
Inclui índice e glossário
ISBN 978-85-216-1759-4

1. Materiais. I. Título.

10-2756.   CDD: 620.11
                                  CDU: 620.1/.2

Este livro é dedicado à minha filha, Jessica Lauren Newell, cuja admirável paciência e amor perduraram por todas as longas noites e finais de semana em que trabalhei neste livro.

O Dr. Newell nasceu em Turtle Creek, Pensilvânia (um subúrbio de Pittsburgh). Ele recebeu seu bacharelado em Engenharia Química e Biomédica na Carnegie-Mellon University em 1988, seu mestrado em Engenharia Química na Penn State em 1990, e seu doutorado em Engenharia Química na Clemson University em 1994. Sua dissertação foi centrada na conversão de PBO em fibras de carbono, tendo recebido o prêmio Mrozowski da American Carbon Society (Sociedade Americana de Carbono) pelo melhor trabalho de estudante apresentado em 1993. Após terminar seu doutorado, permaneceu na Clemson University por um ano como professor assistente visitante antes de aceitar uma posição na University of North Dakota em 1995. Transferiu-se para a Rowan University como professor associado em 1998, tendo sido promovido a professor pleno em 2004. Em 2007, passou a reitor associado para assuntos acadêmicos.

O Dr. Newell publicou mais de 30 artigos nos periódicos *Chemical Engineering Education*, *High-Performance Polymers*, *Carbon*, *International Journal of Engineering Education*, *Journal of SMET Education*, *Recent Research Development in Applied Polymer Science*, *Journal of Reinforced Plastics and Composites*, *Journal of Applied Polymer Science* e *Advances in Engineering Education*. Foi autor da seção sobre fibras de carbono para a terceira edição da *Encyclopedia of Polymer Science and Technology* e foi coautor de um capítulo sobre a fiação de precursores de fibras de carbono em um livro-texto. Também testemunhou como especialista em um importante processo, movido por uma associação de classe nacional relacionado a falhas em coletes a prova de bala. Seu trabalho tem sido apresentado em conferências internacionais na Espanha, Argentina, Áustria, Inglaterra, Austrália e nos Estados Unidos. Em 2001, recebeu o Prêmio Raymond W. Fahien da *The American Society for Engineering Education* – ASEE (Sociedade Americana para Educação em Engenharia) pelas suas contribuições à educação em engenharia. Em 1997, foi nomeado Dow Outstanding New Faculty Member pela seção Norte/Meio-Oeste da ASEE. Suas atividades atuais de pesquisa incluem análises das relações estrutura-propriedades em compósitos de alto desempenho, melhorias em materiais balísticos e o desenvolvimento de grupos de engenharia metacognitivos.

O Dr. Newell é um grande fã de beisebol, torcendo toda a sua vida pelos Steelers, e é um leitor voraz. Seu livro favorito é *A Prayer for Owen Meany* de John Irving. Gosta de passar seu tempo com sua esposa, Heidi, sua filha Jessica (nascida em 17 de janeiro de 2000) e seus três gatos: Dakota, Bindi e Smudge.

PREFÁCIO

Por que Você Deve Usar Este Livro?

- É *prático e útil*. É nosso objetivo que os estudantes estejam preparados para tomar decisões abalizadas sobre seleção de materiais após completar o curso usando este texto.

- É *equilibrado*. Diversos materiais são apresentados de modo a dar uma visão ampla dos materiais disponíveis para os engenheiros.

- É *ilustrativo*. O uso intensivo de ilustrações ajuda os estudantes a entender melhor os conceitos, do que simplesmente ler sobre eles.

Filosofia

Ensinei ciência dos materiais por 12 anos e por não ter achado um livro que se adequasse ao curso que ministrei e a meus estudantes, desenvolvi este texto sintético, porém mais específico, apropriado para:

- Programas de engenharia (incluindo as engenharias aeroespacial, bio, civil, elétrica, industrial, mecânica e química, além de outras) que oferecem apenas um único curso de ciência dos materiais de um semestre ou de um trimestre.*

- Uma cobertura equilibrada e apropriada de metais, polímeros, compósitos e áreas emergentes de importância, incluindo biomateriais e nanomateriais.

- Foco nas questões fundamentais que importam na seleção e projeto de materiais, incluindo ética, considerações sobre o ciclo de vida e fatores econômicos.

- Formação técnica de estudantes iniciantes e de segundo ano.

- Ensinar a determinar as propriedades dos materiais e a lidar com a variabilidade nas medições, deixando os estudantes preparados tanto para medir as propriedades dos materiais quanto interpretar os dados.

Este livro começa com quatro postulados fundamentais:

- As propriedades de um material são determinadas pela sua estrutura. O processamento pode alterar a estrutura de modos específicos e previsíveis.

- O comportamento dos materiais está baseado na ciência e pode ser entendido.

- As propriedades de todos os materiais mudam ao longo do tempo devido ao emprego e à exposição às condições do ambiente.

- Ao se selecionar um material, ensaios apropriados e em números suficientes devem ser realizados para assegurar que o material permanecerá adequado por toda a vida prevista do produto.

Público-alvo

Este livro destina-se aos estudantes que cursam a partir do segundo ano da graduação, que já possuem noções básicas sobre ligações químicas e estão familiarizados com a tabela periódica. Todavia, permanece voltado para atender a um curso introdutório de materiais, assim não serão abordados temas como equações diferenciais, teoria de percolação, mecânica quântica detalhada, termodinâmica estatística ou outros tópicos avançados.

---

*O autor se refere ao sistema educacional norte-americano. (N.E.)

Foco nos Conceitos Básicos e nos Fundamentos

O livro foi projetado como uma introdução ao campo, não como um guia aprofundado de todo o conhecimento de ciência dos materiais. Em vez de detalhar diversas áreas, fornece os conceitos básicos e fundamentos dos quais os estudantes precisam para entender a ciência dos materiais e tomar decisões justificadas. Um exemplo dessa filosofia é encontrado na seção de ensaio de materiais. Embora existam inúmeras variações nas técnicas de ensaio, o capítulo foca nos princípios de operação e na propriedade a ser medida, em vez de confundir os estudantes com a apresentação de variações e exceções, cuja abrangência está além do conteúdo da maioria dos cursos introdutórios.

Aspectos Econômicos, Meio Ambiente, Ética e Ciclo de Vida

A importância dos aspectos econômicos na tomada de decisão e a consideração de todo o ciclo de vida dos produtos são temas recorrentes no livro e aparecem em exercícios propostos em quase todos os capítulos. Ícones nas margens identificam áreas do livro com esse foco:

$	ASPECTOS ECONÔMICOS		MEIO AMBIENTE
⚖	ÉTICA		ANIMAÇÕES

Pedagogia

ESTILO DE CONVERSAÇÃO

O livro está escrito em linguagem informal, projetado para facilitar o aprendizado do estudante. Quando usei o texto inicialmente em minhas aulas de ciência dos materiais, os comentários entre os estudantes incluíam afirmações como "Eu não preciso lê-lo cinco vezes para começar a entendê-lo".

OBJETIVOS DO APRENDIZADO

Objetivos específicos de aprendizado no início de cada capítulo dão as metas específicas do capítulo. Eles destacam o que o estudante deverá ser capaz de fazer se realmente entendeu o material.

RESUMO DO CAPÍTULO

Um resumo ao final de cada capítulo revisa os objetivos do aprendizado.

PROBLEMAS PROPOSTOS

Os problemas propostos ao final de cada capítulo são uma mistura de questões numéricas (por exemplo, calcule o limite de resistência de uma viga com área de 328 mm^2) e questões qualitativas (por exemplo, compare e oponha as vantagens e desvantagens de restaurações dentárias feitas em compósitos com amálgama) que requerem um entendimento mais profundo e explicações detalhadas, muito mais difíceis de serem copiadas.

Tópicos Abordados e Organização

O primeiro capítulo é uma introdução às classes de materiais e cobre brevemente as questões que impactam na seleção e projeto de materiais (química, sustentabilidade e engenharia verde, aspectos econômicos, e assim por diante). O Capítulo 2 enfoca a estrutura nos materiais (cristalografia) e como defeitos impactam essas estruturas. O Capítulo 3 introduz as propriedades fundamentais dos materiais e os ensaios básicos usados para medir essas propriedades. Os Capítulos 4 a 7 introduzem as classes primárias de materiais, e incluem novos tópicos necessários para entender os fundamentos científicos e considerações sobre aplicações comerciais. O Capítulo 8 enfoca propriedades eletrônicas e ópticas dos materiais. Embora os materiais abordados nesse capítulo sejam metais, polímeros, cerâmicos e compósitos, eles possuem propriedades elétricas e ópticas particulares, que possibilitam aplicações comerciais importantes e, portanto, necessitam de uma explicação separada. O Capítulo 9 lida com a emergente área de materiais biológicos e biomateriais. Esse capítulo introduz o conceito de biocompatibilidade e examina como os biomateriais modernos são usados em substituição ou no aprimoramento das funções dos materiais biológicos.

James Newell

AGRADECIMENTOS

Gostaria de agradecer a um grupo especial de estudantes que participou criticando o texto, os problemas propostos e o conteúdo do livro. Percebi que seria importante solicitar a ajuda dos estudantes no preparo do livro, uma vez que eles eram a razão de todo esse empenho. Fui afortunado por ter um grupo dedicado de estudantes de engenharias civil, elétrica, mecânica e química. Matthew Abdallah, Mike Bell, Dean Dodaro, Donna Johnson, Laura Kuczynski, Sarah Miller, Blanca Ortiz, Kevin foram apreciados. Gostaria também de agradecer os doutores Michael Grady e Will Riddell pelo retorno valioso nas primeiras versões desse manuscrito.

Não existe maneira suficiente de agradecer o extraordinário grupo de profissionais na Wiley. Mark Owens, Elle Wagner, Lauren Sapira e Sujin Hong são um grupo talentoso que nunca se cansou de responder as minhas muitas perguntas e de fornecer ajuda onde fosse necessária. Eu gostaria de agradecer a Joe Hayton, meu primeiro editor, por ajudar na concepção deste livro e a minha nova editora, Jenny Welter, por suas muitas contribuições e ajuda para terminá-lo. Sou inacreditavelmente afortunado por ter trabalhado com dois profissionais tão talentosos e dedicados.

Gostaria de fazer um agradecimento especial a minha esposa, doutora Heidi L. Newell, pela árdua revisão de inúmeros rascunhos do texto e por constantemente me lembrar que eu estava escrevendo para estudantes de graduação.

Finalmente, agradeço aos seguintes revisores:

Marwan Al-Haik, *University of New Mexico*

Philip J. Guichelaar, *Western Michigan University*

Oscar Perales-Perez, *University of Puerto Rico*

Jud Ready, *Georgia Institute of Technology*

John R. Schlup, *Kansas State University*

Chad Ulven, *North Dakota State University*

James Newell

Material Suplementar

Este livro conta com os seguintes materiais suplementares:

- Animações em inglês que apresentam algumas das ideias-chave apresentadas no livro-texto para maior entendimento dos assuntos abordados (acesso livre);

- Ilustrações da obra em formato de apresentação (acesso restrito a docentes);

- PowerPoint Lecture Slides arquivos em (.ppt) com apresentações em inglês para uso em sala de aula (acesso restrito a docentes);

- Instructor Solutions Manual, arquivos em formato (.pdf) que contêm manual de soluções dos problemas propostos no livro-texto em inglês (acesso restrito a docentes).

O acesso ao material suplementar é gratuito, bastando que o leitor se cadastre em: http://gen-io.grupogen.com.br.

GEN-IO (GEN | Informação Online) é o repositório de materiais suplementares e de serviços relacionados com livros publicados pelo GEN | Grupo Editorial Nacional, maior conglomerado brasileiro de editoras do ramo científico-técnico-profissional, composto por Guanabara Koogan, Santos, Roca, AC Farmacêutica, Forense, Método, Atlas, LTC, E.P.U. e Forense Universitária. Os materiais suplementares ficam disponíveis para acesso durante a vigência das edições atuais dos livros a que eles correspondem.

SUMÁRIO GERAL

SUMÁRIO

3 Medição das Propriedades Mecânicas 56

Metais   88

Polímeros   126

Cerâmicas e Materiais à Base de Carbono   162

Biomateriais e Materiais Biológicos 234

LISTA DE ANIMAÇÕES

Ideias-chave que são mais bem representadas eletronicamente, em vez de em uma representação 2-D de um livro-texto, foram desenvolvidas como animações.

Neste livro, esse ícone 🎞 identifica as animações que estão disponíveis para maior entendimento do tópico em discussão. Visite o site da LTC Editora em www.ltceditora.com.br para acessar essas animações.

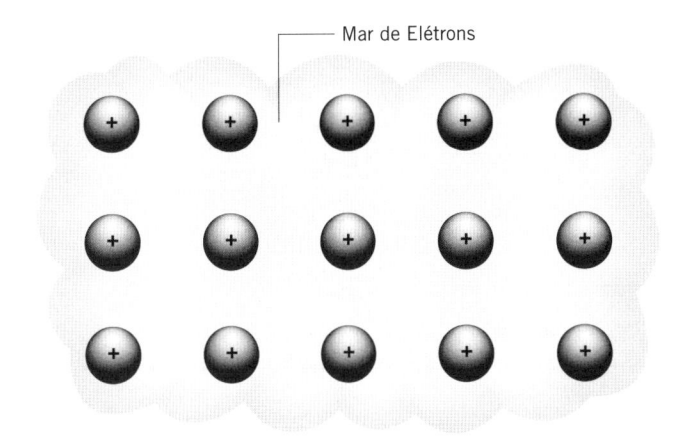

1. Figura 1-16 Representação Esquemática da Nuvem Eletrônica sem Posição Fixa nos Metais

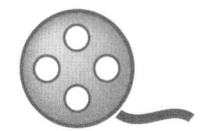

2. Nucleação Homogênea Acarretando o Crescimento de Grão (*Capítulo 2*)
3. Nucleação Heterogênea Acarretando o Crescimento de Grão (*Capítulo 2*)

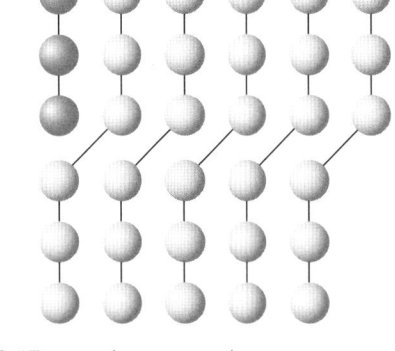

5. Figura 2-17 Discordância em Hélice

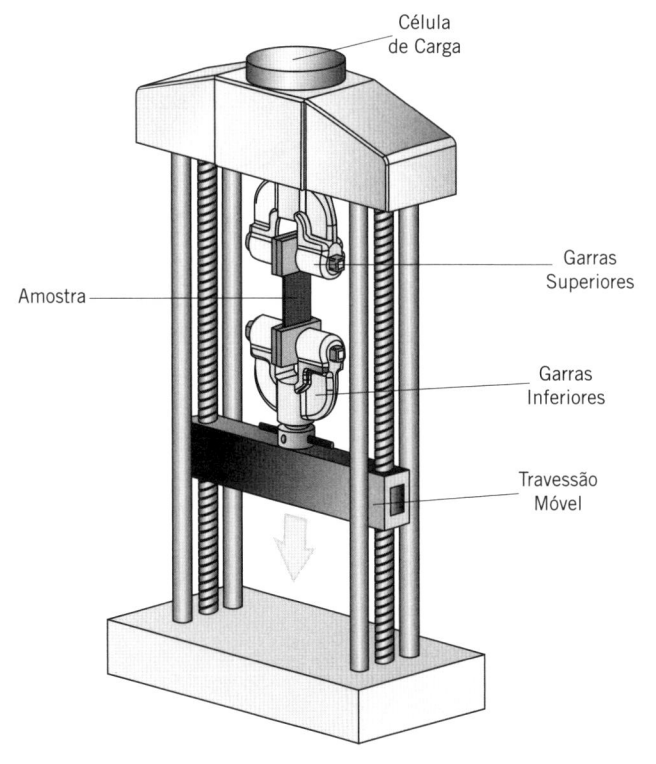

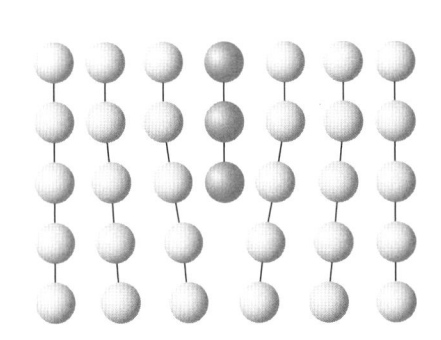

4. Figura 2-16 Discordância em Aresta

6. Figura 3-1 Equipamento Esquemático de Ensaio de Tração

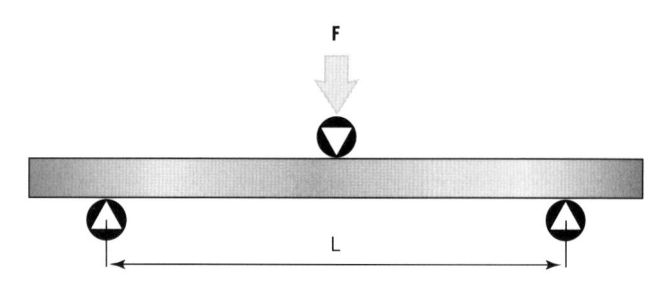

7. FIGURA 3-6 Ensaio de Flexão em Três Pontos

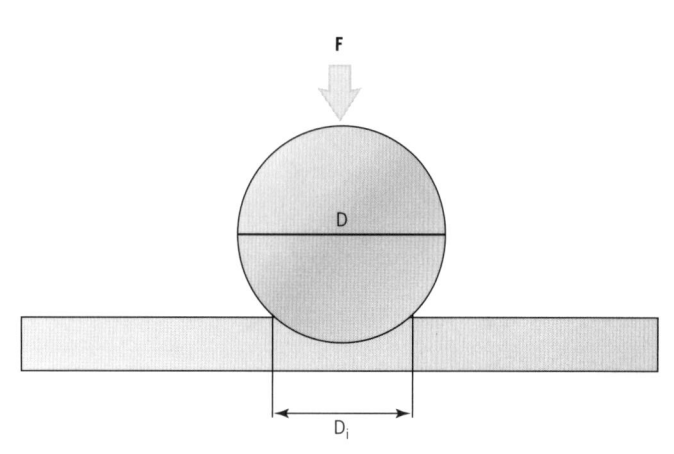

8. FIGURA 3-7 Esquema de um Ensaio Brinell

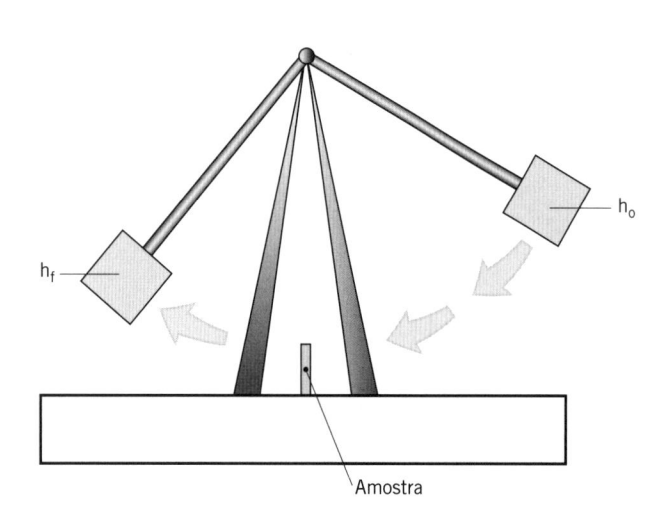

9. FIGURA 3-12 Esquema de um Sistema de Ensaio de Impacto Charpy

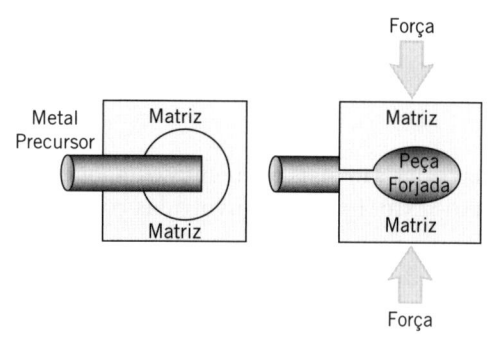

10. TABELA 4-1 Operações de Conformação: Forjamento

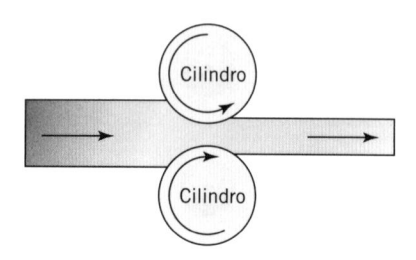

11. TABELA 4-1 Operações de Conformação: Laminação

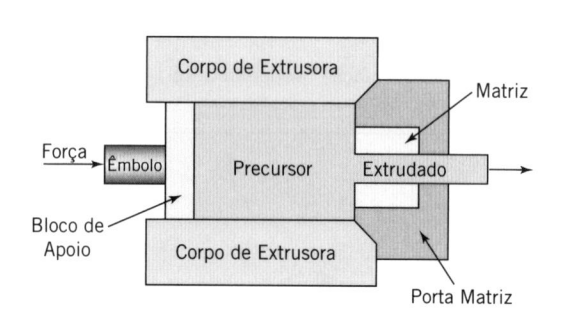

12. TABELA 4-1 Operações de Conformação: Extrusão

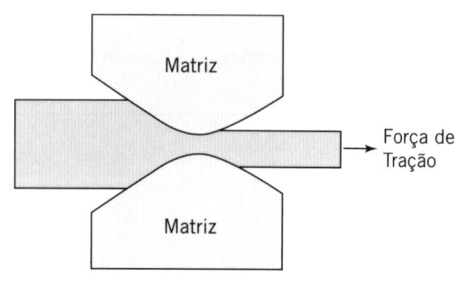

13. TABELA 4-1 Operações de Conformação: Trefilação

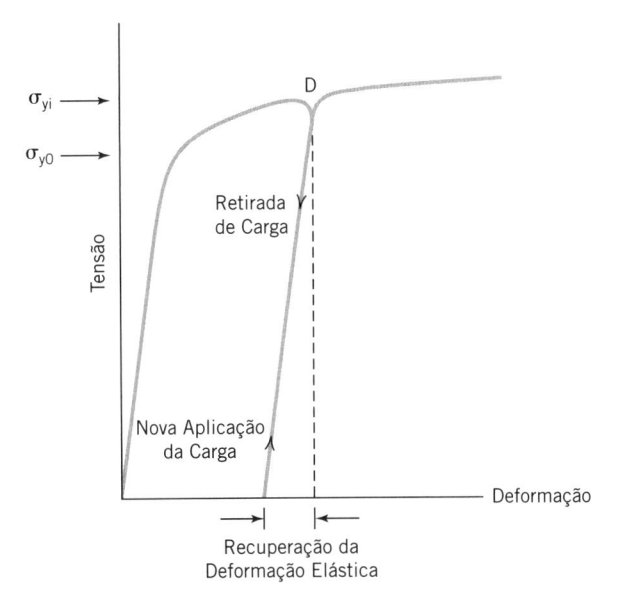

14. FIGURA 4-1 Influência do Endurecimento por Deformação (Trabalho a Frio) sobre o Limite de Escoamento

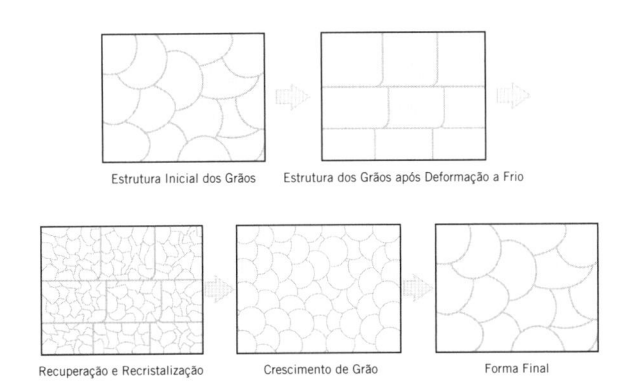

15. FIGURA 4-2 Recuperação, Recristalização e Crescimento de Grão

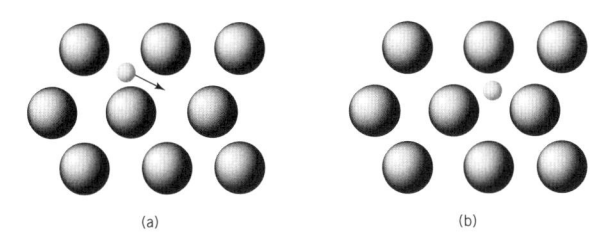

16. FIGURA 4-6 Difusão de um Intersticial de Sua Posição Inicial (a) para Sua Posição Final (b)

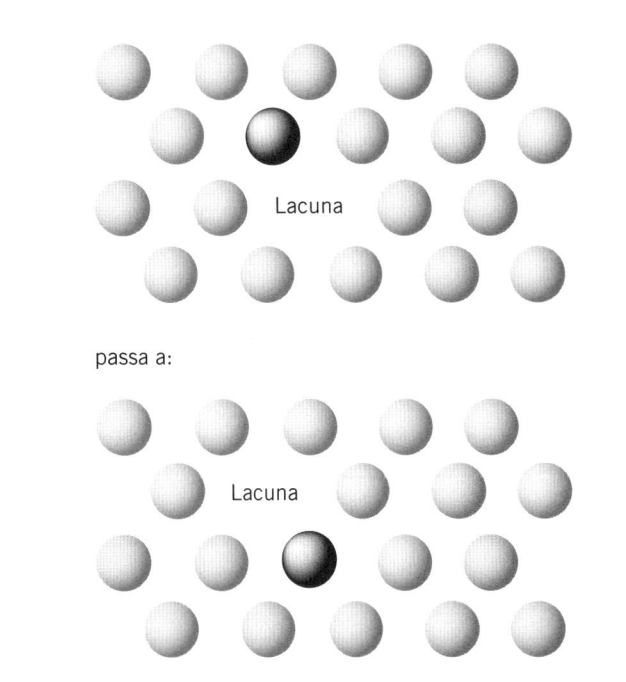

17. FIGURA 4-7 Difusão de Lacunas em Metais

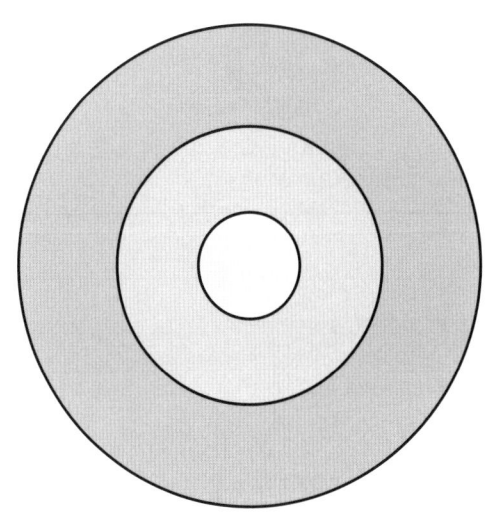

18. FIGURA 4-9 Segregação em uma Liga Cobre-Níquel (A concentração de níquel decresce do centro para a borda.)

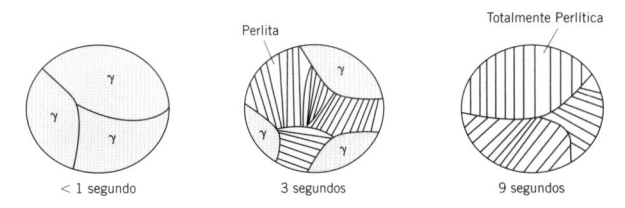

19. FIGURA 4-22 Transformação da Austenita Eutetoide em Perlita a 600°C

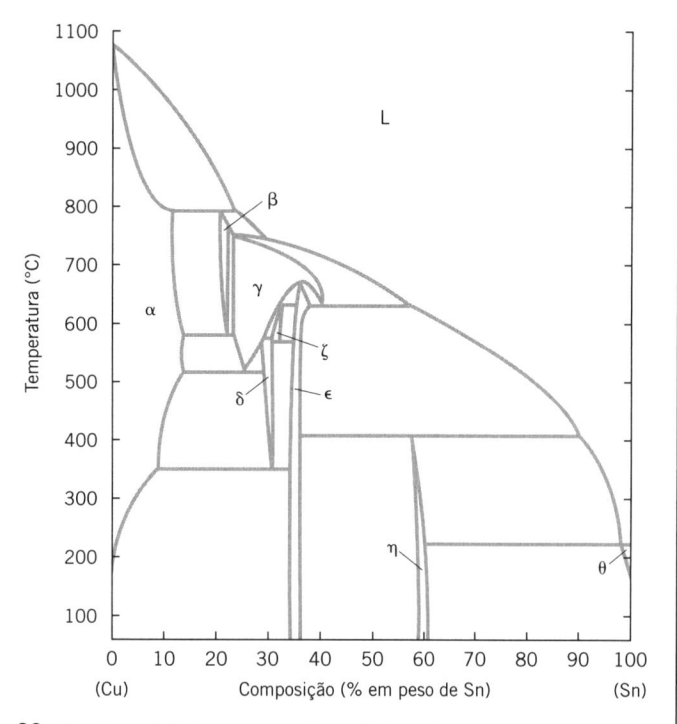

20. FIGURA 4-28 Diagrama de Fases Cobre-Estanho

21. Movimentação em um Polímero Próximo a Temperatura de Transição Vítrea (*Capítulo 5*)

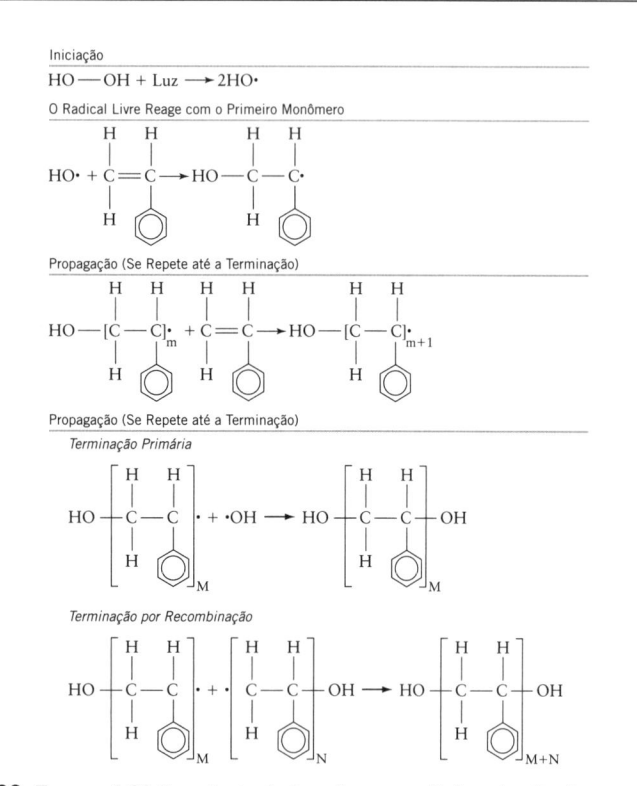

22. FIGURA 5-22 Sequência de Reações para a Polimerização de Adição do Estireno

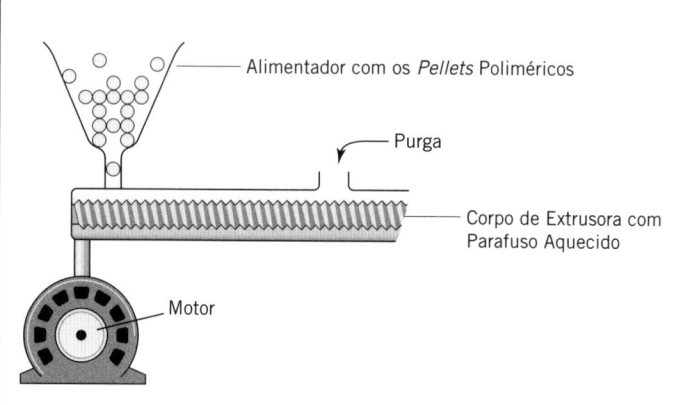

23. FIGURA 5-25 Polimerização de Condensação do PET

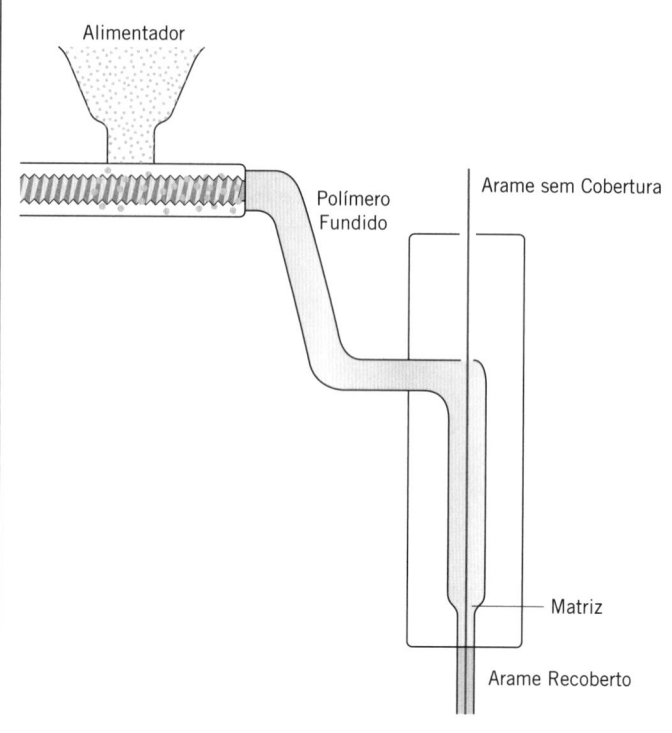

24. FIGURA 5-34 Esquema de uma Extrusora

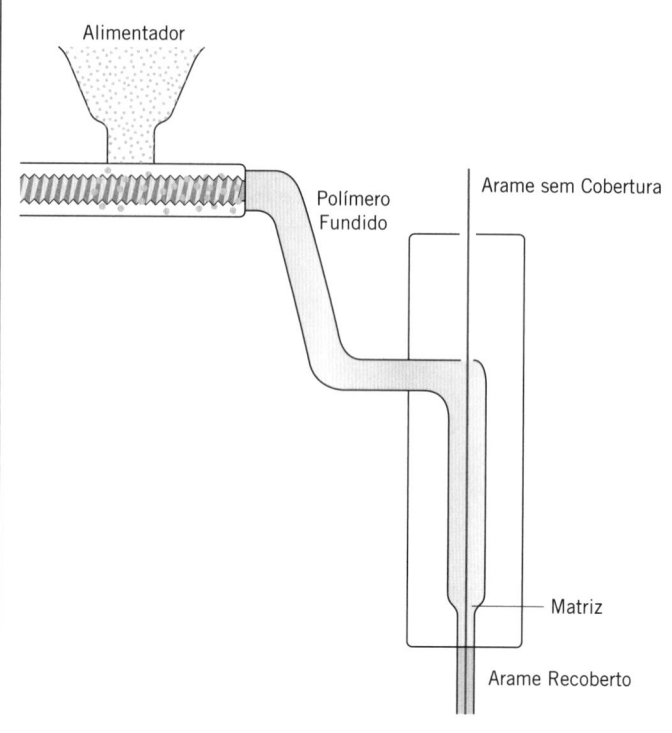

25. FIGURA 5-35 Cobertura de um Arame

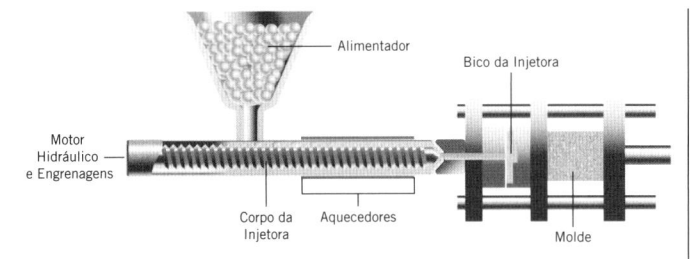

26. FIGURA 5-39 Equipamento de Moldagem por Injeção

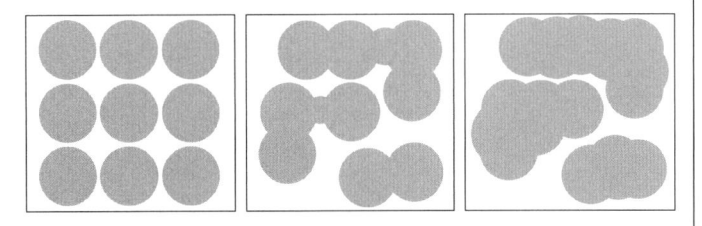

27. FIGURA 6-10 Mudanças Microestruturais Resultantes da Sinterização

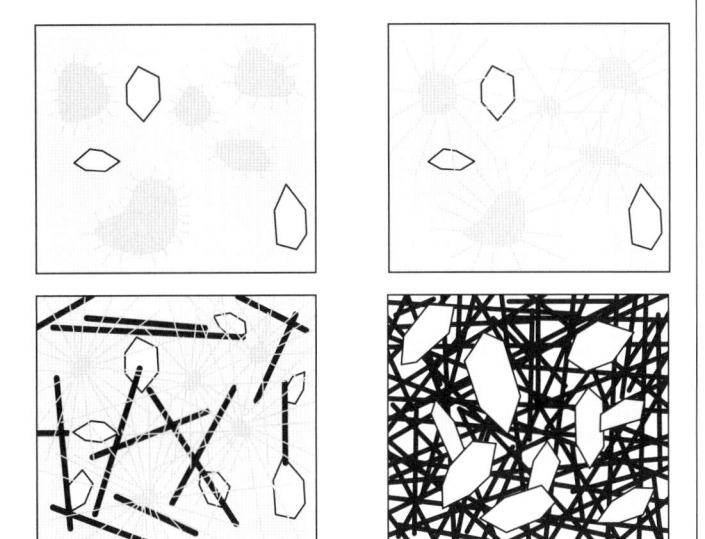

28. FIGURA 6-17 Microestruturas das Pastas Endurecidas de Cimento

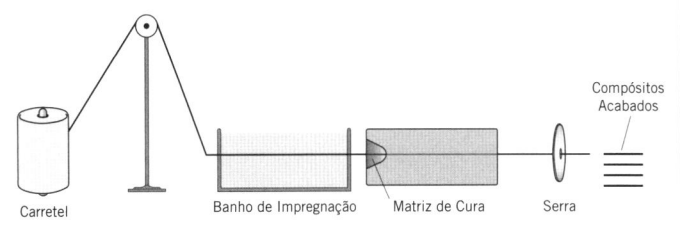

29. FIGURA 7-2 Processo de Pultrusão

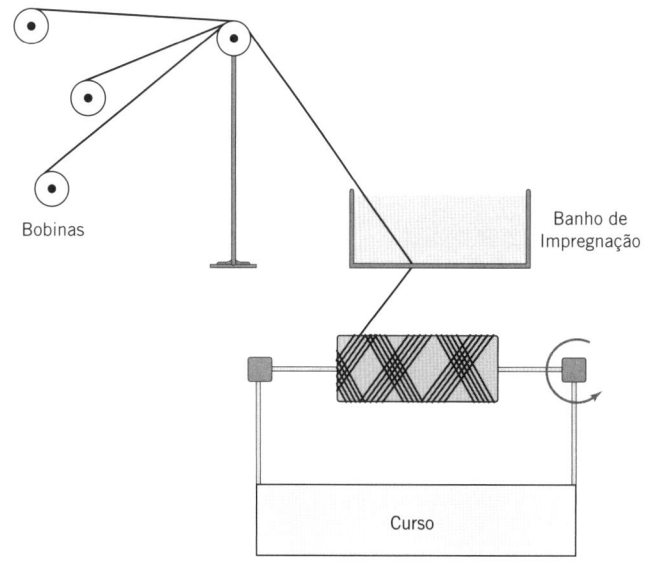

30. FIGURA 7-3 Enrolamento Filamentar por Via Úmida

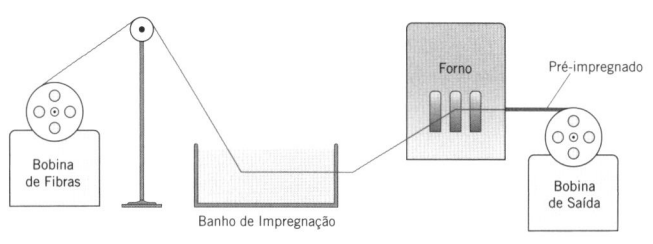

31. FIGURA 7-5 Processo de Fabricação de Pré-Impregnados

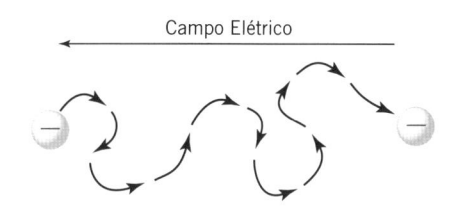

32. FIGURA 8-3 Espalhamento dos Elétrons nos Metais

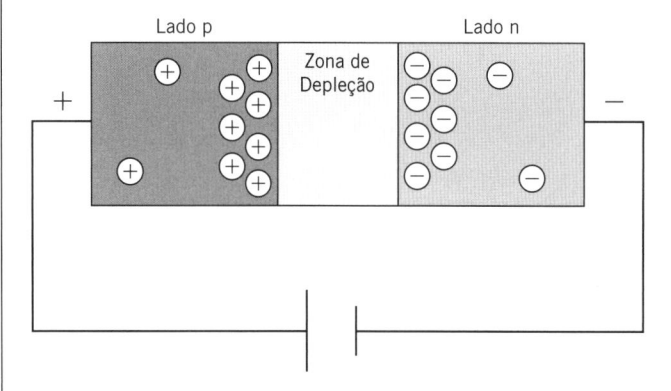

33. FIGURA 8-10 Fluxo para a Frente em uma Junção p-n

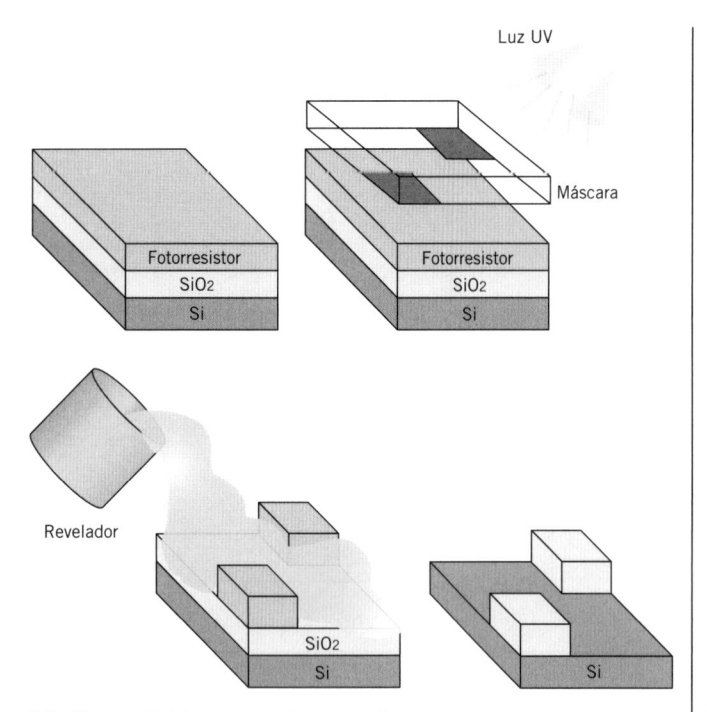

34. FIGURA 8-14 Esquema da Litografia por Fotorresistor

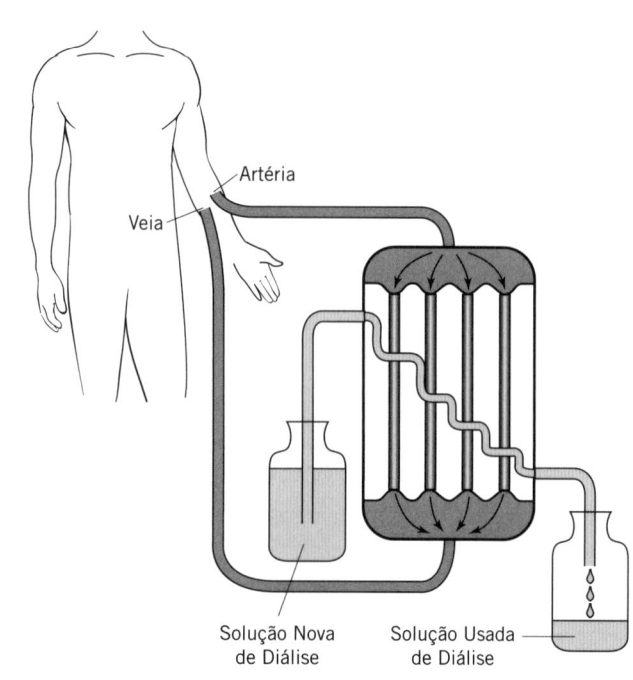

35. FIGURA 9-12 Esquema da Hemodiálise

Fundamentos da Moderna Engenharia e Ciência dos Materiais

1 Introdução

SUMÁRIO

Objetivos do Aprendizado

Ao final deste capítulo, um estudante deve ser capaz de:

- Explicar por que se deve estudar ciência dos materiais.
- Avaliar as propriedades desejadas para aplicações específicas.
- Explicar o emprego e as limitações de avaliações heurísticas, tais como os diagramas de Ashby.
- Descrever o papel dos aspectos econômicos na seleção de materiais.
- Explicar o significado dos quatro números quânticos.
- Distinguir entre ligações primárias e secundárias.
- Explicar as diferenças entre as ligações iônica, metálica e covalente e, dados quaisquer dois átomos, determinar que tipo de ligação estará presente (se suas eletronegatividades forem conhecidas).
- Explicar o conceito físico para as forças entre dipolos, a ligação de hidrogênio e as forças de Van Der Waals.
- Analisar a sustentabilidade de materiais e o impacto da engenharia verde na tomada de decisões.
- Descrever as propriedades fundamentais das principais classes de materiais.

Por que Estudar Ciência dos Materiais?

1.1 REVISÃO DE CIÊNCIA DOS MATERIAIS

O objetivo de toda a ciência dos materiais é permitir que cientistas e engenheiros façam escolhas embasadas em relação ao projeto, seleção e uso de materiais para aplicações específicas. Quatro doutrinas fundamentais guiam o estudo da ciência dos materiais:

1. Os princípios que governam o comportamento dos materiais são baseados na ciência e são compreensíveis.
2. As propriedades de um dado material são determinadas por sua estrutura. O processamento pode modificar a estrutura de maneiras específicas e previsíveis.
3. As propriedades de todos os materiais variam ao longo do tempo devido ao uso e à exposição às condições ambientais.
4. Ao se selecionar um material para uma aplicação específica devem ser realizados testes apropriados e em número suficiente, para garantir que o material permanecerá apto à aplicação desejada por toda a vida esperada do produto.

Um cientista ou um engenheiro de materiais deve:

- Entender as propriedades associadas com as várias classes de materiais.
- Conhecer por que essas propriedades existem e como elas podem ser alteradas para tornar um material mais apropriado para uma determinada aplicação.
- Ser capaz de medir propriedades importantes dos materiais e avaliar como essas propriedades irão afetar o desempenho.
- Avaliar as considerações econômicas que, em última análise, governam a maioria das questões relacionadas aos materiais.
- Considerar os efeitos de longa duração sobre o meio ambiente ao usar um material.

Que Questões Impactam a Seleção e o Projeto de Materiais?

Se você está prestes a substituir um sistema de tubulação de cobre, como você vai decidir se o substitui novamente por cobre, por aço inoxidável, por PVC ou por algo totalmente diferente? O que você vai fazer com a tubulação de cobre que está sendo removida? Ela pode ser reutilizada em outro local na planta industrial? Ela pode ser vendida para um centro de reciclagem ou para outra planta industrial? Ela terá que ser disposta em um aterro sanitário? As melhores respostas para essas questões dependem de um conjunto das propriedades físicas e químicas inerentes do material. Em última análise, as decisões serão ditadas pelo conhecimento dessas propriedades, pelo responsável pela tomada de decisões e por fatores econômicos.

1.2 CONSIDERAÇÕES SOBRE AS PROPRIEDADES PARA APLICAÇÕES ESPECÍFICAS

Para se tomar uma decisão embasada no projeto ou na seleção de um material, deve-se primeiramente conhecer quais propriedades são importantes para a aplicação específica, compreendendo que a lista das propriedades desejadas pode se tornar mais longa e mais complicada à medida que as necessidades do produto evoluem. Por exemplo, antes de 1919, a maioria dos automóveis não tinha para-brisas, o que deixava os motoristas vulneráveis à chuva, borrifos de lama e a objetos atirados da estrada. Ao se selecionar um material para se desenvolver para-brisas, os projetistas de carros provavelmente montaram uma lista de propriedades desejáveis, que se assemelhava a essa:

1. Ele deve ser transparente. Obviamente, um para-brisa que não permita que se observe através dele seria de pouco valor prático.
2. Ele deve ser impermeável à água. De outro modo, o carro não poderia ser dirigido na chuva.
3. Ele deve ser tenaz o suficiente para resistir à quebra devido a pequenos impactos (pedriscos, granizo etc.).
4. Ele deve ser suficientemente barato para não alterar, de modo significativo, o preço do carro.
5. Ele deve suportar várias temperaturas, desde poucos graus abaixo de zero no inverno (mais do que isso em Dakota do Norte) até 100° Farenheit (37°C) no verão.

A maioria das pessoas teria pouca dificuldade em gerar essa lista e, provavelmente, seria capaz de identificar uma resposta simples: vidro. Por volta de 1929, aproximadamente 90% dos automóveis eram envidraçados. Infelizmente, a lista de perguntas acima não estava nem um pouco completa e os primeiros para-brisas tinham muitos problemas. Se você já tentou alguma vez deixar cair uma moeda sobre o vidro no fundo de um aquário, você sabe que o vidro refrata a luz, distorcendo a posição aparente dos objetos. Esse problema era tão importante para os motoristas, que alguns para-brisas terminavam abaixo do nível dos olhos, de modo que os motoristas podiam olhar por sobre o vidro. Outros vinham em duas partes, de modo que os motoristas podiam abrir a parte de cima para olhar para fora. O modelo Franklin, de 1920, mostrado na Figura 1-1 tem um para-brisa em duas partes e não tem janelas laterais de vidro.

Em 1928, a Pittsburgh Plate Glass (atualmente Indústrias PPG) desenvolveu o *processo Pittsburgh*, que tornou os para-brisas mais baratos e reduziu dramaticamente a distorção. Esse processo resultou do trabalho de grupos de cientistas e engenheiros de materiais aplicando seus conhecimentos sobre refração e sobre a estrutura do vidro, para projetar um novo produto que poderia reduzir ou eliminar o problema inicial.

| *Processo Pittsburgh* | Processo de fabricação de vidro desenvolvido em 1928 para reduzir tanto o custo quanto à distorção.

Se todos dirigissem sempre com segurança, o vidro comum teria sido uma resposta boa o suficiente. Infelizmente, o vidro tende a estilhaçar em fragmentos pontiagudos sob impacto. Motoristas foram, com frequência, cortados por esses fragmentos durante acidentes ou, pior, foram ejetados através dos para-brisas. Os engenheiros resolveram esse problema criando vidros laminados, nos quais camadas de filmes foram colocadas entre lâminas finas de vidro, como mostrado na Figura 1-2. Esse vidro, denominado vidro de segurança, reduziu tanto os cortes quanto a ejeção de passageiros. Por volta de 1966, os vidros de segurança foram exigidos em todos os carros fabricados nos Estados Unidos.

Cientistas e engenheiros continuaram a lutar para melhorar a tenacidade e a qualidade do vidro, mas os fabricantes de carros lhes deram novas listas de propriedades desejáveis. Por exemplo, os projetistas de carros requisitaram painéis curvos de vidro para os para-brisas e vidros laterais para aumentar tanto a aerodinâmica quanto o apelo visual dos carros. Até 1934, o vidro era produzido em placas planas. Para-brisas curvos apareceram pela primeira vez em 1934, mas não foi até o final da década de 1950 que foi desenvolvido um processo para tornar viável janelas laterais curvas, que eram menores e tinham formas menos uniformes do que os para-brisas. Melhoramentos modernos incluem o vidro de segurança temperado, que quebra em fragmentos lisos, reduzindo os ferimentos, bem como colorações, que permitem aos motoristas ver, mas reduzem o ofuscamento e fornecem alguma privacidade, como no carro mostrado na Figura 1-3.

Para cada melhoria a ser realizada, os cientistas e engenheiros precisam entender que características do vidro causam as propriedades desejadas e indesejadas e como alterar a estrutura do material para melhorar sua aplicabilidade ao produto. Desenvolver esse raciocínio é o cerne da ciência dos materiais. Descubra a necessidade, selecione o material apropriado e use o seu conhecimento desse material para alterar suas propriedades, para se adaptar às necessidades da aplicação específica. Propriedades essas que serão diferentes daquelas para outras aplicações e que podem variar ao longo do tempo.

Vamos considerar outro exemplo mais moderno. O ônibus espacial, mostrado na Figura 1-4, usa um sistema de proteção térmica elaborado, para proteger os astronautas em seu interior do calor da reentrada na atmosfera terrestre. Quando consideramos os materiais para

Figura 1-1 O Modelo Franklin 1920, com um Para-brisa Dividido em Duas Partes

Cortesia de James Newell

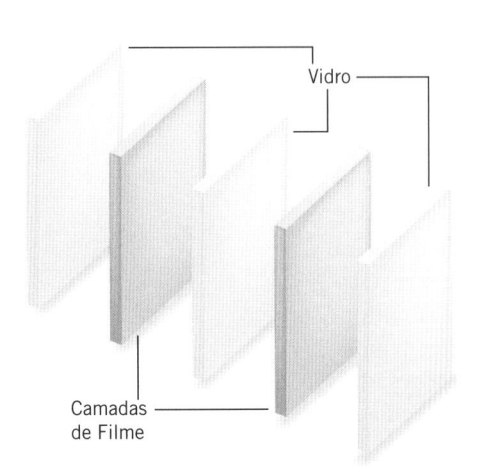

Vidro

Camadas de Filme

Figura 1-2 Representação Esquemática do Vidro de Segurança para Para-brisas

Figura 1-3 Para-brisa Curvo e com Cor em um Moderno Acura

Cortesia de James Newell

os para-brisas, observamos que eles devem manter suas propriedades por uma faixa de temperatura um pouco maior do que 100°F (37°C). Durante a reentrada, o ônibus espacial atinge uma velocidade tão alta quanto 17.000 milhas por hora (27.350 km por hora). Os materiais na parte externa do ônibus espacial passam, rapidamente, de temperaturas no espaço, próximas ao zero absoluto, para temperaturas tão elevadas quanto 3000°F (1650°C).

Tijolos pretos, de cerâmica altamente avançada à base de sílica, cobrem a maior área da parte de baixo do ônibus espacial e são complementados por uma cobertura isolante e uma segunda camada de tijolos cerâmicos brancos. Esses materiais fornecem um excelente isolamento e são leves, mas não podem lidar sozinhos com todo o processo de proteção. O nariz do ônibus espacial e o bordo de ataque das asas sofrem o maior aquecimento durante a reentrada. Para essas áreas, compósitos carbono-carbono, altamente especializados, são usados devido a sua habilidade única de conduzir em uma direção e isolar em outra. Esses escudos de compósito isolam a cabine do calor, ao mesmo tempo em que conduzem o calor para longe dos bordos de ataque do ônibus espacial.

Esse sistema de proteção térmica levou anos para ser desenvolvido e os cientistas tentam aprimorá-lo continuamente. Alguns pesquisadores têm examinado o uso de tijolos metálicos especiais, mas seu maior peso tem limitado sua aplicação. Outros cientistas continuam a examinar combinações de cerâmicas avançadas para aprimorar o sistema atual.

Quer lidando com algo tão comum quanto um para-brisa, ou lidando com algo tão pouco comum como o ônibus espacial, o papel dos cientistas e dos engenheiros de materiais é fundamentalmente o mesmo. Eles examinam as propriedades requeridas para uma aplicação, selecionam o melhor material disponível e usam seus conhecimentos sobre a estrutura e sobre o processamento dos materiais para fazer aprimoramentos, conforme for necessário. Os desafios específicos variam com a aplicação. O peso é um fator mais importante do que o custo para um ônibus espacial, o qual deve escapar da força de gravidade da Terra, mas é menos importante para um automóvel, que deve permanecer barato o bastante para que a maioria das pessoas possa comprá-lo. O descarte e/ou a reciclagem são questões menos importantes para os ônibus espaciais, pois existem poucos deles. Esses fatores se tornam importantes quando se consideram os milhões de carros existentes atualmente.

A gama de materiais disponíveis é enorme e não é prático realizar uma análise detalhada de cada possível material para cada aplicação. Em vez disso, engenheiros e cientistas aplicam seus conhecimentos sobre as classes de materiais, junto com diretivas simples, ou heurísticas, para ajudar a estreitar a procura pelos melhores materiais para aplicações específicas. *Diagramas de Ashby*, como o mostrado na Figura 1-5, fornecem uma maneira rápida e simples de olhar

| *Diagramas de Ashby* |
Procedimento usado para fornecer de modo rápido e simples uma visualização de como as diferentes classes de materiais tendem a se desempenhar em termos de determinadas propriedades.

FIGURA 1-4 O Ônibus Espacial

Imagem da Nasa

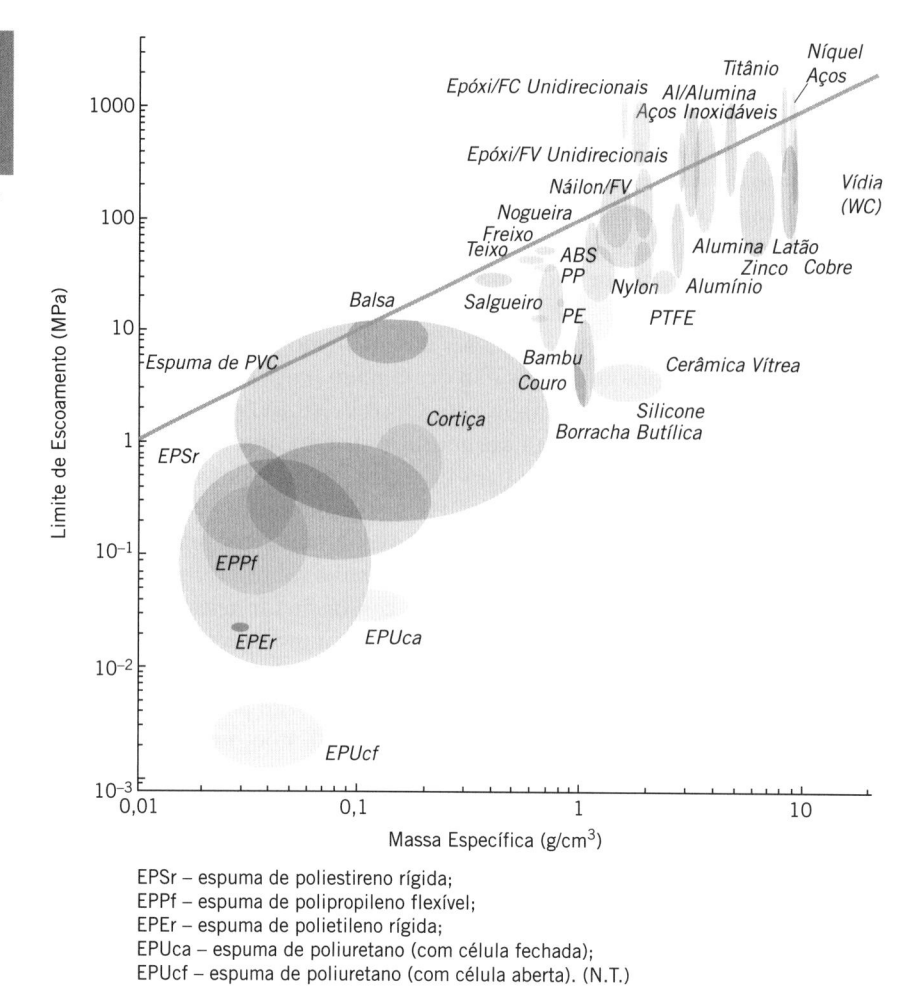

FIGURA 1-5 Diagrama de Ashby Relacionando a Massa Específica e o Limite de Escoamento para Várias Classes de Materiais

De M.Ashby e K. Johnson, Materials and Design: The Art and Science of Material Selection in Product Design. Copyright © 2002 por Elsevier Butterworth-Heinemann. Reimpresso com permissão de Elsevier Butterworth-Heinemann.

EPSr – espuma de poliestireno rígida;
EPPf – espuma de polipropileno flexível;
EPEr – espuma de polietileno rígida;
EPUca – espuma de poliuretano (com célula fechada);
EPUcf – espuma de poliuretano (com célula aberta). (N.T.)

como as diferentes classes de materiais tendem a se comportar em relação a determinadas propriedades. Como uma regra simples para conduzir a procura pelo material apropriado, esses diagramas podem se mostrar valiosos, mas eles têm limitações. Os diagramas de Ashby não dão qualquer ideia do porquê uma classe específica de materiais suplanta outra em uma determinada área, nem fornecem qualquer indicação de como selecionar entre a larga faixa de materiais dentro de uma determinada categoria, ou dão sugestões sobre como otimizar o desempenho de um determinado material. Esses diagramas são ferramentas úteis para direcionar uma pesquisa, mas não podem substituir o julgamento de um engenheiro ou de um cientista treinado em ciência dos materiais.

A maior parte do restante deste livro enfoca:

- As classes de materiais, a partir das quais um material pode ser selecionado para uma aplicação
- Explicações das propriedades que influenciam o comportamento desses materiais e de como medi-las
- Análises das estruturas em materiais, as quais controlam essas propriedades
- Análise das estratégias de processamento, que podem alterar essas estruturas e propriedades

1.3 | O IMPACTO DAS LIGAÇÕES NAS PROPRIEDADES DOS MATERIAIS

| **Modelo de Bohr** |
Representação clássica da estrutura atômica, na qual os elétrons orbitam o núcleo positivamente carregado, em níveis de energia distintos.

As propriedades dos materiais são, em última análise, determinadas pelos tipos de átomos presentes, por suas orientações relativas e pela natureza das ligações entre eles. Uma revisão dos princípios químicos básicos é necessária para discutir o papel das ligações. O **Modelo de Bohr**, mostrado na Figura 1-6, representa um átomo com um nú-

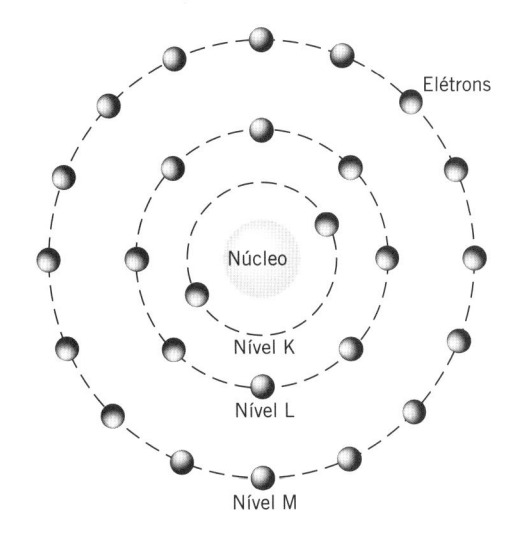

FIGURA 1-6 Modelo de Bohr para um Átomo

Os elétrons circundam o núcleo em níveis discretos de energia. Para um elétron trocar de nível de energia, ele deve ou ganhar ou perder quantidades de energia específicas.

Elétrons

Núcleo

Nível K

Nível L

Nível M

cleo positivamente carregado no centro e com elétrons que o orbitam em diferentes níveis de energia. Embora seja conveniente representar os elétrons como partículas, eles possuem tanto propriedades de partículas quanto de ondas. Assim, é mais conveniente pensar em um elétron como uma "nuvem eletrônica", na qual o elétron estará presente em diferentes locais da nuvem, em diferentes momentos.

O preenchimento desses níveis de energia, ou *orbitais*, com elétrons segue regras bem específicas, governadas por uma ciência denominada *mecânica quântica*. Essas regras, apresentadas pela primeira vez por Erwin Schroedinger na década de 1920, permitem caracterizar a energia de um dado elétron, a forma da sua nuvem eletrônica, a orientação da nuvem no espaço e a rotação do elétron, por quatro números denominados *números quânticos*.

O *número quântico principal* (n) determina a energia do elétron. O orbital mais interno tem um número quântico principal igual a 1, o orbital seguinte 2 e assim por diante. A Figura 1-6 mostra esquematicamente esses orbitais. Muito comumente, são atribuídas letras para representar os orbitais individuais. Nesses casos, K corresponde a n = 1, L a n = 2, e assim por diante.

O *número quântico secundário* (λ) determina a forma geral da nuvem eletrônica. Alguns dos níveis de energia no modelo de Bohr se subdividem em subníveis, com energias ligeiramente diferentes entre si e com formas bem diferentes. Em um enésimo nível, existem n possíveis subníveis. Conforme mostra a Figura 1-7, existe apenas um orbital possível para a camada que tem n = 1, mas existem dois subníveis quando n = 2, e três para n = 3. O primeiro subnível (λ = 0) é denominado um subnível s; o segundo (λ = 1) é denominado subnível p. A Figura 1-7 resume a nomenclatura e os níveis de energia.

O *número quântico terciário* (m_λ) indica como a nuvem eletrônica está orientada no espaço e pode assumir qualquer valor inteiro (incluindo 0) desde $-\lambda$ até $+\lambda$. Assim sendo, um subnível s pode ter apenas m_λ = 0, enquanto um subnível p pode ter valores de -1, 0 ou $+1$ para m_λ. As formas das nuvens eletrônicas variam com o subnível no qual os elétrons estão localizados. As nuvens nos subníveis s são esféricas, enquanto aquelas dos subníveis p assumem formas em halteres, como as mostradas na Figura 1-8.

O *quarto número quântico* (M_s) representa a *rotação (spin)* do elétron. A rotação é um conceito teórico, derivado da complexa mecânica quântica, e permite que os elétrons dentro dos subníveis sejam individualmente distinguidos entre si. O quarto número quântico não tem relação com os outros números quânticos e pode ter apenas dois possíveis valores:

$$M_s = +\frac{1}{2} \text{ ou } -\frac{1}{2}. \tag{1.1}$$

Elétrons com o mesmo valor de M_s têm *spins paralelos*, enquanto aqueles com valores opostos têm *spins antiparalelos*.

Os quatro números quânticos permitem que cada elétron em um átomo seja caracterizado de forma única. Em 1925, Wolfgang Pauli mostrou que dois elétrons pertencentes a um áto-

| *Orbitais* | Níveis de energia discretos, nos quais os elétrons giram em torno do núcleo de um átomo.

| *Mecânica Quântica* | A ciência que governa o comportamento de partículas extremamente pequenas, como os elétrons.

| *Números Quânticos* | Quatro números usados para classificar individualmente os elétrons, em função das suas energias, da forma da nuvem eletrônica, da orientação da nuvem e da rotação.

| *Número Quântico Principal* | Número que descreve a camada principal, na qual está localizado o elétron.

| *Número Quântico Secundário* | Número que descreve a forma da nuvem eletrônica.

| *Número Quântico Terciário* | Número que representa a orientação da nuvem eletrônica.

| *Quarto Número Quântico* | Número que representa a rotação de um elétron.

| *Rotação (Spin)* | Um conceito teórico, que permite que os elétrons dentro dos subníveis sejam individualmente distinguidos entre si.

| *Spins Paralelos* | Elétrons com o mesmo valor do quarto número quântico.

| *Spins Antiparalelos* | Elétrons com valores diferentes do quarto número quântico.

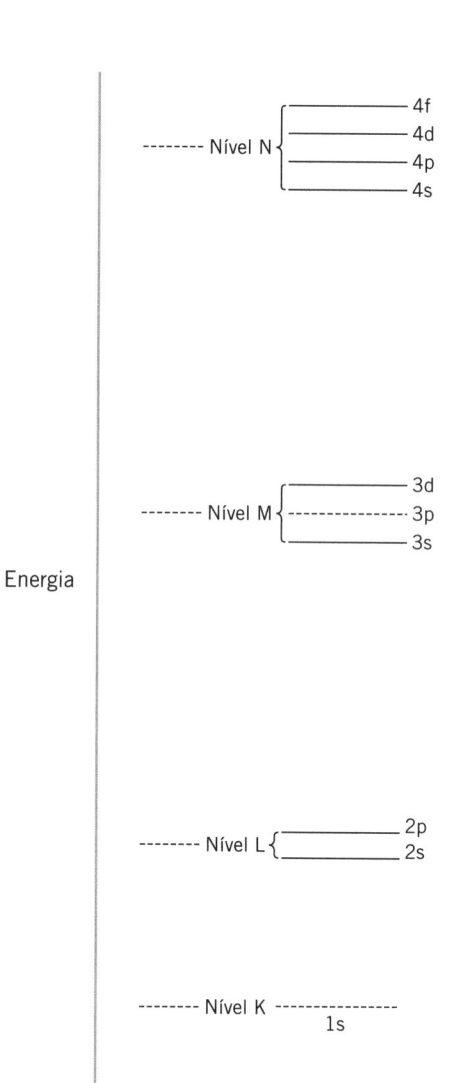

Energia

------- Nível N {
 4f
 4d
 4p
 4s

------- Nível M {
 3d
 ------------- 3p
 3s

------- Nível L {
 2p
 2s

------- Nível K ---------------
 1s

Designação dos Suborbitais

n	1	2	3	4
Designação do Número Quântico Principal	K	L	M	N
l	0	0 1	0 1 2	0 1 2 3
Designação dos Suborbitais	1s	2s 2p	3s 3p 3d	4s 4p 4d 4f

Figura 1-7 Designações dos Suborbitais

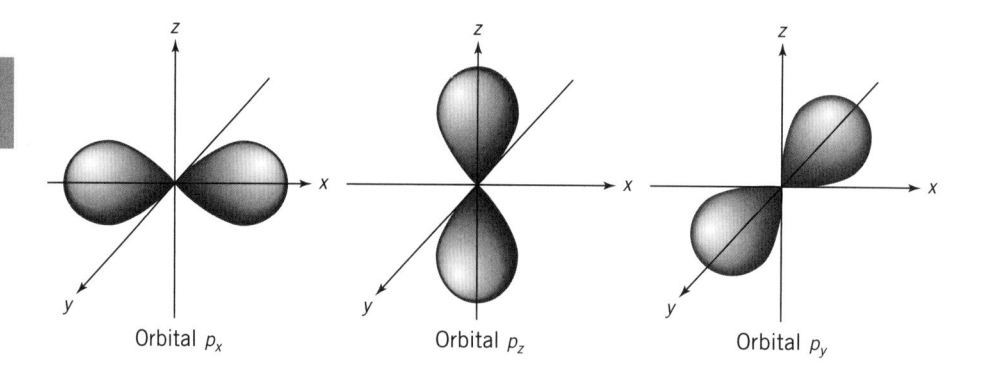

Figura 1-8 Formas das Nuvens Eletrônicas nos Subníveis p

Orbital p_x Orbital p_z Orbital p_y

mo não podem ter o mesmo conjunto de quatro números quânticos. Essa observação é conhecida como *princípio da exclusão de Pauli*, e seu principal efeito é definir que não mais do que dois elétrons podem ocupar um orbital e que os dois elétrons em um suborbital devem ter spins opostos.

| *Princípio da Exclusão de Pauli* |
Conceito pelo qual não mais do que dois elétrons podem ocupar um orbital e que esses elétrons devem ter spins opostos.

Em geral, os elétrons preenchem os estados de energia mais baixos disponíveis, com dois elétrons com spins contrários por suborbital, até que todos os elétrons estejam distribuídos. Um átomo com todos os seus elétrons nos níveis de energia mais baixos possíveis, que não violem o princípio de exclusão de Pauli, está em seu *estado fundamental*. Quando excitados por energia ou campos magnéticos, alguns elétrons podem se mover, temporariamente, para níveis mais altos de energia. Esse é o fundamento para todos os materiais eletrônicos e é abordado com mais detalhe no Capítulo 8.

Quando os átomos interagem entre si, inicialmente, os elétrons nos níveis de energia mais externos (os elétrons de valência) interagem e são os mais importantes na determinação da ligação entre os átomos. Quando o nível de energia mais externo está completamente preenchido (por exemplo, os oito elétrons p encontrados nos gases nobres), não existe razão termodinâmica para que um átomo se ligue ao seu vizinho. Quando as camadas externas não estão preenchidas, os átomos, com frequência, ganham, perdem ou compartilham elétrons com outros átomos em um processo que serve como base para as ligações químicas.

A interação entre átomos é uma mistura de forças de atração e de repulsão. Átomos que estão muitos afastados não têm quase qualquer interação, mas conforme eles se aproximam, uma mistura de forças de atração e repulsão começa a atuar. Os elétrons de valência são repelidos pela nuvem eletrônica negativamente carregada do átomo adjacente, mas são atraídos pelo núcleo positivo. A natureza específica da interação entre os átomos depende do estado dos elétrons de valência e do tipo de ligação que se forma.

A *ligação iônica* é, conceitualmente, o tipo de ligação mais simples entre átomos. Um átomo eletropositivo, que tem um ou mais elétrons extras acima do seu último subnível completo, se aproxima de um átomo eletronegativo, que tem falta de um ou mais elétrons em seu subnível mais externo. As forças eletrostáticas tornam energeticamente favorável ao átomo eletropositivo doar seu elétron (ou elétrons) de valência para o átomo eletronegativo. Metais dos Grupos I e II da tabela periódica formam, frequentemente, ligações iônicas com os halogênios do Grupo VII. Todos os halogênios têm falta de um elétron para atingirem oito elétrons de valência, de modo que eles facilmente recebem um elétron extra de um átomo. Compostos como o $NaCl$ e o CaF_2 são clássicos materiais com ligações iônicas. A Figura 1-9 apresenta um esquema mostrando a ligação iônica no cloreto de sódio.

| *Ligação Iônica* | A doação de um elétron de um átomo eletropositivo para um átomo adjacente eletronegativo.

Para quaisquer dois átomos, existe uma distância ótima que representa a energia potencial mínima. Considere dois átomos de hidrogênio, cada um com um único elétron de valência não emparelhado em seu subnível s. Quando os dois átomos estão distantes, eles não interagem de qualquer modo significativo, mas, como mostra a Figura 1-10, as forças de atração entre os átomos aumentam em relação as forças de repulsão e atingem um máximo em uma distância de 0,074 nm. O estado energeticamente mais favorável para os átomos ocorre quando a energia potencial é mínima. Nesse caso, o mínimo ocorre em -436 kJ. Como resultado, os dois átomos de hidrogênio formarão uma molécula (H_2) com uma energia de ligação de -436 kJ.

Diferente dos elétrons doados nas ligações iônicas, os elétrons nas ligações covalentes podem estar localizados em qualquer ponto em torno dos dois núcleos, mas eles têm maior probabilidade de ser encontrados entre os núcleos, como mostrado na Figura 1-11. A existência do mínimo de energia fornece o fundamento da ligação covalente, na qual os elétrons são partilhados.

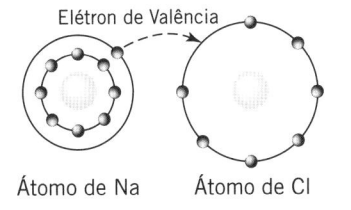 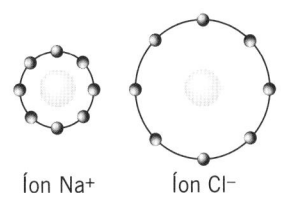 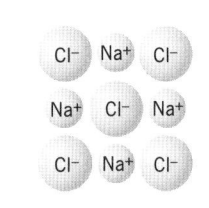

Elétron de Valência

Átomo de Na   Átomo de Cl   Íon Na+   Íon Cl–

FIGURA 1-9 Ligação Iônica no Cloreto de Sódio (NaCl)

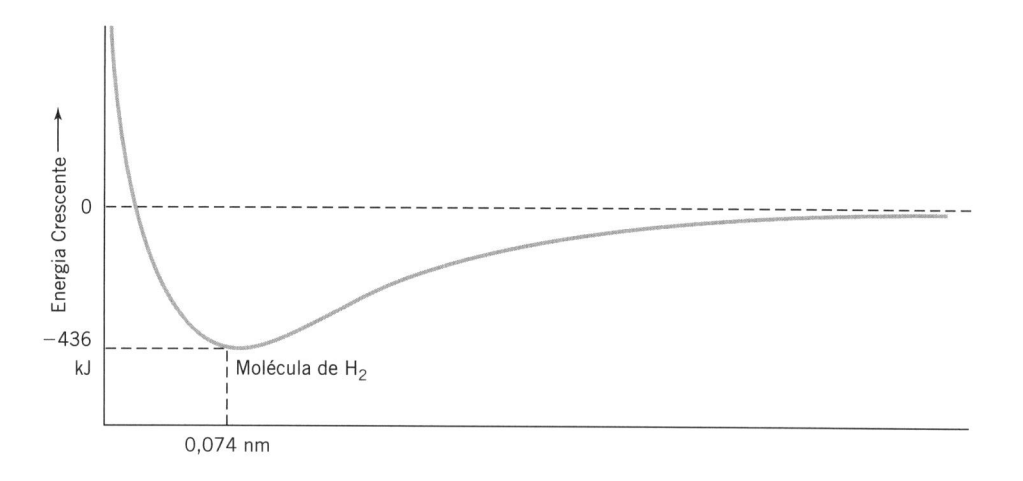

Energia Crescente

0

−436 kJ

Molécula de H_2

0,074 nm

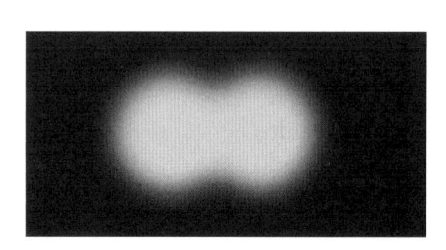

Figura 1-11 Nuvem Eletrônica em torno de uma Ligação Covalente Apolar

Cortesia de James Newell

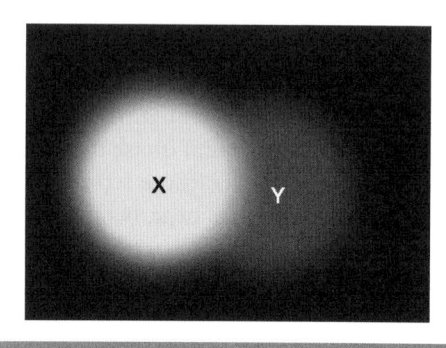

Figura 1-12 Nuvem Eletrônica em torno de uma Ligação Covalente Polar (O átomo mais eletronegativo está à esquerda.)

Cortesia de James Newell

| *Apolar* | Interação na qual a densidade eletrônica em torno de átomos adjacentes é simétrica.

| *Polar* | Interação na qual a densidade eletrônica em torno de átomos adjacentes é assimétrica.

| *Eletronegatividade* | A capacidade de um átomo atrair para si os elétrons em uma ligação covalente.

Quando átomos idênticos (tais como os dois átomos de hidrogênio) são unidos, a probabilidade de encontrar um elétron que participa da ligação, próximo a um átomo ou ao outro átomo, é exatamente igual. Nesse caso a ligação é denominada *apolar*. Entretanto, quando átomos diferentes interagem, é provável que um tenha uma maior afinidade por elétrons que o outro. Como resultado, a densidade eletrônica em torno dos átomos será assimétrica e a ligação é denominada *polar*. A densidade eletrônica para uma ligação polar está ilustrada na Figura 1-12.

A capacidade de um átomo atrair elétrons para si em uma ligação covalente é chamada *eletronegatividade*. O flúor (no topo do Grupo VII) é o mais eletronegativo de todos os elementos e tem atribuída uma eletronegatividade de 4,0. O césio (no Grupo I) é o menos eletronegativo e tem atribuído um valor de 0,7. A Tabela 1-1 resume os valores de eletronegatividade de diversos elementos.

A grandeza da polaridade em uma ligação covalente está diretamente relacionada às diferenças das eletronegatividades entre os átomos. Quando a diferença é grande (como na ligação H—F) a ligação será altamente polar, porém quando a diferença for pequena (como na ligação C—H) a ligação será apenas ligeiramente polar. A polaridade em uma ligação covalente é frequentemente avaliada pela natureza parcialmente iônica da ligação. Uma ligação altamente polar tem elétrons que gastam significativamente mais tempo próximo ao átomo eletronegativo, semelhante ao que ocorre em uma ligação iônica. Como resultado disso, a caracterização de uma ligação como iônica ou como covalente é, na realidade, uma simplificação. A maioria das ligações reais tem características tanto das ligações iônicas quanto das covalentes. A diferença de eletronegatividade corresponde diretamente ao percentual de natureza iônica da ligação, como mostrado na Figura 1-13.

Tanto a ligação iônica quanto a covalente envolvem interações entre átomos, mas as moléculas formadas pelo átomos unidos também interagem entre si. Essas interações, denominadas ligações secundárias, podem ter influência significativa sobre o comportamento dos sólidos.

TABELA 1-1   Valores de Eletronegatividade para Elementos Comuns

Valores de Eletronegatividade						
H 2,1						
Li 1,0	Be 1,5	B 2,0	C 2,5	N 3,0	O 3,5	F 4,0
Na 0,9	Mg 1,2	Al 1,5	Si 1,0	P 2,1	S 2,5	Cl 3,0
K 0,8	Ca 1,0	Sc 1,3	Ge 1,8	As 2,0	Se 2,4	Br 2,8
Rb 0,8	Sr 1,0	Y 1,2	Sn 1,8	Sb 1,9	Te 2,1	I 2,5
Cs 0,7	Ba 0,9	La 1,0	Pb 1,9	Bi 1,9	Po 2,0	At 2,2

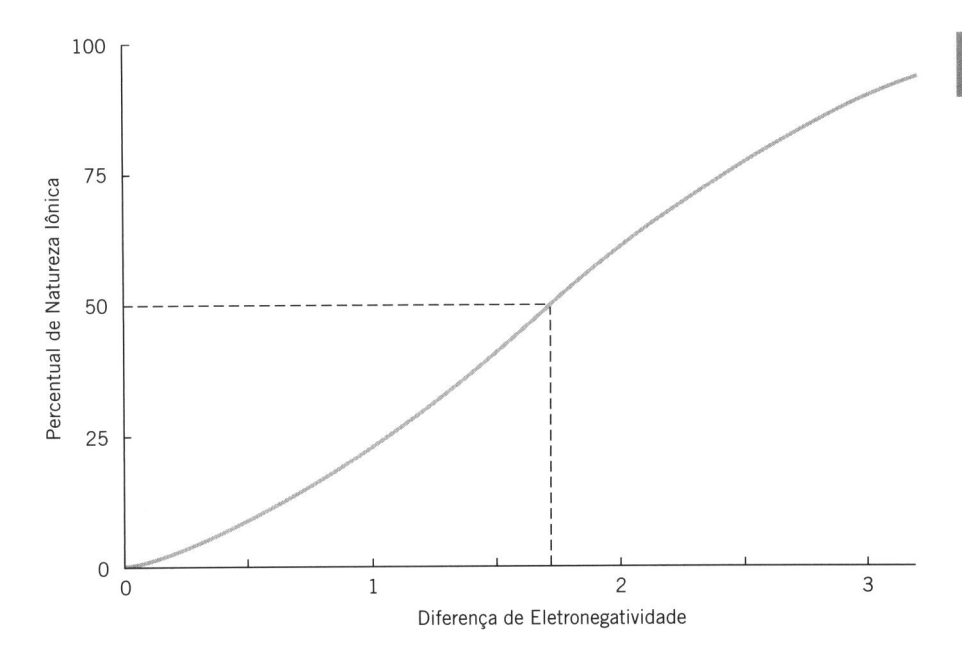

FIGURA 1-13 Percentual de Natureza Iônica

(Gráfico: Percentual de Natureza Iônica no eixo vertical (0 a 100) versus Diferença de Eletronegatividade no eixo horizontal (0 a 3); linha tracejada indicando 50% em diferença de aproximadamente 1,7.)

Exemplo 1-1

Determine que grau de natureza iônica poderia existir entre os seguintes átomos:

a. Sódio e cloro
b. Carbono e nitrogênio
c. Potássio e enxofre

SOLUÇÃO

a. De acordo com a Tabela 1-1, a eletronegatividade do sódio (Na) vale 0,9 e a do cloro (Cl) vale 3,0. A diferença é de $3,0 - 0,9 = 2,1$, o que dá cerca de 68% de natureza iônica.
b. A eletronegatividade do carbono (C) vale 2,5 e a do nitrogênio vale 3,0. A diferença é de $3,0 - 2,5 = 0,5$, o que corresponde a cerca de 10% de natureza iônica (90% covalente).
c. A eletronegatividade do potássio (K) vale 0,8 e a do enxofre (S) vale 2,5. A diferença é de $2,5 - 0,8 = 1,7$, o que corresponde a 50% de natureza iônica.

Moléculas polares em uma estrutura cristalina se alinham de modo que o polo positivo de uma molécula fica mais próximo ao polo negativo da molécula adjacente, como mostrado na Figura 1-14. Como resultado disso, ocorre uma interação eletrostática entre as moléculas, chamada de *força dipolar*. Essas interações aumentam a resistência do material e aumentam o ponto de ebulição dos líquidos.

O caso mais extremo de forças dipolares envolve um átomo de hidrogênio interagindo com um átomo de flúor (F), oxigênio (O) ou nitrogênio (N) de uma molécula adjacente. Nesse caso, o átomo de hidrogênio de uma molécula é fortemente atraído para o átomo eletronegativo na molécula adjacente, resultando em uma *ponte de hidrogênio*. A resistência de uma ponte de hidrogênio é maior do que a de outras forças dipolares, porque a diferença de eletronegatividade entre o hidrogênio e o F, O ou N é maior e porque o menor tamanho da molécula de hidrogênio permite que o átomo eletronegativo se aproxime mais do átomo de hidrogênio.

Um último tipo de ligação secundária ocorre em todas as substâncias e aumenta com o peso molecular. Essas forças, denominadas *forças de dispersão* ou *forças de Van Der Waals*, são causadas por interações dipolares temporárias, resultantes das variações de concentração momentâneas nas nuvens eletrônicas de moléculas adjacentes. Por exemplo, duas moléculas adjacentes de H_2 não têm polaridade, mas, como mostrado na Figura 1-15, em um dado instante, os elétrons da molécula 1A podem, ambos, estar do lado esquerdo, enquanto os da molécula 2A também estão à esquerda. Como resultado disso, o lado direito da molécula 1A tem, momentaneamente, uma polaridade efetiva positiva (no exato instante antes que a nuvem eletrônica retorne) que é atraída pela polaridade negativa momentânea da molécula 2A. Embora essas interações sejam extremamente breves, elas acontecem inúmeras vezes. Em moléculas grandes existem mais oportunidades dessas interações ocorrerem.

O último tipo importante de ligação, que tem grande impacto sobre as propriedades dos materiais, é específico dos metais e é denominada *ligação metálica*. Quando dois átomos metálicos são ligados entre si, existe muito pouca ou nenhuma diferença de eletronegatividade, de modo que a ligação, claramente, não é iônica. Entretanto, os elétrons de valência nos metais se comportam como um mar de elétrons sem posição fixa, no qual os elétrons individuais fluem facilmente de um átomo para outro, como mostrado na Figura 1-16. Esse comportamento é responsável pela alta condutividade dos metais.

| *Força Dipolar* | Interação eletrostática entre moléculas, resultante do alinhamento de cargas.

| *Ponte de Hidrogênio* | Forte interação dipolar entre um átomo de hidrogênio e um átomo fortemente eletronegativo.

| *Ligação Metálica* | A partilha de elétrons entre átomos de um metal, o que confere ao metal excelentes propriedades de condução, porque os elétrons são livres para se mover pela nuvem eletrônica, ao redor dos átomos.

1.4 MUDANÇAS DAS PROPRIEDADES COM O TEMPO

A discussão anterior sobre a seleção dos materiais apropriados foi feita como se todos os materiais tivessem um único conjunto de propriedades inerentes, que permanecem constantes por toda a sua vida útil. Mesmo o diagrama de Ashby apresentado na Fi-

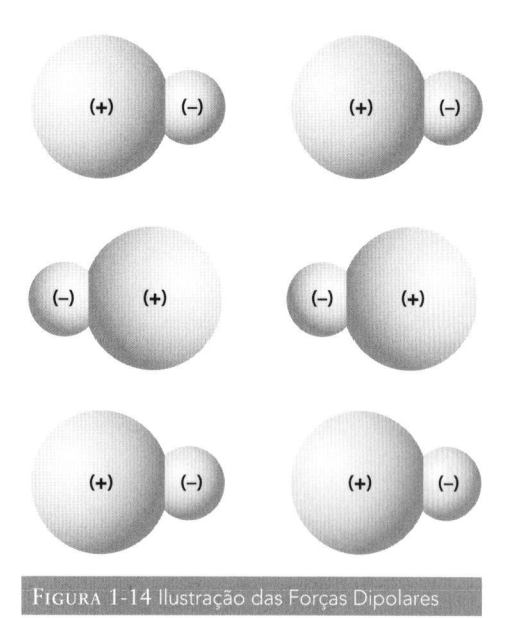

FIGURA 1-14 Ilustração das Forças Dipolares

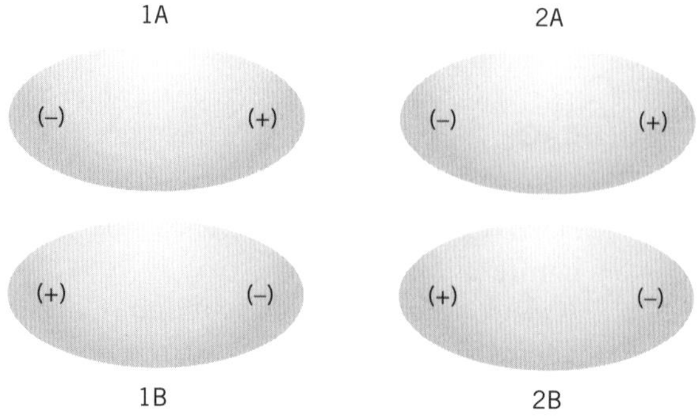

FIGURA 1-15 Forças de Dispersão entre Moléculas Adjacentes de H_2

gura 1-5 comparou materiais "como fabricados". Na verdade, entretanto, as propriedades dos materiais variam com o tempo devido a diversas razões. Fadiga, corrosão, cisão química, erosão e diversos outros mecanismos podem reduzir o desempenho de um material. Quando cientistas selecionam um material para uso em uma aplicação específica, eles devem tomar muito cuidado pare ter certeza de que as propriedades importantes do material permanecerão aceitáveis por toda a vida esperada para aquela aplicação. O modo como as propriedades variam com o tempo depende da classe do material e do ambiente ao qual o material está exposto. Metais podem oxidar ou corroer, polímeros podem contrair ou perder um pouco da sua resistência e compósitos podem delaminar. Capítulos posteriores dão detalhes sobre como variam as propriedades com o tempo e com o ambiente para cada classe de materiais. Nesse momento, o leitor deve compreender que nenhuma seleção pode ser feita sem entender a importância dessas mudanças.

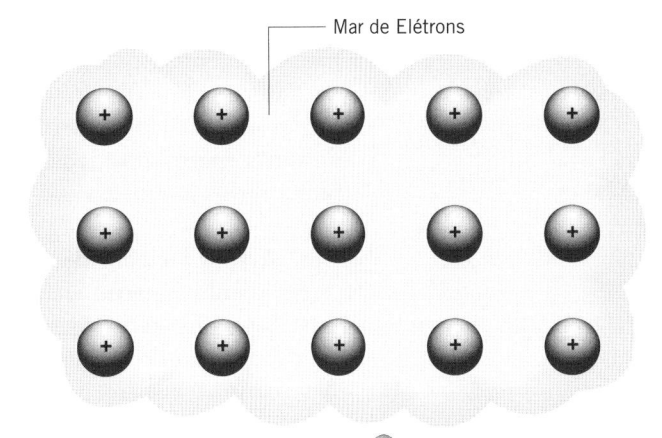

Mar de Elétrons

Figura 1-16
Representação Esquemática da Nuvem Eletrônica sem Posição Fixa nos Metais

1.5 IMPACTO DOS ASPECTOS ECONÔMICOS SOBRE A TOMADA DE DECISÕES

A seleção de materiais não é ditada exclusivamente pela melhor combinação de propriedades químicas e físicas. O custo é quase sempre um fator principal na seleção de materiais. A identificação da alternativa mais econômica é dificultada pelo fato de que nem todas as despesas ocorrem instantaneamente. É melhor selecionar um material mais durável que seja mais caro inicialmente, mas que durará mais tempo, ou seria melhor comprar uma alternativa mais barata, embora ela possa precisar ser substituída mais frequentemente? A questão é ainda mais complicada pelo fato de que um recurso obtido agora é mais valioso do que um recurso no futuro, porque o recurso que não é gasto hoje pode ser investido. Gastar recurso agora custa não apenas o dinheiro gasto, mas todo o rendimento que você poderia ter ganho esperando para gastá-lo.

Por exemplo, se uma companhia escolhesse esperar um ano para substituir determinada tubulação de cobre que custaria $1.000.000 e, no lugar disso, tivesse investido o dinheiro ao longo do ano em uma conta que pagasse 5% de rendimento, a companhia teria $1.050.000 após esse ano. O conceito de que uma quantia de recurso no futuro é menos valiosa do que a mesma quantia de recurso no presente, devido ao rendimento que ela poderia ter gerado, é denominado *valor temporal de um recurso*. O *rendimento* é essencialmente a renda paga para o uso do recurso. Quando você deposita o seu dinheiro no banco por um ano, o banco paga uma taxa de rendimento estabelecida, como renda daquele dinheiro, que os banqueiros podem investir ou emprestar a outros clientes sob uma maior taxa de rendimento.

Embora uma consideração detalhada dos cálculos econômicos em engenharia esteja fora do escopo deste texto, o papel dos fatores econômicos na seleção de materiais aparecerá ao longo dos vários capítulos do texto. Nos capítulos subsequentes, exercícios propostos que envolvam fatores econômicos na tomada de decisão estão assinalados pelo símbolo $.

| *Valor Temporal de um Recurso* | O conceito de que um recurso no futuro vale menos do que o mesmo recurso no presente, devido ao rendimento que ele poderia ter gerado.

| *Rendimento* | Renda paga ao proprietário de um recurso pelo uso temporário desse recurso.

1.6 SUSTENTABILIDADE E ENGENHARIA VERDE

Historicamente, a análise que determinava a seleção otimizada de materiais para uma dada aplicação terminava após a vida útil do produto. Se era esperado que um motor durasse 20 anos, os materiais naquele motor deveriam manter propriedades para trabalhar durante 20 anos com a melhor economia possível. Pouca relevância era dada ao que aconteceria com o motor quando sua vida útil tivesse terminado, com a possível exceção de contabilizar quaisquer custos associados com sua disposição final. Materiais usados eram jogados em aterros ou descartados nos cursos d'água e esquecidos.

Ao final da década de 1990, a maioria dos especialistas aceitou o argumento que muitos esforços para o desenvolvimento humano estavam tendo um significativo impacto prejudicial sobre o meio ambiente. Tanto a ética quanto interesses pessoais impõem que os desenvolvimentos tecnológicos continuem de uma maneira que seja mais benéfica para a sociedade e para o meio ambiente. O Relatório Bruntland, de 1987, define **sustentabilidade** como "suprir as necessidades da presente geração sem comprometer a capacidade das gerações futuras de suprir suas necessidades."[1] Da perspectiva da ciência dos materiais, o projeto sustentável inclui vários pontos-chave:

| **Sustentabilidade** | O período de tempo que um material permanecerá adequado para uso.

- Avaliar métodos de conservação de energia e dos recursos hídricos.
- Procurar oportunidades para reusar ou reciclar os materiais existentes.
- Selecionar recursos renováveis quando possível.
- Considerar a disposição final do material (aterro, reciclagem etc.) como parte do processo de projeto.

Essas questões impactam diretamente tanto no projeto como na seleção de materiais. Existe uma maneira de se produzir o mesmo material com menor consumo de energia ou com menos perdas? Pode-se usar recursos renováveis no lugar dos não renováveis? O material pode ser reutilizado ou reciclado quando sua finalidade estiver terminada ou ele deve ser disposto em um aterro?

| **Ciclo de Vida** | O caminho percorrido por um material desde sua obtenção inicial até sua disposição final.

O caminho percorrido por um material desde a sua obtenção inicial até sua disposição final é denominado **ciclo de vida**. Todos os produtos começam com a coleta de matérias-primas, seguido de suas conversões em produtos através de uma série de passos de fabricação e, por fim, sua venda ao usuário. Historicamente, os objetivos de um cientista de materiais terminavam aqui, mas o ciclo do produto em si ainda não havia terminado. Após acabar sua vida útil, o material deve ser reciclado, reutilizado ou descartado. O ciclo de vida de um material inclui todo o tempo desde a coleta da matéria-prima até a disposição final do produto. O Conselho Americano de Química (entre outras sociedades profissionais) reconheceu a responsabilidade dos projetistas em considerar todo o ciclo de vida do material em seus projetos.

| **Avaliação do Ciclo de Vida (ACV)** | O método de análise mais detalhado do ciclo de vida de um material.

Para algumas considerações sobre ciclos de vida, uma avaliação qualitativa da seleção dos materiais e dos processos pode ser suficiente para reduzir o impacto ambiental das decisões. A eliminação de compostos contendo cianatos de madeiras tratadas sob pressão se enquadra nessa categoria. O método mais detalhado para se analisar o ciclo de vida de um material envolve fazer a **avaliação do ciclo de vida (ACV)**. A análise começa pela definição de fronteiras, que são os níveis de detalhamento que a análise vai incluir. Um inventário detalhado de entradas e saídas é desenvolvido dentro dessas fronteiras. A seguir, é gerada uma lista que especifica os materiais usados e as emissões provocadas. Finalmente, a lista é analisada para se procurar modificações de projeto que poderiam reduzir emissões e perdas. A Figura 1-17 mostra uma representação esquemática de um ciclo de vida típico.

| **Engenharia Verde** | Movimento que apoia um aumento do conhecimento e da prevenção de riscos ambientais causados durante a produção, uso e disposição de produtos.

Com o objetivo de reduzir as consequências prejudiciais da produção, cientistas e engenheiros estão reexaminando produtos e processos para procurar métodos mais inofensivos de fabricação, uso, reutilização e disposição. A Agência de Proteção Ambiental dos Estados Unidos (Environmental Protection Agency, EPA) tem sustentado um movimento para uma **engenharia verde**, que é definida como "o projeto, comercialização e uso de processos e produtos, que sejam plausíveis e econômicos, e minimizem a geração de poluição nas suas fontes e os riscos para a saúde humana e para o meio ambiente."[2] Nove princípios da engenharia verde foram estabelecidos:

1. Projete processos e produtos holisticamente, use análise de sistemas e integre ferramentas de avaliação de impactos ambientais.
2. Conserve e melhore ecossistemas naturais, visando proteger a saúde humana e o bem-estar.
3. Use um enfoque sobre o ciclo de vida em todas as atividades de engenharia.
4. Assegure que todo o balanço entre entradas e saídas de materiais e de energia seja inerentemente seguro e tão inofensivo quanto possível.
5. Minimize o esgotamento dos recursos naturais.
6. Lute para evitar desperdício.

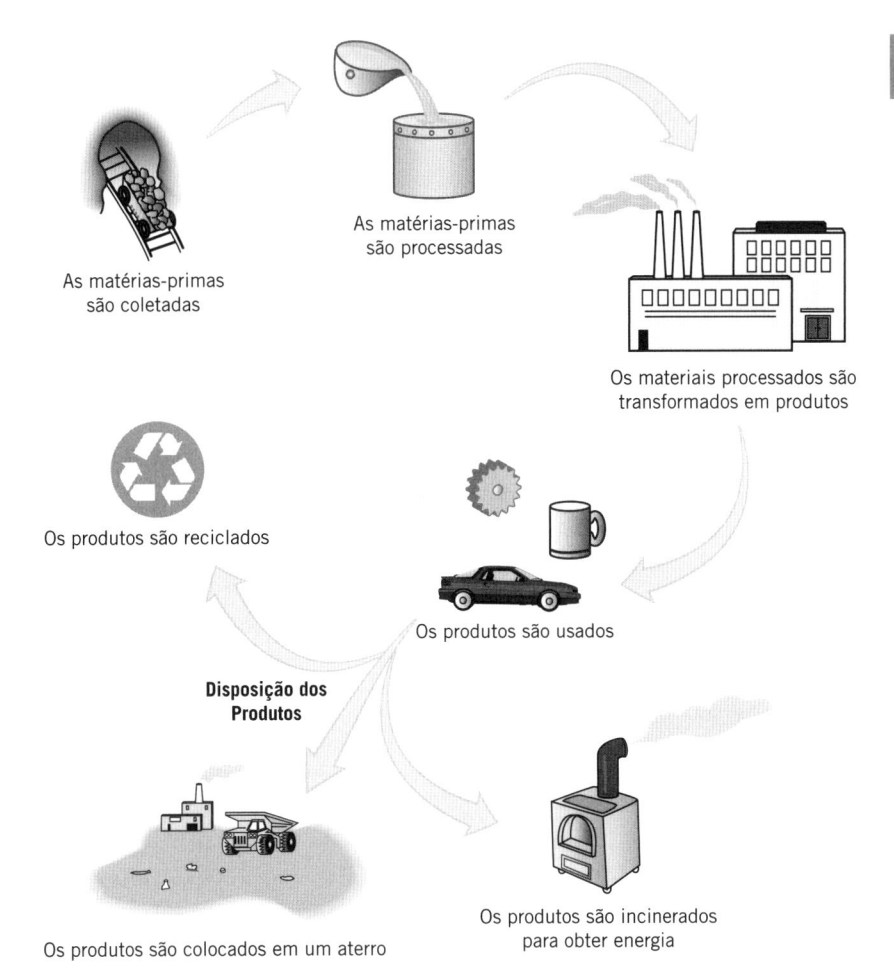

As matérias-primas
são coletadas

As matérias-primas
são processadas

Os materiais processados são
transformados em produtos

Os produtos são reciclados

Os produtos são usados

**Disposição dos
Produtos**

Os produtos são colocados em um aterro

Os produtos são incinerados
para obter energia

FIGURA 1-17 Esquema
Geral de um Ciclo de Vida

7. Desenvolva e aplique soluções de engenharia, estando consciente da geografia, das aspirações e das culturas locais.
8. Desenvolva soluções de engenharia além das tecnologias atuais ou dominantes; melhore, inove e invente (tecnologias) para alcançar a sustentabilidade.
9. Engaje ativamente comunidades e seus representantes no desenvolvimento de soluções de engenharia

Esses princípios impactam diretamente tanto o projeto quanto a seleção de materiais apropriados para determinadas aplicações e devem ser considerados no processo de tomada de decisões. Neste texto, problemas propostos que envolvam aspectos de engenharia verde são assinalados com o símbolo ◉.

Que Escolhas Estão Disponíveis?

1.7 CLASSES DE MATERIAIS

As propriedades dos materiais dependem dos átomos presentes, das ligações entre os átomos e do arranjo tridimensional de átomos no material. Os tipos de átomos e seus arranjos ajudam a classificar os materiais como polímeros, metais, compósitos, cerâmicos ou carbonosos, como mostrado na Tabela 1-2. Os materiais também podem ser classificados com base em aplicações específicas, tais como materiais eletrônicos e biomateriais.

Os *polímeros* são cadeias de moléculas ligadas covalentemente, com as mesmas unidades (meros) repetidas indefinidamente. A grande maioria dos polímeros tem o carbono como o principal átomo na cadeia, com o hidrogênio, oxigênio, mais carbono, nitrogênio e/ou flúor

| *Polímeros* | Cadeia de moléculas ligadas covalentemente, com as pequenas unidades monoméricas se repetindo de uma extremidade à outra da cadeia.

TABELA 1-2 — Classes dos Materiais

Material	Definição	Aplicação
Metais	Categoria de elementos eletropositivos que têm, normalmente, uma superfície brilhante, são, geralmente, bons condutores de calor e de eletricidade e podem ser fundidos, conformados em folhas finas ou trefilados em fios.	Cortesia de James Newell
Polímeros	Compostos de ocorrência natural ou sintéticos consistindo em grandes moléculas formadas pela união em série de monômeros simples ligados covalentemente entre si.	Cortesia de James Newell
Cerâmicas	Quaisquer dos vários materiais duros, frágeis e resistentes ao calor e à corrosão, formados tipicamente por elementos metálicos combinados com oxigênio ou com carbono, nitrogênio ou enxofre. A maioria das cerâmicas é cristalina e é má condutora de eletricidade, embora algumas cerâmicas recentemente descobertas, formadas por óxidos de cobre, sejam supercondutoras a baixas temperaturas.	Cortesia de James Newell
Compósitos	Materiais complexos, tais como a madeira e os compósitos de fibra de vidro, nos quais dois ou mais materiais diferentes e estruturalmente complementares, especialmente metais, cerâmicas, vidros e polímeros, são combinados para produzir propriedades estruturais ou funcionais não disponíveis em qualquer dos seus componentes individuais.	Cortesia de James Newell

ligados lateralmente. A Figura 1-18 mostra a tabela periódica, com os elementos comumente encontrados nos polímeros destacados. Plástico se tornou um termo genérico para polímeros, mas muitos materiais naturais também são poliméricos, incluindo os polissacarídeos (celulose e amidos), borracha, proteínas no cabelo, lã e seda e os ácidos nucleicos (ARN e ADN). Devido à existência de tantos tipos de polímeros, suas propriedades variam muito. O polietileno é comparativamente pouco resistente e é usado em sacolas baratas de compras de supermercados, enquanto outros polímeros, tais como o Kevlar® (poli p-fenileno tereftalamida) e o Zylon® (poli p-fenileno benzobixazolo), são usados como fibras balísticas e roupas resistentes a balas, como a mostrada na Figura 1-19.

Muitos polímeros são flexíveis e leves, tornando-os materiais ideais para aplicações onde alta resistência não é necessária. Os polímeros são classificados em função de poderem ser refundidos e ter sua forma alterada. Polímeros *termoplásticos* tendem a ter pontos de fusão baixos devido à falta de ligações entre as cadeias adjacentes e podem ser refundidos e conformados repetidamente. Os polímeros termoplásticos são facilmente reciclados, mas têm menor resistência que muitos outros materiais. Materiais *termorrígidos* têm um número considerável de ligações entre as cadeias, o que os torna mais resistentes do que os termoplásticos, mas também mais difíceis de reciclar.

| *Termoplástico* | Polímero com um ponto de fusão baixo devido à falta de ligações covalentes entre cadeias adjacentes. Tais polímeros podem ser fundidos e conformados repetidamente.

| *Termorrígido* | Polímero que não pode ser repetidamente fundido e conformado devido às fortes ligações covalentes entre as cadeias.

Tabela Periódica dos Elementos

☐ = comumente encontrados nos polímeros

IA 1																		VIIIA 18
1 — 1 H	IIA 2												IIIA 13	IVA 14	VA 15	VIA 16	VIIA 17	2 He
2 — 3 Li	4 Be												5 B	6 C	7 N	8 O	9 F	10 Ne
3 — 11 Na	12 Mg	IIIB 3	IVB 4	VB 5	VIB 6	VIIB 7	VIIIB 8	VIIIB 9	VIIIB 10	IB 11	IIB 12		13 Al	14 Si	15 P	16 S	17 Cl	18 Ar
4 — 19 K	20 Ca	21 Sc	22 Ti	23 V	24 Cr	25 Mn	26 Fe	27 Co	28 Ni	29 Cu	30 Zn		31 Ga	32 Ge	33 As	34 Se	35 Br	36 Kr
5 — 37 Rb	38 Sr	39 Y	40 Zr	41 Nb	42 Mo	43 Tc	44 Ru	45 Rh	46 Pd	47 Ag	48 Cd		49 In	50 Sn	51 Sb	52 Te	53 I	54 Xe
6 — 55 Cs	56 Ba	57 La*	72 Hf	73 Ta	74 W	75 Re	76 Os	77 Ir	78 Pt	79 Au	80 Hg		81 Tl	82 Pb	83 Bi	84 Po	85 At	86 Rn
7 — 87 Fr	88 Ra	89 Ac**	104 Unq	105 Unp	106 Unh	107 Uns	108 Uno	109 Une	110 Uun	111 Uuu								

6 —	58 Ce*	59 Pr	60 Nd	61 Pm	62 Sm	63 Eu	64 Gd	65 Tb	66 Dy	67 Ho	68 Er	69 Tm	70 Yb	71 Lu
7 —	90 Th**	91 Pa	92 U	93 Np	94 Pu	95 Am	96 Cm	97 Bk	98 Cf	99 Es	100 Fm	101 Md	102 No	103 Lr

FIGURA 1-18 Elementos Comumente Encontrados nos Polímeros

FIGURA 1-19 Roupa Balística Contendo Kevlar®

Cortesia de James Newell

Os **metais** são materiais cujos átomos partilham elétrons sem posição definida, tal que qualquer elétron tem a mesma probabilidade de estar associado a um grande número de átomos, como já mostrado na Figura 1-16. Essa ligação metálica dá aos metais excepcional condutividade elétrica, porque os elétrons estão livres para fluir através de uma grande nuvem eletrônica em torno dos átomos. Os metais tendem a ter resistência excepcional, mas são capazes de ser conformados, o que os torna úteis para construção. Os metais tendem a ser opacos e têm uma superfície brilhante quando polidos. A Figura 1-20 mostra a tabela periódica destacando os metais.

A maioria dos metais é achada na natureza como óxidos metálicos, os quais precisam ser refinados para produzir os metais puros. Os metais (ou os metais e os ametais) são frequentemente misturados para formar **ligas**, que permitem ao material ter uma gama mais ampla de propriedades. As ligas comuns incluem o aço (ferro e carbono), o latão (cobre e zinco) e

| **Metais** | Materiais que possuem átomos que compartilham elétrons sem uma posição fixa.

| **Ligas** | Misturas de dois ou mais metais.

Tabela Periódica dos Elementos

□ = metais

	IA 1													IIIA 13	IVA 14	VA 15	VIA 16	VIIA 17	VIIIA 18
1	1 H	IIA 2																	2 He
2	3 Li	4 Be												5 B	6 C	7 N	8 O	9 F	10 Ne
3	11 Na	12 Mg	IIIB 3	IVB 4	VB 5	VIB 6	VIIB 7	VIIIB 8	VIIIB 9	VIIIB 10	IB 11	IIB 12		13 Al	14 Si	15 P	16 S	17 Cl	18 Ar
4	19 K	20 Ca	21 Sc	22 Ti	23 V	24 Cr	25 Mn	26 Fe	27 Co	28 Ni	29 Cu	30 Zn		31 Ga	32 Ge	33 As	34 Se	35 Br	36 Kr
5	37 Rb	38 Sr	39 Y	40 Zr	41 Nb	42 Mo	43 Tc	44 Ru	45 Rh	46 Pd	47 Ag	48 Cd		49 In	50 Sn	51 Sb	52 Te	53 I	54 Xe
6	55 Cs	56 Ba	57 La*	72 Hf	73 Ta	74 W	75 Re	76 Os	77 Ir	78 Pt	79 Au	80 Hg		81 Tl	82 Pb	83 Bi	84 Po	85 At	86 Rn
7	87 Fr	88 Ra	89 Ac**	104 Unq	105 Unp	106 Unh	107 Uns	108 Uno	109 Une	110 Uun	111 Uuu								

6	58 Ce*	59 Pr	60 Nd	61 Pm	62 Sm	63 Eu	64 Gd	65 Tb	66 Dy	67 Ho	68 Er	69 Tm	70 Yb	71 Lu
7	90 Th**	91 Pa	92 U	93 Np	94 Pu	95 Am	96 Cm	97 Bk	98 Cf	99 Es	100 Fm	101 Md	102 No	103 Lr

FIGURA 1-20 Elementos Classificados como Metais

| *Compósitos* | Materiais formados pela mistura de dois materiais em fases distintas, produzindo um novo material com propriedades diferentes dos materiais iniciais.

| *Compósitos Particulados* | Compósitos que contêm um grande número de partículas de grande granulometria, tal como o cimento e a brita encontrados no concreto.

| *Compósitos Reforçados por Fibras* | Compósitos nos quais um material forma a matriz externa e transfere quaisquer cargas aplicadas para as fibras, que são mais resistentes e frágeis.

| *Compósitos Laminados* | Compósitos fabricados alternando-se camadas de diferentes materiais.

| *Cerâmicas* | Compostos que contêm átomos metálicos ligados a átomos não metálicos, tais como oxigênio, carbono ou nitrogênio.

o bronze (cobre e estanho). O alumínio usado nas latas de alumínio é, na verdade, uma liga de alumínio e magnésio.

Os ***compósitos*** são misturas de dois materiais, na qual cada material continua a existir como uma fase distinta. Os compósitos de fibras de vidro, que são usados como isolantes na maioria das casas, são um compósito com fibras de vidro encapsuladas em uma matriz polimérica. As três classes principais de compósitos incluem os particulados, os reforçados por fibras e os laminados. ***Compósitos particulados*** contêm um grande número de partículas de granulometria grande, como a mistura de cimento e brita usada no concreto. As partículas tendem a aumentar propriedades tais como a tenacidade ou a resistência à abrasão em vez da dureza. Nos ***compósitos reforçados por fibras*** o material da matriz envolve as fibras, as mantém alinhadas e transfere quaisquer cargas aplicadas para as fibras, que são mais resistentes e mais frágeis que a matriz. As aplicações de compósitos reforçados por fibras englobam desde compósitos de matriz metálica reforçada por fibras de carbeto de silício usados em motores de caças de combate avançados até aplicações mais comuns e antigas, incluindo o emprego de palha em tijolos. ***Compósitos laminados*** consistem na união de lâminas alternadas de materiais diferentes. O compensado é um compósito laminado formado por camadas de placas de madeira unidas por camadas de epóxi entre elas. Sem importar o seu tipo, os compósitos oferecem a oportunidade de unir dois materiais para formar um novo material com propriedades que nenhum dos materiais iniciais poderia alcançar sozinho.

As ***cerâmicas*** são compostos que contêm átomos metálicos unidos a átomos não metálicos, mais comumente oxigênio, nitrogênio ou carbono. Óxidos metálicos se enquadram nessa categoria, bem como os cimentos e os vidros. As fortes ligações iônicas entre os átomos tornam as cerâmicas excelentes isolantes elétricos e resistentes à erosão química. As propriedades das cerâmicas variam, mas a maioria tende a ser resistente e dura, embora muito frágil. Existem exceções. As cerâmicas modernas de alto desempenho usadas em proteções pessoais não são, certamente, frágeis, enquanto outras cerâmicas elaboradas apresentam supercondutividade. A despeito de uma presença crescente nos mercados de materiais de alto desempenho, os materiais cerâmicos dominantes no campo industrial continuam a ser os vidros, tijolos, abrasivos e cimentos. Como a característica marcante dos materiais cerâmicos é a de ser uma mistura de metais e ametais, os átomos de toda a tabela periódica são encontrados em cerâmicas.

Os materiais à base de carbono incluem as formas de carbono de ocorrência natural — *grafite* e *diamante* — e também **fibras de carbono, nanotubos de carbono e fulerenos**. O grafite consiste em anéis aromáticos de carbono, com seis átomos, unidos entre si em camadas planas. As fortes ligações covalentes nesses anéis aromáticos tornam as camadas extremamente resistentes, mas apenas fracas interações de Van Der Waals ligam os planos, tornando fácil que eles deslizem entre si. Todos estão familiarizados com o uso de grafite nos lápis, mas o grafite também serve como material isolante em reatores nucleares. De forma semelhante, os diamantes são mais conhecidos pelo seu uso em joias, mas eles têm importância comercial devido à sua excepcional dureza. O desenvolvimento de processos para a produção de diamantes sintéticos tornou possível o emprego industrial do diamante.

As fibras de carbono, nanotubos de carbono e fulerenos são materiais à base de carbono de desenvolvimento mais recente. As fibras de carbono são obtidas pela conversão de uma fibra precursora (normalmente piche ou poliacrilonitrila) para uma fibra de carbono, essencialmente totalmente aromática, que se assemelha ao grafite sintético. Essas fibras altamente ordenadas são usadas em inúmeras aplicações; desde carenagens de carros de corrida até membros artificiais e tacos de golfe. Os fulerenos são redes de átomos de carbono unidos na forma de uma esfera, de um tubo ou de um elipsoide. Por exemplo, um fulereno consiste em 60 átomos de carbono unidos na forma de uma bola de futebol. Os fulerenos têm essa denominação em referência ao arquiteto Buckminster Fuller e são denominados, com frequência, como *buckyballs* em tributo ao emprego dessa forma em domos geodésicos, como a grande Espaçonave Terra no coração do Epcot Center no Walt Disney World. O interior vazio de uma *buckyball* intriga os cientistas, que anteveem inúmeras aplicações em compósitos. Os nanotubos de carbono são tubos sintéticos formados essencialmente pelo enrolamento de um plano de grafite sobre outro. Os nanotubos, com sua mistura única de propriedades, têm grande potencial para aplicações elétricas.

Além das quatros classes primárias, algumas vezes é útil categorizar os materiais com base em aplicações específicas. Materiais eletrônicos, materiais ópticos e biomateriais incluem subgrupos de metais, polímeros, cerâmicas e compósitos, mas frequentemente aparecem como categorias separadas devido às suas funções específicas.

A revolução nas comunicações, que conectou o mundo, é um resultado direto de desenvolvimentos em *materiais eletrônicos*. Esses materiais são classificados principalmente por suas capacidades de conduzir elétrons. Os *semicondutores* têm condutividades entre os isolantes e os condutores. *Semicondutores intrínsecos* são materiais puros, mas a maioria dos semicondutores comerciais é resultante da adição deliberada de uma impureza denominada *dopante*. Lâminas dopadas de silício são a base para a maioria dos circuitos integrados que controlam todos os computadores, telefones celulares e outras maravilhas tecnológicas do mundo moderno.

Os *biomateriais* são materiais projetados especificamente para serem usados em aplicações biológicas. Os biomateriais caem em duas categorias principais, dependendo da sua aplicação pretendida.

Biomateriais estruturais são projetados para suportar cargas e fornecer suporte para sistemas vivos. Membros artificiais e juntas de articulação caem nessa categoria.

Biomateriais funcionais servem um propósito para um organismo. Sangue artificial, membranas usadas em diálise e pele sintética se ajustam a essa categoria.

Frequentemente as pessoas discutem apenas sobre os biomateriais sintéticos, mas os ossos, os músculos, a pele e inúmeros outros itens naturais também são biomateriais. Apenas entendendo as propriedades específicas dos biomateriais naturais, os engenheiros e cientistas podem esperar desenvolver produtos sintéticos adequados.

Algumas das classes de materiais descritas têm subclasses que contêm milhares de componentes, com propriedades diferentes. É fora da realidade se esperar aprender cada propriedade de cada material. Os próximos dois capítulos se concentram em descrever as estruturas comuns a muitas classes de materiais e as propriedades mecânicas e químicas que podem ser usadas para comparar e contrastar materiais. Iniciando no Capítulo 4, cada classe de materiais é explorada em detalhe para capacitar os estudantes a entender seus benefícios únicos e suas limitações e como essas propriedades são determinadas.

| **Grafite** | Uma forma alotrópica do carbono, consistindo em anéis aromáticos de carbono, com seis átomos ligados entre si em camadas planas; o que permite o fácil deslizamento entre as camadas.

| **Diamante** | Uma forma alotrópica altamente cristalina do carbono, que é o material mais duro conhecido.

| **Fibras de Carbono** | Uma forma de carbono obtida convertendo-se uma fibra precursora em uma fibra totalmente aromática, com excepcionais propriedades mecânicas.

| **Nanotubos de Carbono** | Tubos sintéticos de carbono formados enrolando-se um plano de grafeno sobre outro.

| **Fulerenos** | Formas alotrópicas de carbono formadas por uma rede de 60 átomos de carbono ligados entre si na forma de uma bola de futebol. Também são conhecidos por *buckyballs* em referência ao arquiteto Buckminster Fuller, que desenvolveu o domo geodésico.

| **Materiais Eletrônicos** | Materiais que possuem a capacidade de conduzir elétrons, tais como os semicondutores.

| **Semicondutores** | Materiais que apresentam uma faixa de condutividade entre a dos condutores e dos isolantes.

| **Semicondutores Intrínsecos** | Materiais puros que apresentam uma condutividade variando entre aquela dos condutores e dos isolantes.

| **Dopante** | Uma impureza adicionada deliberadamente a um material para aumentar a condutividade do material.

| **Biomateriais** | Materiais projetados especificamente para serem usados em aplicações biológicas, tais como membros artificiais e membranas para diálise, bem como para ajudar na reparação de ossos e músculos.

| **Biomateriais Estruturais** | Materiais projetados para suportar cargas e fornecer suporte para um organismo vivo, tal como os ossos.

| **Biomateriais Funcionais** | Materiais que interagem ou substituem sistemas biológicos, com outra função principal que não seja a de dar suporte estrutural.

Resumo do Capítulo 1

Neste capítulo examinamos:

- A importância da ciência dos materiais
- Como as necessidades da aplicação desejada governam a seleção dos materiais
- Por que um entendimento aprofundado de ciência dos materiais é necessário para se lidar com mudanças nas demandas e com as crescentes demandas para se obter melhores propriedades
- O uso e a limitação da heurística e de diagramas de Ashby na seleção de materiais
- Os princípios químicos básicos que fundamentam toda a ciência dos materiais
- O reconhecimento de que as propriedades variam com o tempo
- A necessidade de se avaliar o impacto econômico de decisões sobre materiais ao longo do tempo
- A importância do projeto e da seleção de materiais sustentáveis
- Os princípios da engenharia verde, que devem importar no projeto e seleção de materiais
- As várias classes de materiais que serão cobertas em profundidade nos capítulos seguintes

Referências

[1]G. Bruntland, ed., *Our Common Future: The World Commission on Environment and Development* (Oxford University Press, 1987).

[2]U.S. Environmental Protection Agency, Proceedings of the Green Engineering Conference: Defining the Principles, Sandestin, Florida, May 2003.

Termos-Chaves

apolar
avaliação do ciclo de vida (ACV)
biomateriais
biomateriais estruturais
biomateriais funcionais
cerâmicas
ciclo de vida
compósitos
compósitos laminados
compósitos particulados
compósitos reforçados por fibras
diagramas de Ashby
diamante
dopante
eletronegatividade
engenharia verde
fibras de carbono

força dipolar
fulerenos
grafite
ligação iônica
ligação metálica
ligas
materiais eletrônicos
mecânica quântica
metais
modelo de Bohr
nanotubos de carbono
número quântico principal
número quântico secundário
número quântico terciário
números quânticos
orbitais

polar
polímeros
ponte de hidrogênio
princípio da exclusão de Pauli
processo Pittsburgh
quarto número quântico
rendimento
rotação (spin)
semicondutores
semicondutores intrínsecos
spins antiparalelos
spins paralelos
sustentabilidade
termoplástico
termorrígido
valor temporal de um recurso

Problemas Propostos

1. Desenvolva uma lista de propriedades necessárias para cada uma das aplicações listadas a seguir e decida quão significativo é o papel do aspecto econômico na seleção final dos materiais.
   a. Asfalto para pavimentação de estradas
   b. Pastilha de freio para um carro
   c. Asas para um avião
   d. Tubulação em uma casa

2. Desenvolva uma lista de propriedades necessárias para cada uma das aplicações listadas a seguir e decida quão significativo é o papel do aspecto econômico na seleção final dos materiais.
   a. Quadro de uma bicicleta
   b. Pneus para carros da NASCAR
   c. Couro sintético para pastas
   d. Tesouras

3. Considere a evolução dos meios de gravação desde os discos de vinil até os CDs. Como mudaram os desafios para os materiais?

$ 4. Um engenheiro deve decidir se usa válvulas de aço-carbono comum ou uma alternativa mais cara de aço inoxidável. A planta usará 1000 válvulas de cada vez. As válvulas de aço-carbono custam $400 cada e vão durar dois anos antes de precisarem ser substituídas. As válvulas de aço inoxidável custam $1000 cada, mas durarão seis anos. Assumindo que qualquer troca de válvula ocorreria durante a manutenção anual de rotina, que fatores devem ser considerados para alcançar uma decisão econômica apropriada?

5. Classifique as seguintes ligações como majoritariamente iônica, covalente ou metálica:
   a. Carbono—Oxigênio
   b. Sódio—Potássio
   c. Silício—Carbono
   d. Potássio—Cloro

6. Por que os elétrons de valência têm um papel tão importante na ligação entre os átomos?

7. Faça a distinção entre ligações primárias e secundárias e descreva três exemplos de ligações secundárias.

8. Identifique dois produtos comerciais feitos com cerâmicas. Descreva o tipo de cerâmica usado e o porquê dessa cerâmica ter sido a melhor escolha para o produto.

9. Identifique dois produtos comerciais feitos com polímeros. Descreva o polímero específico usado e por que esse polímero foi a melhor escolha para o produto.

10. Identifique dois produtos comerciais feitos com metais. Descreva o metal específico usado e por que esse metal foi a melhor escolha para o produto.

11. Dada a possibilidade de escolha de usar um termoplástico ou um termorrígido com propriedades semelhantes para uma aplicação específica, por que o termoplástico poderia ser a melhor escolha?

12. Classifique os materiais a seguir como polímero, metal, cerâmica ou compósito:
    a. Nitreto de boro
    b. Tijolos
    c. Plexiglas
    d. Concreto
    e. Manganês

13. Classifique os materiais a seguir como polímero, metal, cerâmica ou compósito:
    a. Fibras de vidro + polímero
    b. Carbeto de silício
    c. Folha de alumínio
    d. Teflon®
    e. Seda

14. Durante a Segunda Guerra Mundial, o suprimento americano de borracha se tornou limitado. A liga principal de beisebol respondeu a essa escassez passando a usar um material denominado balata no centro das bolas. O número de tacadas vencedoras (*home runs*) decaiu drasticamente. Descubra como é feita uma bola de beisebol e porque a inclusão de um núcleo de balata interferiu tanto no número de *home runs*.

15. Descubra quais materiais são separados para reciclagem em sua escola ou universidade. O que acontece a esses materiais quando eles deixam o *campus*?

16. Descreva os benefícios e as consequências negativas de se enviar eletronicamente o jornal de uma companhia, em vez de enviá-lo pelos correios.

17. Desenvolva uma lista de entradas e de saídas para sacolas de compras em plástico e em papel, começando com as árvores crescendo em uma floresta (papel) e o petróleo em um campo petrolífero (plástico). Existe uma alternativa melhor do que o papel ou o plástico?

18. Considere os ciclos de vida para as sacolas de compras em papel e em plástico. Quais são as vantagens e as desvantagens ambientais e econômicas de cada escolha?

19. Liste os quatro números quânticos para todos os elétrons nos átomos a seguir:
    a. Lítio
    b. Hélio
    c. Carbono

20. Como o quarto número quântico se relaciona com o princípio da exclusão de Pauli?

2

Estrutura dos Materiais

SUMÁRIO

Objetivos do Aprendizado

Ao final deste capítulo, um estudante deve ser capaz de:

- Explicar o que significa cristalinidade e célula unitária.

- Identificar as 14 redes de Bravais.

- Entender o significado dos termos fundamentais da cristalografia, incluindo parâmetro de rede e espaçamento interplanar.

- Calcular a distância entre átomos em um cristal.

- Determinar os índices de uma direção cristalográfica, dado um vetor que a represente, e determinar o vetor que define uma direção cristalográfica, dados seus índices.

- Determinar os índices de Miller de um plano cristalino se o plano for mostrado e desenhar o plano cristalino, dados os índices de Miller.

- Usar um diagrama de difração de raios X para identificar a estrutura cristalina de um material e para calcular o espaçamento interplanar, os parâmetros da rede e a espessura dos cristais.

- Entender os empregos das microscopias óptica e eletrônica e as diferenças entre elas.
- Explicar os dois processos que envolvem o crescimento dos cristais.
- Identificar e explicar os defeitos presentes em materiais cristalinos.
- Explicar o que significa um contorno de grão e como ele afeta as propriedades físicas.
- Entender como os defeitos se movem em um cristal.
- Determinar a tensão cisalhante rebatida crítica para um determinado sistema de deslizamento sob tensão e explicar seu impacto sobre o deslizamento.
- Distinguir entre a estrutura de cristais, monocristais e nanocristais.
- Calcular a massa específica teórica de um material cristalino e explicar por que esse valor tem probabilidade de ser diferente de um valor determinado experimentalmente.

Como os Átomos Estão Arrumados nos Materiais?

2.1 INTRODUÇÃO

Muitos estudantes ficam inicialmente desconcertados, em cristalografia, pela maneira como os átomos estão arrumados nos materiais. Algumas das dificuldades estão centradas na necessidade de se usar geometria e de se visualizar imagens tridimensionais, mas frequentemente o maior problema é o de se perceber a relevância desse tópico. Os estudantes podem aprender a calcular os índices de Miller e a desenhar o plano apropriado, porém se eles tiverem apenas memorizado um procedimento sem ter ganho o entendimento de como isso está ligado às grandes questões do curso, eles terão aprendido pouco e por pouco tempo. Os estudantes, de maneira bem correta, querem saber como essa informação os ajudará a selecionar o material apropriado para uma dada aplicação ou para reprojetar um material existente para torná-lo mais adequado.

A necessidade de entender a estrutura cristalina (e toda a geometria e a nomenclatura que a acompanha) está fundamentada no conceito de que a estrutura de um material governa suas propriedades. Materiais são selecionados porque têm as propriedades adequadas para uma dada função e essas propriedades determinam se um material é apropriado ou não. O entendimento das estruturas dos materiais abre o caminho para se entender tanto as suas propriedades devidas a essas estruturas quanto os procedimentos de processamento que podem ser usados para alterar as estruturas e, como resultado, as propriedades do material. A Figura 2-1 mostra uma representação gráfica da inter-relação inquebrantável entre estrutura, propriedades e processamento.

O desenvolvimento da estrutura dos materiais fornece um perfeito ponto de entrada no domínio mais amplo da engenharia e ciência dos materiais. As propriedades de qualquer material são determinadas por sua estrutura em quatro níveis distintos:

1. *Estrutura atômica.* Quais átomos estão presentes e que propriedades eles devem ter?
2. *Arranjo atômico.* Como os átomos estão posicionados uns em relação aos outros e que tipo de ligação existe, ou não, entre eles?
3. *Microestrutura.* Que sequenciamento de cristais existe em um nível muito pequeno para ser observado visualmente?
4. *Macroestrutura.* Como as microestruturas se ajustam para compor o material?

| *Estrutura Atômica* | O primeiro nível da estrutura dos materiais, que descreve os átomos presentes.

| *Arranjo Atômico* | O segundo nível da estrutura dos materiais, que descreve como os átomos estão posicionados uns em relação aos outros, bem como descreve as ligações entre eles.

| *Microestrutura* | O terceiro nível da estrutura dos materiais, que descreve o sequenciamento dos cristais em um nível invisível a olho nu.

| *Macroestrutura* | O quarto e último nível da estrutura dos materiais, que descreve como as microestruturas se ajustam para formar os materiais como um todo.

A Tabela 2-1 mostra como esses níveis de ordem se aplicam a cristais te sais. As propriedades de um material são determinadas pelos efeitos combinados de todos os quatro níveis e podem ser modificadas usando diversas técnicas de processamento. Este capítulo foca no desenvolvimento da estrutura em materiais cristalinos e inclui uma análise relativamente detalhada da difração de raios X. Essa análise serve como uma ferramenta para esclarecer o real significado e a relevância dos termos cristalográficos no capítulo.

Propriedades

Estrutura   Processamento

FIGURA 2-1 Relação Estrutura-Propriedades-Processamento

TABELA 2-1	Níveis de Ordem Aplicados a Cristais de Sais	
Estrutura Atômica	Átomos de sódio (Na) e de cloro (Cl) ligados ionicamente.	Cl— ——— Na+
Arranjo Atômico	Inúmeras moléculas de NaCl ligadas entre si formando uma rede cúbica de faces centradas.	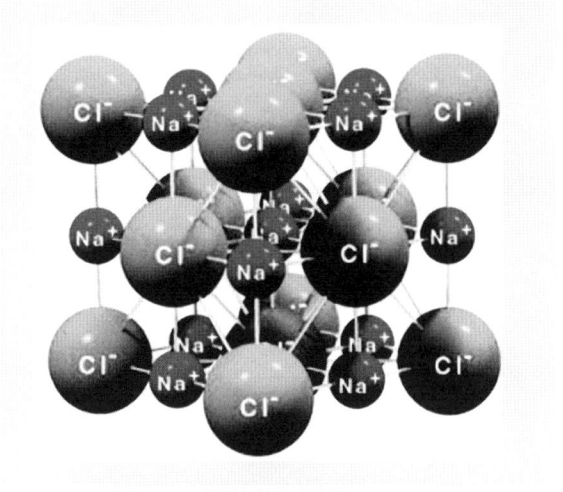
Microestrutura	A fronteira da rede é denominada contorno de grão. Esses contornos são visíveis ao microscópio.	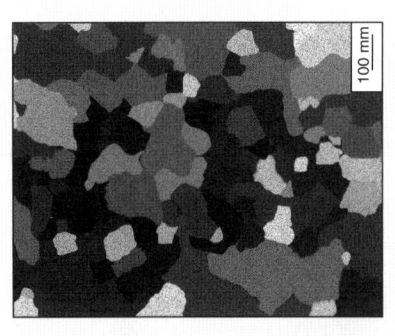
Macroestrutura	A olho nu os cristais de NaCl são vistos como sólidos claros, embora eles possam ter cores devido a impurezas.	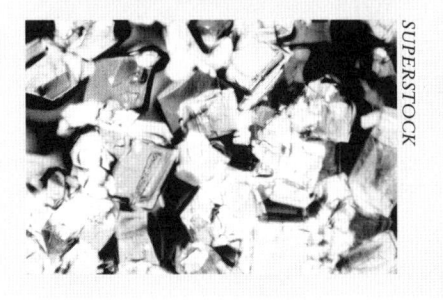

2.2 NÍVEIS DE ORDENAÇÃO

A maioria dos materiais abordados neste texto apresenta ordem, mas isso não é verdade para todos os materiais. O menor nível de ordenação envolve moléculas de gás monoatômicas que preenchem o espaço aleatoriamente, e que têm pouca relevância no

| **Materiais Amorfos** | Materiais cuja ordem alcança apenas os átomos vizinhos mais próximos.

| **Estrutura Cristalina** | O tamanho, forma e arranjo dos átomos em uma rede tridimensional.

| **Redes de Bravais** | As 14 estruturas cristalinas diferentes nas quais os átomos estão posicionados nos materiais.

estudo de ciência dos materiais. Entretanto, a maioria dos materiais tem, pelo menos, alguma ordem de curto alcance. As moléculas de água, mostradas na Figura 2-2, fornecem um exemplo clássico dessa ordem de curto alcance. Materiais com ordenação que alcança apenas os vizinhos mais próximos são denominados **materiais amorfos** (*a* — significa negação, *morfo* — significa forma). Alguns sólidos podem também ser amorfos. Por exemplo, os vidros de sílica que são examinados no Capítulo 5 não possuem ordem tridimensional.

A maioria dos sólidos tem uma significativa ordenação tridimensional de longo alcance e formam uma rede regular. A **estrutura cristalina** de um sólido define o tamanho, a forma e o arranjo dos átomos em uma rede tridimensional. De fato, as redes se organizam em um dentre 14 arranjos, denominados **redes de Bravais**, que estão mostrados na Figura 2-3.

FIGURA 2-2 Moléculas de Água com Ordenação do "Vizinho Mais Próximo"

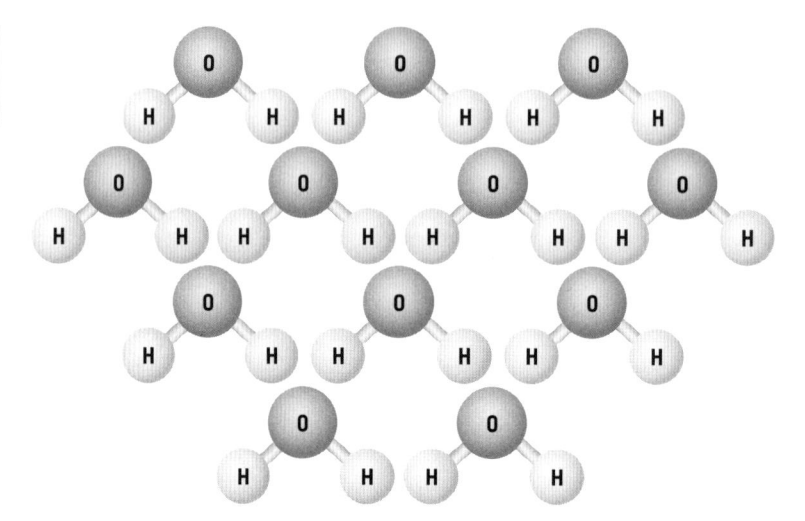

FIGURA 2-3 As Quatorze Redes de Bravais

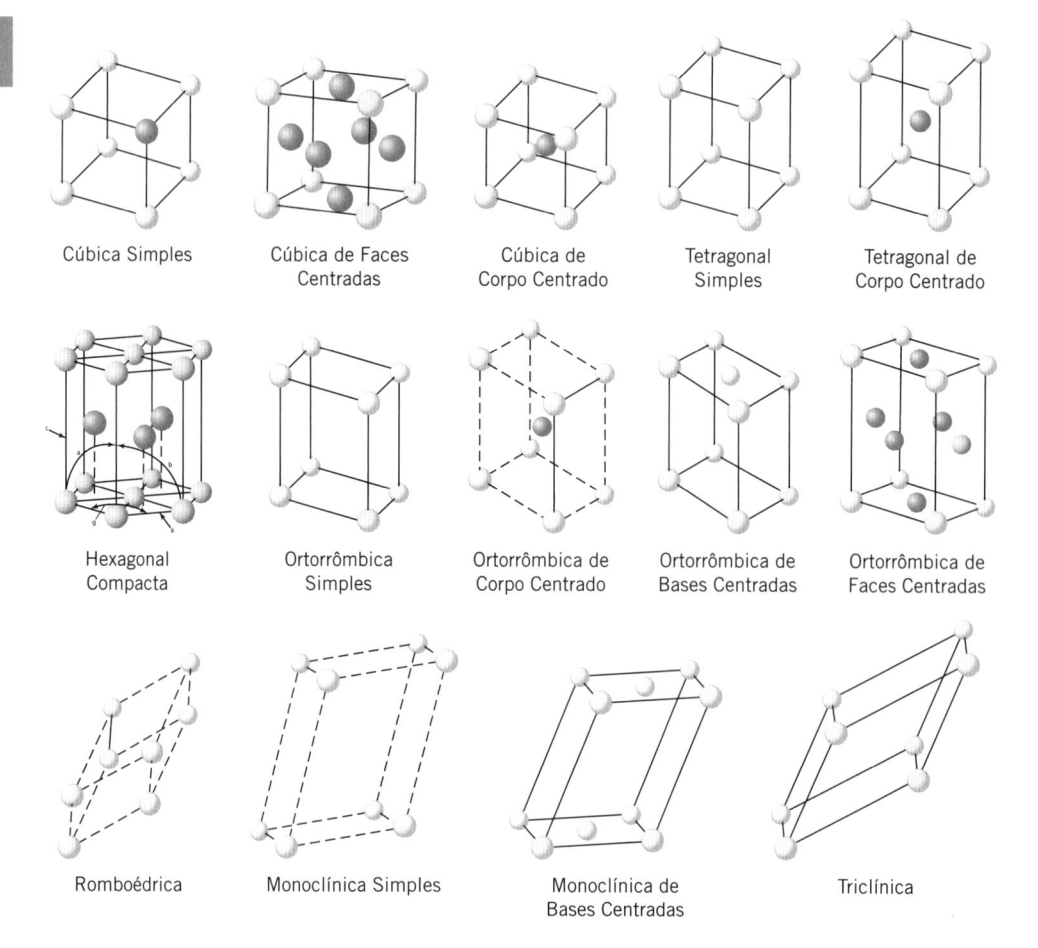

Cúbica Simples

Cúbica de Faces Centradas

Cúbica de Corpo Centrado

Tetragonal Simples

Tetragonal de Corpo Centrado

Hexagonal Compacta

Ortorrômbica Simples

Ortorrômbica de Corpo Centrado

Ortorrômbica de Bases Centradas

Ortorrômbica de Faces Centradas

Romboédrica

Monoclínica Simples

Monoclínica de Bases Centradas

Triclínica

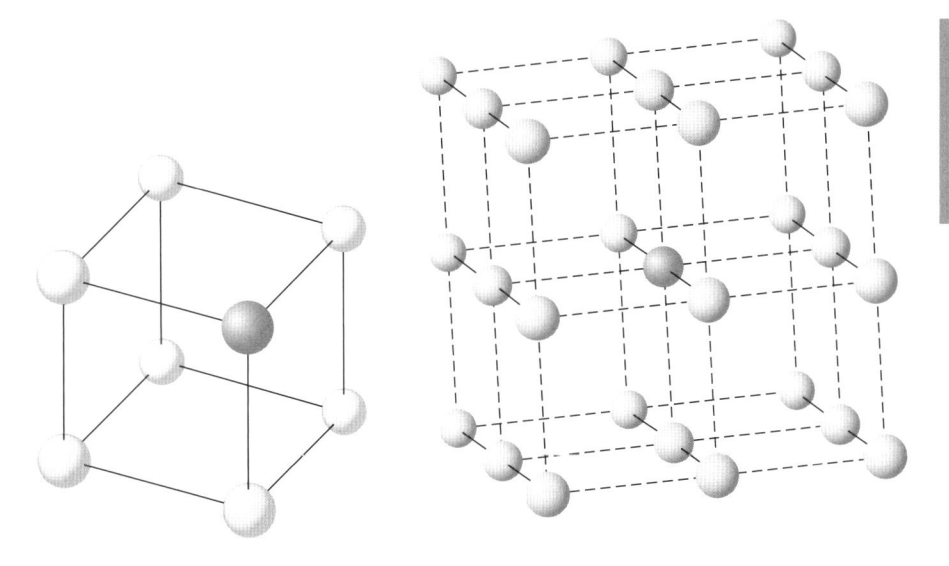

Embora todas as redes de Bravais ocorram na natureza, as três redes cúbicas são as mais fáceis de visualizar e são usadas como base para a maioria das discussões na próxima seção. A célula unitária *cúbica simples* tem um átomo em cada um dos oito vértices do cubo. Embora simples de visualizar, a estrutura cúbica simples é menos comum que as outras duas estruturas cúbicas.

A célula unitária *cúbica de corpo centrado (CCC)* também tem um átomo em cada um dos oito vértices, mas tem um átomo adicional no centro do cubo. A célula unitária *cúbica de faces centradas (CFC)* tem um átomo em cada um dos oito vértices, mais um átomo em cada uma das seis faces do cubo. A rede *hexagonal compacta (HC)* é a mais comum das redes não cúbicas. O topo e a base da rede têm seis átomos formando um hexágono, que envolvem um único átomo central. Um grupo de três átomos fica localizado entre os planos do topo e da base, como mostrado na Figura 2-3.

Obviamente, outras células compartilham a maioria dos átomos presentes em uma célula unitária. Oito células unitárias distintas compartilham um átomo no vértice de uma rede cúbica, como mostrado na Figura 2-4. Duas células unitárias partilham o átomo em uma face de uma célula unitária CFC, enquanto apenas uma célula unitária contém o átomo central em uma célula unitária CCC.

2.3 PARÂMETROS DA REDE E FATORES DE EMPACOTAMENTO ATÔMICO

Uma *célula unitária* é a menor subdivisão de uma rede, que retém as características básicas da rede. No caso da rede mais fundamental, a cúbica simples, a célula unitária é apenas um cubo com um átomo ocupando cada um dos oito vértices. Os tamanhos e as formas das redes são descritos por um conjunto de comprimentos das arestas e de ângulos denominados *parâmetros da rede*. Para qualquer sistema, uma composição dos comprimentos (a, b e c) e dos ângulos (α, β e γ) define a forma da rede, como mostrado na Figura 2-5. Para qualquer dos sistemas cúbicos, os três comprimentos (a, b e c) são iguais, de modo que um único parâmetro da rede (a) pode seu usado para definir toda a rede cúbica. Além disso, todos os ângulos são de 90° para uma rede cúbica. A estrutura HC, mais complexa, requer dois parâmetros de rede. A menor distância entre os átomos no hexágono é representada por **a**, enquanto a maior direção entre os hexágonos é representada por **c**, como mostrado na Figura 2-5. Muitos metais, incluindo o berílio e o magnésio, têm redes HC.

Embora tendamos a desenhar redes como se elas tivessem as formas abertas mostradas nas Figuras 2-3 e 2-4, os átomos, na realidade, se tocam, como mostrado na Figura 2-6. Esse empacotamento permite o cálculo do parâmetro da rede. Para o sistema cúbico sim-

| *Cúbica Simples* | Uma rede de Bravais que tem um átomo em cada vértice da célula unitária.

| *Cúbica de Corpo Centrado (CCC)* | Uma das redes de Bravais, que contém um átomo em cada vértice da célula unitária, bem como um átomo no centro da célula unitária.

| *Cúbica de Faces Centradas (CFC)* | Uma das redes de Bravais, que contém um átomo em cada vértice da célula unitária e um átomo em cada face da célula unitária.

| *Hexagonal Compacta (HC)* | A mais comum das redes de Bravais não cúbicas, tendo seis átomos formando um hexágono nos planos do topo e da base, cercando um único átomo central entre os dois anéis hexagonais.

| *Célula Unitária* | A menor subdivisão de uma rede, que ainda mantém as características da rede.

| *Parâmetros da Rede* | Os comprimentos das arestas e os ângulos de uma célula unitária.

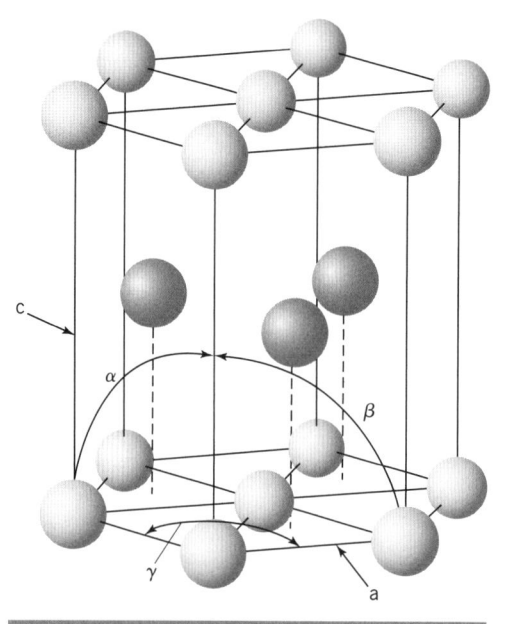

FIGURA 2-5 Estrutura HC com a Indicação dos Parâmetros da Rede

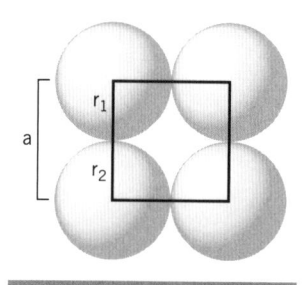

FIGURA 2-6 Empacotamento Real dos Átomos

ples, a distância entre os centros de dois átomos é simplesmente a soma dos raios atômicos dos átomos:

$$a = r_1 + r_2. \tag{2.1}$$

Se um único tipo de átomo está presente na rede, os raios atômicos são os mesmos. O parâmetro da rede de um material puro (a_0) é indicado por um subscrito. Geometria básica pode ser usada para calcular os parâmetros da rede para diferentes configurações de rede, como mostrado na Tabela 2-2.

Essas equações permitem o cálculo do parâmetro da rede para qualquer material que tenha uma estrutura cristalina conhecida, desde que o raio atômico também seja conhecido. A Tabela 2-3 resume os raios atômicos de diversos metais comuns.

O outro parâmetro relevante determinado a partir da estrutura cristalina é o *fator de empacotamento atômico (FEA)*, que é a porcentagem da célula unitária ocupada por átomos, em oposição ao espaço vazio. A Tabela 2-4 resume os FEAs para as redes comuns.

| *Fator de Empacotamento Atômico (FEA)* | A porcentagem da célula unitária ocupada por átomos, em contraposição ao espaço vazio.

TABELA 2-2 Parâmetros da Rede em Função dos Raios Atômicos para Sistemas de Redes Comuns		
Tipo da Rede	*Parâmetro da Rede* (a_0)	*Representação Gráfica*
Cúbica simples	$a_0 = 2r$	2r

(continua)

Tipo da Rede	Parâmetro da Rede (a_0)	Representação Gráfica
Cúbica de corpo centrado (CCC)	$a_0 = \dfrac{4r}{\sqrt{3}}$	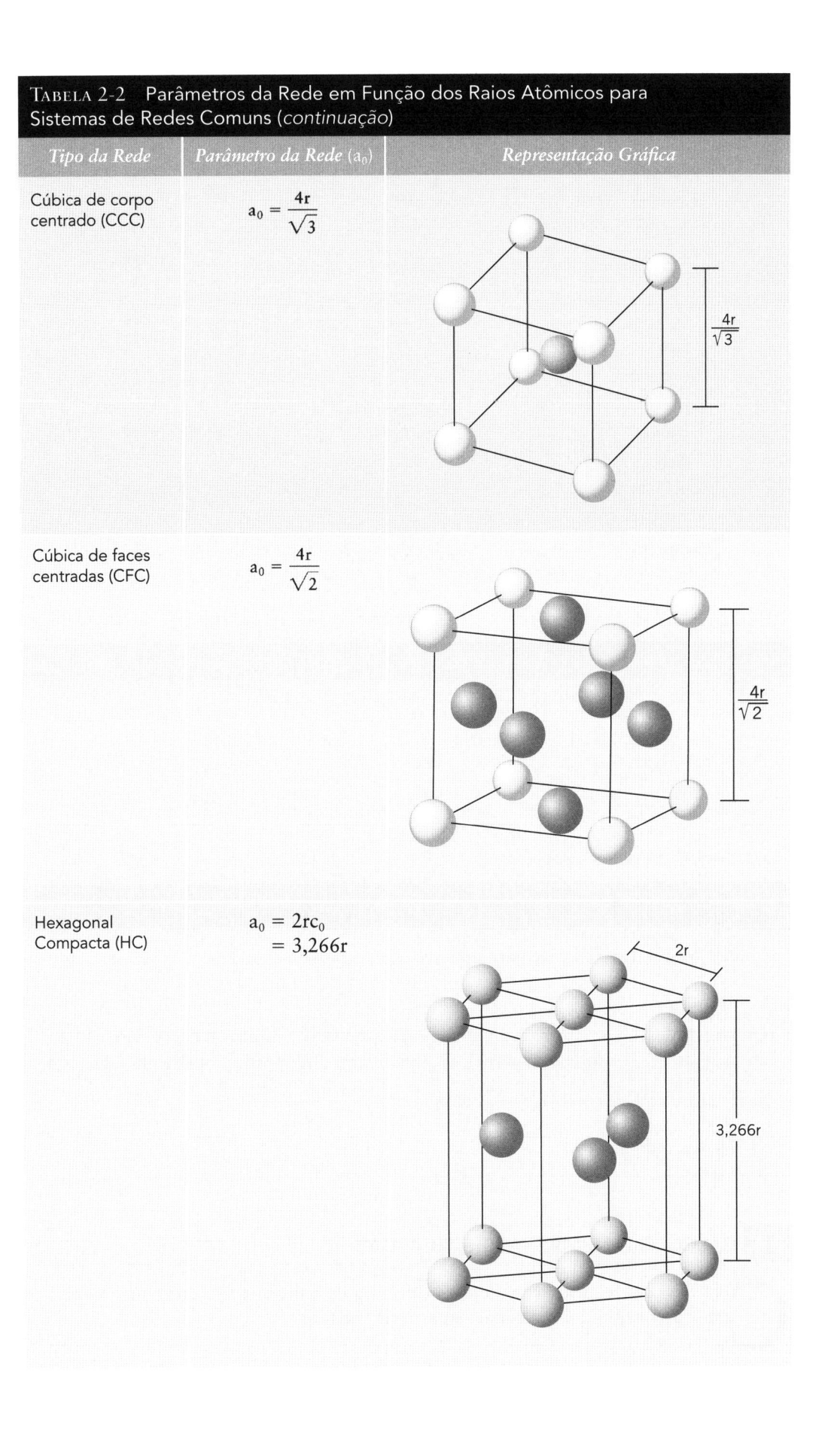
Cúbica de faces centradas (CFC)	$a_0 = \dfrac{4r}{\sqrt{2}}$	
Hexagonal Compacta (HC)	$a_0 = 2rc_0$ $= 3{,}266r$	

Tabela 2-3 Raios Atômicos de Metais Comuns

Material	Tipo da Rede	Raio Atômico (nm)
Alumínio	CFC	0,143
Chumbo	CFC	0,175
Cobalto	HC	0,125
Cobre	CFC	0,128
Cromo	CCC	0,125
Ferro α	CCC	0,124
Ferro γ	CFC	0,124
Magnésio	HC	0,160
Níquel	CFC	0,125
Ouro	CFC	0,144
Platina	CFC	0,139
Prata	CFC	0,144
Titânio	HC	0,144
Tungstênio	CCC	0,137
Zinco	HC	0,133

Tabela 2-4 Fatores de Empacotamento Atômico para Diferentes Tipos de Rede

Tipo da Rede	FEA
CCC	0,68
CFC	0,74
HC	0,74

Exemplo 2-1

Calcule o parâmetro da rede para uma rede de átomos de chumbo.

SOLUÇÃO

Os átomos de chumbo formam uma rede cúbica de faces centradas (CFC) e têm um raio atômico de 0,175 nm (nanômetros). O parâmetro da rede para um sistema CFC está dado na Tabela 2-2 como $a_0 = \dfrac{4r}{\sqrt{2}}$. Assim $a_0 = \dfrac{4 * (0,175 \text{ mm})}{\sqrt{2}}$.

$a_0 = 0,495$ nm.

2.4 CÁLCULO DAS MASSAS ESPECÍFICAS

| *Massa Específica Teórica* |
A massa específica que um material deveria ter se ele tivesse uma rede única e perfeita.

Com um conhecimento completo da estrutura da rede, a *massa específica teórica* de um material pode ser calculada a partir da equação

$$\rho = \frac{nA}{N_A V_c},$$ (2.2)

em que ρ é a massa específica teórica do material, n é o número de átomos por célula unitária, A é o peso atômico do material, N_A é o número de Avogadro ($6,022 \times 10^{23}$ átomos/mol) e V_c é o volume de uma célula unitária. Para um sistema cúbico, o volume da célula unitária é igual ao cubo do parâmetro da rede (a_0^3). Essa equação provém da definição fundamental de massa específica, dada como a massa sobre o volume.

Para determinar o número de átomos por célula unitária, devemos determinar primeiro quantas células unitárias compartilham cada átomo. Um vértice em uma rede cúbica é compartilhado por oito diferentes células unitárias, como visto na Figura 2-4, enquanto um átomo em uma face é compartilhado apenas por duas. O átomo central em uma estrutura CCC pertence inteiramente a uma célula. Como resultado disso, pontos são atribuídos em função da posição. Átomos dos vértices equivalem a $\frac{1}{8}$ de um ponto, átomos nas faces recebem $\frac{1}{2}$ de um ponto, enquanto os átomos internos recebem 1 ponto. O número de átomos por célula é a soma dos pontos atribuídos à célula. Uma célula unitária cúbica simples tem apenas oito átomos nos vértices, cada um equivalendo a $\frac{1}{8}$ de um ponto, perfazendo um total de um átomo por célula. Uma célula unitária CFC tem oito átomos nos vértices, equivalendo a $\frac{1}{8}$ de ponto cada um, mais seis átomos nas faces, cada um equivalendo a $\frac{1}{2}$ ponto. Uma célula unitária CFC tem 4 átomos por célula. De forma equivalente, células CCC têm oito átomos nos vértices (cada um equivalendo a $\frac{1}{8}$ de ponto) mais um átomo interno equivalente a 1 ponto, perfazendo um total de dois átomos por célula unitária.

Os cálculos da massa específica teórica consideram uma rede perfeita, mas como veremos posteriormente no capítulo, as redes têm vários tipos diferentes de imperfeições. Como resultado, os materiais reais tendem a ser ligeiramente menos densos do que os cálculos teóricos preveem.

Exemplo 2-2

Determine a massa específica teórica do cromo a 20°C.

SOLUÇÃO

Da Tabela 2-3, vemos que o cromo tem uma estrutura CCC, com um raio atômico de 0,125 nm. Também sabemos que a massa específica teórica de um material é dada pela Equação 2.2:

$$\rho = \frac{nA}{N_A V_c}.$$

Para um sistema CCC, n = 2 átomos (um devido ao átomo central, um devido aos átomos dos vértices), A = 52 g/mol (da tabela periódica dos elementos) e N_A = 6,022 × 10^{23} átomos/mol.

Para calcular V_c precisamos conhecer o parâmetro da rede (a_0). A Tabela 2-2 nos mostra que o parâmetro da rede para um sistema CCC é dado por

$$a_0 = \frac{4r}{\sqrt{3}}, \text{ logo } a_0 = \frac{4(0,125 \text{ nm})}{\sqrt{3}} \rightarrow a_0 = \frac{4(0,125 \text{ nm})}{\sqrt{3}} = 0,289 \text{ nm}$$

$$V_c = a_0^3 = (0,289 \text{ nm})^3 = 0,0241 \text{ nm}^3$$

$$\rho = \frac{nA}{N_A V_c} = 7,17 \times 10^{-21} \text{ g/nm}^3 \text{ ou } 7,17 \text{ g/cm}^3.$$

2.5 PLANOS CRISTALOGRÁFICOS

Quando é necessário determinar uma direção em um cristal, um sistema de índices simplificado é usado para representar o vetor que define essa direção. Um ponto da rede é arbitrariamente selecionado como a origem e todos os outros pontos são indexados em relação a esse ponto. A Figura 2-7 mostra uma rede cúbica simples com pontos indexados.

Figura 2-7 Indexação Cristalográfica dos Átomos

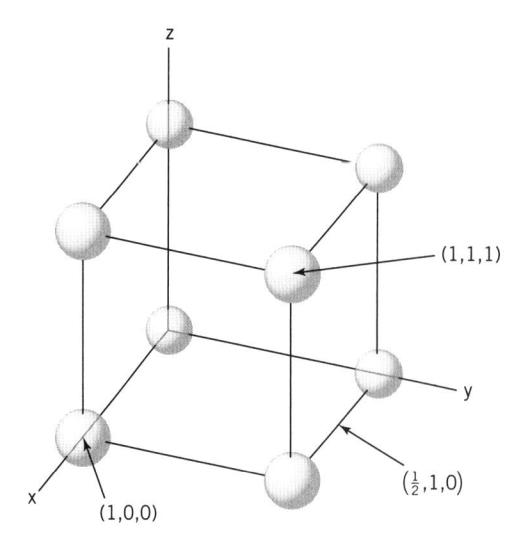

Em cada caso, os índices de um ponto representam o número de parâmetros da rede, a partir da origem, nas direções x, y e z. Se o ponto está a menos de um parâmetro da rede a partir da origem, em uma dada direção, um valor fracionário é usado. A identificação dos pontos é um passo essencial na determinação das dimensões e dos planos cristalográficos.

A determinação dos índices de uma direção é um procedimento direto em quatro etapas:

1. Usando um sistema de coordenadas seguindo a regra da mão direita, determine as coordenadas de dois pontos que estejam sobre uma linha na direção de interesse.
2. Subtraia as coordenadas do primeiro ponto, das coordenadas do segundo ponto para determinar o número de parâmetros da rede percorridos na direção de cada eixo.
3. Elimine as frações e reduza os resultados para o inteiro mais próximo (de modo que 1,25 ficaria sendo 1).
4. Coloque os números entre colchetes com uma linha acima de números negativos (por exemplo, [1 $\bar{2}$ 0] corresponderia a 1 na direção x, −2 na direção y e 0 na direção z).

Exemplo 2-3

Determine os índices para as direções A, B e C mostradas na figura.

SOLUÇÃO

A: Ponto inicial (0,0,0); ponto final (0,1,0)
0,1,0 − 0,0,0 = 0,1,0
Não existem frações para retirar
[0 1 0] são os índices para a Direção A

B: Ponto inicial (1,0,0); ponto final (0,1,1)
0,1,1 − 1,0,0 = −1,1,1
Não existem frações para retirar
[$\bar{1}$ 1 1] são os índices para a Direção B

C: Ponto inicial (0,0,1); ponto final ($\frac{1}{2}$,1,0)
$\frac{1}{2}$,1,0 − 0,0,1 = $\frac{1}{2}$,1,−1
Multiplicando por 2 para eliminar a fração
[1 2 $\bar{2}$] são os índices para a Direção C

Vale à pena esclarecer alguns pontos de dúvidas potenciais em relação aos índices de direções. Especificamente,

- As direções são vetores unitários, de modo que sinais opostos não são iguais. Existem direções opostas ao longo da mesma linha (denominadas antiparalelas). Por exemplo, [0 0 1] ≠ [0 0 $\bar{1}$].
- Direções não têm módulo, de modo que uma direção e seus múltiplos são iguais, desde que não haja alteração de sinais. Por exemplo, [1 2 3] = [2 4 6] = [3 6 9].

Exemplo 2-4

Determine os índices de Miller para os planos mostrados na figura.

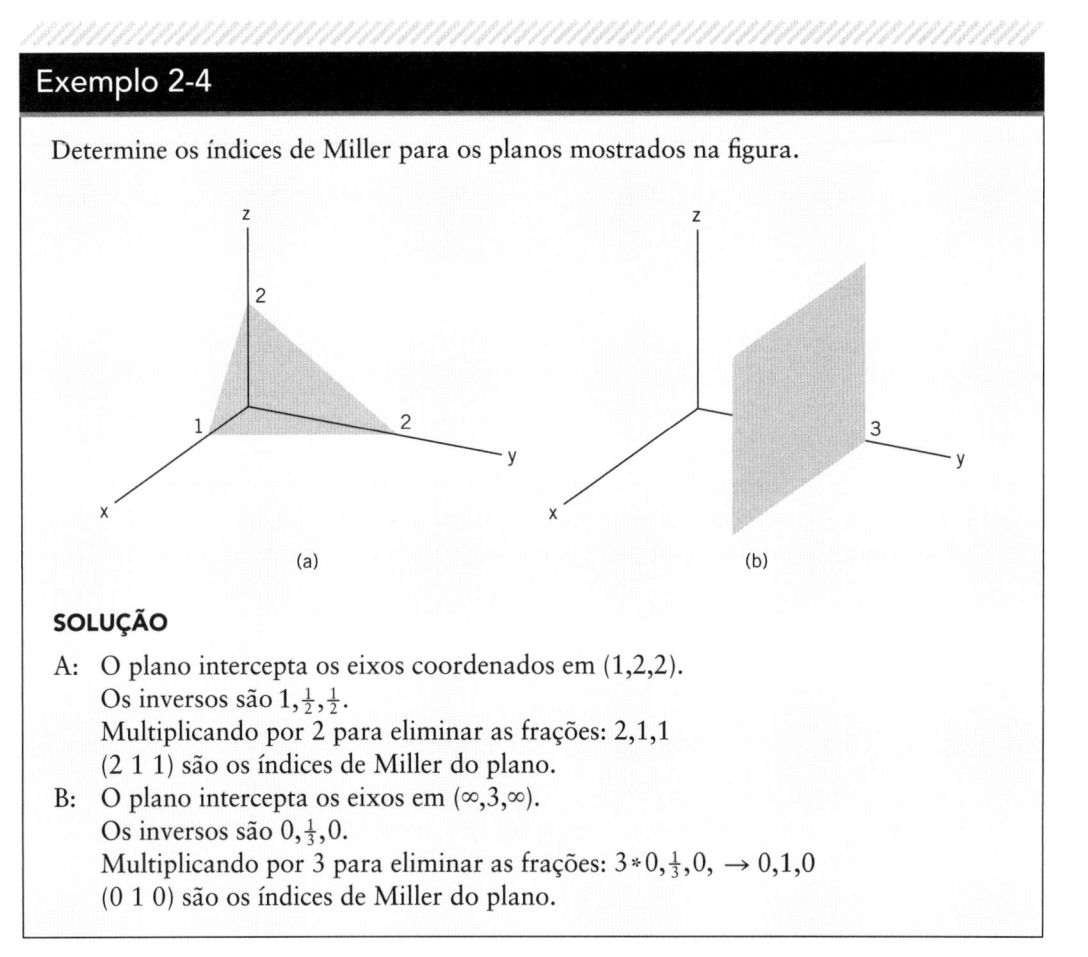

(a)　　　　(b)

SOLUÇÃO

A: O plano intercepta os eixos coordenados em (1,2,2).
Os inversos são $1, \frac{1}{2}, \frac{1}{2}$.
Multiplicando por 2 para eliminar as frações: 2,1,1
(2 1 1) são os índices de Miller do plano.

B: O plano intercepta os eixos em (∞,3,∞).
Os inversos são $0, \frac{1}{3}, 0$.
Multiplicando por 3 para eliminar as frações: $3 * 0, \frac{1}{3}, 0, \rightarrow 0,1,0$
(0 1 0) são os índices de Miller do plano.

2.6 ÍNDICES DE MILLER

Embora as direções sejam importantes nos cristais, estamos frequentemente, mais interessados em seus planos. Quaisquer das três posições da rede em um cristal podem ser usadas para definir um plano, de modo que outro sistema de índices foi desenvolvido para identificar o plano em discussão. Os *índices de Miller* de um plano que passe por quaisquer dos três pontos de uma rede são determinados usando um procedimento em quatro etapas, que é semelhante àquele usado para achar os índices de uma direção. O procedimento para determinar os índices de Miller de um plano é:

| *Índices de Miller* | Um sistema numérico usado para representar planos específicos em uma rede.

1. Identificar onde o plano intercepta os eixos coordenados x, y e z, em termos do número de parâmetros da rede.
2. Obter o inverso desses três pontos.
3. Eliminar as frações, mas sem simplificar os resultados.
4. Colocar os resultados entre parênteses.

Nota: Se o plano nunca intercepta um eixo, considera-se que ele o intercepta no infinito.

Determine os índices de Miller do plano a seguir:

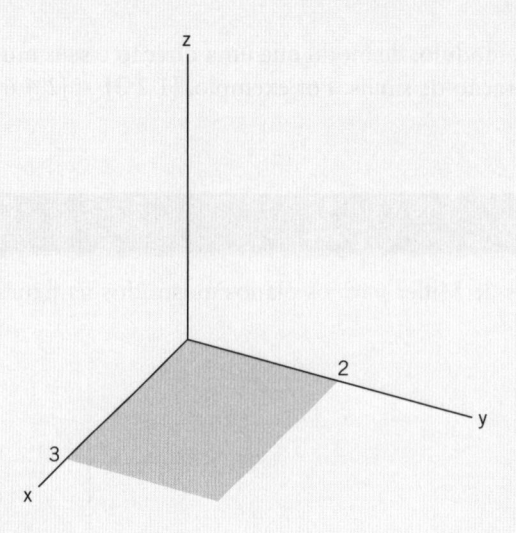

SOLUÇÃO

O plano passa pela origem, de modo que ele intercepta os eixos x e y em todos os seus pontos e o eixo z em zero, mas uma interseção em zero resultaria em um índice z infinito. Portanto, movemos a origem para baixo, por um parâmetro de rede, na direção z:

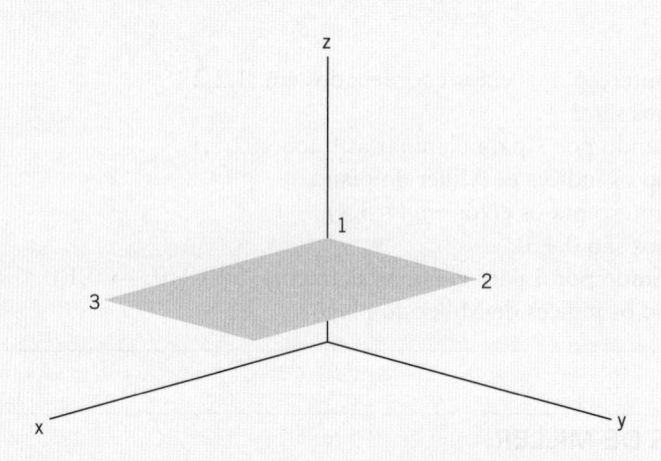

Agora, a interseção em z ocorre em um, enquanto as interseções em x e y se tornam infinitas.

Interseções em $(\infty, \infty, 1)$.

Os inversos são 0, 0, 1.

Não existem frações a serem eliminadas.

(0 0 1) são os índices de Miller do plano.

Os índices de Miller dos planos têm propriedades especiais, que diferem um pouco das propriedades dos índices para direções. Quando se lida com planos:

- Índices de Miller positivos e índices negativos são idênticos. Por exemplo, (0 1 2) = (0 $\bar{1}$ $\bar{2}$).
- Índices de Miller e seus múltiplos são diferentes. Por exemplo, (1 2 3) ≠ (2 4 6).

Existe outra dificuldade em potencial ao se calcular os índices de Miller para um plano. Se o plano contém um eixo coordenado, a interseção para aquela direção seria zero. Isso resultaria em um índice de Miller indefinido, essencialmente infinito, que não pode existir. Afortunadamente, a seleção de um ponto como a origem foi arbitrária. Qualquer ponto da rede pode ser colocado como a origem, de modo que podemos mover a origem para que a interseção não contenha mais o eixo coordenado. O Exemplo 2-5 mostra esse ponto mais claramente.

Em um dado cristal, os mesmos planos são repetidos muitas vezes. A Figura 2-8 mostra uma série de planos, todos com os mesmos índices de Miller. Embora esses planos sejam réplicas perfeitas, a distância entre eles é importante. A distância entre planos repetidos em uma rede é denominada *espaçamento interplanar* (d).

| *Espaçamento Interplanar* | A distância entre planos repetidos em uma rede.

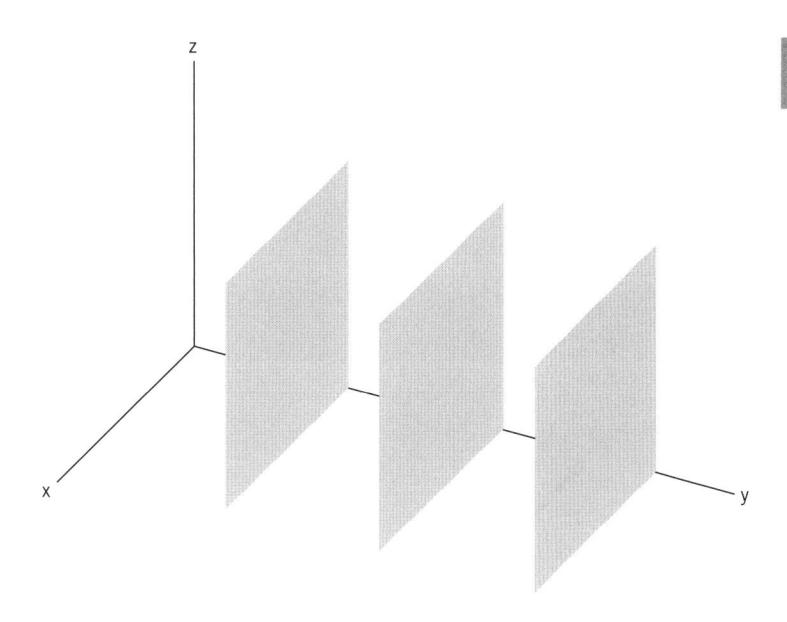

FIGURA 2-8 Planos Repetidos em um Cristal

Como os Cristais São Medidos?

2.7 DIFRAÇÃO DE RAIOS X

A difração de raios X é uma ferramenta poderosa usada para medir a cristalinidade e outras variáveis dependentes da rede. A difração de raios X também auxilia a esclarecer o significado físico dos planos e dos índices de Miller. O princípio da difração de raios X foi desenvolvido a partir do estudo de óptica. A radiação eletromagnética (incluindo os raios X e a luz visível) se move em ondas. Cada tipo de onda eletromagnética tem um comprimento de onda (λ) característico. A faixa de comprimentos de onda dos raios X tem aproximadamente a mesma dimensão que a maioria das distâncias interatômicas. Quando uma onda atinge um objeto sólido (por exemplo, um núcleo atômico), ela reflete com um ângulo de reflexão igual ao ângulo de incidência. A Figura 2-9 mostra um feixe de raios X atingindo átomos em uma rede.

A *difração* descreve a interação das ondas. A Figura 2-10 mostra como duas ondas em fase se somam mediante *interferência construtiva* e como duas ondas fora de fase se cancelam devido à *interferência destrutiva*.

Em um equipamento de difração de raios X, como o mostrado esquematicamente na Figura 2-11, uma fonte emite raios X contra uma amostra e um detector recebe os feixes difratados. A fonte e o detector se movem juntos varrendo diferentes ângulos, mas sempre mantêm entre si a mesma relação de "ângulo de incidência igual ao ângulo de reflexão". Como muitos átomos diferentes estão presentes na rede, a maioria das ondas se cancela. A interferência construtiva da rede ocorre apenas quando a *equação de Bragg* é satisfeita.

$$n\lambda = 2d \operatorname{sen} \theta, \qquad (2.3)$$

| *Difração* | A interação de ondas.

| *Interferência Construtiva* | O aumento na amplitude resultante da interação em fase de duas ou mais ondas.

| *Interferência Destrutiva* | A anulação de duas ondas interagindo fora de fase.

| *Equação de Bragg* | Equação que relaciona o espaçamento interplanar em uma rede à interferência construtiva dos raios X difratados. Seu nome deriva do pai e filho (W.H. e W.L. Bragg) que provaram a relação.

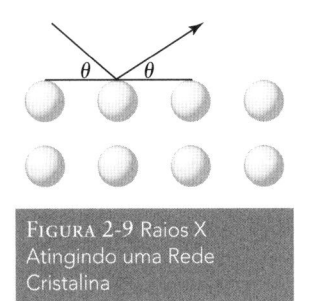

em que n é a ordem das reflexões (considerada como 1), λ é o comprimento de onda do feixe de raios X, d é o espaçamento interplanar e θ é o ângulo de incidência. Ordens de reflexão maiores do que 1 são consideradas pelos índices de Miller.

Os dados gerados por um experimento de difração de raios X consistem em medidas das leituras da intensidade no detector em função do ângulo de incidência. O ângulo é geralmente lido como 2θ, pois tanto a fonte quanto o detector fazem um ângulo θ. Quando não existe interferência construtiva, nada além do ruído de fundo é detectado. Em valores de 2θ nos quais ocorre interferência construtiva, é detectado um aumento do nível de radiação. Uma típica leitura de difração de raios X está mostrada na Figura 2-12.

(a) (b)

FIGURA 2-10 Configurações da Interferência para Raios X: (a) Interferência Construtiva; (b) Interferência Destrutiva

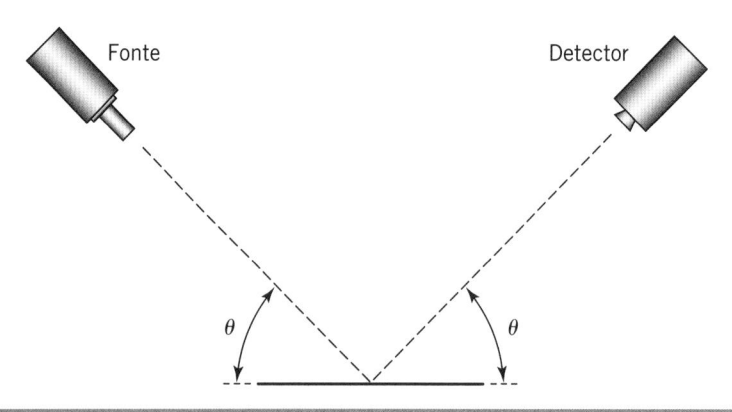

FIGURA 2-11 Operação do Equipamento de Difração de Raios X

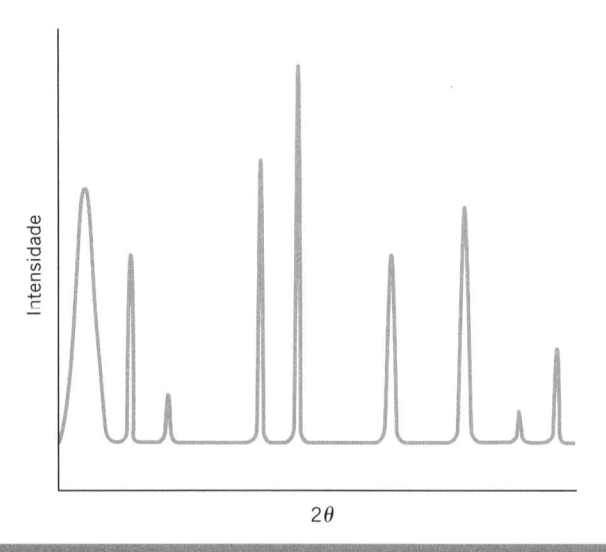

FIGURA 2-12 Exemplo de um Difratograma de Raios X

Cada pico no difratograma corresponde a um plano diferente no cristal. Muitos cálculos podem ser feitos usando difratogramas de raios X e a equação de Bragg. Se o comprimento de onda da fonte de raios X for conhecido, então a equação de Bragg pode ser rearrumada para determinar o espaçamento interplanar do plano correspondente a cada pico,

$$d = \frac{n\lambda}{2\,\text{sen}\,\theta}. \tag{2.4}$$

Já que muitos planos estão presentes em um dado cristal, eles são identificados por seus índices de Miller correspondentes $(h\ k\ l)$. Assim, a Equação 2.3 pode ser escrita, mais apropriadamente, como

$$d_{hkl} = \frac{n\lambda}{2\,\text{sen}\,\theta}. \tag{2.5}$$

O espaçamento interplanar (d_{hkl}) de qualquer plano dado em um sistema cúbico pode ser relacionado com o parâmetro da rede pela seguinte equação:

$$d_{hkl} = \frac{a_0}{\sqrt{h^2 + k^2 + l^2}}. \tag{2.6}$$

Indiferentemente dos átomos específicos, a existência da reflexão de um determinado plano qualquer é função do tipo de rede. Um conjunto específico de combinações $h^2 + k^2 + l^2$ (denominadas **condições de extinção**) existe, tal que é idêntico para todas as redes cúbicas simples; um conjunto diferente existe para todas as redes cúbicas de faces centradas e um terceiro conjunto para cada rede cúbica de corpo centrado. A Tabela 2-5 resume as reflexões presentes para cada tipo de rede cúbica.

| *Condições de Extinção* |
A redução sistemática na intensidade dos picos de difração devidos a planos específicos da rede.

A Tabela 2-5 mostra que a soma dos índices de Miller $(h^2 + k^2 + l^2)$ para o plano que gera o primeiro pico de difração em um sistema CCC deve ser igual a 2. Assim sendo, a Equação 2.6 pode ser usada para calcular o parâmetro da rede para cada plano, se o tipo da rede for conhecido. Para qualquer rede cúbica, o parâmetro da rede deve ser o mesmo em cada direção, o que permite uma verificação de outros cálculos.

O difratograma também pode ser usado para determinar o tipo de rede presente em um material. Se as Equações 2.5 e 2.6 forem combinadas, resulta a seguinte relação:

$$\text{sen}^2\theta = \frac{\lambda^2}{4a_0^2}(h^2 + k^2 + l^2). \tag{2.7}$$

A Equação 2.7 pode ser usada para analisar a relação entre picos. Como o comprimento de onda dos raios X não varia e o parâmetro da rede é o mesmo para todos os planos em uma rede cúbica, a Equação 2.7 pode ser aplicada a dois picos para dar

$$\frac{\text{sen}^2\theta_2}{\text{sen}^2\theta_1} = \frac{(h^2 + k^2 + l^2)_2}{(h^2 + k^2 + l^2)_1}. \tag{2.8}$$

A razão dos termos em $\text{sen}^2\theta$ no lado esquerdo da Equação 2.8 dá a razão relativa entre as somas dos quadrados dos índices de Miller dos dois picos. Juntamente com a informação na Tabela 2-5, essa informação pode identificar o pico. O Exemplo 2-7 ilustra esse ponto mais claramente.

TABELA 2-5	Reflexões Presentes para Cada Tipo de Rede Cúbica
Tipo de Rede	$h^2 + k^2 + l^2$
CCC	2, 4, 6, 8, 10, 12, 14, 16
CFC	3, 4, 8, 11, 12, 16
Simples	1, 2, 3, 4, 5, 6, 8

Exemplo 2-6

Uma fonte de difração de raios X, com comprimento de onda de 0,7107 angstroms é direcionada contra uma amostra, gerando os picos a seguir. Se o material tem uma rede com estrutura CCC, determine o espaçamento interplanar, o parâmetro da rede e a soma dos quadrados dos índices de Miller para cada plano.

Pico	2θ
1	20,20
2	28,72
3	35,36

SOLUÇÃO

Para qualquer pico dado, o espaçamento interplanar é obtido pela Equação 2.5, $d_{hkl} = n\lambda/2\,\mathrm{sen}\,\theta$, logo $d_{hkl} = (1)(0,7107\ \mathrm{angstroms})/2\ \mathrm{sen}\ (10,10°) = 2,026$ angstroms.

Para um sistema CCC, a Tabela 2-5 mostra que a soma dos quadrados dos índices de Miller para o primeiro plano deve valer 2. Assim, a Equação 2-6 pode ser usada para calcular o parâmetro da rede (a_0):

$$d_{hkl} = \frac{a_0}{\sqrt{(h^2 + k^2 + l^2)}}$$

$$(2,026\ \text{angstroms}) = \frac{a_0}{\sqrt{2}}$$

$$a_0 = 2,868\ \text{angstroms}$$

dando os resultados resumidos a seguir:

Pico	2θ (°)	d_{hkl} (angstroms)	$h^2 + k^2 + l^2$	a_0 (angstroms)
1	20,20	2,026	2	2,867
2	28,72	1,432	4	2,865
3	35,36	1,170	6	2,867

Exemplo 2-7

Determine o tipo de rede no material responsável pelas seguintes informações obtidas do seu difratograma:

Pico	2θ
1	20,20
2	28,72
3	35,36
4	41,07
5	46,19
6	50,90
7	55,28
8	59,42

SOLUÇÃO

Começamos aplicando a Equação 2.8 aos dois primeiros picos. Observe que o valor listado na tabela é de 2θ, enquanto θ é o valor necessário na equação.

$$\frac{\operatorname{sen}^2(\ 14,36)}{\operatorname{sen}^2(\ 10,10)} = \frac{(h^2 + k^2 + l^2)_2}{(h^2 + k^2 + l^2)_1},$$

o que dá

$$\frac{0,0615}{0,0308} = \frac{(h^2 + k^2 + l^2)_1}{(h^2 + k^2 + l^2)_2} = 2.$$

Esse resultado mostra que a razão da soma dos quadrados dos índices de Miller dos primeiros dois picos vale 2. Não existe maneira de se saber a soma das reflexões para o primeiro pico, mas acabamos de determinar que a soma $(h^2 + k^2 + l^2)$ do segundo pico vale duas vezes a do primeiro. De acordo com a Tabela 2-5, os valores de $(h^2 + k^2 + l^2)$ para os dois primeiros picos de um sistema CCC são 2 e 4. A razão de $\frac{4}{2}$ vale 2, de modo que o sistema pode ser CCC. De maneira análoga, o cúbico simples tem valores de $(h^2 + k^2 + l^2)$ que valem 1 e 2 para os dois primeiros picos. Logo o cúbico simples permanece uma possibilidade. Entretanto, os primeiros dois picos do CFC têm como valores 3 e 4. Isso dá uma razão de 1,33 em vez de 2, indicando que o difratograma não poderia ter sido gerado por uma rede CFC.

Comparando agora cada pico no difratograma com o primeiro pico.

Pico	2θ	$\operatorname{Sen}^2\theta$	$\operatorname{Sen}^2\theta/\operatorname{Sen}^2\theta_1$
1	20,20	0,0308	1
2	28,72	0,0615	2
3	35,36	0,0922	3
4	41,07	0,1230	4
5	46,19	0,1539	5
6	50,90	0,1847	6
7	55,28	0,2152	7
8	59,42	0,2456	8

Se a rede fosse cúbica simples, de acordo com a Tabela 2-5, o sétimo pico teria um valor de $(h^2 + k^2 + l^2)$ que seria oito vezes o do primeiro pico. Em vez disso, o pico 7 tem um valor de $(h^2 + k^2 + l^2)$ que é sete vezes o do pico 1. O único conjunto que daria a razão exata seria o CCC, para o qual $(h^2 + k^2 + l^2)$ vale 2 para o pico 1 e 14 para o pico 7.

Até agora, a maior parte da discussão tratou os materiais como se eles fossem formados por uma única rede perfeita de cristais alinhados. Em vez disso, os materiais reais consistem de regiões cristalinas, ou *cristalitos*, separadas uma das outras por *contornos de grão*. Assim sendo, um material real exibe uma estrutura muito mais semelhante ao *mosaico cristalino* mostrado na Figura 2-13.

O mesmo difratograma de raios X fornece informação sobre o tamanho médio dos cristais. Se o material fosse um cristal puro, cada pico seria extremamente fino e não teria virtualmente nenhum alargamento. Na verdade, cada pico se alarga por certa faixa de valores de 2θ. Para grãos relativamente pequenos, o alargamento está relacionado à espessura dos cristais em um plano pela *equação de Scherrer*:

$$t = \frac{0,9\lambda}{B \cos \theta_B}, \tag{2.9}$$

| *Cristalitos* | Regiões de um material nas quais os átomos estão arrumados em um arranjo regular.

| *Contornos de Grão* | As áreas de um material que separam diferentes regiões de cristalitos.

| *Mosaico Cristalino* | Uma estrutura hipotética, que considera as irregularidades nos contornos entre os cristalitos.

| *Equação de Scherrer* | Uma maneira de relacionar o alargamento dos picos em um difratograma de raios X com a espessura dos cristais na amostra.

Figura 2-13 Estrutura do Mosaico Cristalino

em que t representa a espessura do cristal, λ é o comprimento de onda da fonte de raios X, B é a largura do pico e θ_B é o valor de θ no topo do pico. Como um pico de difração se afina conforme ele se aproxima do topo, o alargamento do pico depende de onde ele é medido. Como norma, a ***largura total a meia altura (LTMA)*** é usada; significando que o alargamento do pico é medido no valor de intensidade correspondente à metade do valor mais alto do pico. A Figura 2-14 mostra a LTMA para um pico de exemplo.

| ***Largura Total a Meia Altura (LTMA)*** | Uma normalização usada para medir o alargamento no pico de um difratograma, medida no valor da intensidade correspondente à metade do maior valor do pico.

Lendo-se os valores de $2\theta_1$ e $2\theta_2$ à LTMA, B pode ser determinado a partir da equação

$$B = 0,5\,(2\theta_2 - 2\theta_1) = \theta_2 - \theta_1 \tag{2.10}$$

Figura 2-14
Medida da Largura
Total a Meia Altura

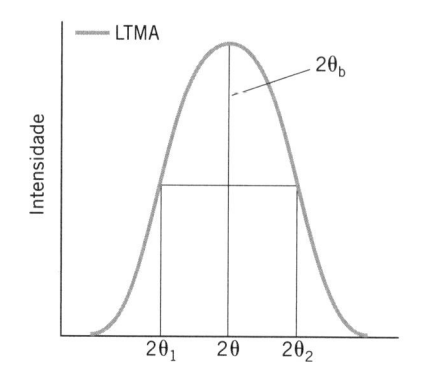

Exemplo 2-8

Estime a espessura dos cristais, a partir dos planos correspondentes ao pico 2 do Exemplo 2-6, dado que $2\theta_1 = 28,46$ e $2\theta_2 = 28,98$.

SOLUÇÃO

A espessura dos cristais é estimada usando a equação de Scherrer (2.9), assim

$$t = \frac{0,9\lambda}{B \cos \theta_B}$$

$$t = \frac{0,9(0,7107 \text{ nm})}{0,5(28,98 - 28,46) \cos (28,72/2)}$$

$$t = 2,54 \text{ nm}$$

2.8 MICROSCOPIA

Ver diretamente as características estruturais seria, frequentemente, a melhor maneira de entender a estrutura de um material. Algumas características, incluindo o tamanho dos grãos, grandes defeitos no material, trincas e estruturas presentes em ligas são, por vezes, visíveis ao olho nu. Frequentemente, entretanto, as características estruturais de interesse são muito pequenas para serem vistas diretamente. Em tais casos, o uso de microscópios se torna valioso.

Existem diversos tipos diferentes de microscópios e eles são classificados em função de suas fontes de luz (ou de outra radiação). Os microscópios mais comuns (presentes em essencialmente todos os laboratórios científicos) são os microscópios ópticos. Se o material é opaco (por exemplo, metais, cerâmicas e a maioria dos polímeros e compósitos), apenas uma superfície pode ser examinada microscopicamente e a luz refletida passando através da lente deve revelar a imagem. Para a maioria dos materiais, a superfície deve ser polida antes que quaisquer características significativas sejam reveladas. Muitos materiais requerem um tratamento superficial por ataque químico para revelar qualquer informação. A reatividade entre os agentes de ataque químico e alguns materiais varia em função da orientação de seus grãos. Agentes de ataque químico específicos são escolhidos de modo que grãos adjacentes sejam afetados de maneira diferente e o contraste entre os grãos se tornará visível sob o microscópio óptico.

A *microscopia óptica* oferece diversas vantagens. O equipamento é barato e de fácil operação. Características estruturais grandes, tais como grãos e trincas, ficam frequentemente aparentes. Programas de computador comerciais podem calcular o tamanho de cada grão visível. Entretanto, os microscópios ópticos são limitados até cerca de 2000× de aumento e muitas das características estruturais que governam o comportamento estão presentes em um escala bem menor.

| *Microscopia Óptica* | O emprego de luz para ampliar objetos até 2000 vezes.

Quando a microscopia óptica é insuficiente, os cientistas de materiais se voltam para a microscopia eletrônica. Nesse caso, em vez da luz visível, um feixe focalizado de elétrons de alta energia serve como fonte para a imagem. O comprimento de onda efetivo de um feixe eletrônico é de 0,003 nm, permitindo uma resolução de detalhes mais finos. Dois tipos distintos de microscópios eletrônicos estão disponíveis para fornecer informações diferentes.

Os *microscópios eletrônicos de varredura (MEVs)* usam o feixe de elétrons secundários ou de elétrons retroespalhados para projetar uma imagem em um monitor, semelhante ao que ocorre em uma televisão ou em uma tela de computador. A resolução de detalhes no nível submicrométrico é possível com um MEV e a maioria dos sistemas é capaz de capturar a imagem digital para impressão ou análise. Características superficiais são diretamente visíveis, o que torna o MEV ideal para análise de superfícies rugosas, mesmo sob baixa ampliação. Alguma habilidade em se posicionar e focalizar o feixe é necessária quando se usa o MEV. Além disso, os pesquisadores devem ser cuidadosos para assegurar que a região do material sob análise é suficientemente representativa de todo o material. Diferente do microscópio óptico, um MEV de alta resolução custa algumas centenas de milhares de dólares.

| *Microscópios Eletrônicos de Varredura (MEVs)* | Microscópios que focalizam um feixe de elétrons de alta energia na amostra e recolhem os feixes retroespalhado e secundário desses elétrons.

| *Microscopia Eletrônica de Transmissão (MET)* | É uma técnica de microscopia que passa um feixe de elétrons através da amostra e usa as diferenças no espalhamento e na difração do feixe para visualizar o objeto desejado.

A *microscopia eletrônica de transmissão (MET)* envolve a passagem de um feixe eletrônico através da amostra e usa as diferenças no espalhamento do feixe e da sua difração para revelar uma imagem. A MET é especialmente efetiva para analisar defeitos microestruturais. A MET pode ampliar uma imagem 1.000.000 de vezes, mas, da mesma forma que os MEVs, são extremamente caros e requerem alguma habilidade para serem operados. Adicionalmente, a preparação de amostras apresenta desafios, pois a maioria dos materiais absorve os feixes eletrônicos. Para compensar esse problema, um filme extremamente fino de material deve ser preparado para análise, para permitir que um feixe de elétrons suficiente passe através da amostra. Como a MET usa a difração de um feixe eletrônico para gerar as informações para sua imagem, a análise dos padrões de difração e espalhamento pode fornecer informações estruturais adicionais. Os princípios da difração de elétrons são bastante semelhantes àqueles da difração de raios X, discutidos anteriormente neste capítulo.

Como os Cristais se Formam e Crescem?

2.9 NUCLEAÇÃO E CRESCIMENTO DE GRÃO

| *Núcleos* | Pequenas aglomerações ordenadas de átomos, que servem como base para o subsequente crescimento dos cristais.

O crescimento de cristais é um fenômeno em dois estágios. Primeiro, pequenas regiões ordenadas devem se formar. Esses nanocristalitos são chamados *núcleos* e o processo pelo qual eles se formam é a *nucleação*. Os núcleos se formam aleatoriamente. A maioria é muito pequena para se sustentar e desaparece rapidamente, mas quando ocorre de um núcleo ser maior do que um certo valor crítico (tipicamente cerca de 100 átomos), a termodinâmica do sistema muda e o crescimento adicional é favorecido.

| *Nucleação* | O processo de formação de pequenas aglomerações ordenadas de átomos, que servem como base para o crescimento dos cristais.

A *nucleação homogênea* ocorre quando um material puro resfria o suficiente para sustentar a formação de núcleos estáveis. A *nucleação heterogênea* resulta quando impurezas fornecem uma superfície para o núcleo se formar. A presença dessa superfície torna mais fácil o fenômeno da nucleação e apenas poucos átomos são necessários para se alcançar o raio crítico. Núcleos estáveis na água congelada não se formariam até $-40°C$ por nucleação homogênea, mas as impurezas permitem que a nucleação ocorra em temperaturas bem mais altas. A taxa de nucleação é função da temperatura, tanto para a nucleação homogênea quanto para a nucleação heterogênea.

| *Nucleação Homogênea* | Aglomeração de átomos que ocorre quando um material puro resfria o suficiente para autossustentar a formação de núcleos estáveis.

| *Nucleação Heterogênea* | Aglomeração de átomos em torno de uma impureza, a qual atua como substrato para o crescimento de cristais.

Uma vez que os núcleos estáveis tenham se formado, eles começam o segundo passo do processo: *crescimento de grão*. Como muitos fenômenos em ciência dos materiais, o crescimento de grãos segue um relação com dependência da temperatura, denominada equação de Arrhenius. Para o crescimento de grãos,

$$\frac{dG}{dt} = A_0 \exp\left(\frac{-E_A}{RT}\right), \tag{2.11}$$

em que G é o tamanho do cristal em crescimento, t é o tempo, A_0 é uma constante pré-exponencial que varia em função do material, R é a constante dos gases, E_A é a energia de ativação para difusão e T é a temperatura absoluta.

| *Crescimento de Grão* | O segundo estágio na formação dos cristais, o qual é dependente da temperatura e pode ser descrito usando a equação de Arrhenius.

Para o crescimento do cristal acontecer, tanto o processo de nucleação quanto o de crescimento de grão devem ocorrer. A taxa de transformação global é o produto da taxa de nucleação e da taxa de crescimento.

Que Tipos de Defeitos Estão Presentes nos Cristais e o que Eles Afetam?

2.10 DEFEITOS PONTUAIS

| *Defeitos Pontuais* | Um defeito na estrutura de um material que ocorre em uma única posição da rede, tal como lacunas e defeitos substitucionais e intersticiais.

A maioria das discussões sobre estruturas cristalinas enfocou redes construídas de maneira perfeita, sem defeitos de qualquer tipo. Mas todas as redes cristalinas têm defeitos. Quando o defeito ocorre em uma única posição específica na rede ele é denominado *defeito pontual*. Podem existir três tipos de defeitos pontuais: lacunas, defeitos substitucionais e defeitos intersticiais.

Lacunas são resultantes da ausência de um átomo em uma posição da rede. Posições vazias na rede reduzem a resistência e a estabilidade da rede como um todo. Afortunadamente, poucas lacunas existem à temperatura ambiente, mas o número de lacunas aumenta com o aumento da temperatura. A temperatura elevada fornece mais energia para os átomos da rede, que podem romper suas ligações e se difundir. A dependência da quantidade de lacunas com a temperatura é governada por uma forma da *equação de Arrhenius*,

$$N_L = N_0 \exp\left(\frac{-Q_L}{RT}\right), \tag{2.12}$$

em que N_L é o número de lacunas, N_0 é uma constante pré-exponencial específica do material, R é a constante dos gases, T é a temperatura absoluta e Q_L é a energia necessária para criar uma lacuna. À medida que o material se aproxima da sua temperatura de fusão, a quantidade de lacunas frequentemente se aproxima de uma posição da rede em 10.000.

Os *defeitos substitucionais* ocorrem quando um átomo em uma posição da rede é substituído por um átomo de um elemento diferente. Substitucionais podem tanto ser benéficos como prejudiciais, dependendo do átomo substitucional e das propriedades desejadas. Algumas vezes átomos substitucionais são deliberadamente introduzidos em um material, através de um processo denominado *dopagem*. Como será mostrado no Capítulo 9, a dopagem é particularmente importante na fabricação de materiais eletrônicos.

Os *defeitos intersticiais* ocorrem quando um átomo ocupa um espaço da rede que estaria normalmente vazio. Geralmente, esse átomo deve ser pequeno o suficiente para se alojar em um vazio da rede. Materiais cerâmicos e iônicos estão sujeitos a uma forma especial de defeitos intersticiais, que está relacionada às partículas carregadas. Um *defeito de Frenkel* ocorre pela difusão de um cátion para uma posição intersticial na rede, como mostrado na Figura 2-15(a). O resultado dessa difusão é um defeito intersticial catiônico e uma lacuna catiônica. Um *defeito de Schottky* ocorre quando lacunas de um cátion e de um ânion se formam na rede, como mostrado na Figura 2-15(b). Como o material deve permanecer eletricamente neutro, uma lacuna não pode se formar sem a formação da outra.

| *Lacunas* | Defeitos pontuais resultantes da falta de um átomo em uma posição particular da rede.

| *Equação de Arrhenius* | Equação geral usada para predizer a dependência de várias propriedades físicas com a temperatura.

| *Defeitos Substitucionais* | Defeitos pontuais que resultam da substituição de um átomo da rede por um átomo de um elemento diferente.

| *Defeitos Intersticiais* | Defeitos pontuais que ocorrem quando um átomo ocupa um espaço que normalmente estaria vazio.

| *Defeito de Frenkel* | Um defeito pontual encontrado em materiais cerâmicos, que ocorre quando um cátion se difunde para uma posição intersticial da rede.

| *Defeito de Schottky* | Um defeito pontual que ocorre em cerâmicas quando faltam tanto um cátion quanto um ânion na rede.

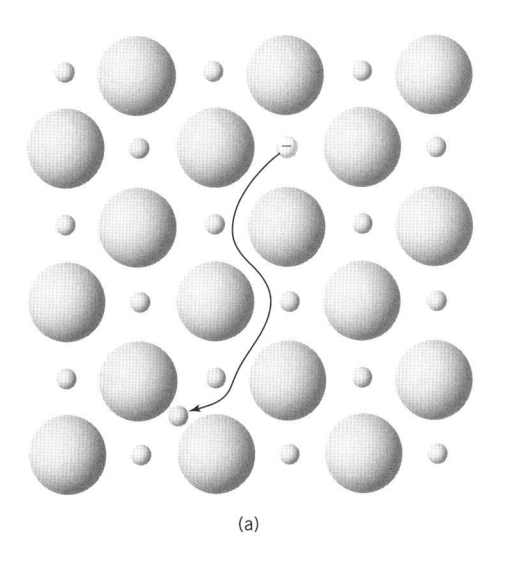

(a)

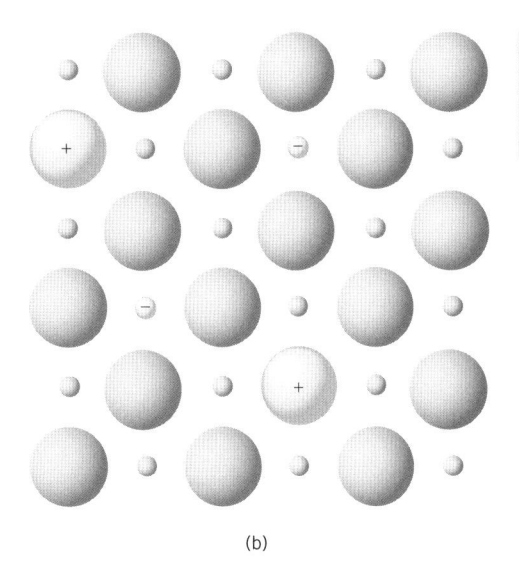

(b)

2.11 DISCORDÂNCIAS

Além dos defeitos pontuais, seções inteiras da própria rede podem ser deformadas. Esses defeitos da rede, de larga escala, são denominados *discordâncias*, porque eles são resultantes de dobras ou distorções da própria rede. Existem três tipos principais de discordâncias: em aresta, em hélice ou mista. As *discordâncias em aresta* resultam da adição de um semiplano extra na rede, como mostrado na Figura 2-16. Os átomos que estão em contato direto com a discordância em aresta estão comprimidos, enquanto os átomos ime-

| *Discordâncias* | Defeitos da rede, de larga escala, que ocorrem devido a alterações da estrutura da própria rede.

| *Discordâncias em Aresta* | Defeitos da rede causados pela adição de um plano de átomos parcial na estrutura de uma rede.

diatamente abaixo da discordância estão mais afastados. A linha que se estende ao longo do semiplano extra de átomos é denominada **linha da discordância**.

Uma **discordância em hélice** resulta de um corte e um deslocamento da rede de um espaçamento atômico, como mostrado na Figura 2-17.

As **discordâncias mistas** ocorrem quando a rede contém tanto discordâncias em aresta quanto em hélice, com uma região de transição discernível entre elas, como mostrado na Figura 2-18.

O módulo e o sentido da distorção causada na rede pelas discordâncias são representados por um **vetor de Burgers** (b) definido por

$$\|b\| = \frac{a}{2}\sqrt{h^2 + k^2 + l^2} \tag{2.13}$$

Para a maioria dos metais e outros sistemas compactos, o módulo do vetor de Burgers é igual ao espaçamento interplanar do material, pois a rede é normalmente deslocada por uma distância interplanar, devido à discordância. O vetor de Burgers e a linha da discordância formam um ângulo reto nas discordâncias em aresta e são paralelos nas discordâncias em hélice.

As discordâncias se originam de três fontes principais:

1. Da *nucleação homogênea*. Ligações na estrutura da rede se rompem e a rede é cisalhada, criando dois planos de discordâncias, em direções opostas, um em frente do outro.
2. Dos *contornos de grão*. Degraus e ressaltos presentes nos contornos entre grãos adjacentes se propagam durante os primeiros estágios da deformação.
3. De *interações rede/superfície*. Degraus localizados na superfície do cristal concentram tensões em pequenas regiões, tornando a propagação das discordâncias muito mais provável.

A nucleação homogênea requer uma tensão concentrada para romper as ligações da rede e, dificilmente ocorre espontaneamente; iniciação a partir do contorno de grão e da superfície é mais fácil e mais comum.

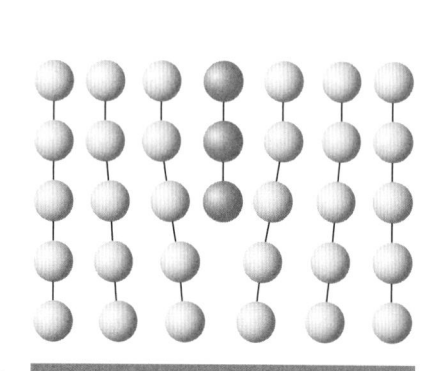

Figura 2-16 Discordância em Aresta

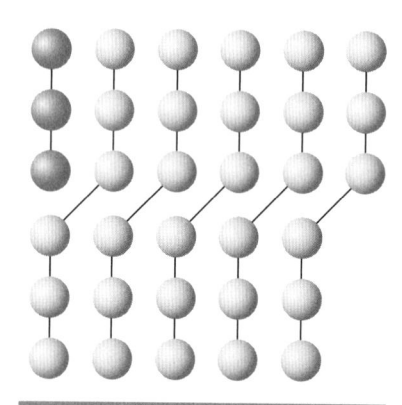

Figura 2-17 Discordância em Hélice

De William D. Callister, Materials Science and Engineering, 6.ª edição. Reimpresso com permissão de John Wiley & Sons, Inc.

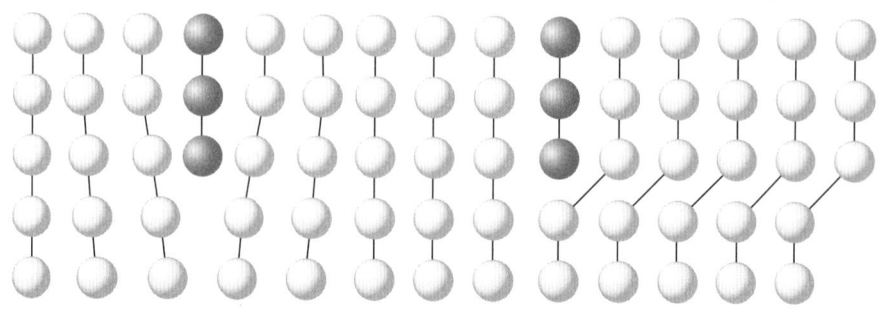

Figura 2-18 Discordância Mista

Quando submetidas a uma tensão cisalhante, as discordâncias podem se mover em um material. As forças cisalhantes causam ruptura das ligações entre átomos, ao longo de um plano. Esse plano se desloca ligeiramente e as ligações são refeitas com átomos vizinhos, fazendo com que a discordância deslize por um comprimento atômico. O processo se repete e resulta em um cristal deformado, como mostrado na Figura 2-19. O movimento de discordâncias através de um cristal é denominado **deslizamento**. Vários fatores afetam a probabilidade de haver deslizamento:

- O deslizamento ocorre mais facilmente quando os átomos estão próximos. A tensão necessária para induzir deslizamento aumenta exponencialmente com o aumento do espaçamento interplanar.
- O deslizamento requer a ruptura de ligações, de modo que materiais com ligações covalentes fortes (tais como polímeros) são resistentes ao movimento de discordâncias.
- Materiais com ligações iônicas (tais como óxidos metálicos) são resistentes ao movimento de discordâncias devido às distâncias interplanares maiores e às repulsões causadas quando partículas com cargas iguais são forçadas a se aproximar umas das outras.

A direção na qual a discordância se move é denominada *direção de deslizamento* e os planos onde ocorre o deslizamento são chamados de *planos de deslizamento*. Juntos, os planos de deslizamento e as direções de deslizamento formam o *sistema de deslizamento*. Energia suficiente para romper as ligações e mover os átomos é necessária para que ocorra deslizamento e as discordâncias vão se mover na direção que requiser a menor energia. Sistemas de deslizamento específicos, com maior probabilidade de ocorrer, existem para diferentes configurações da rede cristalina. A Tabela 2-6 resume os sistemas de deslizamento para as redes CFC, CCC e HC.

Para ocorrer deslizamento, uma tensão suficiente deve ser aplicada para deformar permanentemente o material. Esse nível de tensão, denominado *tensão de escoamento* (σ_y) está discutido em mais detalhe no Capítulo 3. Quando uma tensão é aplicada em um material é improvável que ela esteja atuando na direção do plano de deslizamento. Até que um limiar de uma tensão crítica seja alcançado, para um dado conjunto de planos de deslizamento, as discordâncias não podem deslizar. A Figura 2-20 ajuda a ilustrar o conceito. Se Φ represen-

| *Deslizamento* | O movimento de discordâncias através de um cristal, causado pela ação de tensões cisalhantes no material.

| *Planos de Deslizamento* | Os planos mais compactos em uma rede cristalina.

| *Sistema de Deslizamento* | Composto pelo plano de deslizamento e pela direção de deslizamento.

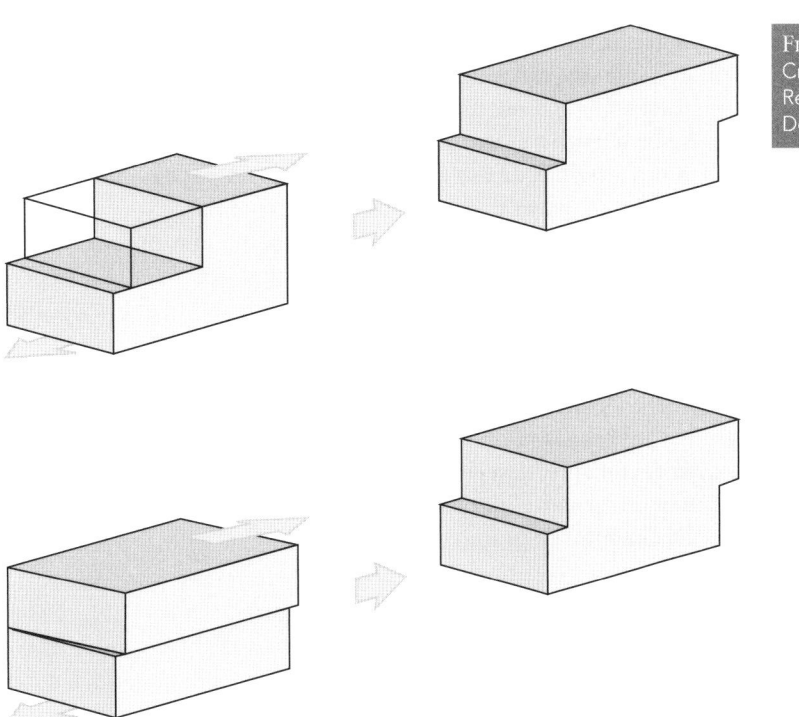

FIGURA 2-19
Cristal Deformado Resultante do Deslizamento

Tabela 2-6	Sistemas de Deslizamento Presentes em Diferentes Redes	
Tipo de Rede	Planos de Deslizamento	Direção de Deslizamento
CCC	(1 1 0)	(1 1 1)
	(1 1 2)	
	(1 2 3)	
CFC	(1 1 1)	(1 1 0)
HC	(0 0 0 1)	(1 0 0)

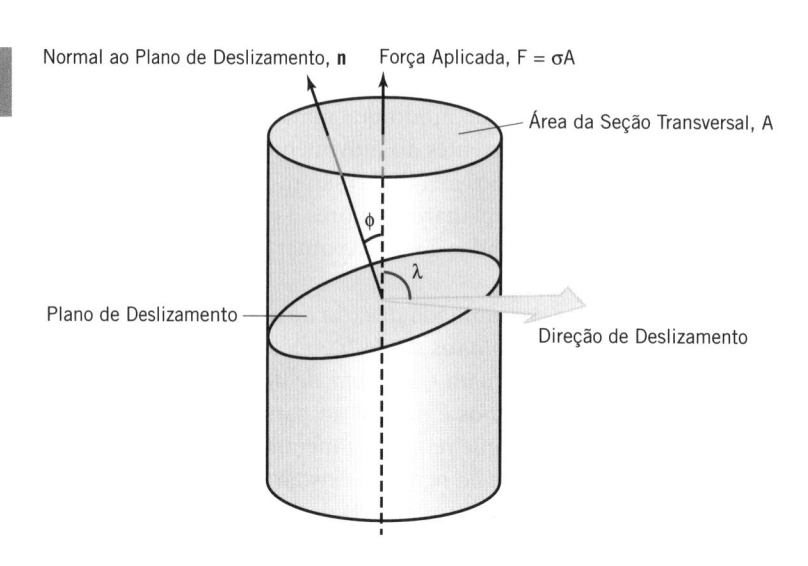

Normal ao Plano de Deslizamento, **n**   Força Aplicada, F = σA

Área da Seção Transversal, A

ϕ

λ

Plano de Deslizamento

Direção de Deslizamento

| **Lei de Schmid** | A equação usada para determinar a tensão cisalhante rebatida crítica em um material.

ta o ângulo entre a tensão aplicada e a normal ao plano de deslizamento e se λ representa o ângulo entre a força e a direção de deslizamento, a **lei de Schmid** postula que a **tensão cisalhante rebatida crítica** (τ_c), que é necessária para haver deslizamento em qualquer sistema de deslizamento é definida como

$$\tau_c = \sigma_y \cos \phi \cos \lambda \qquad (2.14)$$

| **Tensão Cisalhante Rebatida Crítica** | O menor nível de tensão no qual o deslizamento se iniciará em um material.

| **Sistema de Deslizamento Primário** | O primeiro conjunto de planos a sofrer deslizamento em um material, sob uma tensão aplicada.

Um material pode ter muitos sistemas de deslizamento diferentes, cada um dos quais terá uma tensão cisalhante rebatida crítica diferente, necessária para iniciar o deslizamento. O sistema com a menor τ_c em relação a uma direção específica da tensão aplicada será o primeiro a sofrer deslizamento e é denominado **sistema de deslizamento primário**. Se a tensão continua a aumentar, sistemas de deslizamento adicionais podem ultrapassar seus valores de τ_c e começará também a haver deslizamento nesses sistemas.

Se um material fosse composto inteiramente por um único cristal, as discordâncias poderiam se mover através de todo o material. Entretanto, a maioria dos materiais reais tem uma estrutura cristalina formada por cristais menores, ou grãos. Os átomos não são espaçados de modo ordenado nos contornos entre grãos adjacentes e o deslizamento não pode continuar. Quando um defeito está se propagando através de um material, ele para (ou pelo menos seu movimento é significativamente diminuído) quando ele alcança um contorno de grão. Materiais com grãos maiores são mais afetados pelo deslizamento, de modo que grãos menores são, normalmente, desejáveis. Grãos menores levam a maior resistência. A **equação de Hall-Petch** pode ser usada para estimar o limite de escoamento (σ_y) de um dado material em função do tamanho de grão:

| **Equação de Hall-Petch** | Correlação usada para estimar o limite de escoamento de um dado material em função do tamanho de grão.

$$\sigma_y = \sigma_0 + \frac{K_y}{\sqrt{d}}, \qquad (2.15)$$

em que σ_0 e K_y são constantes específicas para cada material e d é o diâmetro médio do grão. A Sociedade Americana de Ensaios e Materiais (ASTM, American Society for Testing and

Materials) tem um método padronizado para caracterização dos tamanhos de grão. O **número do tamanho de grão** (G) é definido como

$$N = 2^{G-1}, \tag{2.16}$$

em que N é o número de grãos observados em uma área de uma polegada quadrada sob aumento de 100×. A Equação 2.14 pode ser reescrita diretamente em função de G:

$$G = 1,433 \ln (N) + 1. \tag{2.17}$$

2.13 ESCALAGEM DE DISCORDÂNCIAS

Aescalagem de discordâncias é outro mecanismo pelo qual uma discordância pode se mover através de uma rede. Diferente do deslizamento, a escalagem de discordâncias permite que a discordância se mova em direções perpendiculares ao plano de deslizamento. As lacunas da rede são a chave para a escalagem de discordâncias. Como discutido na Seção 2.10, as lacunas podem se mover pela rede. Quando uma lacuna se move para uma posição adjacente ao semiplano de átomos em uma discordância em aresta, o átomo no semiplano, mais próximo à lacuna, pode se mover para a posição vazia e uma nova lacuna se forma no semiplano, como mostrado na Figura 2-21. Diz-se que a discordância fez uma *escalagem positiva*. O cristal se contrai na direção perpendicular ao semiplano extra, devido à remoção do átomo extra. Por outro lado, a lacuna agora existente no semiplano pode ser substituída por um átomo. Nesse caso, o cristal se dilata na direção perpendicular ao semiplano, porque um novo átomo foi adicionado ao semiplano. Isso é denominado *escalagem negativa*. Tanto a escalagem positiva quanto a negativa são fortemente afetadas pela temperatura, pois aumentando a temperatura aumenta-se a taxa na qual as lacunas se movem na rede. Tensões compressivas favorecem a escalagem positiva, enquanto tensões trativas favorecem a escalagem negativa.

| *Número do Tamanho de Grão* | Um valor numérico estabelecido pela ASTM para caracterizar os tamanhos de grão em um material.

| *Escalagem de Discordâncias* | Mecanismo pelo qual as discordâncias se movem em direções perpendiculares ao plano de deslizamento.

| *Escalagem Positiva* | O preenchimento de uma lacuna adjacente ao semiplano de uma discordância em aresta, por um átomo do semiplano, resultando em uma contração do cristal na direção perpendicular ao semiplano.

| *Escalagem Negativa* | O preenchimento de uma lacuna no semiplano de uma discordância em aresta por um átomo adjacente, resultando na dilatação do cristal na direção perpendicular ao plano parcial.

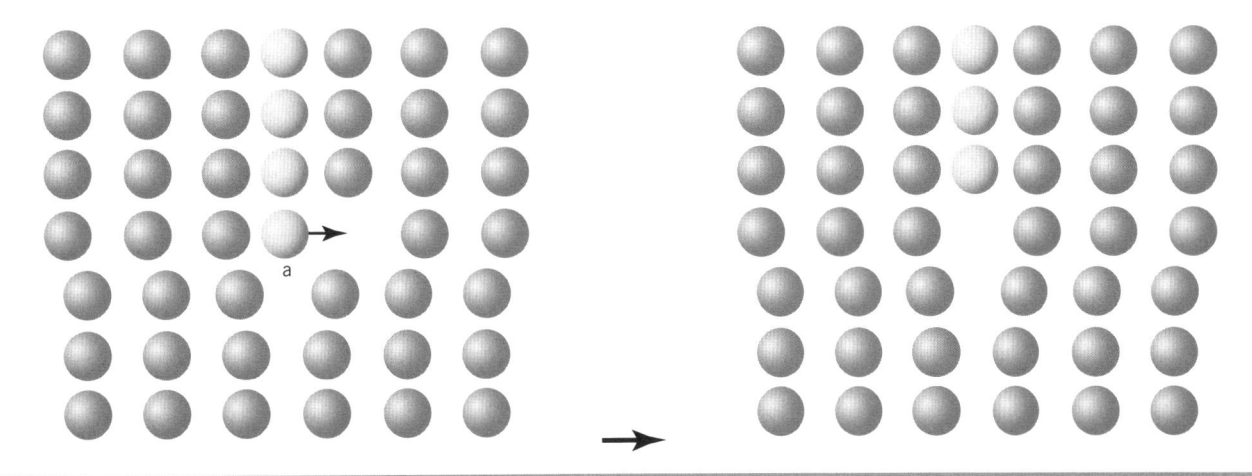

FIGURA 2-21 Escalagem Positiva de Discordâncias

Que Novos Desenvolvimentos Estão Acontecendo com os Cristais e as Estruturas Cristalinas?

2.14 MONOCRISTAIS E NANOCRISTAIS

Os materiais abordados até agora neste capítulo tiveram muitas regiões de cristalinidade separadas por contornos de grão. As regiões entre os blocos cristalinos escorregam entre si e aumentam a resistência dos materiais, mas também podem ter efeitos adversos. O desalinhamento dos cristais afeta as propriedades elétricas locais de materiais semicondutores e teria tornado impossíveis muitos dos avanços em microeletrônica. Para vencer essa dificuldade, cientistas e engenheiros desenvolveram cristais únicos, ou **monocristais**, nos quais todo o material consiste em um único grão, sem fronteiras.

Os monocristais são formados, crescendo-se o cristal uma camada de átomos por vez. Normalmente, um sólido ordenado, bem pequeno, chamado de *semente* é imerso em uma solução fundida do material de interesse. A semente fornece uma estrutura a ser seguida pelos novos átomos. Controlando-se cuidadosamente os gradientes de temperatura e outras variáveis de processo, monocristais relativamente grandes, ou **gemas**, podem ser produzidos. Embora aplicações de alta tecnologia, tal como a formação de monocristais semicondutores, requeiram condições de salas limpas, materiais de alta pureza e controle excepcional das variáveis de processo, o mesmo conceito básico é usado em aplicações mais simples, tal como quando se fazem cristais de açúcar para doces. Monocristais perfeitos são extremamente incomuns na natureza, mas gemas sintéticas podem ser crescidas até mais de um metro de comprimento.

Além de suas melhores propriedades elétricas, os monocristais têm também vantagens ópticas significativas. Fibras monocristalinas de safira, com perdas ópticas tão baixas quanto 0,3 dB/m, estão em produção comercial. Os monocristais têm desvantagens significativas. Sua produção é cara e são extremamente susceptíveis a defeitos. Como não existem contornos de grão, os defeitos podem se propagar por todo o material, aumentando significativamente a probabilidade de falha. O deslizamento nesses sistemas ocorre em planos paralelos, como mostrado na Figura 2-22.

Nanocristais — materiais cristalinos com dimensões de nanometros de comprimento — representam uma potencial revolução tecnológica. Esses materiais têm dimensões que variam, tipicamente, desde umas poucas centenas até alguns milhares de átomos. Assim, eles são maiores do que a maioria das moléculas, mas são bem menores do que sólidos cristalinos típicos. Os nanocristais tendem a ter propriedades termodinâmicas e elétricas excepcionais, que se situam entre aquelas de moléculas individuais e as dos sólidos maiores. Suas aplicações potenciais variam de ópticas e eletrônicas, à catálise e à formação de imagens.

Como os nanocristais são muito pequenos, eles são muito menos susceptíveis a defeitos do que materiais maiores e a maioria das suas propriedades pode ser controlada, monitorando-se

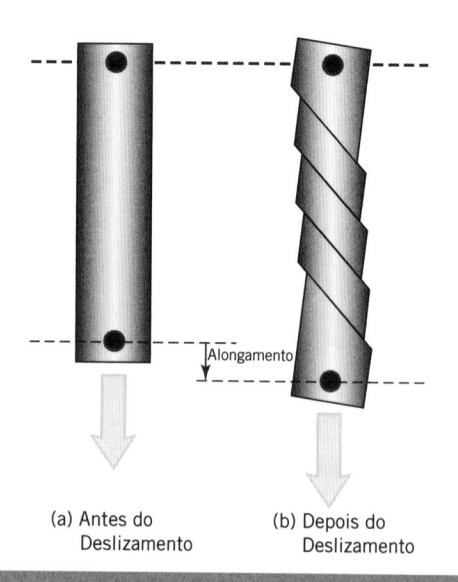

(a) Antes do Deslizamento

(b) Depois do Deslizamento

FIGURA 2-22 Ilustração do Deslizamento em Sistemas Monocristalinos

seus tamanhos. Átomos isolados podem ser aprisionados dentro de nanocristais, aumentando de modo significativo as propriedades de luminescência do átomo. Isso abre a oportunidade para a criação de inúmeras aplicações ópticas e magnéticas, muitas das quais ainda estão sendo desenvolvidas. Os nanocristais já estão sendo usados em células solares fotovoltaicas, que parecem ser mais eficientes que as células tradicionais. Nanocristais também apresentam razões superfície/volume extremamente elevadas, o que os torna ideais para muitas aplicações em catálise. Algumas companhias de petróleo usam, atualmente, nanocristais nos seus processos de produção de diesel combustível.

Resumo do Capítulo 2

Neste capítulo examinamos:

- As estruturas presentes nos materiais cristalinos
- Como caracterizar as estruturas
- Como representar planos e direções usando os índices de Miller
- Como usar esses conceitos para calcular a massa específica e outras propriedades dos materiais
- Como a difração de raios X revela a estrutura cristalina dos materiais
- Como a microscopia auxilia na identificação de outras características
- Como os cristais se formam e crescem
- Como as redes reais diferem das redes ideais
- Quais defeitos existem nas redes
- Como os defeitos se movem nas redes por deslizamento e escalagem de discordâncias
- O papel e a importância dos contornos de grão
- As diferenças entre cristais, monocristais e nanocristais

Termos-Chave

arranjo atômico
célula unitária
condições de extinção
contornos de grão
crescimento de grão
cristalitos
cúbica de faces centradas (CFC)
cúbica simples
cúbico de corpo centrado (CCC)
defeito de Frenkel
defeito de Schottky
defeito pontual
defeitos intersticiais
defeitos substitucionais
deslizamento
difração
discordância em hélice
discordâncias
discordâncias em aresta
discordâncias mistas
equação de Arrhenius
equação de Bragg

equação de Hall-Petch
equação de Scherrer
escalagem de discordâncias
escalagem negativa
escalagem positiva
espaçamento interplanar
estrutura atômica
estrutura cristalina
fator de empacotamento atômico (FEA)
gemas
hexagonal compacto (HC)
índices de Miller
interferência construtiva
interferência destrutiva
lacunas
largura total a meia altura (LTMA)
lei de Schmid
linha da discordância
macroestrutura
massa específica teórica
materiais amorfos

microestrutura
microscopia eletrônica de transmissão (MET)
microscopia óptica
microscópios eletrônicos de varredura (MEVs)
monocristais
mosaico cristalino
nanocristais
nucleação
nucleação heterogênea
nucleação homogênea
núcleos
número de tamanho de grão
parâmetros da rede
planos de deslizamento
redes de Bravais
sistema de deslizamento
sistema de deslizamento primário
tensão cisalhante rebatida crítica
vetor de Burgers

Problemas Propostos

1. A massa específica teórica do irídio vale 22,65 g/cm³, enquanto a massa específica teórica do ósmio vale 22,61 g/cm³. Entretanto, experimentalmente, o ósmio tem uma massa específica maior do que o irídio. Explique, resumidamente, como esse fenômeno deve ocorrer.

2. Calcule a massa específica da prata a 20°C.

3. O parâmetro da rede do molibdênio vale 0,314 nm e sua massa específica a 20°C vale 10,22 g/cm³. Determine a estrutura cristalina do molibdênio.

4. Determine os índices para as seguintes direções:

   a.

   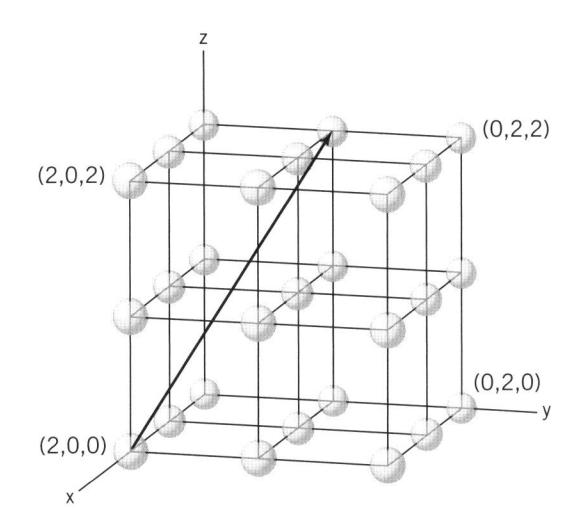

   b.

   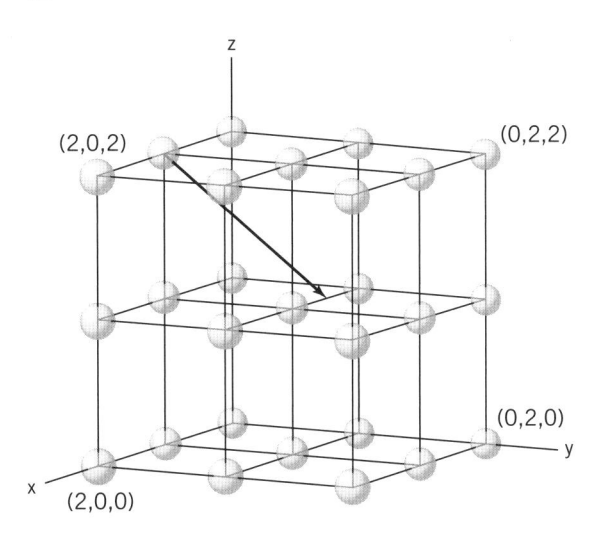

   c.

   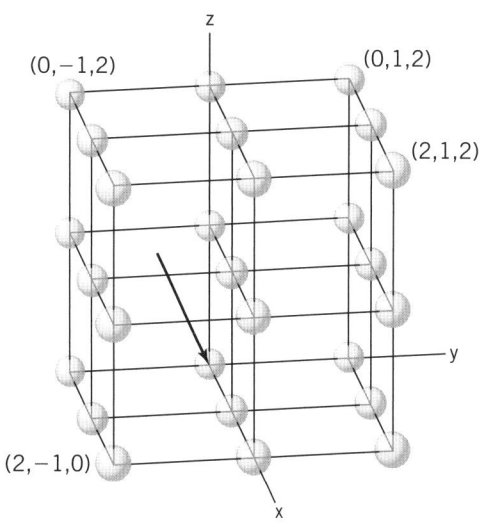

5. Determine os índices para as seguintes direções:

   a.

   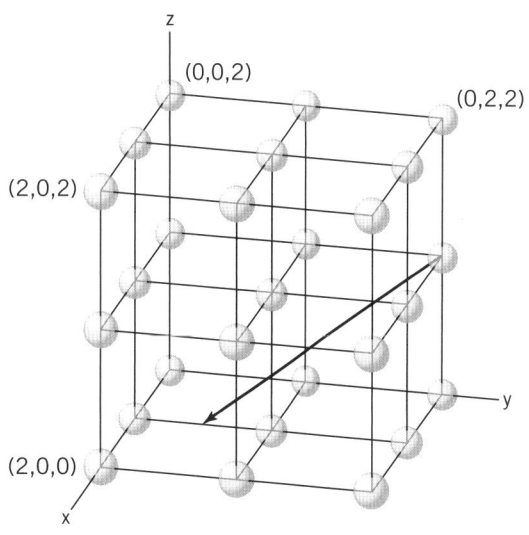

   b.

   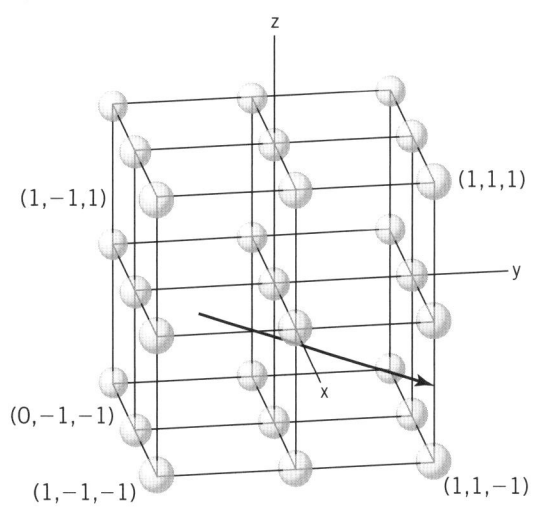

c.

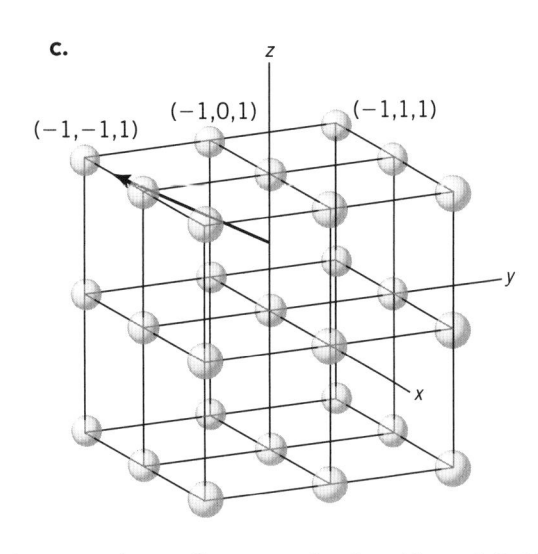

6. Desenhe as direções cristalográficas definidas pelos seguintes índices:
   a. $[1\ 0\ 2]$ **b.** $[0\ \bar{1}\ 1]$ **c.** $[\bar{2}\ 3\ \bar{1}]$

7. Desenhe as direções cristalográficas definidas pelos seguintes índices:
   a. $[0\ 1\ 2]$ **b.** $[\bar{1}\ \bar{1}\ 1]$ **c.** $[2\ 0\ \bar{2}]$

8. Determine os índices de Miller para os seguintes planos:

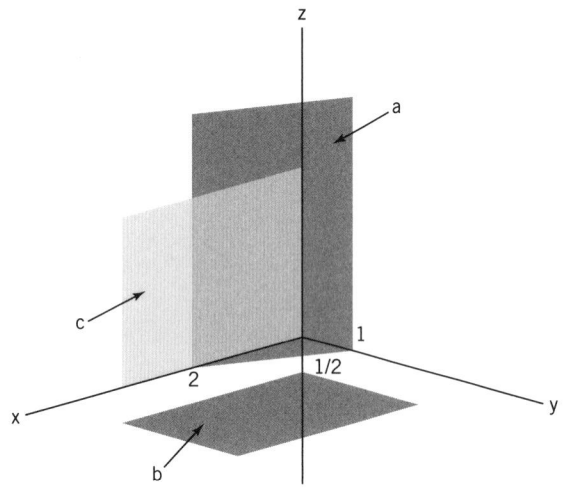

9. Determine os índices de Miller para os seguintes planos:

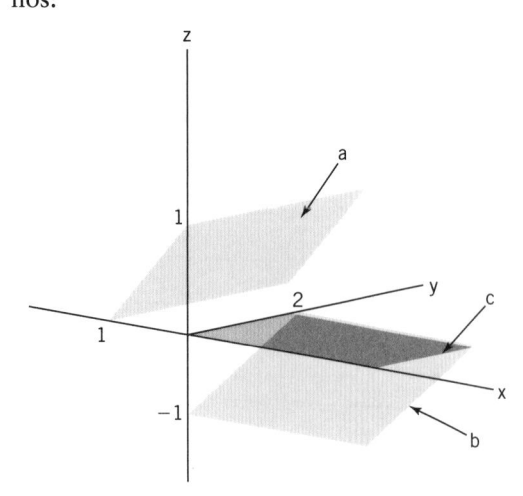

10. Desenhe, em relação a um sistema de eixos coordenados, os planos que correspondem aos seguintes conjuntos de índices de Miller:
    a. $[1\ 0\ 0]$ **b.** $(\bar{2}\ 0\ 1)$ **c.** $(1\ 2\ 1)$

11. Desenhe, em relação a um sistema de eixos coordenados, os planos que correspondem aos seguintes conjuntos de índices de Miller:
    a. $[0\ 2\ 0]$ **b.** $(\bar{2}\ 0\ 1)$ **c.** $(\bar{1}\ \bar{2}\ 1)$

12. A taxa de crescimento de grão para um dado material vale 10 nm/min a 293 K e 150 nm/min a 323 K.
    a. Determine a energia de ativação e a constante pré-exponencial.
    b. Estime a taxa de crescimento de grão a 310 K.

13. A energia de ativação para o crescimento de grão para um determinado material vale 15 kJ/mol e a constante pré-exponencial vale 1000 nm/min. Que temperatura seria necessária para obter uma taxa de crescimento de grão de 2,44 nm/min?

14. Um estudante de pós-graduação diz para você que ele observou um defeito de Schottky em uma amostra de alumínio puro. Explique por que levou muito tempo para esse estudante de pós-graduação obter seu doutorado.

15. O quadrado a seguir representa uma polegada quadrada em uma ampliação de 100×. Determine o número do tamanho de grão para o material.

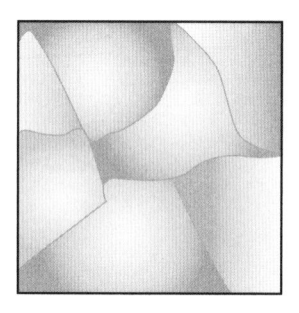

16. Quantos grãos estariam presentes em uma amostra de uma polegada quadrada, em uma ampliação de 100×, para um material com um número de tamanho de grão igual a 4?

17. Durante um experimento de difração de raios X (λ = 0,7107 A), um pico de difração aparece em 37,3° e outro a 46,2°. Sem qualquer outra informação disponível, qual dos dois planos você esperaria que fosse mais susceptível a deslizamento? Explique a sua resposta.

18. O limite de escoamento de um material vale 400 psi (2,76 MPa) quando o tamanho médio do grão é 0,22 polegada (5,6 mm) e aumenta para 450 psi (3,10 MPa) quando o diâmetro de grão vale 0,15 polegada (3,8 mm). Que tamanho de grão daria um limite de escoamento de 500 psi (3,45 MPa)?

19. Entre os materiais com estrutura CCC, CFC ou HC, qual deles seria o mais propenso a ter defeitos intersticiais? Explique a sua resposta.

20. Uma fonte de raios X ($\lambda = 0,7107$ A) é usada para examinar uma amostra em pó. Se o espaçamento interplanar para um dado plano vale 1,35 angstrom, a distância entre os átomos no plano vale 1,91 angstrom e a espessura média do cristal for 12 angstroms:

a. Avalie o ângulo de incidência, correspondente ao pico de difração.

b. Estime o espalhamento do pico na largura total a meia altura.

c. Dê um conjunto potencial de índices de Miller para esse plano.

d. Desenhe o plano (em relação a um sistema de eixos coordenados).

21. Uma fonte de raios X ($\lambda = 0,7307$ A) é focalizada sobre uma amostra em pó, de um material com uma estrutura CFC. O espaçamento interplanar correspondente ao primeiro pico de difração vale 3,40 angstroms:

a. Avalie os valores de 2θ para os primeiros **cinco** picos de difração para essa amostra.

b. Se o espalhamento no segundo pico, na largura total a meia altura, vale $2\theta = 0,20°$, determine a espessura média dos cristais.

22. Uma fonte de raios X ($\lambda = 0,7307$ A) é usada para examinar uma liga metálica desconhecida. Os picos de difração resultantes estão resumidos na tabela a seguir. Testando a liga, usando o princípio de Arquimedes, obteve-se que a massa específica do metal vale $17,3$ g/cm^3.

Número do Pico	2θ
1	21,04
2	24,34
3	34,70
4	40,93
5	42,84
6	49,88

23. Os índices de Miller de um plano (um entre muitos) de uma amostra são (2 1 0):

a. Desenhe o plano que corresponde ao **primeiro** pico de difração de raios X que deveria aparecer para essa amostra. *Nota*: O plano (2 1 0) pode não ser o primeiro.

b. Se o parâmetro da rede do material for 1,54 angstrom e uma fonte com 0,7307 angstrom for usada, determine o espaçamento interplanar do plano (2 1 0).

24. Se uma tensão de tração for aplicada a uma amostra cristalina, qual dos planos de deslizamento descritos na tabela a seguir seria o plano de deslizamento primário?

Plano	Ângulo entre a Tensão Aplicada e a Normal ao Plano de Deslizamento	Ângulo entre a Tensão e a Direção de Deslizamento
A	20,7°	77,0°
B	4,2°	33,7°
C	63,5°	20,4°

25. Explique por que planos diferentes, dentro da mesma rede cristalina, terão valores diferentes de τ_c.

26. Por que o ângulo da tensão aplicada varia o plano de deslizamento primário de uma rede?

3

Medição das Propriedades Mecânicas

SUMÁRIO

Como se Pode Saber Como Medir as Propriedades Mecânicas?
3.1   Normas ASTM

Quais Propriedades Podem Ser Medidas e o que Elas Significam?
3.2   Ensaio de Tração
3.3   Ensaio de Compressão
3.4   Ensaio de Flexão
3.5   Ensaio de Dureza
3.6   Ensaio de Fluência
3.7   Ensaio de Impacto

O Mesmo Resultado É Obtido Toda Vez que se Fizer um Determinado Ensaio?
3.8   Erro e Reprodutibilidade na Medição

Por que os Materiais Falham sob Tensão?
3.9   Mecânica da Fratura

Como as Propriedades Mecânicas Mudam com o Tempo?
3.10   Ensaio de Fadiga
3.11   Análises de Envelhecimento Acelerado

Objetivos do Aprendizado

Ao final deste capítulo, um estudante deve ser capaz de:

- Saber como encontrar e como ler uma norma ASTM para um determinado ensaio.
- Calcular o limite de resistência, o módulo em tração, a tensão de ruptura, o módulo de resiliência, o coeficiente de Poisson, o limite de escoamento e a tensão e a deformação verdadeira, a partir de dados do ensaio de tração.
- Identificar e definir as regiões do alongamento elástico e da deformação plástica.
- Calcular o limite de escoamento a 0,2% de deformação para um material sem uma transição clara entre o alongamento elástico e a deformação plástica.
- Explicar os procedimentos de um ensaio de dureza.
- Converter os resultados do ensaio de dureza entre diferentes escalas.
- Explicar em suas próprias palavras a diferença entre fratura frágil e dúctil.
- Calcular fatores de intensidade de tensão e determinar se uma trinca irá se propagar ou não.
- Discutir os fatores que afetam a intensificação de tensão na ponta de uma trinca.

- Explicar os fundamentos físicos para a fluência e o procedimento para o ensaio de fluência.

- Explicar o procedimento para o ensaio de compressão.

- Calcular a resistência à flexão e o módulo de flexão a partir de um ensaio de flexão.

- Calcular as barras de erro apropriadas para os dados experimentais.

- Determinar se duas médias são estatisticamente diferentes.

- Calcular o limite de fadiga e a vida em fadiga a partir de ensaios de fadiga.

- Explicar o procedimento para realizar uma análise de envelhecimento acelerado e as limitações de seus resultados.

Como se Pode Saber Como Medir as Propriedades Mecânicas?

3.1 NORMAS ASTM

A medida das propriedades mecânicas é um fator essencial na determinação da viabilidade de um determinado material para uma função específica. Entretanto, quando as propriedades são medidas por diferentes investigadores, em diferentes laboratórios, existe a possibilidade de ocorrem inconsistências na técnica de ensaio e nos resultados. Para reduzir esse problema foram estabelecidas normas para a realização dos ensaios, para a medição dos resultados e a elaboração de relatórios.

A ASTM International, anteriormente conhecida como Sociedade Americana de Testes e Materiais (American Society for Testing and Materials, ASTM), publicou mais de 12000 normas em relação a ensaios de materiais. Embora a adequação dos ensaios a essas normas seja voluntária, elas fornecem uma descrição detalhada dos procedimentos de ensaio, que assegura que os resultados de laboratórios diferentes sejam diretamente comparáveis. As *Normas ASTM* podem ser localizadas e compradas pela rede (www.astm.org), obtidas de um livro anual de normas, de 77 volumes, ou através de compilações em CD-ROM. Uma lista representativa de normas para as técnicas de ensaio discutidas neste capítulo é apresentada na Tabela 3-1.

As normas ASTM começam com uma discussão do seu escopo, seguida por uma lista de documentos de referência. Elas definem a terminologia e resumem o método de ensaio, incluindo sua importância, emprego e inferências. A maioria inclui uma descrição detalhada do equipamento de ensaio, com ilustrações. Diretivas para a preparação dos corpos de prova do teste, calibração do equipamento e condicionamento do ambiente também são dadas. Procedimentos experimentais detalhados e instruções para realizar os cálculos também são dados.

| *Normas ASTM* | Métodos publicados pela Sociedade Americana de Testes e Materiais (American Society for Testing and Materials), que fornecem procedimentos detalhados de ensaios para assegurar que testes realizados em diferentes laboratórios sejam diretamente comparáveis.

Quais Propriedades Podem Ser Medidas e o que Elas Significam?

E xistem muitos ensaios, para que todos possam ser listados (e muito menos, descritos) em um texto introdutório. Assim sendo, esta seção é focada nos oito ensaios mais comuns e mais importantes realizados em uma larga variedade de materiais: ensaio de tração, de compressão, de flexão, de dureza, de fluência, de impacto, de fadiga e de envelheci-

Tabela 3-1 Normas ASTM Representativas dos Métodos de Ensaio Descritos no Capítulo 3	
Tipo de Ensaio	*Norma ASTM Relevante*
Tração – Superfícies de concreto	C1355
Tração – Materiais metálicos	E8M
Tração – Compósitos de matriz metálica	D3552
Tração – Compósitos de matriz polimérica	D4762
Tração – Monofilamentos de fibras têxteis	D3822
Compressão – Metais	E209
Compressão – Cerâmicas reforçadas por fibras	WK3484
Compressão – Concreto	C116
Compressão – Compósitos	D3410
Ensaio de Flexão – Cerâmicas	C1421
Dureza Brinell	E10
Dureza Rockwell	E18
Fluência – Cerâmicas	C1291
Falha por Fluência – Metais	E139
Crescimento de Trinca em Fluência – Metais	E1457
Impacto Izod – Plásticos com entalhe	D256
Impacto Charpy – Plásticos entalhados	D6110
Ensaio de Fadiga de Materiais Homogêneos	E606

mento acelerado. Mesmo com esses oito ensaios fundamentais, existem incontáveis variações de operação, dependentes do equipamento disponível, do material a ser testado e de muitos outros fatores. Para cada método de ensaio, o princípio de operação básico é descrito, juntamente com comentários sobre o que os dados dizem acerca do material. Uma rápida sinopse de cada ensaio é dada na Tabela 3-2.

3.2 ENSAIO DE TRAÇÃO

O ensaio de tração fornece inúmeras informações sobre um material. Embora diversas normas ASTM específicas governem os procedimentos de ensaio próprios para diferentes tipos de materiais, como mostrado na Tabela 3-1, todas usam o mesmo princípio de operação. A amostra é presa entre um par de garras. A garra superior está presa a uma barra fixa e a uma célula de carga. A garra inferior está presa a uma barra móvel, que puxa lentamente o material para baixo. A célula de carga registra a força e um extensômetro registra o alongamento da amostra. A Figura 3-1 mostra um desenho esquemático de um sistema de ensaio de tração, enquanto a Figura 3-2 mostra um compósito Kevlar®-epóxi durante um ensaio de tração real.

Os dados de força e de alongamento podem ser usados para calcular quantidades fundamentais, tais como a **tensão de engenharia** (σ),

$$\sigma = \frac{F}{A_0},$$ (3.1)

onde F é a força medida e A_0 é a área inicial da seção transversal da amostra, e a **deformação de engenharia** (ϵ),

$$\epsilon = \frac{1 - l_0}{l_0},$$ (3.2)

| *Tensão de Engenharia* | A razão entre a carga aplicada e a área da seção transversal.

| *Deformação de Engenharia* | Uma propriedade determinada medindo-se a variação no comprimento de uma amostra e dividindo-a pelo comprimento inicial da amostra.

TABELA 3-2 Resumo dos Métodos de Ensaio

Ensaio de tração	A amostra do material é presa entre um par de garras. A garra superior é presa a uma barra fixa e a uma célula de carga. A garra inferior é presa a uma barra móvel que puxa o material lentamente para baixo. A célula de carga registra a força e um extensômetro registra o alongamento da amostra.	

| Ensaio de Tração | Um método usado para determinar a resistência à tração, a resistência à ruptura e o limite de escoamento de uma amostra

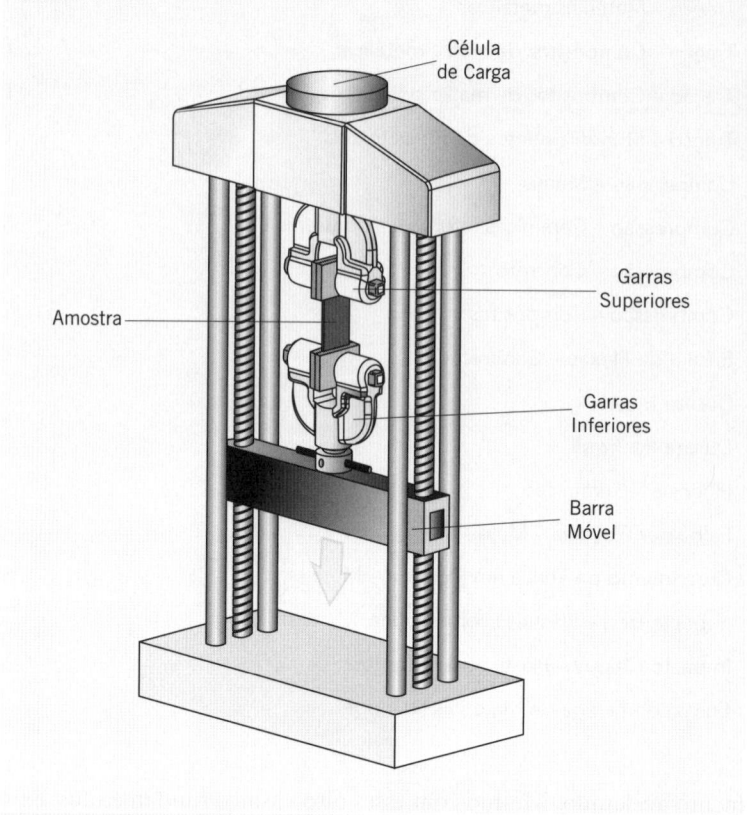

| Ensaio de compressão | Usa o mesmo equipamento que o ensaio de tração, mas em vez de puxar a amostra, essa é submetida a uma carga de esmagamento. Muitos materiais mostram resistências e módulos semelhantes em tração e em compressão; assim os ensaios de compressão não são realizados com frequência, exceto nos casos onde é esperado que o material suporte grandes cargas compressivas. Entretanto, as resistências à compressão de muitos polímeros e compósitos são significativamente diferentes de suas resistências à tração. |

| Ensaio de Flexão | Um método usado para medir a resistência à flexão de um material.

Ensaio de flexão — Usado para ensaiar materiais frágeis. Quando a amostra começa a defletir sob uma força aplicada, a parte de baixo é submetida a uma tensão de tração, enquanto a parte de cima é submetida a uma tensão de compressão.

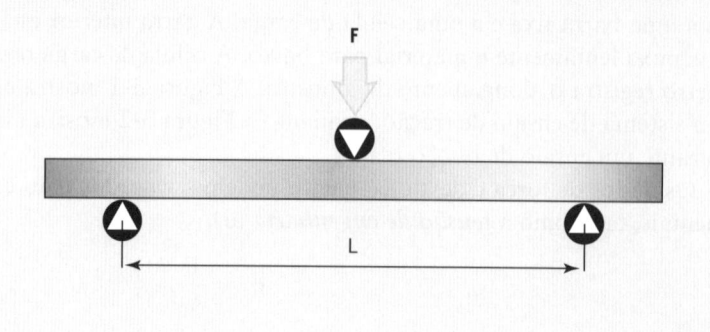

(continua)

| TABELA 3-2 | Resumo dos Métodos de Ensaio (continuação) |

Ensaio de dureza

Embora existam dúzias de técnicas para medir dureza, o ensaio Brinell é o mais comum. Nele uma esfera de carbeto de tungstênio, com 10 mm de diâmetro, é pressionada contra a superfície do material sob ensaio, usando uma força controlada. O tamanho da impressão é usado para determinar a dureza do material.

| *Ensaio de Dureza* | Um método usado para medir a resistência da superfície de um material à penetração por um objeto duro, sob uma força estática.

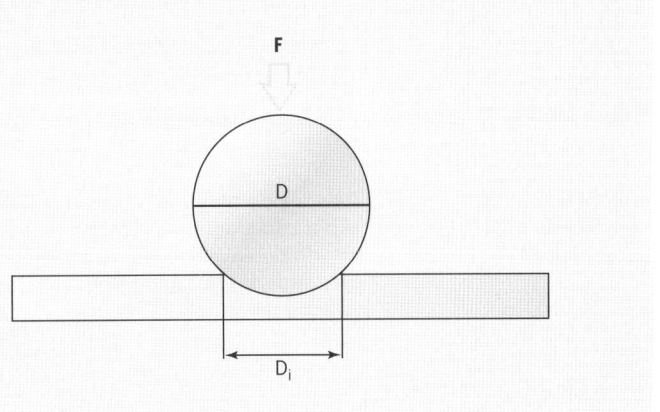

Ensaio de fluência

A fluência está relacionada à deformação plástica de um material ao longo do tempo (normalmente sob temperaturas elevadas). Quando uma tensão contínua é aplicada a um material em temperatura elevada, ele pode se alongar e, por fim, falhar abaixo do limite de escoamento. Em última análise, a fluência ocorre devido às discordâncias no material. Muitos materiais, incluindo alguns polímeros e soldas fracas sofrem fluência em temperaturas relativamente baixas.

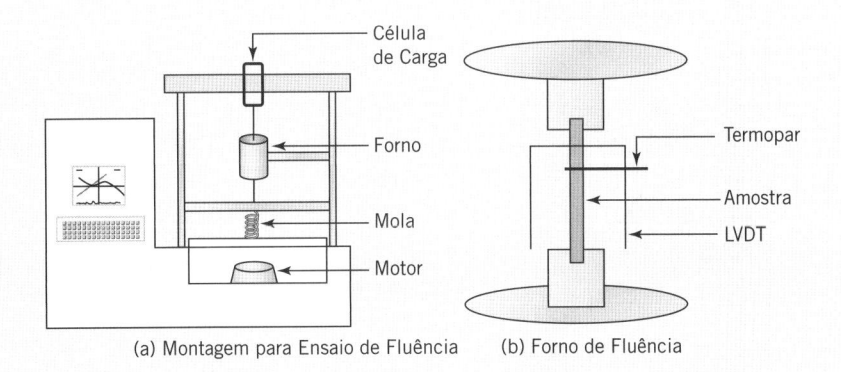

(a) Montagem para Ensaio de Fluência   (b) Forno de Fluência

Ensaio de impacto

A tenacidade define a resistência de um material ao choque. Em um ensaio de impacto, um martelo é preso a um pêndulo, em alguma altura inicial, e liberado. A orientação da amostra varia em função das técnicas específicas de ensaio.

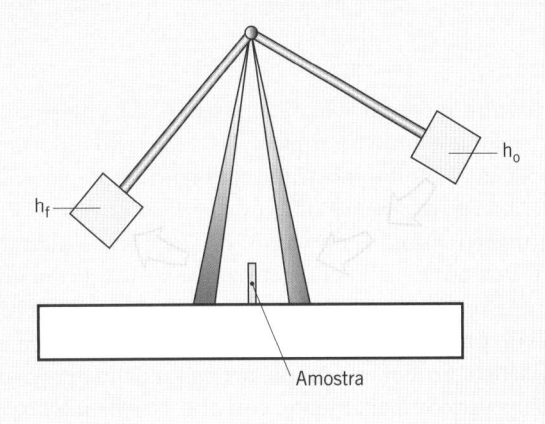

(continua)

TABELA 3-2 Resumo dos Métodos de Ensaio (*continuação*)

Ensaio de fadiga	Um material é submetido a muitos ciclos de tração e compressão, abaixo do limite de escoamento, até finalmente falhar.

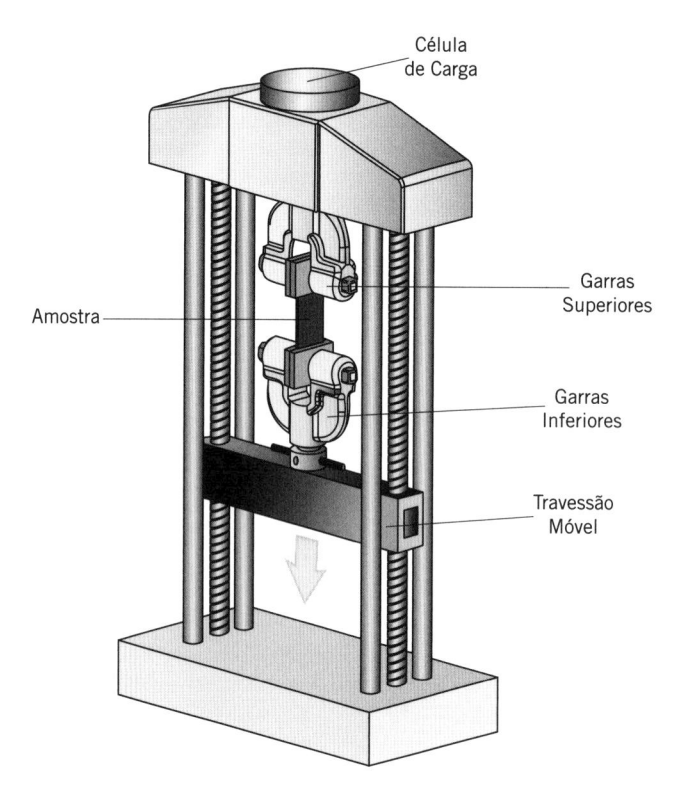

Amostra

Motor Rotativo — Garra — Peso ou Conexão

Análise de envelhecimento acelerado	A escala de tempo é reduzida pelo aumento da intensidade da exposição a outras variáveis, como a temperatura. O objetivo de um estudo de envelhecimento acelerado é usar um tempo equivalente da propriedade (TEP) para fazer com que o mesmo processo ocorra em um tempo menor.

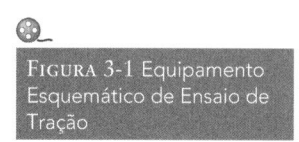

FIGURA 3-1 Equipamento Esquemático de Ensaio de Tração

Célula de Carga

Garras Superiores

Amostra

Garras Inferiores

Travessão Móvel

onde l_0 é o comprimento inicial da amostra e l é o comprimento alongado da amostra. O teste é realizado até que a amostra rompa. Os dados são reportados na forma de um gráfico tensão *versus* deformação, como mostrado na Figura 3-3 e na Tabela 3-3.

Esse gráfico relativamente simples dá informações sobre muitas propriedades-chave. Durante os primeiros estágios do ensaio de tração, o material retornaria ao seu estado original se a tensão fosse aliviada. Essa região, onde não ocorrem mudanças permanentes no material, é denominada região do ***alongamento elástico***. O material retornará completamente ao seu estado prévio, quando a tensão tiver sido liberada, desde que permaneça na região de alongamento elástico. Porém, assim que ocorrer a primeira variação da qual o material não possa mais se recuperar completamente, começa a ***deformação plástica***. Para a maioria dos materiais, a curva tensão-deformação é linear na região de alongamento elástico, mas a inclinação varia notavelmente quando começa a deformação plástica. A tensão no ponto de transição

| **Alongamento Elástico** |
| A região em uma curva tensão-deformação na qual não ocorrem mudanças permanentes no material. |

| **Deformação Plástica** | A região em uma curva tensão-deformação na qual o material sofreu uma variação da qual não pode se recuperar completamente.

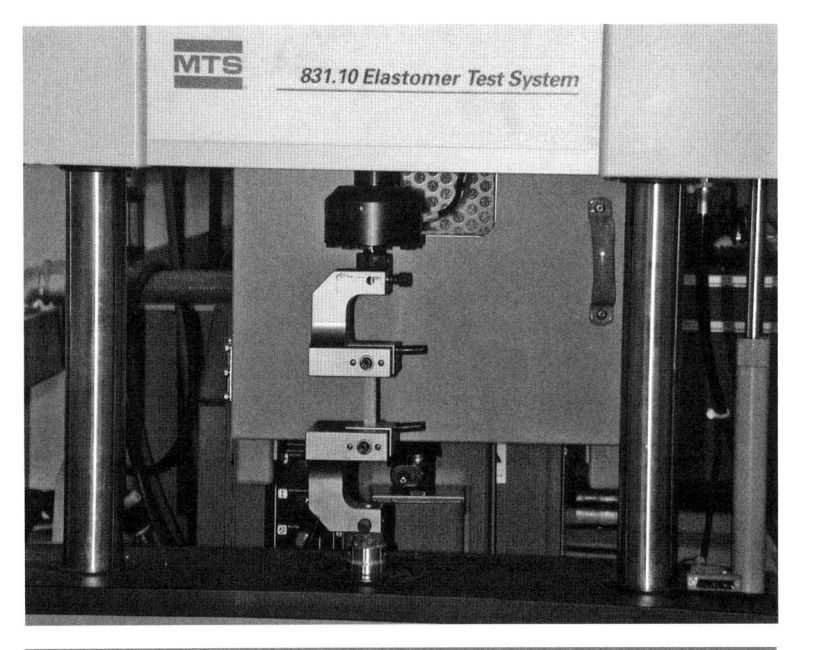

FIGURA 3-2 Fotografia de um Ensaio de Tração em um Compósito Kevlar®-Epóxi

Cortesia de James Newell

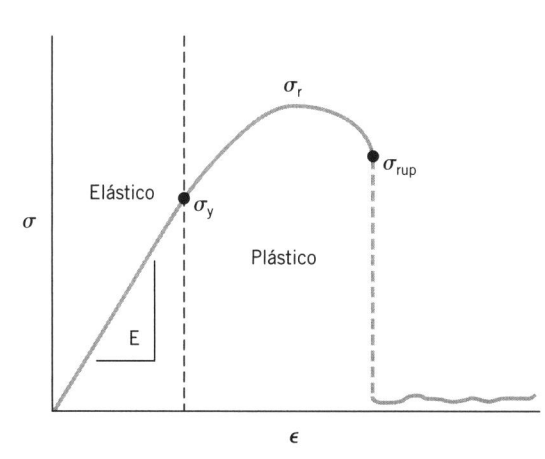

FIGURA 3-3 Curva Tensão-Deformação Representativa

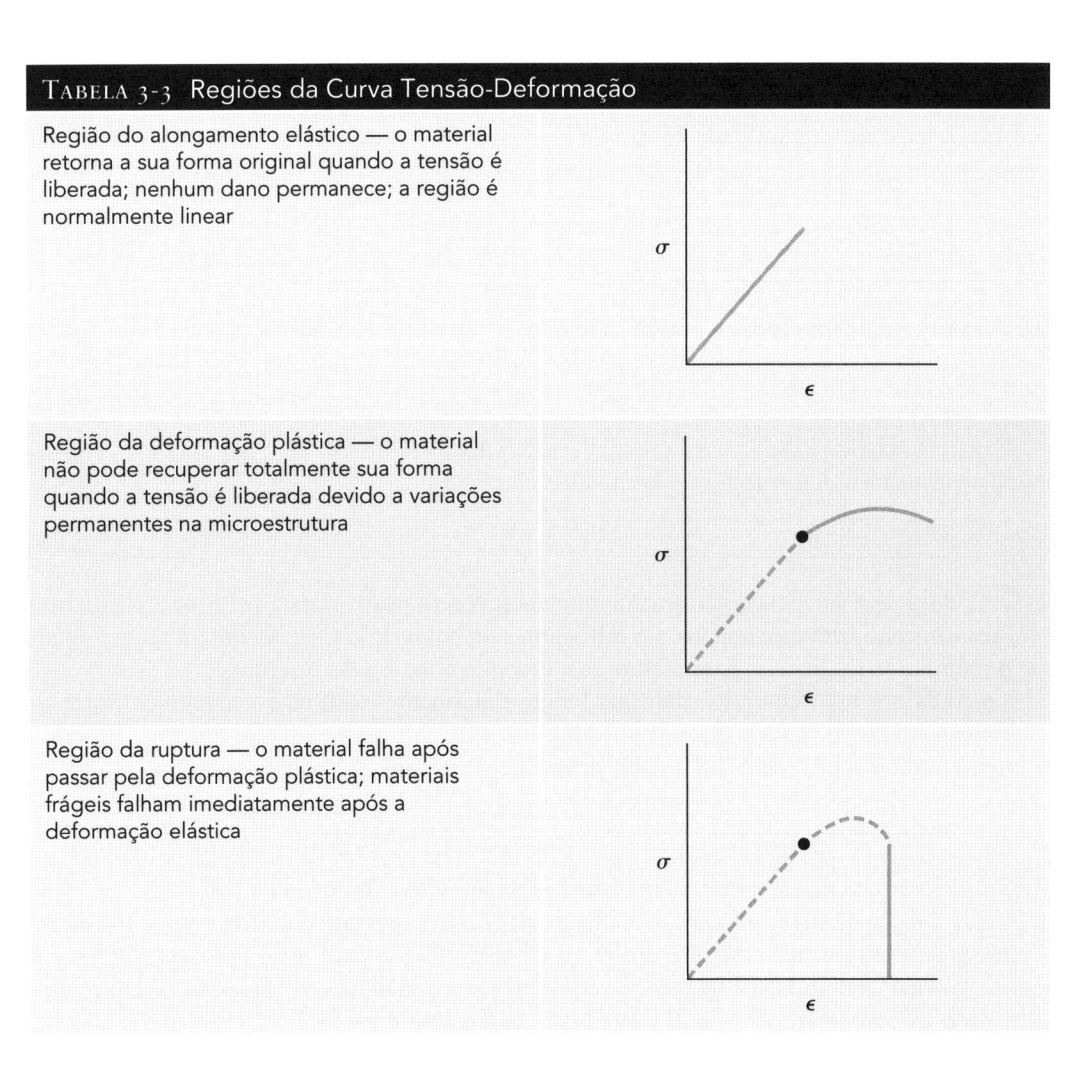

TABELA 3-3 Regiões da Curva Tensão-Deformação

Região do alongamento elástico — o material retorna a sua forma original quando a tensão é liberada; nenhum dano permanece; a região é normalmente linear

Região da deformação plástica — o material não pode recuperar totalmente sua forma quando a tensão é liberada devido a variações permanentes na microestrutura

Região da ruptura — o material falha após passar pela deformação plástica; materiais frágeis falham imediatamente após a deformação elástica

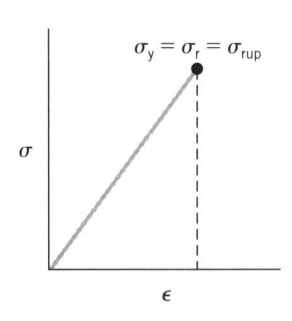

FIGURA 3-4 Curva Tensão-Deformação para um Material Frágil

entre o alongamento elástico e a deformação plástica é denominada *limite de escoamento* (σ_y). Uma vez que a tensão em um material tenha ultrapassado o limite de escoamento, ele não mais retornará completamente a sua forma original.

Mesmo após o início da deformação plástica, muitos materiais são capazes de suportar tensões adicionais. A tensão na maior força aplicada (o ponto de máximo na curva tensão-deformação) é denominada *limite de resistência* (σ_r) do material. A tensão na qual o material finalmente rompe completamente é denominada *tensão de ruptura* (σ_{rup}).

Nem todos os materiais podem sofrer deformação plástica sem romper. Os materiais *dúcteis* podem se deformar sem romper, enquanto os materiais que falham completamente no início de deformação plástica são chamados de *frágeis*. A Seção 3.9, sobre mecânica da fratura, apresenta uma discussão mais detalhada sobre a diferença entre materiais frágeis e dúcteis. Para um material frágil, o limite de escoamento, o limite de resistência e a tensão de ruptura são iguais, como mostrado na Figura 3-4.

Da inclinação da curva tensão-deformação na região elástica obtém-se uma constante, que está mostrada na Equação 3.3. Essa constante é conhecida por ter denominações diferentes: *módulo de elasticidade* (E), *módulo de tração* ou *módulo de Young*. Materiais com energias de ligação altas também têm módulos elásticos altos devido à maior força necessária para alongá-los. Embora o tamanho de grão tenha um impacto significativo sobre a resistência à tração, o módulo de Young não é afetado pela microestrutura do material e permanece o mesmo independentemente do tamanho de grão. O grafite tem o módulo teórico mais alto (1080 GPa) dentre todos os materiais. A natureza totalmente aromática das ligações químicas do grafite mantém o plano de átomos de carbono essencialmente perfeitamente alinhado.

$$E = \frac{\Delta\sigma}{\Delta\epsilon} \tag{3.3}$$

A área sob a porção elástica da curva tensão-deformação é a *energia elástica* (e_E) do material, que representa a quantidade de energia que o material pode absorver antes de se deformar permanentemente. A energia elástica sempre pode ser determinada integrando-se a curva

$$e_E = \int_0^{\epsilon_y} \sigma\, d\epsilon. \tag{3.4}$$

Para materiais que apresentam comportamento linear elástico, a relação se simplifica para

$$e_E = \frac{\sigma_y}{2}. \tag{3.5}$$

A energia elástica é usada para calcular o *módulo de resiliência* (E_r), que é a razão entre a energia elástica e a deformação no limite de escoamento:

$$E_r = \frac{e_E}{\epsilon_y}. \tag{3.6}$$

O módulo de resiliência determina quanta energia será usada para a deformação e quanta será transformada em movimento. Os fabricantes de bolas de golfe se esforçam para aumentar o módulo de resiliência, para melhorar o desempenho de seus produtos.

À medida que um material se deforma longitudinalmente (se alonga) ele também sofre simultaneamente uma deformação lateral (de contração). O *coeficiente de Poisson* (μ), mostrado na Equação 3.7, relaciona o valor dessas deformações concorrentes.

$$\mu = \frac{-\epsilon_{lateral}}{\epsilon_{longitudinal}}. \tag{3.7}$$

Para a maioria dos materiais, o coeficiente de Poisson varia em torno de 0,3.

A quantidade de deformação que um material pode suportar sem se romper é chamada *ductilidade*. Quanto mais dúctil é um material, mais fácil é conformá-lo e usiná-lo, mas é menos provável manter a sua forma sob tensão. Duas medidas são usadas para avaliar a ductilidade; o alongamento percentual e a redução de área percentual:

$$\% \text{ alongamento} = 100\% * \frac{(l_f - l_0)}{l_0} \tag{3.8}$$

Exemplo 3-1

Para a curva tensão-deformação dada, determine:

a. O limite de escoamento
b. O limite de resistência
c. A tensão de ruptura
d. O módulo de Young
e. A deformação na ruptura
f. Se o material é frágil ou dúctil

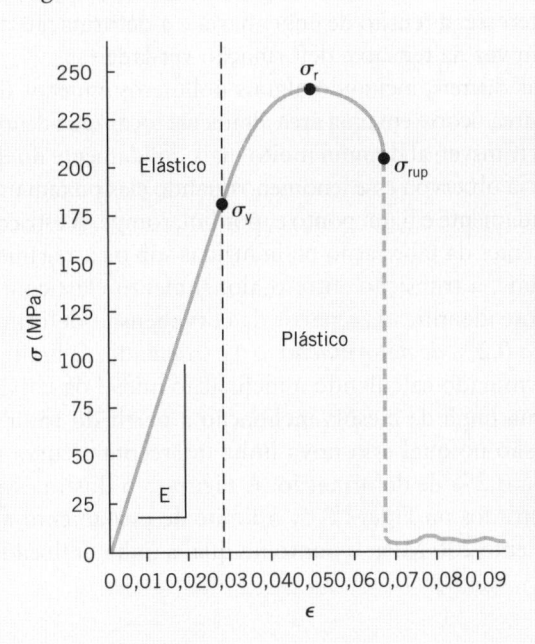

SOLUÇÃO

a. O limite de escoamento está localizado no ponto onde a curva tensão-deformação cessa de ser linear, em cerca de 180 MPa.
b. O limite de resistência é o ponto máximo da curva tensão-deformação, cerca de 240 MPa.
c. A tensão de ruptura é a tensão onde ocorre ruptura total, cerca de 205 MPa.
d. O módulo de Young é a inclinação da curva tensão-deformação na região elástica, cerca de 4500 MPa.
e. A deformação da ruptura vale cerca de 0,068.
f. O material é dúctil, pois ocorre deformação plástica antes da ruptura.

e

$$\% \text{ redução em área} = 100\% * \frac{(A_f - A_0)}{A_0} \qquad (3.9)$$

onde f representa os valores na fratura e 0 representa os valores iniciais.

Já discutimos a ideia de que quando um material é alongado, sua seção transversal diminui. Como a tensão em um material é uma função da área, a redução da seção transversal leva a um aumento da tensão. No exemplo mostrado na Figura 3-3, a tensão no material está caindo entre o limite de resistência e a tensão de ruptura. De fato, a área real da seção transversal está diminuindo, enquanto a equação dada para o cálculo da tensão de engenharia, Equação 3.1, usa a área da seção transversal inicial. A **tensão verdadeira** (σ_v) e a **deforma-**

| **Tensão Verdadeira** | A razão entre a força aplicada a uma amostra e a área da seção transversal instantânea da amostra.

| **Deformação Verdadeira** | Representa a razão entre o comprimento instantâneo da amostra e o comprimento inicial da amostra.

ção verdadeira (ϵ_v) em um material, que levam em consideração a variação na área da seção transversal, são dadas por

$$\sigma_v = \frac{F}{A_i} \tag{3.10}$$

e

$$\epsilon_v = \ln\frac{l_i}{l_0}. \tag{3.11}$$

Devido a relativa complexidade de se levar em consideração a variação de área durante um ensaio de tração e devido ao efeito limitado que essa variação normalmente tem sobre os parâmetros de maior interesse, a tensão de engenharia e a deformação de engenharia são geralmente empregadas, em vez da tensão e deformação verdadeiras.

Em alguns materiais dúcteis, incluindo alguns polímeros e metais de baixa dureza como o chumbo, a redução de área ocorre em uma área altamente localizada denominada *estricção*. Nesse ponto, a área da seção transversal diminui muito mais rapidamente do que no resto da amostra. A maioria das crianças já observou esse fenômeno quando elas puxam um chiclete de suas bocas. O chiclete se afina rapidamente em um ponto e, por fim, rompe. A estricção normalmente ocorre a partir de falhas existentes da fabricação ou induzidas sob o carregamento de tração.

Para alguns materiais, a transição entre o alongamento elástico e a deformação plástica não pode ser claramente identificada a partir da curva tensão-deformação. Nesses casos, um *limite de escoamento a 0,2% de deformação* (σ_y) é calculado. O limite de escoamento a 0,2% de deformação é determinado calculando a inclinação inicial da curva tensão-deformação e, então, desenhando uma linha de mesma inclinação a partir do valor de deformação igual a 0,002. O nível de tensão no qual essa nova linha intercepta a curva tensão-deformação é o limite de escoamento a 0,2% de deformação. A Figura 3-5 ilustra esse procedimento.

Para os dados mostrados na Figura 3-5, o limite de escoamento a 0,2% de deformação, seria de aproximadamente 200 MPa; o ponto no qual a linha deslocada cruza a curva tensão-deformação.

| **Estricção** | Redução brusca em uma região da seção transversal de uma amostra sob um carregamento de tração.

| **Limite de Escoamento a 0,2% de Deformação** | Estimativa da transição entre o alongamento elástico e a deformação plástica para um material sem uma transição clara entre essas regiões na curva tensão-deformação.

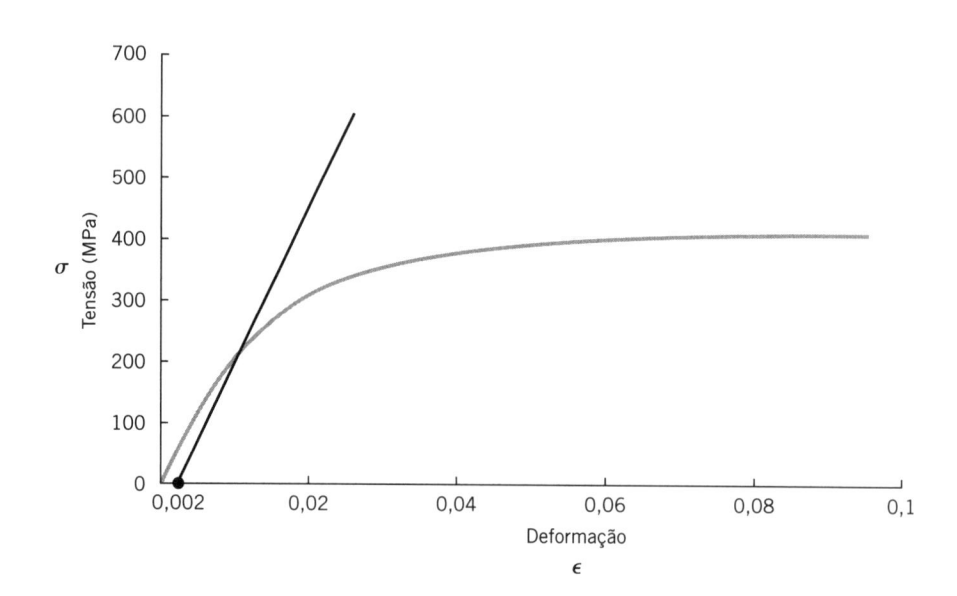

Figura 3-5 Limite de Escoamento a 0,2% de Deformação

3.3 ENSAIO DE COMPRESSÃO

Em diversos aspectos o ensaio de compressão tem uma analogia direta com o ensaio de tração. O mesmo equipamento é frequentemente usado, mas em vez de se puxar a amostra, ela é submetida uma carga de esmagamento. As Equações 3.1 e 3.3 são aplicadas para a determinação da resistência à compressão e do módulo de compressão. Muitos materiais têm módulos e resistências à compressão e à tração semelhantes, de forma que ensaios de

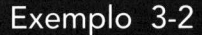

Exemplo 3-2

Calcule o limite de escoamento a 0,2% de deformação para o material a seguir:

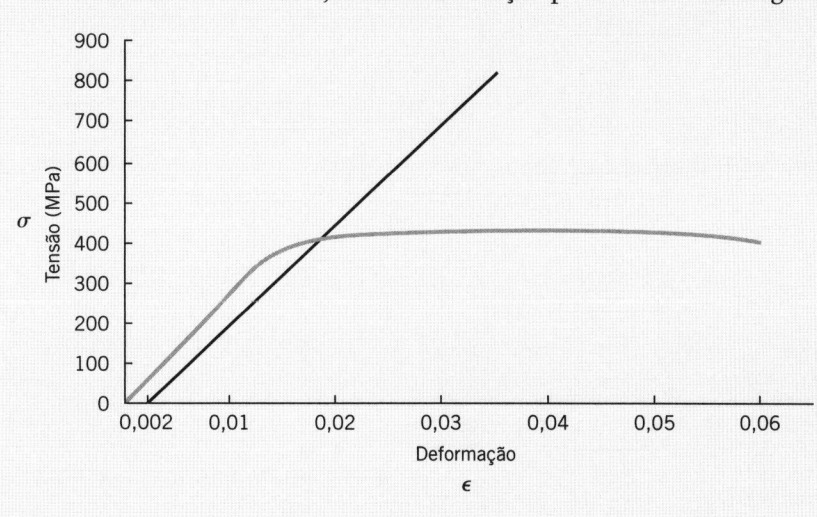

SOLUÇÃO

A linha de construção começa em um valor de deformação de 0,002, com a mesma inclinação da inclinação inicial da curva tensão-deformação. Ela intercepta a curva tensão-deformação em aproximadamente 405 MPa. Logo, o limite de escoamento a 0,2% de deformação vale aproximadamente 405 MPa.

---

compressão não são realizados com frequência, exceto nos casos onde se espera que o material vá suportar grandes cargas compressivas. Entretanto, as resistências à compressão de muitos polímeros e compósitos são significativamente diferentes de suas resistências à tração.

O ensaio de compressão permite também uma análise direta do modo de deformação, como mostrada na Tabela 3-4. A deformação é classificada como flambagem, quando $L/D > 5$, cisalhamento, quando $2,5 < L/D < 5$, compressão homogênea, quando $L/D < 2$, abaulamento, quando houver atrito na superfície de contato e $L/D < 2$, e abaulamento duplo, quando houver atrito e $L/D > 2$. Instabilidades à compressão também podem ser observadas.

3.4 ENSAIO DE FLEXÃO

Materiais muito frágeis não suportam um ensaio de tração e tendem a fraturar ao serem presos nas garras. Muitas cerâmicas frágeis também falham em níveis de deformação muito baixos, fazendo com que qualquer pequeno desalinhamento nas garras seja significativo. Nesses casos, um ensaio de flexão é usado para analisar o comportamento à deformação do material. A maioria dos ensaios de flexão envolve um carregamento em três pontos, como mostrado na Figura 3-6, embora sistemas de ensaio em quatro pontos sejam usados em alguns casos. No sistema de ensaio de três pontos, uma força (F) é aplicada à superfície superior da amostra, colocando essa superfície sob compressão. Um par de apoios circulares, separados de uma distância (L), sustenta a parte de baixo da amostra. Conforme a amostra começa a dobrar, sua parte de baixo é submetida a uma tensão de tração, cujo valor máximo ocorre no ponto médio entre os apoios inferiores. Para a maioria das cerâmicas, a resistência à compressão é em torno de uma ordem de grandeza maior do que a resistência à tração, de modo que a fratura começa na superfície de baixo. A *resistência à flexão* (σ_F) da amostra é definida como

| *Resistência à Flexão* | A tensão de flexão que um material pode suportar antes de se romper. Medida pelo ensaio de flexão.

$$\sigma_F = \frac{3F_fL}{2wh^2},$$ (3.12)

Tabela 3-4 Resumo dos Modos de Deformação		
Modo de Deformação	*Forma Resultante*	*Condição*
Flambagem		$L/D > 5$
Cisalhamento		$2,5 < L/D < 5$
Abaulamento duplo		Existe atrito na superfície de contato $L/D > 2$
Abaulamento		Existe atrito na superfície de contato $L/D < 2$
Compressão homogênea		$L/D < 2$
Instabilidade à compressão		

Figura 3-6 Ensaio de Flexão em Três Pontos

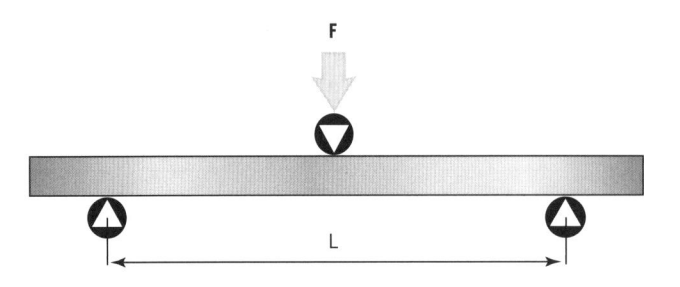

onde F_f é a carga na fratura, L é a distância entre os apoios, w é a largura da amostra e h é a espessura da amostra. O módulo de flexão (E_F) na região elástica é definido como

$$E_F = \frac{F_f L^3}{4wh^3\delta},$$ (3.13)

onde δ é a deflexão sofrida pelo material durante a flexão.

3.5 ENSAIO DE DUREZA

| **Dureza** | A resistência da superfície de um material à penetração por um objeto duro, sob uma força estática.

Dureza é a resistência da superfície de um material à penetração por um objeto duro e está profundamente relacionada à resistência à abrasão dos materiais. Materiais duros arranham materiais mais macios e duram mais que esses. Embora existam dúzias de técnicas para medir dureza, o ensaio Brinell é o mais comum. Nesse ensaio, uma esfera de carbeto de tungstênio, com 10 mm de diâmetro, é pressionada sobre a superfície do material sendo ensaiado, usando uma força controlada. A **_dureza Brinell (HB)_** é determinada pela equação

$$HB = \frac{F}{\left(\dfrac{\pi}{2}\right) D(D - \sqrt{D^2 - D_i^2})},$$ (3.14)

na qual F é a carga aplicada, em quilogramas, D é o diâmetro da esfera (10 mm) e D_i é o diâmetro, em milímetros, da impressão deixada pela esfera no material de teste. Materiais mais duros têm maiores valores de HB. A dureza Brinell para metais varia desde cerca de 50 até cerca de 750. O valor é reportado como o número da dureza, seguido por três letras (HBW), tal que uma dureza Brinell de 300 seria reportada como 300 HBW. A letra W indica que esferas de carbeto de tungstênio foram usadas. Esferas de aço eram usadas originalmente, mas elas não são mais consideradas aceitáveis, pois tendem a achatar quando a dureza Brinell da amostra se aproxima de 400. Uma representação esquemática do ensaio Brinell é mostrada na Figura 3-7.

O ensaio Brinell é rápido, fácil, razoavelmente preciso e, de longe, o mais comumente usado. Ele também é não destrutivo, pois o material não é rompido durante o ensaio. A mossa resultante se assemelha à marca deixada na porta de um carro quando ela é atingida por um carrinho de supermercado. O **_ensaio de dureza Rockwell_** é uma variante do ensaio Brinell, no qual um cone de diamante, ou uma esfera de aço, é usado no lugar da esfera de carbeto de tungstênio. A medida da dureza se baseia em como a profundidade da impressão varia sob diferentes forças, mas o princípio de operação permanece o mesmo.

Os cientistas de materiais frequentemente convertem os valores de dureza Brinell para um ponto na escala de **_dureza Mohs_**, que foi desenvolvida em 1822 por Friedrich Mohs. Ao material de menor dureza, o talco, foi atribuído um valor de 1, enquanto o diamante recebeu o valor 10. A outros oito minerais comuns foram atribuídos valores entre 2 e 9, em ordem crescente de dureza. A Tabela 3-5 resume a escala de dureza Mohs.

A escala Mohs dá uma ideia qualitativa dos valores de dureza, mas ela não é linear. Como resultado disso, o topázio não é duas vezes mais duro que a fluorita. A Figura 3-8 dá a comparação entre valores de dureza Brinell, Rockwell e Mohs, junto com uma comparação da dureza de metais comuns. Em geral, as cerâmicas são, normalmente, mais duras que os metais, que são normalmente mais duros que os polímeros.

Como a dureza e a resistência à tração se relacionam à habilidade de um material suportar deformação plástica, existe uma correlação aproximada entre as duas propriedades. Uma estimativa aproximada da resistência à tração pode ser determinada a partir da dureza Brinell pelas relações

$$\sigma_r \, (psi) = 500 * HB$$ (3.15)

e

$$\sigma_r \, (MPa) = 3{,}45 * HB.$$ (3.16)

| **_Dureza Brinell (HB)_** | Uma das muitas escalas usadas para avaliar a resistência da superfície de um material à penetração por um objeto mais duro, sob uma força estática.

| **_Ensaio de Dureza Rockwell_** | Um método específico de medir a resistência da superfície de um material à penetração por um objeto duro, sob uma força estática.

| **_Dureza Mohs_** | Uma escala qualitativa, não linear, usada para avaliar a resistência da superfície de um material à penetração por um objeto duro.

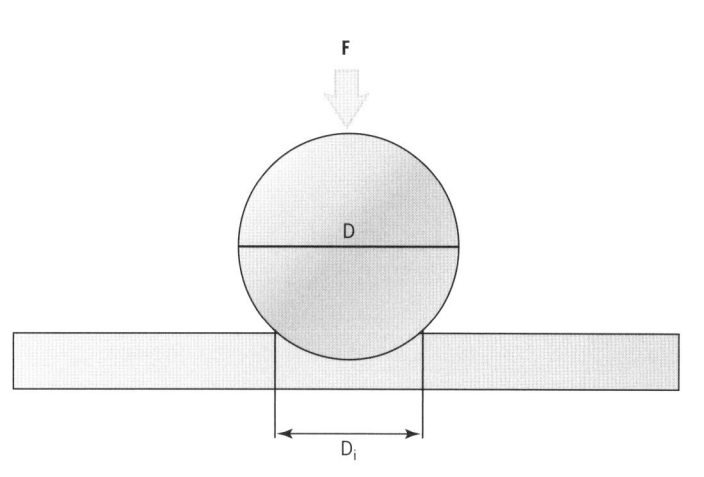

FIGURA 3-7 Esquema de um Ensaio Brinell

TABELA 3-5 Escala de Dureza Mohs	
Valor da Dureza Mohs	Mineral
1	Talco
2	Gesso
3	Calcita
4	Fluorita
5	Apatita
6	Feldspato
7	Quartzo
8	Topázio
9	Coríndon
10	Diamante

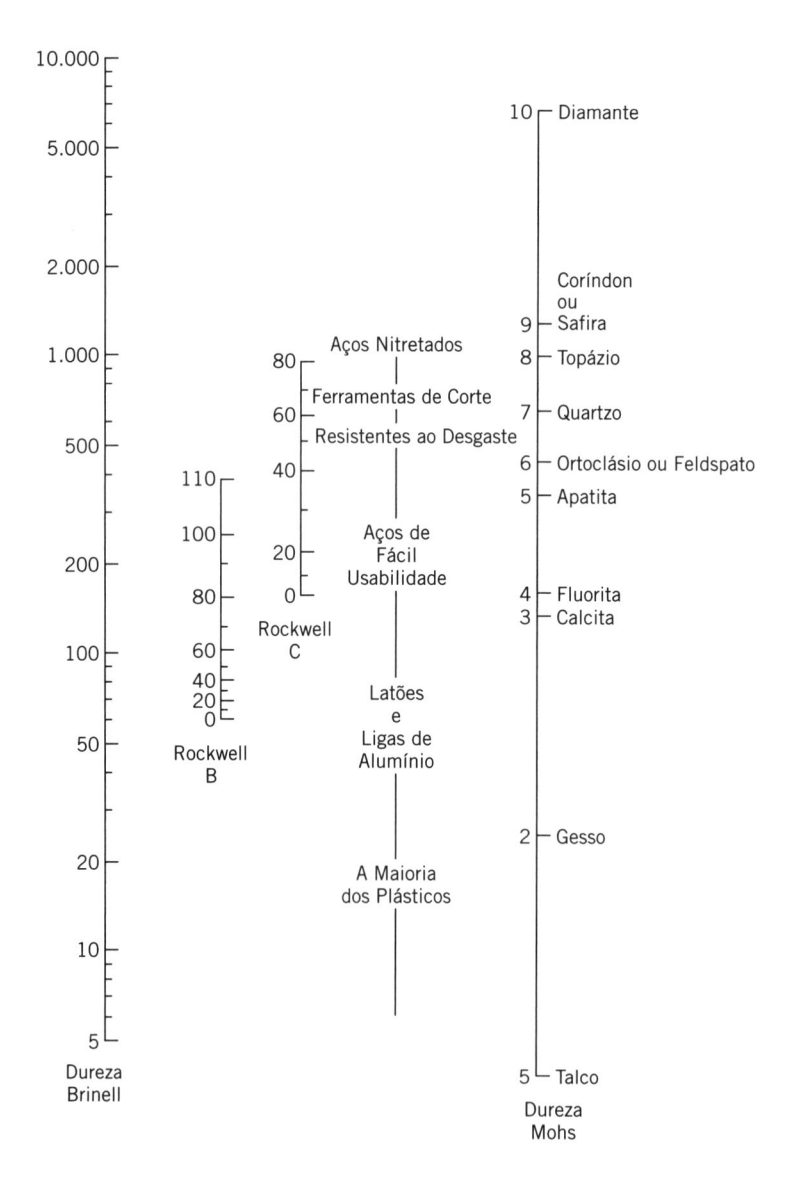

FIGURA 3-8 Comparação das Escalas de Dureza

De William D. Callister, Materials Science and Engineering, *6th* edition. Reimpresso com Permissão de John Wiley & Sons, Inc.

Alguns materiais, incluindo muitas amostras mineralógicas e vidros, não podem ser testados da maneira descrita anteriormente, pois as altas forças localizadas, impostas pela esfera ao penetrar a amostra, os estilhaçam. Nesses casos, é necessário um ensaio de microdureza. Cargas baixas (frequentemente apenas uns poucos gramas) são aplicadas a um penetrador de diamante e a impressão correspondente é convertida para um valor de dureza. A forma do penetrador ou é uma pirâmide de base quadrada (no ensaio Vickers) ou uma pirâmide alongada (no ensaio Knoop). Detalhes dos ensaios de microdureza podem ser encontrados na norma ASTM E-384.

3.6 ENSAIO DE FLUÊNCIA

A *fluência* está relacionada à deformação plástica de um material submetido continuamente a uma tensão ao longo do tempo. A maioria dos materiais sofre fluência apenas em temperaturas elevadas. Quando uma tensão contínua é aplicada a um material em temperatura elevada, ele pode alongar e, por fim, falhar abaixo do limite de escoamento. Em última análise, a fluência ocorre devido às discordâncias no material. Em temperaturas altas, as discordâncias podem se mover mais facilmente, tornando a fratura mais provável.

| *Fluência* | Deformação plástica de um material sob tensão, em temperaturas elevadas.

A medição da fluência é razoavelmente direta. O equipamento consiste em uma estrutura, um forno para manter a temperatura elevada ao redor da amostra e um motor com um sistema de alavanca para aplicar carga à amostra. Em sistemas mais antigos, os usuários podiam ter que adicionar pesos para aplicar a carga. Um termopar é colocado em contato direto com a amostra para registrar a temperatura, enquanto transdutores de deslocamento linear (LVDT) registram o alongamento. A Figura 3-9 mostra um esquema de um sistema de ensaio de fluência.

| *Fluência Primária* | O primeiro estágio da fluência, durante o qual as discordâncias em um material andam e se movem em torno dos obstáculos.

Os dados obtidos de um ensaio de fluência são registrados como deformação (ϵ) *versus* tempo. O gráfico, como o exemplo mostrado na Figura 3-10, revela que a fluência ocorre em três estágios distintos. Durante a *fluência primária* (estágio 1), as discordâncias andam e se movem em torno dos obstáculos. Nesse estágio a taxa de fluência ($\dot{C}$) é inicialmente alta, mas, depois, diminui. A *taxa de fluência* é definida como a variação da inclinação da curva deformação-tempo em cada ponto.

| *Taxa de Fluência* | A variação na inclinação do gráfico deformação-tempo, em qualquer ponto dado, durante um ensaio de fluência.

| *Fluência Secundária* | Estágio no qual a taxa em que as discordâncias se movem é igual à taxa em que elas são bloqueadas, resultando em uma região praticamente linear no gráfico deformação-tempo.

$$\dot{C} = \frac{\Delta\epsilon}{\Delta t}. \tag{3.17}$$

Durante a *fluência secundária* (estágio 2), a taxa na qual as discordâncias se movem se iguala a taxa na qual elas são bloqueadas, resultando em uma região praticamente linear no gráfico.

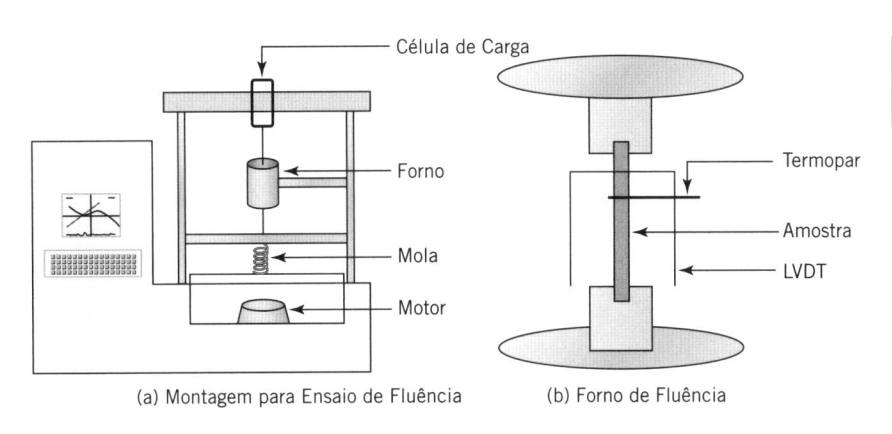

(a) Montagem para Ensaio de Fluência   (b) Forno de Fluência

FIGURA 3-9 Esquema de um Sistema de Ensaio de Fluência

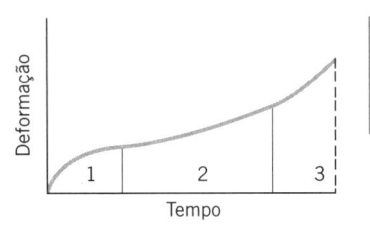

FIGURA 3-10 Gráfico Deformação-Tempo Representativo de um Ensaio de Fluência

Quando a *fluência terciária* (estágio 3) começa, a taxa de deformação acelera rapidamente e continua elevada até a ruptura. O *parâmetro de Larson-Miller (LM)* é usado para caracterizar o comportamento em fluência e pode ser calculado a partir da equação

$$LM = \frac{T}{1000}(A + B \ln t),\tag{3.18}$$

onde T é a temperatura em Kelvin, A e B são constantes empíricas específicas do material e t é o tempo até a ruptura, em minutos.

3.7 ENSAIO DE IMPACTO

A *tenacidade* define a resistência de um material ao choque e é medida por um ensaio de impacto. Em um *ensaio de impacto Charpy* um martelo é preso a um pêndulo, em uma altura inicial (h_0). Uma amostra entalhada, como a mostra na Figura 3-11, é presa na posição, no percurso do martelo, correspondente ao ponto mais baixo do arco descrito pelo pêndulo. No início do ensaio, o martelo é liberado e sua energia potencial armazenada se transforma em energia cinética, como mostrado na Figura 3-12. Na base do arco, o martelo quebra a amostra, gastando parte da sua energia cinética nesse processo. O martelo, então, prossegue descrevendo o arco até parar em uma certa altura final (h_f). Desprezando o atrito, as alturas inicial e final seriam as mesmas se o martelo não encontrasse resistência em seu percurso.

A *energia de impacto* (e_I) da amostra é igual à perda de energia potencial entre os estados inicial e final:

$$e_I = mg(h_0 - h_f),\tag{3.19}$$

onde e_I é a energia de impacto, m é a massa do martelo e g é a aceleração da gravidade. Outra versão do ensaio de impacto, o *ensaio Izod*, é realizado, fundamentalmente, da mesma maneira. Mas, o alinhamento da amostra entalhada é modificado. No ensaio Charpy, a amostra é alinhada horizontalmente, de modo que o martelo atinge a face oposta ao entalhe, o qual está diretamente no percurso do martelo. No ensaio Izod a amostra é alinhada verticalmente, com o entalhe na face onde há o choque, mas fora do percurso do martelo, como mostrado na Figura 3-13. Algumas vezes amostras entalhadas e sem entalhe são ensaiadas e comparadas para se determinar a sensibilidade do material ao entalhe. Ensaios de impacto são frequentemente realizados em diversas temperaturas e são facilmente aplicados a metais, cerâmicas e, algumas vezes, a polímeros, mas tendem a não dar bons resultados para compósitos. A natureza mais complexa da ruptura dos compósitos limita a validade de um teste tão simples.

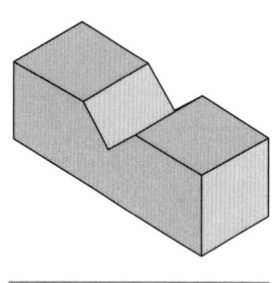

FIGURA 3-11 Amostra Entalhada para o Ensaio de Impacto

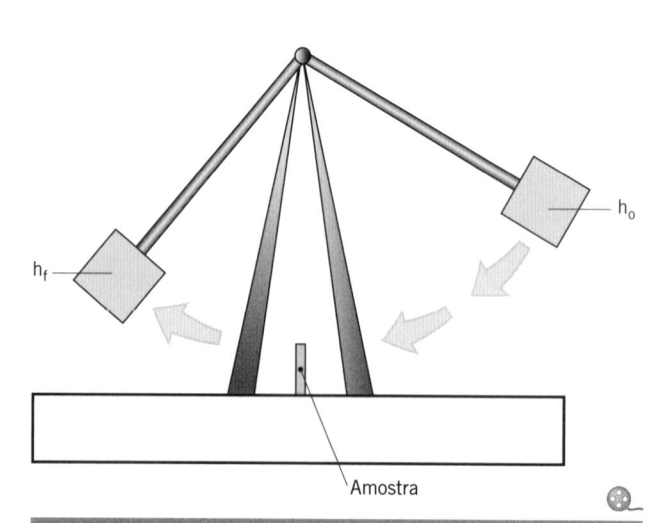

FIGURA 3-12 Esquema de um Sistema de Ensaio de Impacto Charpy

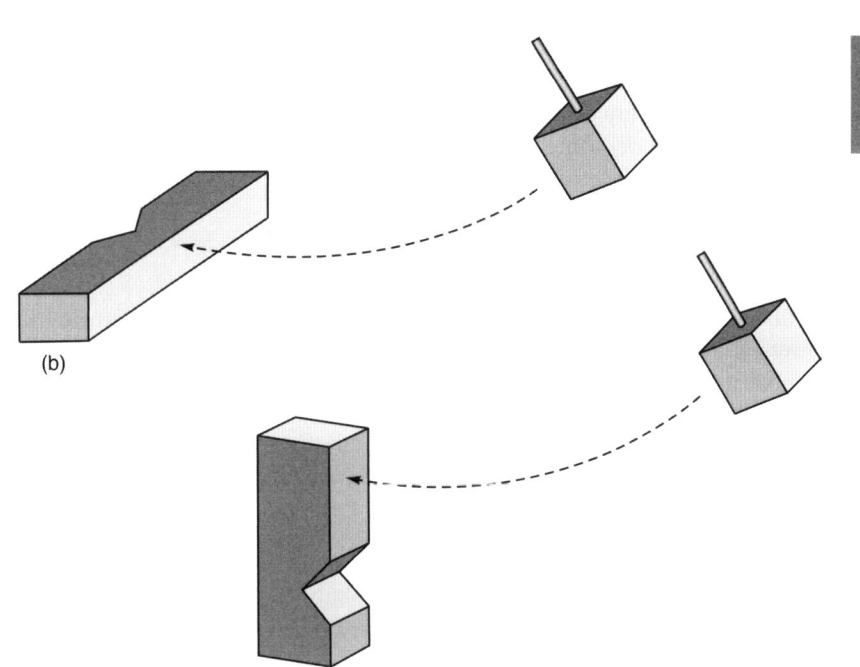

(b)

(a)

O Mesmo Resultado É Obtido Toda Vez que se Fizer um Determinado Ensaio?

Em uma resposta curta: não. Cada vez que uma amostra diferente, mas supostamente igual, é testada por qualquer das técnicas descritas, será obtido um resultado pelo menos ligeiramente diferente do obtido antes. A estatística é uma ferramenta efetiva para lidar com esse erro aleatório nas medidas e determinar se estamos vendo diferenças reais entre as amostras ou apenas espalhamento nos dados.

3.8 ERRO E REPRODUTIBILIDADE NA MEDIÇÃO

Se sete diferentes pessoas estiverem lidando com uma peça de vergalhão de aço e for pedido que elas determinem sua resistência à tração, serão obtidos sete resultados diferentes. Diferenças microscópicas nas redes cristalinas, desorientações dos cristais e diversos fatores fazem com que duas amostras não sejam verdadeiramente idênticas. Mesmo que elas sejam idênticas, todos os ensaios estão sujeitos a erros aleatórios inerentes, que não podem ser eliminados. O enfoque mais intuitivo para vencer esse problema envolve fazer múltiplas medidas e reportar a média,

$$\overline{\sigma} = \frac{\sum_{i=1}^{N}\sigma_i}{N}, \tag{3.20}$$

onde $\overline{\sigma}$ é a resistência à tração média, N é o número total de amostras testadas e σ_i é a resistência à tração de uma dada amostra.

Embora o cálculo da média seja um primeiro passo útil, não fornece informação suficiente para tomar muitas decisões. Por exemplo, se a resistência à tração média do vergalhão de aço fosse 812 MPa, baseada em duas amostras, você não pode dizer se a média é devida a dois resultados semelhantes (808 e 816 MPa) ou a dois resultados bem diferentes (626 e 998 MPa). Alguma informação adicional sobre o espalhamento nos dados é necessária. Mais importante, cada vez que outra amostra for testada, o valor médio irá mudar. Em alguns casos, ele pode mudar drasticamente. A única maneira de determinar o valor médio real experimentalmente é testando todas as amostras, o que é impraticável. Se a única maneira de determinar a segurança ao choque de um determinado carro, fosse bater com todos os carros fabricados, ninguém faria esse teste.

Assim sendo, uma quantidade estatística denominada *variância* (s^2) leva em consideração o erro aleatório devido a diversas fontes e fornece informação sobre o espalhamento dos dados. A variância é definida como

$$s^2 = \frac{1}{N-1} \sum_{i=1}^{N} (\sigma_i - \overline{\sigma})^2. \tag{3.21}$$

A raiz quadrada da variância é denominada *desvio-padrão* (s), que dá uma informação mais direta sobre quão distante da média está, provavelmente, o valor de uma amostra aleatória. Ambas as curvas (A e B) mostradas na Figura 3-14 têm média $\overline{x}$, mas a curva B tem um desvio-padrão maior do que a curva A.

$$s = \sqrt{\frac{\sum_{i=1}^{N} (\sigma_i - \overline{\sigma})^2}{N-1}} \tag{3.22}$$

Os desvios-padrão são baseados em probabilidades e podem ser usados para fazer afirmações sobre probabilidade em relação às médias reportadas. Para qualquer medida dada,

$$\overline{\mu} = \overline{x} \pm \delta, \tag{3.23}$$

onde $\overline{\mu}$ é a média verdadeira que seria determinada se infinitas amostras fossem medidas, $\overline{x}$ é a média estimada testando n amostras e δ é uma quantidade estatística denominada *barra de erro* ou *limite de confiabilidade*. O tamanho das barras de erro depende do número de amostras, do desvio-padrão e do nível de confiabilidade desejado. Para a maioria das aplicações, uma confiabilidade de 95% é usada como padrão. Com 95% de confiabilidade, a média verdadeira ($\overline{\mu}$) estará entre ($\overline{x} - \delta$) e ($\overline{x} + \delta$) em 95% das vezes. Se uma confiabilidade de 99% fosse usada, a média verdadeira estaria enquadrada pelas barras de erro 99% das vezes, mas as barras de erro seriam muito maiores. As barras de erro (δ) são determinadas pela equação

$$\delta = \frac{t * s}{\sqrt{N}}, \tag{3.24}$$

onde t é o valor obtido da *tabela estatística t*, dada na Tabela 3-6, s é o desvio-padrão e N é o número de amostras.

Os eixos da tabela t mostrada na Tabela 3-6 são confusos. A tabela é formada de valores de t em função dos graus de liberdade (n) e de F, que é uma função complexa, relacionada ao nível de incerteza (α) pela equação

$$F = 1 - \frac{\alpha}{2}. \tag{3.25}$$

Para uma confiabilidade de 95%, o nível de incerteza é 5% (0,05). Portanto, a Equação 3.25 indica que F seria 0,975. Os graus de liberdade (n) são definidos como

$$n = N - 1, \tag{3.26}$$

de modo que existe um grau de liberdade a menos do que o número de amostras ensaiadas.

O ensaio de mais amostras reduzirá o tamanho das barras de erro sem abaixar os limites de confiabilidade, pois a raiz quadrada de N aparece no denominador da equação de δ. Aumentar N também diminui o valor de t, que está no numerador. Por fim, a decisão de quantas amostras devem ser testadas, precisa ser analisada em relação aos custos de se fazer ensaios adicionais e o aumento da precisão dos resultados.

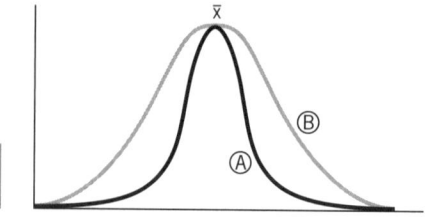

FIGURA 3-14 Duas Curvas com a Mesma Média, mas com Diferentes Desvios-Padrão

TABELA 3-6 Pontos Percentuais, Distribuição t de Student

A tabela dá valores tais que:

$$F(t) = \int_{-\infty}^{t} \frac{\Gamma(n + 1/2)}{\sqrt{n\pi}\,\Gamma(n/2)} \left(1 + \frac{x^2}{n}\right)^{-(n+1)/2} dx$$

onde n é o número de graus de liberdade.

n	$F(t)$							
	0,6	0,75	0,9	0,95	0,975	0,99	0,995	0,9995
1	0,325	1,000	3,078	6,314	12,706	31,821	63,657	636,619
2	0,289	0,816	1,886	2,920	4,303	6,965	9,925	31,598
3	0,277	0,765	1,638	2,353	3,182	4,541	5,841	12,924
4	0,271	0,741	1,533	2,132	2,776	3,747	4,604	8,610
5	0,267	0,727	1,476	2,015	2,571	3,365	4,032	6,869
6	0,265	0,718	1,440	1,943	2,447	3,143	3,707	5,959
7	0,263	0,711	1,415	1,895	2,365	2,998	3,499	5,408
8	0,262	0,706	1,397	1,860	2,306	2,896	3,355	5,041
9	0,261	0,703	1,383	1,833	2,262	2,821	3,250	4,781
10	0,260	0,700	1,372	1,812	2,228	2,764	3,169	4,587
11	0,260	0,697	1,363	1,796	2,201	2,718	3,106	4,437
12	0,259	0,695	1,356	1,782	2,179	2,681	3,055	4,318
13	0,259	0,694	1,350	1,771	2,160	2,650	3,012	4,221
14	0,258	0,692	1,345	1,761	2,145	2,624	2,977	4,140
15	0,258	0,691	1,341	1,753	2,131	2,602	2,947	4,073
16	0,258	0,690	1,337	1,746	2,120	2,583	2,921	4,015
17	0,257	0,689	1,333	1,740	2,110	2,567	2,898	3,965
18	0,257	0,688	1,330	1,734	2,101	2,552	2,878	3,922
19	0,257	0,688	1,328	1,729	2,093	2,539	2,861	3,883
20	0,257	0,687	1,325	1,725	2,086	2,528	2,845	3,850
21	0,257	0,686	1,323	1,721	2,080	2,518	2,831	3,819
22	0,256	0,686	1,321	1,717	2,074	2,508	2,819	3,792
23	0,256	0,685	1,319	1,714	2,069	2,500	2,807	3,767
24	0,256	0,685	1,318	1,711	2,064	2,492	2,797	3,745
25	0,256	0,684	1,316	1,708	2,060	2,485	2,787	3,725
26	0,256	0,684	1,315	1,706	2,056	2,479	2,779	3,707
27	0,256	0,684	1,314	1,703	2,052	2,473	2,771	3,690
28	0,256	0,683	1,313	1,701	2,048	2,467	2,763	3,674
29	0,256	0,683	1,311	1,699	2,045	2,462	2,756	3,659
30	0,256	0,683	1,310	1,697	2,042	2,457	2,750	3,646
40	0,255	0,681	1,303	1,684	2,021	2,423	2,704	3,551
60	0,254	0,679	1,296	1,671	2,000	2,390	2,660	3,460
120	0,254	0,677	1,289	1,658	1,980	2,358	2,617	3,373
∞	0,253	0,674	1,282	1,645	1,960	2,326	2,576	3,291

Exemplo 3-3

Uma série de seis amostras de compósito é ensaiada em tração. As resistências à tração (em MPa) para as seis réplicas foram 742, 763, 699, 707, 714 e 751. Determine a resistência à tração média, com as barras de erro adequadas, com 95% de confiabilidade.

SOLUÇÃO

A média das amostras é dada por

$$\overline{\sigma}_s = \frac{742 + 763 + 699 + 707 + 714 + 751}{6} = 729 \text{ MPa.}$$

As barras de erro são calculadas pela Equação 3.23:

$$\delta = \frac{t * s}{\sqrt{N}}$$

N é o número de amostras, que nesse caso é 6; t deve ser encontrado na Tabela 3-6, t (F = 0,975, n = 5) = 2,571.

O desvio-padrão é obtido da Equação 3.21:

$$s = \sqrt{\frac{\sum_{i=1}^{N} (\sigma_i - \overline{\sigma})^2}{N - 1}} = 26,1,$$

de modo que $\delta = (2,571 * 26,1)/\sqrt{6} = 27,4$. Assim, $\overline{\sigma}_s = 729 \pm 27,4$ MPa. Existe a probabilidade de 95% de que a média verdadeira esteja entre 701,6 e 756,4 MPa.

| *Variância Combinada* | Um valor usado para determinar se dois conjuntos distintos de amostras são estatisticamente diferentes.

O mesmo princípio pode ser usado para determinar se dois conjuntos de amostras são estatisticamente diferentes. Quando duas amostragens diferentes são examinadas, a *variância combinada* $(S_{12})^2$ deve ser calculada, mas, como anteriormente, a raiz quadrada da variância combinada é mais adequada:

$$S_{12} = \sqrt{\frac{(N_1 - 1) * S_1^2 + (N_2 - 1) * S_2^2}{N_1 + N_2 - 2}}, \tag{3.27}$$

onde N_1 é o número de amostras do primeiro conjunto, S_1 é o desvio-padrão do primeiro conjunto de amostras, N_2 é o número de amostras do segundo conjunto e S_2 é o desvio-padrão do segundo conjunto de amostras.

A diferença-padrão entre as médias (S_D) é dada por

$$S_D = S_{12}\sqrt{\frac{N_1 + N_2}{N_1 * N_2}}. \tag{3.28}$$

As médias são significativamente diferentes estatisticamente se e apenas se a Equação 3.29 for satisfeita,

$$|\overline{X}_1 - \overline{X}_2| > t * S_D, \tag{3.29}$$

onde $\overline{X}_1$ e $\overline{X}_2$ são as médias calculadas das duas amostragens.

Exemplo 3-4

Suponha que 10 amostras de uma liga metálica sejam submetidas a um ensaio de dureza Brinell e deem uma dureza Brinell média de 436, com um desvio-padrão de 12,5. Oito amostras de outra liga têm uma dureza Brinell média de 487, com um desvio-padrão de 10,5. As amostras são significativamente diferentes?

SOLUÇÃO

Em uma primeira análise, a segunda liga parece ter maior dureza que a primeira, mas a variação estatística dever ser analisada para se ter certeza. Primeiro, devemos calcular a raiz quadrada da variância combinada

$$S_{12} = \sqrt{\frac{(N_1 - 1) * S_1^2 + (N_2 - 1) * S_2^2}{N_1 + N_2 - 2}}$$

$$= \sqrt{\frac{(10 - 1) * (12,5)^2 + (8 - 1) * (10,5)^2}{10 + 8 - 2}} = 11,7.$$

A seguir, usamos esse valor para determinar a diferença-padrão entre as médias

$$S_D = S_{12}\sqrt{\frac{N_1 + N_2}{N_1 * N_2}} = 11,7\sqrt{\frac{10 + 8}{10 * 8}} = 5,50.$$

Agora, precisamos do valor t apropriado. Como ainda desejamos ter uma confiabilidade de 95%, o valor de F permanece sendo 0,975. Entretanto, os graus de liberdade são agora

$$n = N_1 + N_2 - 2 = 10 + 8 - 2 = 16.$$

Da Tabela 3-6, t (F = 0,975, n = 16) = 2,120.

Estamos agora prontos para usar a Equação 3.28.

$$|\overline{X}_1 - \overline{X}_2| > t * S_D \text{ se torna } |436 - 487| > 2,210 * 5,50 \text{ ou } 51 > 11,7.$$

Assim sendo, a dureza Brinell da segunda liga é significativamente maior do que a da primeira, com 95% de confiabilidade.

A análise estatística anterior releva um dilema ético incrivelmente importante encarado por todas as companhias: Quantos testes são suficientes? Ensaiar mais amostras dá maior precisão aos resultados, mas custa dinheiro, tanto devido aos homens/hora gastos na realização dos ensaios quanto nas amostras destruídas. Se a companhia está testando batidas em automóveis Rolls-Royce, cada ponto experimental pode custar mais do que US$ 100.000.

A maioria das companhias tenta alcançar um equilíbrio entre custo e precisão. Se uma companhia faz um produto, tal como garrafas de refrigerante, e 1 em 100.000 não pode suportar o processo de pressurização, a perda pode ser aceitável. Se 1 componente em 100.000 de um motor de avião é defeituoso, o resultado pode ser catastrófico.

Por que os Materiais Falham sob Tensão?

3.9 MECÂNICA DA FRATURA

Todas as fraturas nos materiais resultam da formação e propagação de um trinca, mas diferentes tipos de materiais respondem à formação de trincas de maneira bem diferente. Materiais dúcteis apresentam deformação plástica substancial na área da trinca. O material essencialmente se adapta à presença da trinca. O crescimento da trinca tende a ser lento e, em alguns casos, a trinca se torna estável e não crescerá a menos que se aumente a tensão aplicada. As trincas nas paredes ou nos forros de casas tendem a ser estáveis.

Materiais dúcteis tendem a fraturar ou no modo *taça e cone* mostrado na Figura 3-15, no qual uma parte tem um centro plano com uma borda elevada, como uma taça, enquanto a outra parte tem uma ponta aproximadamente cônica; ou com uma fratura cisalhante causada por uma força cisalhante lateral

Materiais frágeis se comportam diferentemente. Eles não podem sofrer a deformação plástica necessária para estabilizar a trinca sem se romperem. Como resultado disso, pequenas trincas se propagam espontaneamente, semelhante ao que ocorre com uma pequena trinca no para-brisas de um carro, resultando na fratura de todo o para-brisas. Materiais frágeis tendem a formar uma superfície de fratura, por clivagem, mais simples, como mostrado na Figura 3-16. O estudo do crescimento de trinca, que leva à fratura de um material é denominado *mecânica da fratura.*

A chave de toda a mecânica da fratura é a presença de uma trinca, ou de outro defeito em escala superior à atômica, tal como um poro. O desenvolvimento da equação de tensão $\sigma = F/A_0$ é postulado na suposição de que a tensão é distribuída uniformemente por toda a seção transversal da amostra, mas a presença de trincas torna essa suposição inválida. Trincas, vazios e outras imperfeições servem como **concentradores de tensão**, que causam aumentos altamente localizados da tensão. Assim, a tensão tradicional que foi discutida anteriormente é mais apropriadamente definida como a **tensão nominal** (σ_{nom}) e a máxima tensão, concentrada na ponta da trinca, é denominada tensão máxima ($\sigma_{máx}$).

Um **fator de concentração de tensão** (k) pode ser definido como a razão entre a tensão máxima e a tensão aplicada,

$$k = \frac{\sigma_{máx}}{\sigma_{nom}}. \tag{3.30}$$

Se for feito um gráfico da tensão *versus* a distância à imperfeição, como o mostrado na Figura 3-17, a tensão na imperfeição é igual à tensão nominal vezes o fator de concentração de tensão.

A magnitude do fator de concentração de tensão depende da geometria da imperfeição. Argumentos geométricos fundamentais mostraram, desde 1913, que para uma trinca elíptica, o fator de concentração de tensão estava relacionado à razão entre o comprimento (a) da elipse e a sua largura (b) pela equação,

$$k = \left(1 + 2\frac{a}{b}\right). \tag{3.31}$$

Um defeito elíptico hipotético está mostrado na Figura 3-18.

Um defeito perfeitamente circular teria a = b e o fator de concentração de tensão valeria 3; indicando que o defeito resultaria em um aumento de 3 vezes da tensão aplicada na área local do defeito. Quando o defeito se torna menos circular e mais alongado, o fator de con-

---

| *Mecânica da Fratura* | O estudo do crescimento de trinca que leva à fratura do material.

| *Concentradores de Tensão* | Trincas, vazios e outras imperfeições em um material que causam aumentos altamente localizados das tensões.

| *Tensão Nominal* | Valores de tensão que não envolvem a presença de concentradores de tensão no material.

| *Fator de Concentração de Tensão* | A razão entre a tensão máxima e a tensão aplicada.

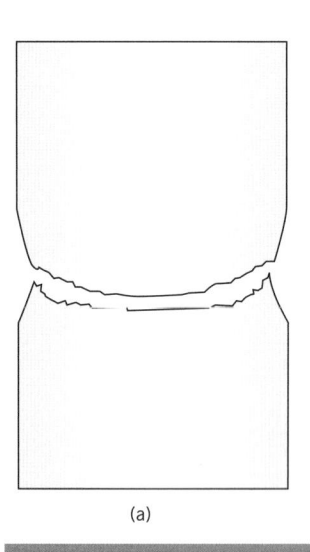

(a)   (b)

FIGURA 3-15 Modos de Fratura Dúctil: (a) Taça e Cone; (b) Cisalhamento Lateral

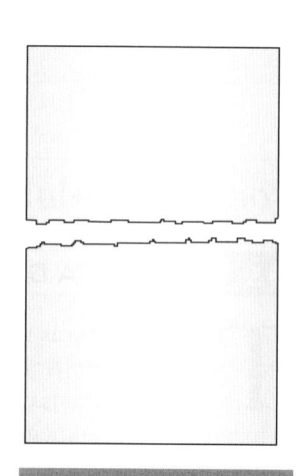

FIGURA 3-16 Fratura Frágil

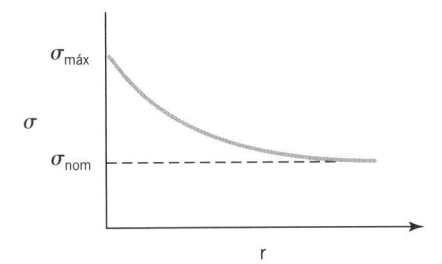

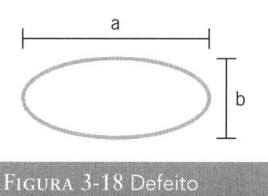

Figura 3-17 Relação entre σ_{nom} e $\sigma_{máx}$

Figura 3-18 Defeito Elíptico Representativo

centração de tensão aumenta muito. Para uma trinca fina, na qual a $\gg$ b, a Equação 3.31 indica que a tensão na ponta da trinca tende a infinito. Assim, o fator de concentração de tensão cessa de ter sentido e um novo parâmetro, o ***fator de intensidade de tensão*** (K), deve ser empregado. Para uma única trinca,

$$K = f\sigma\sqrt{\pi a},\tag{3.32}$$

onde f é um fator geométrico adimensional.

A questão crítica que define se o material irá fraturar como resultado da tensão aplicada é se a intensidade de tensão na ponta da trinca ultrapassará um limiar crítico. Quando K excede esse fator de intensidade de tensão crítico, denominado ***tenacidade à fratura*** (K_c), a trinca se propagará. A tensão real necessária para propagação da trinca (σ_c) para um material frágil é definida como

$$\sigma_c = 2\sigma_{nom}\sqrt{\frac{E\gamma_s}{\pi a}},\tag{3.33}$$

onde E é o módulo elástico do material, γ_s é a energia de superfície específica na superfície da trinca e a é o comprimento da trinca. A tenacidade à fratura se relaciona à tensão real necessária para propagação da trinca pela Equação 3.34:

$$K_c = f\sigma_c\sqrt{\pi a}.\tag{3.34}$$

Como a tenacidade à fratura é uma função da espessura do material, ela não pode ser diretamente tabelada. Em uma determinada espessura, a influência da espessura sobre a tenacidade à fratura se torna menos pronunciada e acima de uma espessura crítica não há mais influência da espessura sobre a tenacidade à fratura. A tenacidade à fratura do material acima dessa espessura crítica é denominada ***tenacidade à fratura em deformação plana*** (K_{Ic}), que está dada para diversos materiais diferentes na Tabela 3-7.

O parâmetro mais importante na determinação da tensão necessária para a propagação da trinca é o tamanho do defeito. Como resultado disso, no processo de fabricação, toma-se muito cuidado para reduzir o tamanho dos defeitos. Impurezas são comumente filtradas dos metais líquidos, polímeros fundidos são passados através de filtros antes da conformação e uma complexa técnica de prensagem de pós (discutida no Capítulo 6) é usada para reduzir o tamanho dos defeitos e aumentar a tenacidade à fratura de muitos materiais cerâmicos.

Embora o tamanho do defeito seja o parâmetro mais importante, muitos outros fatores afetam a concentração de tensão, incluindo a ductilidade, a temperatura e o tamanho de grão. A área em torno da ponta da trinca em materiais dúcteis pode sofrer deformação plástica e aliviar parte da intensificação de tensão. Como resultado disso, polímeros frágeis e cerâmicas tendem a ter tenacidade à fratura muito menor do que metais dúcteis. A temperatura afeta a tenacidade à fratura de materiais que tenham uma transição entre comportamento dúctil e frágil. A maioria dos polímeros sofre uma transição diferente entre frágil — materiais vítreos com baixa tenacidade à fratura – e mais dúcteis — materiais com comportamento semelhante à borracha, com maior tenacidade à fratura. Metais com uma estrutura CFC (cúbica de faces centradas) tipicamente não apresentam uma ***transição dúctil-frágil***, mas metais CCC (cúbicos de corpo centrado) sim. Grãos pequenos também tendem a aumentar a tenacidade à fratura.

O comportamento da trinca na presença de uma tensão também depende da direção da tensão em relação à trinca. ***Tensões de abertura*** atuam perpendicularmente à direção da trinca, como mostrado na Figura 3-19(a). Uma tensão de abertura afasta as extremidades da trinca,

| ***Fator de Intensidade de Tensão*** | Termo que leva em consideração o aumento da tensão aplicada em uma trinca elíptica cujo comprimento é muito maior do que sua largura.

| ***Tenacidade à Fratura*** | O valor que o fator de intensidade de tensão deve exceder para permitir a propagação de uma trinca.

| ***Tenacidade à Fratura em Deformação Plana*** | A tenacidade à fratura acima da espessura crítica, na qual a espessura do material não mais influencia a tenacidade à fratura.

| ***Transição Dúctil-Frágil*** | A transição de comportamento dúctil para frágil de alguns metais devido à variação da temperatura.

| ***Tensões de Abertura*** | Tensões que atuam perpendicularmente à direção de uma trinca, fazendo com que as extremidades da trinca se afastem e abram ainda mais a trinca.

Tabela 3-7 Tenacidade à Fratura em Deformação Plana para Diversos Materiais	
Material	K_{Ic} $(MPa \sqrt{m})$
Terpolímero ABS	4
Alumina (Al_2O_3)	1,5
Ligas cobre-alumínio	20–30
Ferro fundido	6–20
Cimento/concreto	0,2
Magnésia (MgO)	3
Policarbonato	2,7
Polietileno (alta densidade)	2
Polietileno (baixa densidade)	1
PMMA (polimetilmetacrilato)	0,8
Porcelana	1
Carbeto de silício	3
Aço — médio carbono	51
Aço — cromo níquel	42–73
Zircônia (tenacificada)	9
Outros metais dúcteis	100–350

Figura 3-19 Modos de Tensão

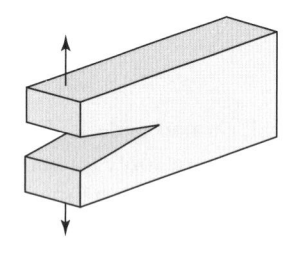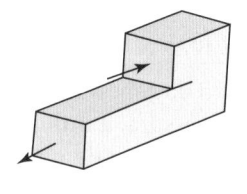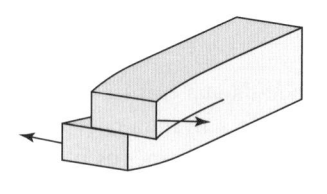

(a) Tensão de Abertura   (b) Cisalhamento no Plano   (c) Cisalhamento Fora do Plano

| *Cisalhamento no Plano* | A aplicação de tensões paralelas à trinca, fazendo com que a parte superior seja empurrada para a frente e a parte inferior seja puxada na direção oposta.

| *Cisalhamento Fora do Plano* | A aplicação de uma tensão paralela a uma trinca, a qual empurra as partes superior e inferior em direções opostas.

abrindo-a ainda mais. Uma tensão de abertura aplicada no sentido oposto fecharia a trinca e não resultaria em propagação. *Tensões cisalhantes atuando no plano da trinca* envolvem a aplicação da tensão paralelamente à trinca. A parte superior à trinca é empurrada para a frente, enquanto a parte inferior é puxada no sentido oposto. A tensão cisalhante propaga a trinca por deslizamento das partes superior e inferior entre si, mas nenhuma parte sai de seu plano original, como mostrado na Figura 3-19(b). *Cisalhamento fora do plano* resulta quando uma tensão paralela à trinca empurra as metades superior e inferior da trinca em direções opostas, como mostrado na Figura 3-19(c).

Como as Propriedades Mecânicas Mudam com o Tempo?

Tanto as condições ambientais quanto o tipo de material influenciam em como as propriedades variam com o tempo. Um metal deixado em água salgada por um ano se comportará de modo bem diferente de um metal mantido em um ambiente limpo e seco. Dois principais ensaios dão algum entendimento de como as propriedades provavelmente variam em função do tempo: o ensaio de fadiga e as análises de envelhecimento acelerado.

ENSAIO DE FADIGA

Os materiais, por fim, fraturam quando expostos a tensões repetidas, mesmo se o nível de tensão for inferior ao limite de escoamento. A falha devido a tensões repetidas abaixo do limite de escoamento é denominada *fadiga*. Embora todas as classes de materiais possam sofrer fadiga, ela é especialmente importante em metais. Os objetivos dos ensaios de fadiga são determinar o número de ciclos de tensão, em um determinado nível de tensão, que um material pode suportar antes de falhar (a *vida em fadiga*) e o nível de tensão abaixo do qual existe uma probabilidade de 50% de que a falha nunca acontecerá (o *limite de fadiga*).

O ensaio de fadiga mais comum é o *ensaio de viga engastada*, semelhante ao mostrado na Figura 3-20. Uma amostra de forma cilíndrica é presa em uma garra, em uma extremidade, e um peso, ou uma conexão, é preso à outra extremidade. Um motor gira a amostra, produzindo forças de tração e compressão alternadas, à medida que a amostra gira, como mostrado na Figura 3-21. Um contador registra o número de ciclos até que a amostra falhe. Para cada amostra, a amplitude de tensão (S) é medida pela equação

$$S = \frac{10,18 \ \text{lm}}{d^3}, \tag{3.35}$$

onde l é o comprimento da amostra, m é a massa do peso aplicado, ou da conexão, e d é o diâmetro da amostra.

Diversas amostras são ensaiadas em diferentes níveis de tensão e os resultados são compilados para gerar uma *curva S-N*, na qual a amplitude de tensão é registrada contra o logaritmo natural do número de ciclos para causar falha, como mostrado na Figura 3-22. Essa curva pode ser usada para determinar a vida em fadiga para o material em um dado nível de tensão.

| *Fadiga* | Falha devido a tensões repetidas inferiores ao limite de escoamento.

| *Vida em Fadiga* | O número de ciclos, em um dado nível de tensão, que um material pode suportar antes de falhar.

| *Limite de Fadiga* | O nível de tensão abaixo do qual existe uma probabilidade de 50% de que a falha nunca ocorra.

| *Ensaio de Viga Engastada* | Método usado para determinar o comportamento em fadiga, alternando forças de tração e de compressão em uma amostra.

| *Curva S-N* | Uma representação gráfica dos resultados do ensaio de diversas amostras sob diferentes níveis de tensão, que é usada para determinar a vida em fadiga do material em um dado nível de tensão.

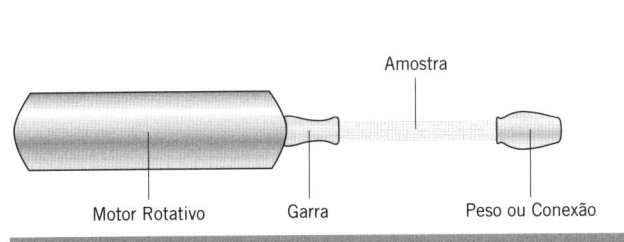

FIGURA 3-20 Dispositivo de Ensaio para Viga Engastada

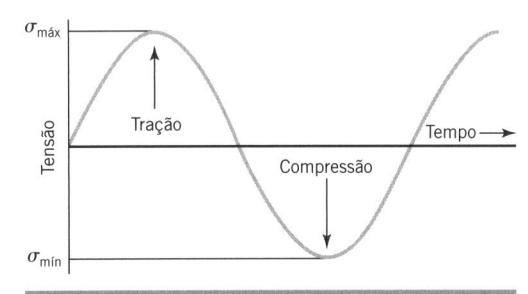

FIGURA 3-21 Ciclos de Tensão Durante um Ensaio de Fadiga

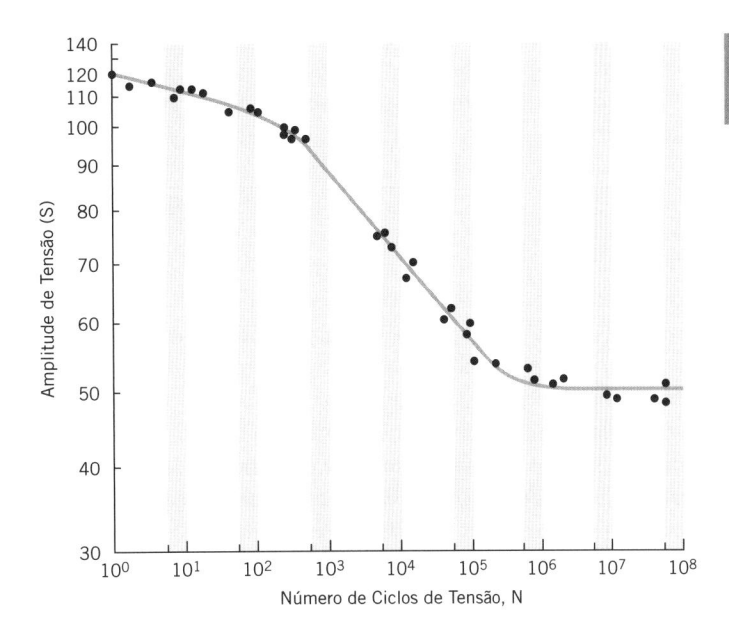

FIGURA 3-22 Curva S-N Representativa de um Ensaio de Fadiga

Essas curvas também são chamadas de *curvas de Wohler*, em referência ao engenheiro August Wohler, que, no século XIX, estudou as causas de fraturas em trilhos ferroviários. O nível de tensão no ponto de inflexão da curva S-N fornece o limite de fadiga. Para muitos materiais, o limite de fadiga vale, aproximadamente, 50% do limite de resistência. Alguns materiais, incluindo o alumínio e a maioria dos polímeros, não têm limite de fadiga. Se expostos a um número de ciclos suficientes, em qualquer nível de tensão, eles eventualmente falharão. Esse é o motivo pelo qual as companhias aéreas registram cuidadosamente o número de ciclos de tensão (ocorridos durante a decolagem e a aterrissagem) que cada avião sofre e, rotineiramente, substituem as asas e outros componentes que sofrem tensões, bem antes que se aproximem de suas vidas em fadiga. Essa lição foi aprendida em função de uma tragédia. Em 1954, três aviões de Havilland Comet romperam em pleno ar e caíram. As investigações subsequentes revelaram que os cantos vivos ao redor das janelas eram sítios para a iniciação de trincas. Todas as janelas de aviões foram imediatamente reprojetadas e ensaios de fadiga se tornaram rotineiros na indústria.

Os problemas com a variabilidade das medidas são particularmente importantes em ensaios de fadiga. O espalhamento inerente dos dados torna difícil determinar a exata vida de fadiga para um material específico. Um grande número de curvas S-N é levantado para melhorar o ajuste estatístico dos dados, mas os projetistas devem ter o grande cuidado de não deixar o seu material se aproximar da sua vida em fadiga.

3.11 ANÁLISES DE ENVELHECIMENTO ACELERADO

As propriedades da maioria dos materiais variam com a exposição prolongada ao calor, à luz e ao oxigênio. O método mais correto para determinar como as propriedades de um material específico irão variar com as condições ambientais, em função do tempo, é simular as condições ambientais no laboratório e realizar os tipos de ensaios descritos neste capítulo em diferentes tempos ao longo da vida útil do material. Infelizmente, o longo tempo necessário para tais ensaios torna-os impraticáveis. Se uma companhia de polímeros desenvolvesse uma nova formulação para uma tinta para carros, ela poderia pintar diversos carros e colocá-los em diferentes partes do país por 15 anos para ver como eles se comportariam. Mas, a companhia não geraria qualquer ganho em relação à tinta por 15 anos e outra companhia poderia desenvolver algo até mesmo melhor nesse período de tempo.

Em vez disso, as companhias fazem *análises de envelhecimento acelerado*, nas quais o período de tempo é reduzido, aumentando a intensidade da exposição às outras variáveis. Estudos sobre a cinética de reação nos dizem que os mesmos processos fundamentais ocorrem em diferentes temperaturas, mas a temperatura afeta de modo significativo a taxa do processo. O objetivo da análise de um envelhecimento acelerado é usar um *tempo de equivalência da propriedade (TEP)* para fazer com que o mesmo processo ocorra em um tempo mais curto. Por exemplo, se fosse esperado que um componente metálico em um motor durasse seis meses ao ar (com 21% de oxigênio) a 200°C, uma reação equivalente poderia ser obtida elevando a temperatura para 300°C por um tempo mais curto.

A equação de Arrhenius pode ser usada para relacionar tempo e temperatura. Como discutido no Capítulo 2, a maioria das alterações nos materiais segue a forma:

$$\frac{dG}{dt} = A_0 \exp\left(\frac{-E_A}{RT}\right),\qquad(3.36)$$

onde G é a propriedade de interesse, t é o tempo, E_A é a energia de ativação, R é a constante dos gases, A_0 é a constante pré-exponencial e T é a temperatura. Quando não estiverem disponíveis dados para se usar a equação de Arrhenius, a aproximação que a taxa de variação da propriedade dobra para cada aumento de 8°C a 10°C da temperatura é frequentemente usada, mas a precisão dessa aproximação depende da real energia de ativação do sistema.

Análises de envelhecimento acelerado fornecem informações úteis e importantes em tempo bem mais curto do que estudos de envelhecimento ao longo do tempo de vida, mas é importante reconhecer que o TEP é uma estimativa idealizada. Problemas podem ser completamente perdidos ou parecerem ser bem mais sérios do que eles realmente são. Por fim, as análises de envelhecimento acelerado são mais úteis como uma ferramenta para identificar problemas para um estudo mais metodológico.

Resumo do Capítulo 3

Neste capítulo examinamos:

- As normas ASTM para a realização de ensaios em materiais
- A realização de ensaio de tração
- A definição e o cálculo de limite de escoamento, do limite de resistência, da tensão de ruptura, do módulo de tração (de Young), do coeficiente de Poisson, do limite de escoamento a 0,2%, de deformação, da tensão de engenharia, da deformação de engenharia, da tensão verdadeira, da deformação verdadeira e do módulo de resiliência
- A diferença entre alongamento elástico e deformação plástica
- O ensaio de compressão e os modos de deformação
- O ensaio de flexão e a determinação da resistência à flexão
- Dureza e sua medida e importância
- A relação entre durezas Brinell, Rockwell e Mohs
- Fluência e os princípios do ensaio de fluência
- As diferenças entre fluência primária, secundária e terciária
- A definição de tenacidade e sua medida através do ensaio de impacto
- Erro e reprodutibilidade em ensaios
- O cálculo e uso de limites de confiabilidade de 95%
- O uso de variâncias combinadas para determinar se duas médias são estatisticamente diferentes
- A diferença entre fratura frágil e fratura dúctil
- Como calcular fatores de intensidade de tensão e como determinar se uma trinca irá se propagar ou não
- A importância da fadiga e os princípios do ensaio de fadiga
- A determinação da vida em fadiga e do limite de fadiga a partir de um gráfico S-N
- Os usos e limitações dos estudos de envelhecimento acelerado

Termos-Chave

alongamento elástico	energia de impacto	frágil
análises de envelhecimento acelerado	energia elástica	limite de confiabilidade
barra de erro	ensaio de dureza	limite de escoamento
cisalhamento fora do plano	ensaio de dureza Rockwell	limite de escoamento a 0,2% de deformação
cisalhamento no plano	ensaio de flexão	
coeficiente de Poisson	ensaio de impacto Charpy	limite de fadiga
concentradores de tensão	ensaio de tração	limite de resistência
curva S-N	ensaio de viga engastada	mecânica da fratura
deformação de engenharia	ensaio Izod	módulo de elasticidade
deformação plástica	estricção	módulo de resiliência
deformação verdadeira	fadiga	normas ASTM
desvio-padrão	fator de concentração de tensão	parâmetro de Larson-Miller (LM)
dúctil	fator de intensidade de tensão	resistência à flexão
ductilidade	fluência	tabela t
dureza	fluência primária	taxa de fluência
dureza Brinell (HB)	fluência secundária	tempo de equivalência da propriedade (TEP)
dureza Mohs	fluência terciária	

Problemas Propostos

1. Sua companhia foi escolhida pelo Departamento de Defesa para ensaiar uma nova cerâmica avançada, para determinar sua utilidade como blindagem para tanques. A menos do custo, descreva as três propriedades físicas (nomes e definições) que você acredita serem as mais importantes para essa aplicação, explique por que elas são as mais importantes e descreva em detalhe (usando equações, gráficos e esquemas simples quando for apropriado) como você mediria essas propriedades.

2. O exército está procurando cortar custos. Assim, decidiu fazer menos ensaios nas esteiras dos tanques. Um cientista sugeriu eliminar o ensaio de dureza, enquanto outro sugeriu eliminar o ensaio de tenacidade. Explique a diferença entre tenacidade e dureza e discuta porque cada um pode ser importante para a esteira de um tanque.

3. Um ensaio de flexão é usado para medir a resistência e o módulo à flexão de uma amostra. Se o comprimento útil da amostra for de 10 polegadas (254 mm) e a amostra tiver 1 polegada (25,4 mm) de altura e sua resistência e módulo à flexão forem 10 psi (68,9 kPa) e 1000 psi (68,9 MPa), respectivamente, determine a deflexão sofrida pela amostra durante o ensaio.

4. Desenhe dois gráficos representativos de ensaios de tração; um para um material frágil e outro para um material dúctil. Em cada gráfico, nomeie os eixos e marque o limite de resistência, o limite de escoamento, a tensão de ruptura, o módulo elástico e as regiões do alongamento elástico e da deformação plástica.

5. Uma inventora afirma que ela pode aumentar o limite de resistência de uma fibra polimérica adicionando uma pequena quantidade de um raro elemento durante a fiação. Para provar sua afirmativa, ela forneceu dados obtidos de ensaios de amostras testadas com e sem a adição. As seis amostras ensaiadas sem adição tinham os limites de resistência de 3100, 2577, 2715, 2925, 3250 e 2888 MPa, respectivamente. As seis amostras testadas com o aditivo mostraram resistências de 3725, 3090, 3334, 3616, 3102 e 3441 MPa. A inventora provou sua afirmação? Se não for o caso, sugira melhoras que poderiam ajudá-la.

6. Os seguintes dados de tração foram obtidos de uma amostra-padrão de uma liga de cobre, com diâmetro de 0,505 polegada (12,8 mm).

Carga (lb-força)	Comprimento da Amostra (in)
0	2,00000
3000	2,00167
6000	2,00383
7500	2,00617
9000	2,00900
10500	2,04000
12000	2,26000
12400	2,50000
11400	3,02000 (Fratura)

Após a fratura, o comprimento da amostra era de 3,014 polegadas (76,5 mm) e o diâmetro valia 0,374 (9,5 mm).

Faça um gráfico com os dados e calcule:

a. O limite de escoamento a 0,2% de deformação

b. O limite de resistência

c. O módulo de elasticidade

d. A tensão de engenharia na fratura

e. A tensão verdadeira na fratura

f. O módulo de resiliência

Nomeie, então, as regiões de deformação plástica e do alongamento elástico no seu gráfico.

7. A interpretação dos dados dos ensaios de tração para a maioria dos polímeros é mais complicada do que para outros materiais. Diferente da maioria dos materiais, não existe uma deformação plástica real na maioria dos polímeros. Como as cadeias podem escoar umas em relação às outras, tratamentos térmicos frequentemente restauram a resistência de um polímero aos seus valores iniciais mesmo quando ele foi tensionado até quase seu limite de resistência.

a. Que parâmetro-chave não pode ser medido para a maioria dos polímeros através de um ensaio de tração?

b. Polímeros de alto desempenho (tal como o Kevlar) não apresentam esse problema e falham como um material frágil. Desenhe um gráfico, a partir de um ensaio de tração, para o Kevlar e marque o limite de resistência, o limite de escoamento, o módulo elástico, a tensão de ruptura, a região do alongamento elástico e região da deformação plástica.

8. Um ensaio Brinell é realizado em uma amostra metálica. Uma carga de 3000 kg é aplicada por 30 segundos, com uma esfera de carbeto de tungstênio com 10 mm de diâmetro, e deixa uma indentação de 9,75 mm de diâmetro na amostra. Calcule a dureza Brinell e determine onde ela se ajusta na escala de dureza Mohs.

9. Qual o diâmetro da impressão resultante devido à aplicação de uma carga de 3000 kg, com uma esfera de carbeto de tungstênio, em um ensaio Brinell de uma amostra com 420 HBW?

10. Determine para os dados a seguir:

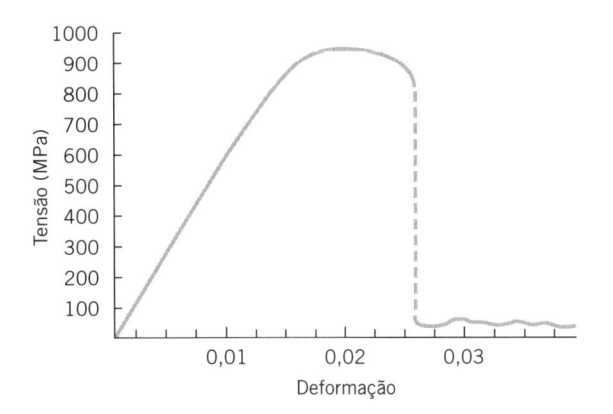

a. O limite de escoamento
b. O limite de resistência
c. O módulo de Young
d. A tensão de ruptura
e. Se o material era frágil ou dúctil
f. O módulo de resiliência
g. O alongamento percentual

11. Determine para os dados a seguir:

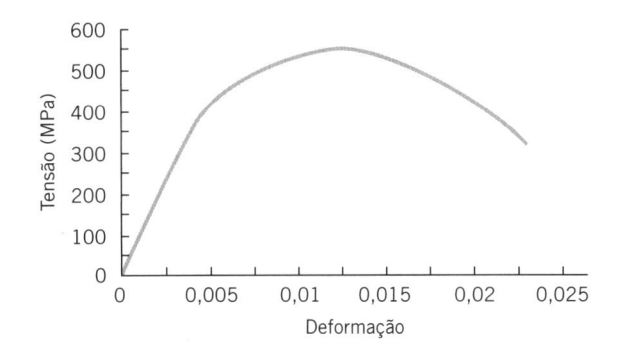

a. O limite de escoamento
b. O limite de resistência
c. O módulo de Young
d. A tensão de ruptura
e. Se o material era frágil ou dúctil
f. O módulo de resiliência

12. Determine para os dados a seguir:

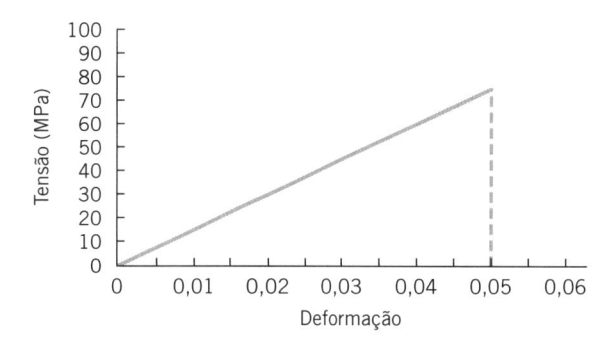

a. O limite de escoamento
b. O limite de resistência
c. O módulo de Young
d. A tensão de ruptura
e. Se o material era frágil ou dúctil
f. O módulo de resiliência

13. Determine para os dados a seguir:

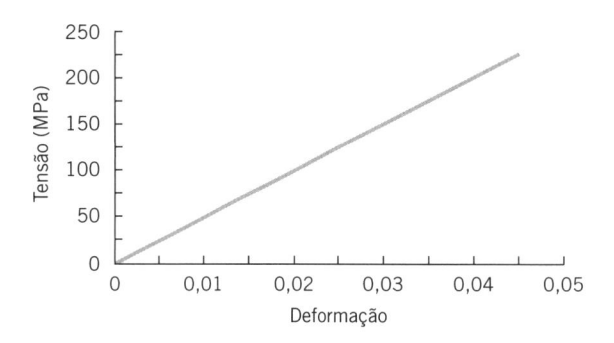

a. O limite de escoamento
b. O limite de resistência
c. O módulo de Young
d. A tensão de ruptura
e. Se o material era frágil ou dúctil
f. O módulo de resiliência

14. Determine para os dados a seguir:

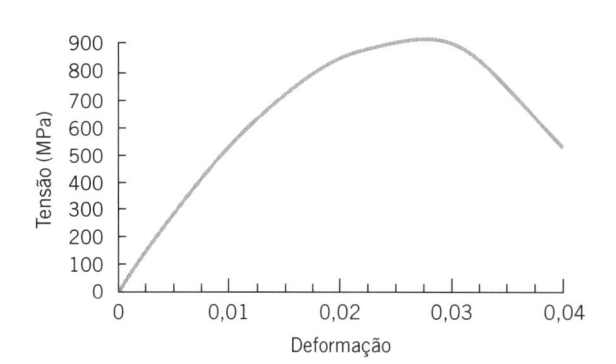

a. O limite de escoamento

b. O limite de resistência

c. O módulo de Young

d. A tensão de ruptura

e. Se o material era frágil ou dúctil

f. O módulo de resiliência

15. Amostras com 1 pé (304 mm) de comprimento e 1 polegada (25,4 mm) de diâmetro foram colocadas em um equipamento para vigas engastadas. Pesos diferentes foram presos às amostras e o número de ciclos para fratura, sob cada peso, foi registrado, gerando a tabela:

Carga Aplicada (lb)	Ciclos até a Fratura
1	2.000.000
5	385.000
10	75.000
15	17.000
20	5.000
25	1.100

Gere um gráfico S-N e estime a vida em fadiga do material.

16. Uma barra de aço com 0,505 polegada (12,8 mm) de diâmetro é submetida a um ensaio de tração. Se a tensão de ruptura do aço era de 50 ksi (344 MPa) e o diâmetro final da barra foi de 0,460 polegada (11,6 mm), determine a tensão verdadeira e a redução percentual de área.

17. Um ensaio de fluência é realizado em um material em duas temperaturas diferentes. A 473 Kelvin (K), o tempo para fratura foi de 200 minutos, enquanto a 573 K o tempo para fratura foi de 145 minutos. Se o parâmetro de Larson-Miller para o material vale 100, determine as constantes empíricas A e B.

18. Uma série de 10 ensaios de fluência gerou os seguintes parâmetros de Larson-Miller para um material: 46, 49, 48, 48, 45, 44, 49, 50, 46 e 44. Após permanecer em uma gaveta por um ano, amostras do mesmo material foram ensaiadas novamente à fluência. Dessa vez os resultados para os 10 ensaios foram 42, 46, 48, 44, 42, 41, 45, 46, 44 e 42. O investigador pode afirmar, com 95% de certeza, que o comportamento do material à fluência variou durante o ano de armazenamento?

19. Uma amostra com 0,505 polegada (12,8 mm) de diâmetro falhou em compressão sob uma carga de 50 ksi (344 MPa). Determine a resistência à compressão do material e preveja a natureza da falha se L/D = 4.

20. Um ensaio de flexão em três pontos é realizado em um material frágil que tem 10 polegadas (254 mm) de comprimento, 1 polegada (25,4 mm) de largura e 0,5 polegada (12,7 mm) de espessura. Se uma força de 2000 psi (13,8 MPa) resulta em uma deflexão de 0,05 polegada (1,27 mm) antes da fratura, determine a resistência à flexão e o módulo à flexão da amostra.

21. Um amostra com um módulo à flexão de 400 GPa é colocada em um ensaio de flexão em três pontos. Determine a resistência à flexão do material, se a amostra tem 20 cm de comprimento, 2 cm de espessura e 4 cm de largura e uma deflexão de 0,08 cm ocorre antes da fratura.

22. Explique por que o ensaio de flexão é usado em vez do ensaio de tração para materiais frágeis.

23. Por que a ASTM especifica o tipo de esfera a ser usada no ensaio Brinell? O cobre seria uma escolha razoável? E o diamante?

24. Como a taxa de fluência varia à medida que o material passa da fluência primária, para a secundária e para a terciária?

25. Qual seria a diferença da tensão local em um defeito circular comparado a um defeito elíptico que seja seis vezes mais longo em relação a sua largura máxima?

26. Para as seguintes aplicações, determine quais propriedades são mais importantes de serem medidas e explique o por quê:

a. Para-choques de automóveis

b. Cordas de escalagem

c. Prateleiras para livros

d. Asas de aviões

e. Sapatas de freio

27. Se a realização de muitos ensaios reduz o erro e aumenta a confiabilidade dos resultados, por que não se fazem muitos ensaios de cada tipo para todos os materiais?

28. Explique a diferença entre um fator de concentração de tensão e um fator de intensidade de tensão.

29. Qual é o propósito de uma análise de envelhecimento acelerado?

30. Por que esferas de diferentes tamanhos são usadas nos ensaios Brinell para materiais muito duros e para muito macios?

31. Explique porque os materiais falham após muitos ciclos, mesmo se a tensão máxima nunca ultrapassar o limite de escoamento do material.

32. Por que a tenacidade à fratura dos metais é tão maior do que a tenacidade à fratura do vidro?

33. Se o limite de resistência de uma amostra caiu de 850 MPa para 775 MPa quando exposta a 400°C por 100 horas e de 850 MPa para 775 MPa quando exposta a 500°C por 60 horas, estime o limite de resistência do material se ele é exposto a 150°C por 60 horas e, depois, por 2000 horas.

34. Sugira uma aplicação para a qual o comportamento à fluência de um polímero seria um parâmetro importante.

35. Por que é importante filtrar um metal fundido ou um polímero antes de conformá-los em um produto final.

36. Uma placa relativamente grossa de alumínio ou de aço deve ser capaz de suportar uma tensão aplicada de 100 MPa. Baseado nas informações da tabela a seguir, estime o máximo tamanho de defeito admissível na placa de alumínio e na placa de aço. Explique, então, a causa da diferença dos valores.

Propriedade	Aço	Alumínio
Módulo Elástico (GPa)	200	70
Energia Específica de Superfície (J/m²)	0,32	0,29

4 Metais

Digital Vision

SUMÁRIO

Como os Metais São Trabalhados?

4.1 Operações de Conformação

Que Vantagens as Ligas Oferecem?

4.2 Ligas e Diagramas de Fase

4.3 Aço-Carbono

4.4 Transições de Fase

4.5 Endurecimento por Envelhecimento (Endurecimento por Precipitação)

4.6 Cobre e Suas Ligas

4.7 Alumínio e Suas Ligas

Que Limitações Têm os Metais?

4.8 Corrosão

O que Acontece com os Metais após Suas Vidas Comerciais?

4.9 Reciclagem de Metais

Objetivos do Aprendizado

Ao final deste capítulo, um estudante deve ser capaz de:

- Explicar as quatro principais operações de forjamento.

- Explicar porque acontece o endurecimento por deformação, descrever sua influência sobre as propriedades e calcular a porcentagem de trabalho a frio.

- Explicar as alterações que ocorrem em um metal endurecido por deformação durante as três etapas do recozimento: recuperação, recristalização e crescimento de grão.

- Explicar as diferenças entre trabalho a quente e trabalho a frio.

- Ler um diagrama de fases, incluindo a identificação do tipo de sistema, da linha *liquidus*, da linha *solidus*, de quaisquer pontos eutéticos e quaisquer pontos eutetoides.

- Calcular a composição das fases em qualquer região bifásica.

- Explicar todos os símbolos em um diagrama de fases ferro-carbono, incluindo a identificação e propriedades de cada fase.

- Explicar o processo geral de fabricação de aço.

- Identificar as microestruturas e as propriedades associadas aos constituintes fora do equilíbrio no aço.

- Usar um gráfico T-T-T para calcular as transições de fase.

- Explicar os processos envolvidos no endurecimento por deformação.

- Identificar as propriedades características do cobre e das suas principais ligas: latão e bronze.
- Identificar as propriedades características do alumínio e das suas principais ligas.
- Discutir os fatores que influenciam a corrosão.
- Identificar as principais formas de corrosão e modos de minimizar seus efeitos.
- Explicar a reciclagem de latas de alumínio.

Como os Metais São Trabalhados?

4.1 OPERAÇÕES DE CONFORMAÇÃO

A maioria dos metais é encontrada na natureza como óxidos metálicos. Esses óxidos metálicos são convertidos em metais puros por um processo denominado *refino*, no qual o metal é extraído de seu óxido pelo uso de um agente químico redutor. Uma vez obtido o metal puro, ele é processado em uma forma desejada por *operações de conformação* que incluem *forjamento, laminação, extrusão e trefilação*, como mostrado na Tabela 4-1. O forjamento consiste em mudar a forma do metal mecanicamente, por martelamento ou prensagem. O ferreiro medieval, martelando para dar forma a uma ferradura, é um exemplo clássico do forjamento, mas em uma instalação industrial moderna, uma peça metálica é forjada para a sua forma final pressionando-a entre matrizes. A laminação envolve reduzir a espessura de uma chapa metálica pressionando-a entre dois cilindros. A redução de espessura obtida por laminação pode ser grande. Folhas de alumínio são produzidas por laminação de lingotes grossos de alumínio. A extrusão de metais é semelhante ao processo de extrusão de polímeros, descrito no Capítulo 5. O metal é empurrado através de uma matriz, de modo que ele ganha a forma da abertura da matriz. A trefilação é semelhante à extrusão, porém o metal é puxado através da matriz.

O endurecimento por deformação ou *trabalho a frio* é resultante da tensão imposta ao material durante a conformação. Quando o material é submetido a tensões acima do limite de escoamento, ele sofre significativa deformação plástica. Quando, a seguir, as tensões são aliviadas, o comportamento do material seguirá um percurso linear, paralelo à parte elástica da curva tensão-deformação original. Entretanto, o limite de escoamento do material aumentou para o nível da tensão imposta. Essencialmente, a microestrutura do material deformou para suportar a tensão imposta e pode suportar o mesmo nível de tensão novamente sem deformação adicional. A Figura 4-1 ilustra a mudança no limite de escoamento para um metal sofrendo endurecimento por deformação. Observe que a inclinação da curva tensão-deformação não varia, mas a carga para iniciar novamente a deformação plástica varia.

A quantidade de deformação plástica sofrida pelo metal é frequentemente representada como a *porcentagem de trabalho a frio* (%TF), que é dada pela equação

$$\% \, TF = \left(\frac{A_0 - A_d}{A_0} \right) * 100\%, \tag{4.1}$$

onde A_0 é a área inicial da seção transversal e A_d é a área da seção transversal após a deformação.

Muitos metais comerciais passam por um processo de endurecimento por deformação para aumentar suas propriedades mecânicas, mas nem tudo relacionado ao endurecimento por deformação é benéfico ao metal. O metal endurecido se torna menos dúctil e mais difícil de usinar. Adicionalmente, a deformação plástica pode resultar em tensões residuais, que per-

| Refino | Processo pelo qual os óxidos metálicos são convertidos em metais puros.

| Operações de Conformação | Técnicas para alterar a forma de metais sem fusão.

| Forjamento | A conformação mecânica de metais.

| Laminação | Redução da espessura de uma chapa metálica, pressionando-a entre dois cilindros, que aplicam uma força compressiva.

| Extrusão | Processo no qual um material é empurrado através de uma matriz, fazendo com que o material adquira a forma da abertura da matriz.

| Trefilação | Processo no qual um metal é puxado através de uma matriz, de modo que ele forma um tubo, ou um arame, com o mesmo diâmetro do orifício da matriz.

| Trabalho a Frio | A deformação do material acima do limite de escoamento, mas abaixo da temperatura de recristalização, resultando em um aumento do limite de escoamento, porém em redução da ductilidade.

| Porcentagem de Trabalho a Frio (%TF) | A representação da quantidade de deformação plástica sofrida por um metal durante o endurecimento por deformação (trabalho a frio).

TABELA 4-1 Operações de Conformação

Operações de Conformação de Metais	Definição	Esquema
Forjamento	Deformação mecânica de um metal.	
Laminação	Redução da espessura de uma chapa metálica, pressionando-a entre dois cilindros, que aplicam uma força compressiva.	
Extrusão	Um processo no qual um material é empurrado através de uma matriz, fazendo com que o material adquira a forma da abertura da matriz.	
Trefilação	Um processo no qual um metal é puxado através de uma matriz, de modo que ele forma um tubo, ou um arame, com o mesmo diâmetro do orifício da matriz.	

Exemplo 4-1

Calcule a porcentagem de trabalho a frio para uma amostra metálica cilíndrica cujo diâmetro foi reduzido de 10 cm para 8 cm através de uma operação de conformação.

SOLUÇÃO

$$\%TF = \left(\frac{A_0 - A_d}{A_0}\right) * 100\% = \left(\frac{\pi(10/2)^2 - \pi(8/2)^2}{\pi(10/2)^2}\right) * 100\%$$

$$\%TF = 36\%$$

FIGURA 4-1 Influência do Endurecimento por Deformação (Trabalho a Frio) sobre o Limite de Escoamento

Adaptado de William Callister, Materials Science and Engineering: An Introduction, 6ª edição (*Hoboken, NJ: John Wiley & Sons, 2003*).

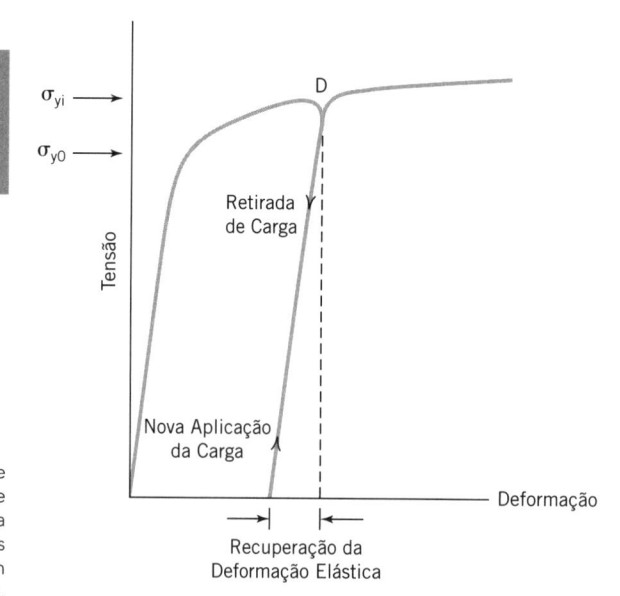

| **Recozimento** | Processo de tratamento térmico que reverte as mudanças na microestrutura de um metal ocorridas após trabalho a frio; ocorre em três etapas: recuperação, recristalização e crescimento de grão.

| **Recuperação** | A primeira etapa do recozimento, na qual há formação de subgrãos nos grandes grãos deformados do material e as tensões residuais são reduzidas.

| **Recristalização** | A segunda etapa do recozimento, na qual a nucleação de pequenos grãos ocorre nos contornos de subgrãos, resultando em uma redução significativa no número de discordâncias presentes no metal.

| **Crescimento de Grão** | A terceira etapa do recozimento, dependente da temperatura, que pode ser descrita usando a equação de Arrhenius.

| **Temperatura de Recristalização** | Temperatura na qual ocorre a recristalização total do material no intervalo de tempo de uma hora.

manecem no material mesmo após as tensões externas terem sido removidas. Essas tensões podem afetar a condutividade e a resistência à corrosão.

A mudança da microestrutura do metal durante o trabalho a frio pode ser revertida por um processo de tratamento térmico denominado **recozimento**, que também reverte as propriedades mecânicas aos seus níveis originais. O recozimento ocorre em três etapas: **recuperação**, **recristalização** e **crescimento de grão**, como mostrado na Figura 4-2. O metal endurecido por deformação tem grãos que foram deformados pelas tensões aplicadas, mostrados na figura. Durante a primeira etapa do tratamento térmico (recuperação), esses grandes grãos deformados formam subgrãos, resultando em uma redução das tensões residuais no material, como mostrado. A densidade total de discordâncias não varia durante a recuperação, de modo que as propriedades mecânicas permanecem virtualmente sem mudanças, mas as condutividades revertem aos seus níveis originais.

Quando o material é aquecido à sua **temperatura de recristalização**, ocorre a nucleação de pequenos grãos nos contornos de subgrãos, resultando em uma significativa redução do número de discordâncias presentes no metal. A temperatura de recristalização marca a transição entre a primeira etapa (recuperação) e a segunda (recristalização). O efeito da recristalização é significativo. O metal volta a ter suas propriedades originais, se tornando menos resistente e com menor dureza, porém mais dúctil.

A identificação da temperatura de recristalização de um material é difícil. A recristalização é um fenômeno cinético que varia com a temperatura e com o tempo. Uma parcela da recristali-

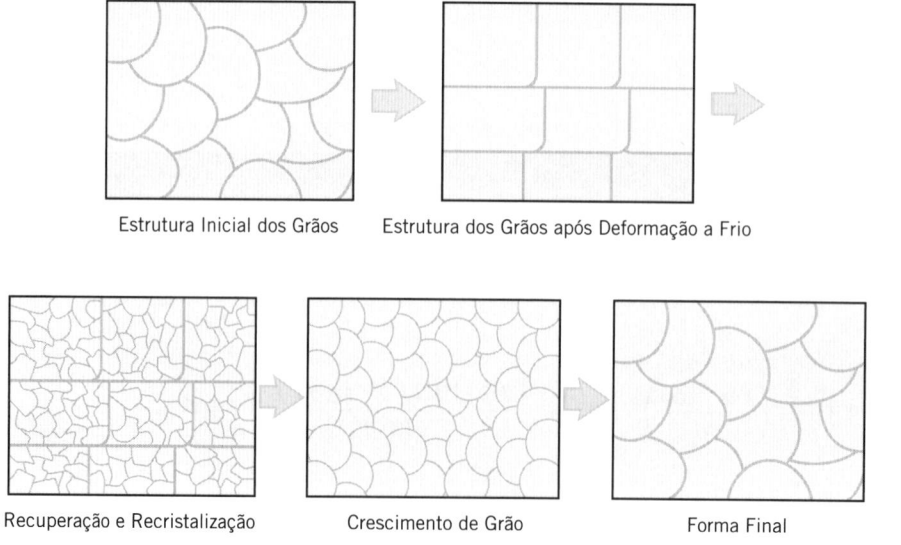

FIGURA 4-2 Recuperação, Recristalização e Crescimento de Grão

Estrutura Inicial dos Grãos   Estrutura dos Grãos após Deformação a Frio

Recuperação e Recristalização   Crescimento de Grão   Forma Final

zação ocorre durante a recuperação e outra continua ocorrendo na terceira etapa (crescimento de grão). A temperatura de recristalização varia com a quantidade de trabalho a frio à qual o metal foi submetido. Os grãos em um metal que sofreu um trabalho a frio substancial são menos estáveis, tornando a nucleação de novos grãos mais favorável. Para a maioria dos metais, existe um nível mínimo de trabalho a frio (normalmente entre 2% e 20%) abaixo do qual a recuperação não pode ocorrer. Abaixo desse nível de deformação, o equilíbrio de energia não é suficientemente favorável para sustentar a nucleação de novos grãos. A temperatura de recristalização também varia com o tamanho de grão inicial e com a composição do metal ou da liga.

A etapa final do recozimento, o crescimento de grão, consiste no crescimento dos grãos pequenos, consumindo, em última análise, os grãos vizinhos, como mostrado na Figura 4-2. O processo é diretamente análogo ao crescimento de grão já discutido no Capítulo 3 e é normalmente indesejável, devido ao impacto negativo de um tamanho de grão grande sobre as propriedades mecânicas. Ao final, a microestrutura do material recozido se assemelha bastante à microestrutura original, anterior à deformação plástica. Entretanto, o tamanho de grão pode crescer muito em relação ao tamanho original (antes da deformação a frio) se o material for recozido por muito tempo ou em uma temperatura muito alta.

Quando as operações de conformação discutidas nesta seção são realizadas acima da temperatura de recristalização do metal, o processo é denominado *trabalho a quente*, e seu impacto sobre a microestrutura é substancialmente diferente. Durante o trabalho a quente, a recristalização ocorre continuamente e o material pode ser deformado plasticamente de maneira indefinida. Não ocorre endurecimento devido à deformação plástica e o material permanece dúctil. Quando pedimos para citar um metal dúctil, facilmente conformável, muitas pessoas pensam no chumbo. A razão para o chumbo ser tão facilmente conformável é devido a sua temperatura de recristalização ser significativamente menor do que a temperatura ambiente. O chumbo recristaliza continuamente durante as operações de conformação e permanece maleável.

| *Trabalho a Quente* | Um processo no qual as operações de conformação são realizadas acima da temperatura de recristalização do metal. A recristalização ocorre continuamente e o material pode ser deformado plasticamente de maneira indefinida.

Que Vantagens as Ligas Oferecem?

4.2 LIGAS E DIAGRAMAS DE FASE

*L*igas são misturas homogêneas de um metal com um ou mais metais ou ametais, frequentemente formando uma solução sólida. Selecionando cuidadosamente a composição da liga e as condições de processamento, os cientistas e engenheiros de materiais podem desenvolver materiais com uma faixa mais ampla de propriedades do que aquela que seria obtida somente com metais puros. A Tabela 4-2 lista ligas metálicas comuns.

| *Ligas* | Misturas de dois ou mais metais.

TABELA 4-2 Ligas Metálicas Comuns	
Nome	*Composição (%)*
Liga de alumínio 3S	98 Al, 1,25 Mn
Bronze ao alumínio	90 Cu, 10 Al
Ouro de 8 quilates	47 Cu, 33 Au, 20 Ag
Ouro-paládio	40 Cu, 31 Au, 19 Ag, 10 Pd
Bronze ao manganês	95 Cu, 5 Mn
Bronze, metal especular	67 Cu, 33 Sn
Latão vermelho	85 Cu, 15 Zn
Ouro 14 quilates	58 Au, 14–28 Cu, 4–28 Ag
Ouro branco (ouro-platina)	60 Au, 40 Pt
Aço	99 Fe, 1 C
Aço inoxidável 316	63–71 Fe, 16–18 Cr, 10–14 Ni, 2–3 Mo, 0,4 Mn, 0,03 C
Papel estanho	88 Sn, 8 Pb, 4 Cu, 0,5 Sb

Uma solução sólida é fundamentalmente igual às outras soluções que são mais familiares. Quando água quente é vertida sobre o pó de café, alguns componentes do pó de café são solubilizados na água. A solução resultante, o café, é uma mistura em equilíbrio dos componentes do café e da água. A **solubilidade** dos componentes do café na água varia com a temperatura. Mais componentes são solubilizados na água em temperatura mais alta do que em temperatura mais baixa, de modo que o café é feito com água bem quente. Os metais se comportam bastante desse mesmo modo. Se cobre fundido e estanho fundido são misturados, o estanho é solúvel no cobre e uma liga de bronze é obtida.

Para entender as soluções sólidas é preciso antes revisar alguns aspectos básicos de química. Uma **fase** é definida como qualquer porção de um sistema que seja física e quimicamente homogênea e possua uma interface definida com quaisquer fases ao seu redor. Uma fase pode consistir em um único componente ou em múltiplos componentes. As fases em equilíbrio presentes na maioria dos metais variam com a composição e a temperatura. Um **diagrama de fases** fornece inúmeras informações sobre essas fases. Diagramas de fases são classificados com base no número de materiais e na natureza do equilíbrio entre as fases. O mais simples é o sistema **isomorfo binário**, como o mostrado na Figura 4-3.

O diagrama é classificado como binário porque apenas duas espécies (cobre e níquel) estão presentes na liga e como isomorfo porque existem apenas uma fase sólida e uma fase líquida presentes. Outras ligas metálicas têm diagramas mais complicados, mas todos dão fundamentalmente o mesmo tipo de informação.

O diagrama de fases indica quais fases estão presentes em qualquer temperatura e composição e pode ser usado para determinar como as fases presentes mudarão à medida que a liga metálica é aquecida ou resfriada. Considere uma mistura de 50% em peso de cobre e níquel. O diagrama de fases na Figura 4-4 mostra que uma única fase metálica (α) existirá em todas as temperaturas abaixo de 2300°F (1260°C). Conforme a temperatura aumenta, a linha inferior do gráfico é cruzada e parte do material se funde, resultando em uma fase líquida em equilíbrio com a fase sólida α. Logo acima de 2400°F (1316°C), a última porção do sólido se funde quando a linha superior é ultrapassada, permanecendo uma única fase líquida (L). A liga inferior é denominada **linha solidus**, abaixo da qual existe apenas sólido em equilíbrio. A linha superior é denominada **linha liquidus**, acima da qual existe apenas líquido.

Nas regiões onde existe mais de uma fase ao mesmo tempo, o diagrama de fases também fornece informação sobre a composição das duas fases. Considere a mesma mistura de 50%

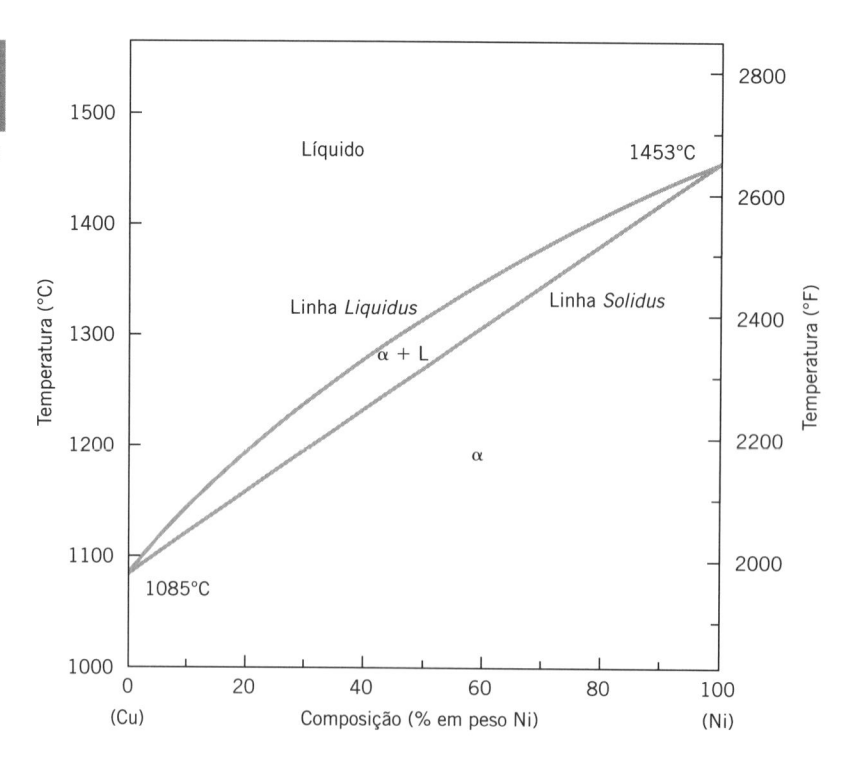

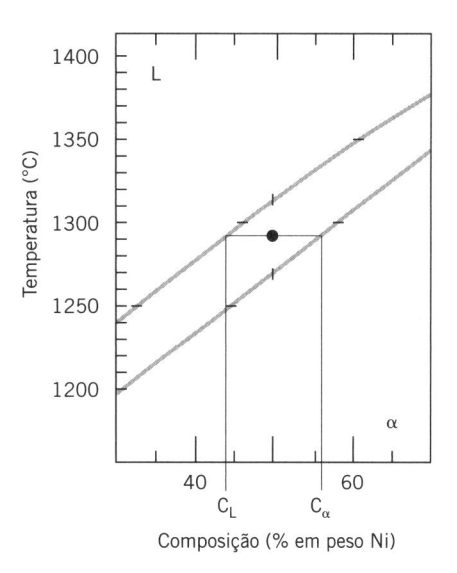

Composição (% em peso Ni)

de cobre e níquel. A 1280°C, o diagrama de fases na Figura 4-4 indica que a fase líquida (L) e a fase sólida (α) coexistirão. Embora 50% em peso do material seja de níquel, as duas fases terão quantidades diferentes. As composições são calculadas construindo uma **_linha de amarração_**, que é simplesmente uma linha horizontal à temperatura constante, que passa pelo ponto de interesse. A interseção da linha de amarração com a curva de equilíbrio entre fases dá a composição das fases.

| **_Linha de Amarração_** | Linha horizontal à temperatura constante, que passa pelo ponto de interesse.

Como a ampliação na Figura 4-4 mostra, a linha de amarração intercepta a linha _liquidus_ a 43% em peso de níquel e intercepta a linha _solidus_ a 56% em peso de níquel. Os pontos de interseção indicam que a fase líquida contém 43%, em peso de níquel e 56% em peso de cobre; enquanto a fase sólida α consiste de 56%, em peso, de níquel e 44% em peso de cobre.

Um equilíbrio da massa total e um equilíbrio da massa das espécies no níquel dão a quantidade total de material em cada fase. A massa da fase sólida (M_α) mais a massa da fase líquida (M_L) dão a massa total (M_T),

$$M_\alpha + M_L = M_T. \qquad (4.2)$$

De modo semelhante, sabemos que todo o níquel deve estar ou na fase sólida ou na fase líquida. Assim sendo, a fração em massa do níquel na fase sólida (w_α) multiplicada pela massa da fase sólida (M_α), mais a fração em massa do níquel na fase líquida (w_L) multiplicada pela massa da fase líquida (M_L) deve ser igual à massa total (M_T) multiplicada pela fração em massa total do níquel (w_T), como mostrado na Equação 4.3:

$$w_\alpha M_\alpha + w_L M_L = w_T M_T. \qquad (4.3)$$

Embora cada problema de composição para duas fases possa ser resolvido por um equilíbrio da massa total e pelo equilíbrio de massa das espécies, um procedimento conhecido como **_regra da alavanca_** é frequentemente usado. A Figura 4-5 mostra a mesma linha de amarração usada no exemplo anterior, mas quebrada em segmentos. O primeiro segmento, indo da linha _liquidus_ até a porcentagem em peso de níquel na liga está identificado como A; enquanto o segmento, indo da porcentagem em peso de níquel na liga até a linha _solidus_ está identificado por B. Tomando como base 1 grama de material, a massa de cada fase pode ser calculada a partir das Equações 4.4 e 4.5:

| **_Regra da Alavanca_** | Método para determinar as composições de materiais em cada fase usando linhas de amarração segmentadas, que representam as porcentagens em peso dos diferentes materiais.

$$M_\alpha = \frac{B}{A + B} \qquad (4.4)$$

e

$$M_L = \frac{A}{A + B}. \qquad (4.5)$$

Exemplo 4-2

Determine a quantidade de material nas fases líquida e sólida para uma liga com 50% em peso de cobre e 50% em peso de níquel a 1280°C.

SOLUÇÃO

Selecione uma base total de um grama de material (M_T = 1 grama). O enunciado do problema diz que w_T = 50%. A linha de amarração na Figura 4-4 mostra que w_α = 56% e que w_L = 43%. As Equações 4.2 e 4.3 se tornam

$$M_\alpha + M_L = 1 \text{ grama}$$

e

$$(0{,}56)\, M_\alpha + (0{,}43)\, M_L = (0{,}5)\,(1 \text{ grama}).$$

Esse procedimento deixa duas equações e duas incógnitas, de modo que as equações podem ser resolvidas simultaneamente:

$$M_L = 1 \text{ g} - M_\alpha$$
$$(0{,}56)\, M_\alpha + (0{,}43)\,(1 \text{ g} - M_\alpha) = 0{,}5 \text{ g}$$
$$M_\alpha = 0{,}538 \text{ g},$$

logo

$$M_L = 1 \text{ g} - M_\alpha = 0{,}462 \text{ g}.$$

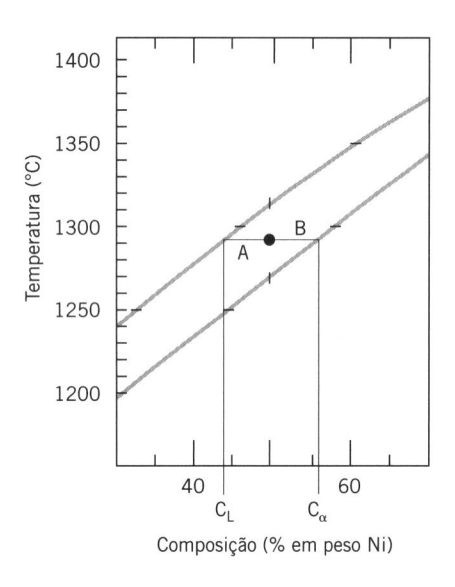

FIGURA 4-5 Sistema Cobre-Níquel com uma Linha de Amarração a Ser Usada com a Regra da Alavanca

Os diagramas de fase representam um estado de equilíbrio, mas leva tempo para os átomos da rede se rearranjarem. Um movimento significativo de átomos deve ocorrer por um processo denominado *difusão*, no qual um gradiente de concentração direciona um fluxo resultante de átomos de um região de maior concentração para aquela de menor concentração. Todos estão familiarizados com difusão de gases e líquidos. O cheiro de comida cozinhando se difunde da panela para o seu nariz, ou moléculas de perfume se difundem de um frasco aberto pelo quarto. Nos líquidos, uma gota de corante vermelho se difunde por um copo de água até que toda a mistura fique vermelha. A difusão em sólidos ocorre de modo semelhante à difusão em líquidos e gases, mas em taxas muito mais lentas. Para sistemas em estado estacionário, a *Primeira Lei de Fick* indica que

| **Difusão** | O movimento resultante de átomos em resposta a um gradiente de concentração.

| **Primeira Lei de Fick** | Equação que descreve a difusão em estado estacionário.

$$J_A = -D_{AB}\frac{dC_A}{dx}, \tag{4.6}$$

onde J_A é o fluxo resultante (átomos por área e por tempo) de átomos do material A se difundindo na direção x, devido a um gradiente de concentração (dC_A/dx). O termo D_{AB} é a *difusividade* e representa a facilidade com que os átomos do material A podem se difundir no material B.

| *Difusividade* | Coeficiente dependente da temperatura, relacionando o fluxo resultante ao gradiente de concentração.

A difusividade é fortemente afetada pela temperatura. Maiores temperaturas implicam mais energia para movimento atômico e um correspondente aumento nas taxas de difusão. A difusividade também é afetada pela estrutura cristalina da rede do solvente. Por exemplo, o carbono se difundirá mais facilmente em uma estrutura cúbica de corpo centrado (CCC) do que em uma estrutura cúbica de faces centradas (CFC), embora a estrutura CFC possa sustentar mais átomos intersticiais de carbono.

Diferente de líquidos e gases, os sólidos têm dois mecanismos de difusão diversos e o tipo do mecanismo também afeta muito a difusividade. Quando os átomos (nesse caso átomos de carbono) se difundem de uma posição intersticial para outra sem se posicionar em um sítio da rede propriamente dita, como mostrado na Figura 4-6, o processo é denominado *difusão intersticial*. Energia de ativação suficiente é necessária para permitir que o pequeno átomo intersticial passe entre os átomos maiores da matriz.

| *Difusão Intersticial* | O movimento de um átomo de uma posição intersticial para outra, sem alterar a rede.

Quando átomos na própria rede se movem para novas posições, o processo é denominado *difusão de lacunas*, ou *difusão substitucional*. Nesse exemplo, um átomo de ferro da rede "pula" para uma posição vazia da rede, deixando uma nova lacuna no seu lugar, como mostrado na Figura 4-7. À medida que a temperatura aumenta, a difusividade aumenta e mais lacunas se formam de modo que a fluxo difusional aumenta substancialmente.

| *Difusão de Lacunas* | O movimento de um átomo, dentro da própria rede, para uma posição vazia.

Sem importar o tipo de mecanismo de difusão, ela está relacionada ao movimento de átomos ou de moléculas de regiões de maior concentração para aquelas de menor concentração. A força motriz para a difusão não é a aplicação de uma força física que faça com que os átomos se movam, mas, em vez disso, é uma resposta a um gradiente de concentração.

A forma da Primeira Lei de Fick dada na Equação 4.6 representa o estado estacionário, mas muitas transições térmicas (incluindo aquelas que ocorrem durante a austenitização) variam

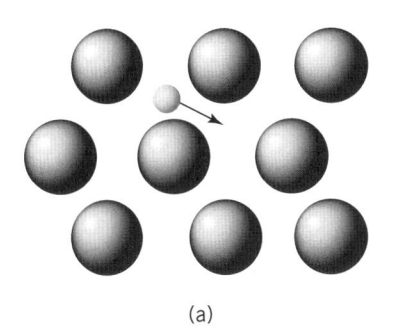

(a)

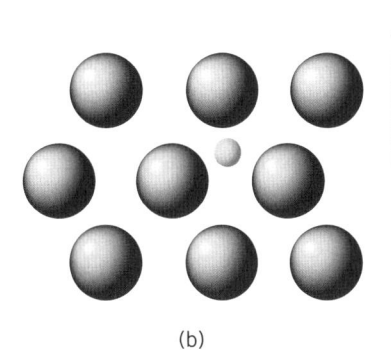

(b)

FIGURA 4-6 Difusão de um Intersticial de Sua Posição Inicial (a) para Sua Posição Final (b)

FIGURA 4-7 Difusão de Lacunas em Metais

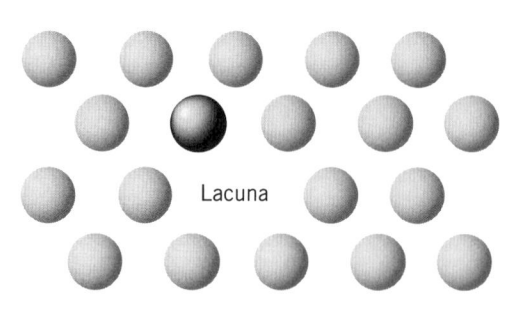

passa a:

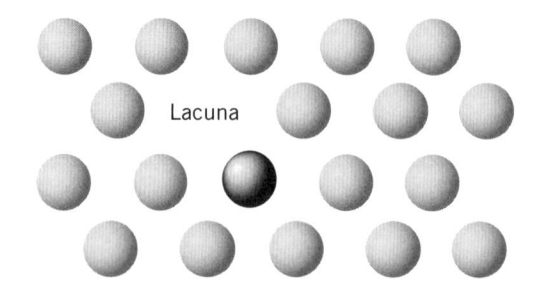

| *Segunda Lei de Fick* | Equação que representa a variação, dependente do tempo, na difusão.

com o tempo. Nesses casos, uma equação para o estado não estacionário, conhecida como *Segunda Lei de Fick*, é necessária,

$$\frac{dC_A}{dt} = \frac{d[D_{AB}(dC_A/dx)]}{dx}.$$
(4.7)

A solução da equação diferencial parcial de segunda ordem resultante está além do propósito deste texto introdutório, mas a ideia de que a difusão varia com o tempo tem um efeito significativo nas microestruturas resultantes. Considere o sistema cobre-níquel que discutimos anteriormente. Se uma mistura com 50% em peso de níquel é resfriada desde 1350°C até 1280°C, como no Exemplo 4-3, o diagrama de fases indica que as composições de equilíbrio da fase sólida deve ter 56% de níquel. Entretanto, o primeiro sólido começa a se formar em 1310°C, como mostrado na Figura 4-8. Nessa temperatura, a fase sólida deve conter cerca de 64% de níquel. À medida que a temperatura continua a cair, outra camada sólida, com um teor de níquel ligeiramente menor, se forma sobre a crescente fase α. Como o teor total de níquel na fase sólida está limitado a 56%, as camadas mais externas do sólido têm menos níquel, enquanto as camadas mais internas são ricas em níquel. A distribuição não uniforme de elementos na fase sólida, devido ao resfriamento fora do equilíbrio é denominada *segregação*, e está ilustrada na Figura 4-9.

| *Eutético Binário* | Diagrama de fases contendo seis regiões distintas: um líquido monofásico, duas regiões de sólidos monofásicos (α e β) e três regiões multifásicas (α + β, α + L e β + L).

O próximo nível de complexidade nos diagramas de fases ocorre para os sistemas *eutéticos binários*, como o sistema chumbo-estanho mostrado na Figura 4-10. O termo *binário* novamente significa a presença de dois componentes; nesse caso chumbo e estanho. O termo *eutético* vem do grego, significando "boa fusão". Sistemas eutéticos binários contêm seis regiões distintas: um líquido monofásico, duas regiões de sólidos monofásicos (α e β) e três regiões multifásicas (α + β, α + L e β + L).

| *Isoterma Eutética* | Linha de temperatura constante em um diagrama de fases, que passa pelo ponto eutético.

A característica fundamental de um sistema eutético binário é uma *isoterma eutética*, que é a parte da linha *solidus* acima da solução sólida α + β. No caso do sistema chumbo-estanho, a isoterma eutética ocorre a 183°C. Na concentração de 61,9% em peso de estanho, existe um ponto no qual as fases α + β se fundem diretamente, formando um líquido monofásico, sem passar por quaisquer regiões de α + L ou β + L. O ponto no diagrama de fases onde essa fusão direta ocorre é denominado *ponto eutético* e a temperatura e a composição correspondentes são conhecidas como *temperatura eutética* (T_E) e *composição eutética* (C_E).

| *Ponto Eutético* | O ponto no diagrama de fases no qual as duas fases sólidas se fundem completamente para formar um líquido monofásico.

Quando o material passa pelo ponto eutético, ocorre uma reação eutética. A forma geral da reação eutética é dada pela equação

$$L\,(C_E) \leftrightarrow \alpha\,(C_{\alpha,E}) + \beta\,(C_{\beta,E})$$
(4.8)

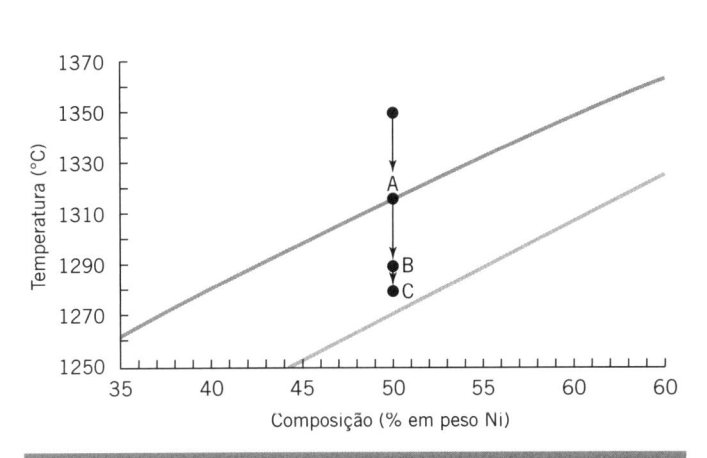

FIGURA 4-8 Resfriamento Fora do Equilíbrio de uma Liga Cobre-Níquel com 50% em Peso de Níquel: (A) Formação do Primeiro Sólido, (B) Resfriamento Intermediário e (C) Concentração de Equilíbrio Final

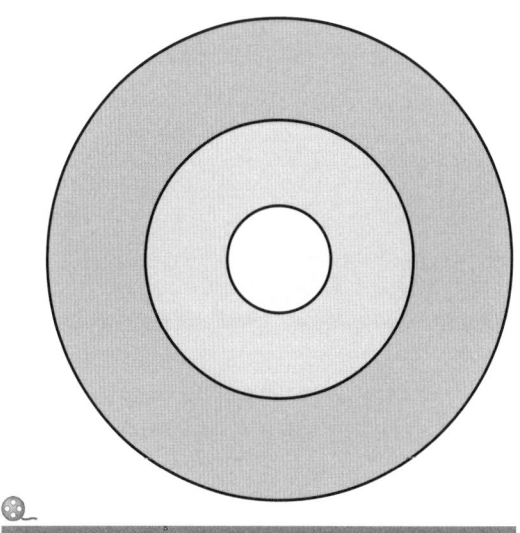

FIGURA 4-9 Segregação em uma Liga Cobre-Níquel (A concentração de níquel decresce do centro para a borda.)

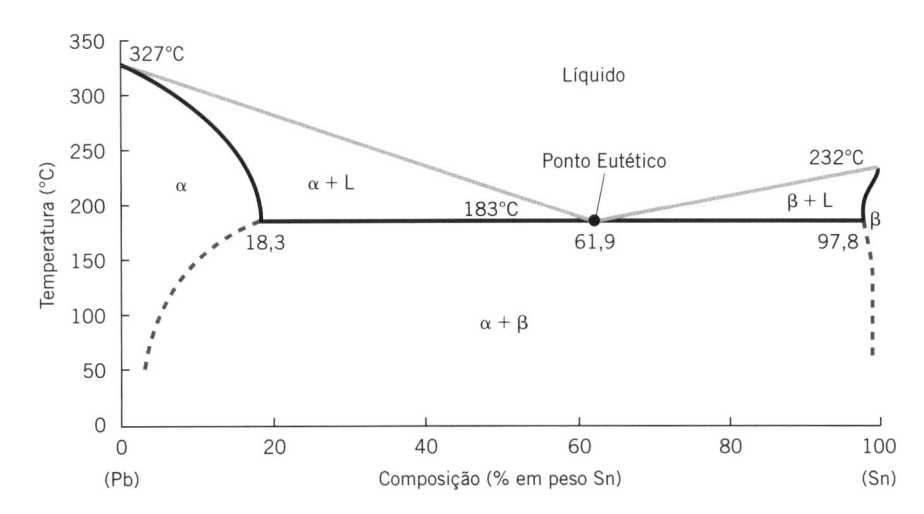

FIGURA 4-10 Diagrama de Fases Eutético Binário para o Sistema Chumbo-Estanho

De T.B. Massalski, ed. Binary Alloy Phase Diagrams, *2ª edição. Vol.3. ASM International, Materials Park, OH. Reimpresso com permissão da ASM International.*

No caso da liga chumbo-estanho, essa reação seria escrita como

$$L\ (61,9\%\ \text{Sn}) \leftrightarrow \alpha\ (18,3\%\ \text{Sn}) + \beta\ (97,8\%\ \text{Sn}) \qquad (4.9)$$

A maior complexidade do diagrama resulta em descrições adicionais para as várias linhas de equilíbrio no gráfico. A linha *solidus* (mostrada em negrito na Figura 4-10), abaixo da qual existem apenas sólidos, se estende desde 327°C ao longo da fronteira entre a fase α e a região α + L, continua como a isoterma do eutético a 183°C e forma a fronteira entre as regiões de β e β + L. A linha tracejada, definindo a fronteira entre a fase α e a região bifásica α + β, e a linha tracejada, definindo a fronteira entre β e α + β, são denominadas *linhas solvus*.

O ponto eutético é um tipo particular de *ponto invariante*, que é qualquer ponto em um diagrama de fases onde três fases estão em equilíbrio. Dois outros tipos de pontos invariantes são os *eutetoides*, nos quais uma fase sólida está em equilíbrio com uma mistura de duas fases sólidas diferentes, e os *peritéticos*, nos quais uma fase sólida e uma líquida estão em equilíbrio com uma fase sólida diferente. A Tabela 4-3 resume os principais pontos invariantes.

Todos os princípios de interpretação dos diagramas de fase e de cálculo das composições das fases são aplicáveis aos diagramas eutéticos binários. Em qualquer região bifásica, uma linha de amarração horizontal pode ser construída para determinar as concentrações de equilíbrio das duas fases e a regra da alavanca (ou os equilíbrios de massa) pode ser aplicada para determinar a quantidade total de cada fase.

| **Linhas Solvus** | Linhas que definem a fronteira entre o campo monofásico e a mistura de duas fases sólidas em um diagrama de fase.

| **Eutetoides** | Pontos nos quais uma fase sólida está em equilíbrio com uma mistura de duas fases sólidas diferentes.

| **Peritéticos** | Pontos nos quais um sólido e um líquido estão em equilíbrio com uma fase sólida diferente.

Tabela 4-3	Diferentes Classes de Pontos Invariantes	
Tipo de Ponto Invariante	*Reação*	*Exemplo*
Eutético	$L \rightarrow \alpha + \beta$	
Eutetoide	$\gamma \rightarrow \alpha + Fe_3C$	
Peritético	$\alpha + L \rightarrow \beta$	

4.3 AÇO-CARBONO

| *Aço-Carbono* | Liga comum formada de átomos intersticiais de carbono em uma matriz de ferro.

| *Sinterizado* | Material tornado um sólido, a partir de partículas, pelo aquecimento até que as partículas individuais se unam.

| *Ferro Gusa* | Metal resultante do processo de fabricação do aço após as impurezas terem se difundido para a escória. Quando tratado com oxigênio para remover o excesso de carbono, o ferro gusa se torna aço.

Talvez nenhum metal seja tão onipresente nas sociedades avançadas como o *aço-carbono*, que consiste em átomos intersticiais de carbono em uma matriz de ferro. A Figura 4-11 mostra um esquema do processo de fabricação do aço. O aço é produzido a partir de três matérias-primas básicas: minério de ferro, carvão e calcário. O minério de ferro fornece todo o ferro no sistema. Ele é peletizado, *sinterizado* e carregado a um grande alto-forno. Os componentes voláteis do carvão são removidos através de um processo denominado *coqueificação* e o material resultante, rico em carbono, é carregado ao alto-forno. Ao ser aquecido, o minério de ferro é reduzido a ferro metálico e os gases dióxido de carbono e monóxido de carbono são liberados. O calcário moído é adicionado ao fundido e forma uma camada de escória acima do metal. A escória ajuda a remover impurezas do sistema. O metal resultante, denominado *ferro gusa*, é, então, tratado com oxigênio para remover o excesso de carbono e se tornar o aço. Em geral, fazer 1 tonelada de ferro gusa requer 2 toneladas de minério de ferro, 1 tonelada de coque e 500 libras (227 kg) de calcário.

Como qualquer outro diagrama de fases, o sistema ferro-carbono pode ir desde 0% de carbono até 100% de carbono. Entretanto, a máxima porcentagem de carbono no aço é de

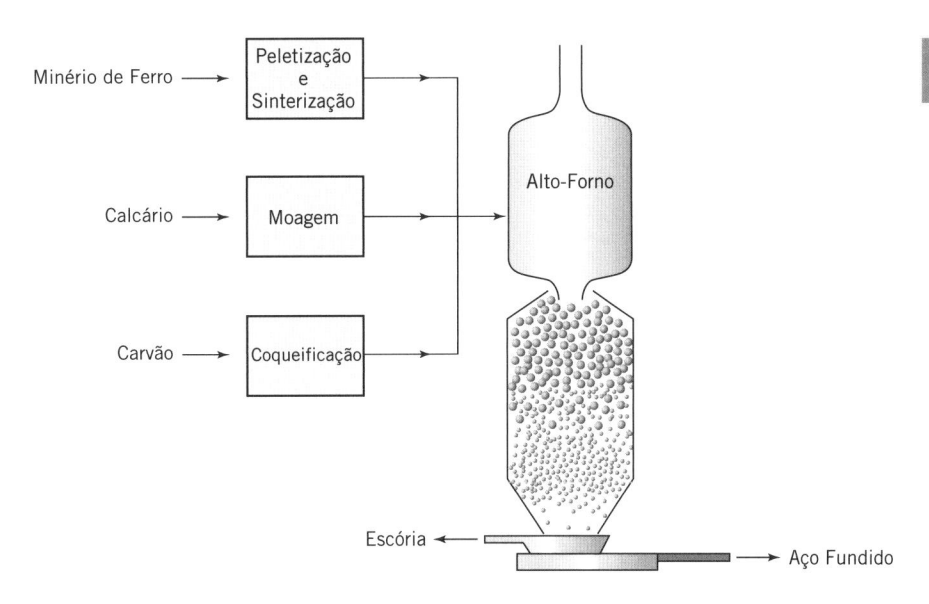

Figura 4-11 Processo de Fabricação do Aço

6,7% em peso. Acima desse limite, o carboneto de ferro (Fe$_3$C) se precipita em uma fase dura e frágil denominada *cementita*. Como resultado disso, o diagrama de fases usado para analisar o aço é, na realidade, um diagrama ferro-carboneto de ferro e termina em uma porcentagem de carbono de 6,7, como mostrado na Figura 4-12.

As regiões desse diagrama de fases têm características diferentes. Na extremidade inferior, à esquerda, existe a fase CCC da ferrita α. Os grandes átomos de ferro, arrumados em uma rede CCC, deixam pouco espaço para os átomos intersticiais de carbono. Assim, não é surpreendente que a solubilidade do carbono nas regiões intersticiais da ferrita α seja pequena (alcançando um máximo de 0,022%). Em maiores concentrações de carbono, na parte inferior, à direita do diagrama, existe uma mistura bifásica de ferrita α e cementita (Fe$_3$C). Essa mistura é denominada *perlita*, porque sua superfície colorida e brilhante se assemelha à madrepérola das conchas das ostras. A microestrutura da perlita consiste em camadas alternadas de cementita e ferrita α, como mostrado na Figura 4-13.

A ferrita δ, na extremidade superior à esquerda do diagrama de fases, tem uma estrutura CCC bastante semelhante à ferrita α, mas com uma solubilidade do carbono bem maior (no

| **Cementita** | Fase dura e frágil de carboneto de ferro (Fe$_3$C), que se precipita no aço acima do limite de solubilidade do carbono.

| **Perlita** | Mistura de cementita (Fe$_3$C) e ferrita α, cujo nome deriva da sua semelhança com a madrepérola.

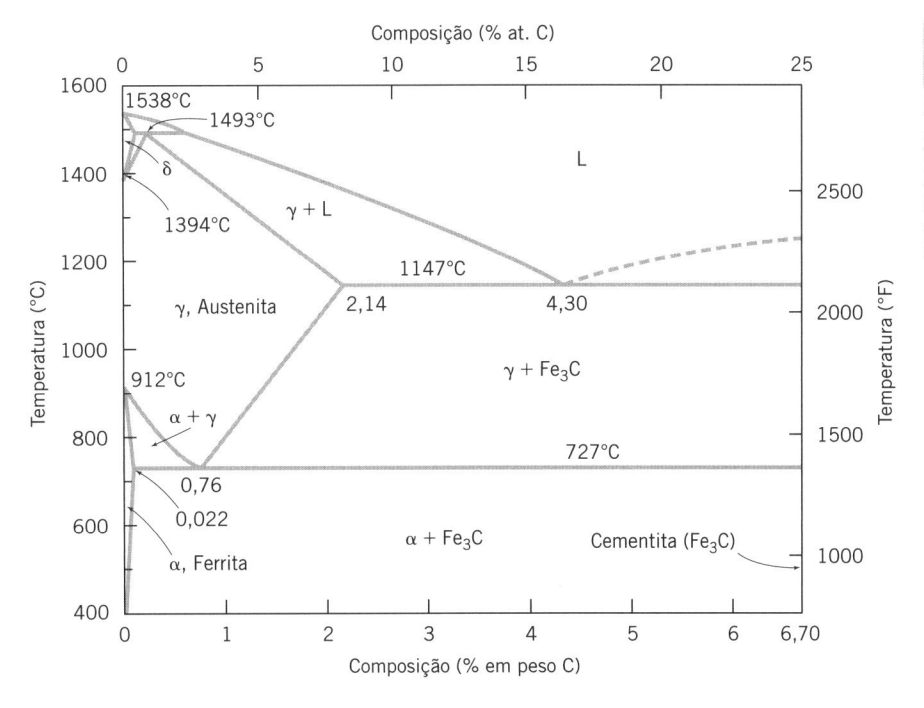

Figura 4-12 Diagrama de Fases para o Aço

De T.B. Massalski, ed. Binary Alloy Phase Diagrams, 2ª edição. *Vol.3. ASM International, Materials Park, OH. Reimpresso com permissão da ASM International.*

Figura 4-13 Microestrutura da Perlita

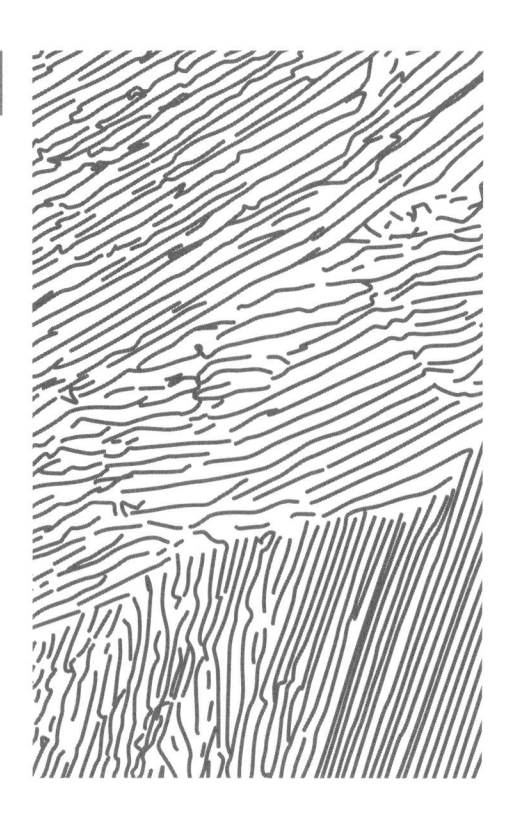

| **Austenita** | Fase presente no aço, na qual o ferro está em uma rede CFC e na qual o carbono tem maior solubilidade.

máximo 0,09%). Entre as fases de ferrita α e δ está situada uma fase denominada *austenita* (γ), na qual o carbono tem uma solubilidade bem maior (no máximo 2,08%).

O diagrama de fases do aço tem três pontos invariantes diferentes:

1. Um eutetoide a 723°C e com 0,76% de carbono
2. Um eutético a 1147°C e com 4,30% de carbono
3. Um peritético a 1493°C e com 0,53% de carbono

A reação eutetoide tem interesse particular e pode ser escrita como

$$\gamma\ (0,76\%\ C) \rightarrow \alpha\ (0,022\%\ C) + Fe_3C\ (6,67\%\ C).$$

O aço-carbono é classificado com base na sua concentração de carbono em relação à concentração de carbono do eutetoide (0,76%). O aço com exatamente 0,76% em peso de carbono é denominado *aço eutetoide*. Aquele com menos de 0,76% em peso de carbono é denominado *aço hipoeutetoide*, enquanto aquele com mais de 0,76% em peso de carbono é denominado *aço hipereutetoide*.

| **Aço Hipoeutetoide** | Solução sólida ferro-carbono com menos de 0,76% em peso de carbono.

| **Aço Hipereutetoide** | Solução sólida ferro-carbono com mais de 0,76% em peso de carbono.

Quando o aço eutetoide é aquecido a temperaturas maiores do que 727°C por tempo suficiente, o material se transforma totalmente em austenita (γ), mostrado na Figura 4-14, por um processo denominado *austenitização*. A transformação da perlita para austenita requer uma significativa reorganização da rede do ferro, de uma estrutura CCC para uma estrutura CFC.

| **Austenitização** | Processo através do qual a rede do ferro no aço se reorganiza de uma estrutura CCC para CFC.

Quando a austenita resfria, o diagrama de fases na Figura 4-12 indica que a perlita deve se formar. Essa transformação requer difusão da rede CFC da austenita para retornar para a rede CCC da ferrita. Se o resfriamento entre 727°C e 550°C for lento o suficiente para que ocorra difusão, a perlita se forma. Entretanto, quando o resfriamento é feito mais rapidamente, produtos fora do equilíbrio são produzidos. Materiais com essas estruturas têm importância comercial significativa, mas essas estruturas não aparecem no diagrama de equilíbrio de fases. A Tabela 4-4 resume os produtos fora do equilíbrio mais importantes.

| **Martensita** | Produto fora do equilíbrio do aço, formado pela transformação adifusional da austenita.

| **Transformação Martensítica** | Conversão adifusional de uma rede de uma estrutura para outra, ocasionada por um resfriamento rápido.

Se a austenita é rapidamente resfriada até temperaturas próximas a ambiente, mergulhando-se o metal na água fria, ocorre uma transformação adifusional para uma fase fora do equilíbrio denominada *martensita*. Nessa *transformação martensítica*, células TCC alongadas se formam e todos os átomos de carbono permanecem como impurezas intersticiais na rede do ferro. A Figura 4-15 mostra a microestrutura da martensita.

FIGURA 4-14 Microestrutura da Austenita

TABELA 4-4	Produtos Fora do Equilíbrio nos Aços-Carbono		
Fase	*Microestrutura*	*Formada por*	*Propriedades Mecânicas*
Martensita	Células tetragonais de corpo centrado com todo o carbono como impureza intersticial	Resfriamento rápido da austenita até a temperatura ambiente	Mais dura e mais resistente, mas difícil de usinar; ductilidade muito baixa
Bainita	Partículas alongadas, semelhante a agulhas, de cementita em uma matriz de ferrita α	Têmpera da austenita até entre 550°C e 250°C, seguido de manutenção nessa temperatura	Segunda em dureza, após a martensita, mas mais dúctil e mais fácil de usinar
Esferoidita	Esferas de cementita em uma matriz de ferrita α	Aquecimento da bainita ou da perlita por 18 a 24 horas próximo a 700°C	O menos duro e menos resistente dos produtos fora de equilíbrio, mas mais dúctil e mais fácil de usinar
Perlita grossa	Camadas alternadas grossas de cementita e ferrita α	Tratamento isotérmico logo abaixo da temperatura eutetoide	A menos resistente e menos dura, à exceção da esferoidita; segunda em ductilidade, a seguir da esferoidita
Perlita fina	Camadas mais finas de cementita e ferrita α	Tratamento térmico a temperaturas mais baixas	Entre a bainita e a perlita grossa tanto em relação à resistência quanto à ductilidade

A martensita é significativamente mais dura e resistente do que qualquer outro constituinte do aço-carbono, mas não é dúctil, mesmo em baixas concentrações de carbono. A martensita não é uma estrutura estável e se transformará em perlita se aquecida; na temperatura ambiente, entretanto, ela pode durar indefinidamente.

No filme *Conan, o Bárbaro*, Arnold Schwarzenegger aquece sua espada em uma fogueira (presumidamente em temperaturas maiores do que 727°C, por tempo suficiente para austenitizar o aço) e, então, enterra imediatamente a espada na neve. Embora ele provavelmente não o soubesse, ele estava fazendo uma transformação martensítica para aumentar a resistência e a dureza da sua espada.

A transformação martensítica não é exclusiva do aço e está associada a qualquer transformação adifusional nos metais. O **ensaio de temperabilidade Jominy** é usado para determinar como a composição da liga afeta a habilidade do metal sofrer uma transformação martensítica, em uma temperatura específica de tratamento. No teste, mostrado na Figura 4-16, uma barra cilíndrica, com 1 polegada de diâmetro (25,4 mm) e com 4 polegadas de comprimento

| **Ensaio de Temperabilidade Jominy** | Procedimento usado para determinar a temperabilidade de um material.

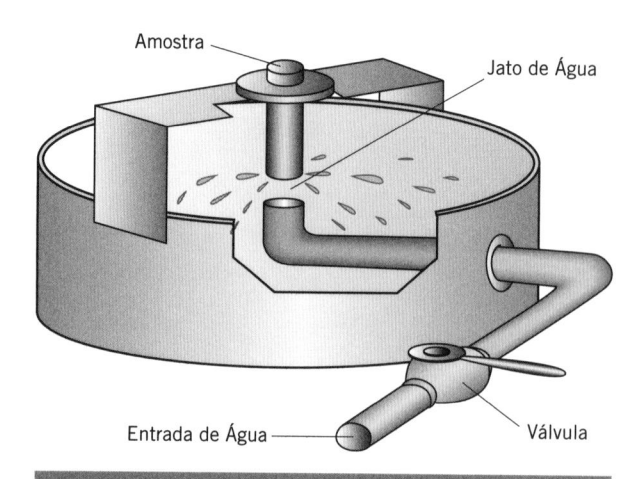

Amostra

Jato de Água

Entrada de Água

Válvula

(101 mm), é austenitizada e, então, é rapidamente colocada em um dispositivo. Uma das extremidades da amostra cilíndrica é temperada por um jato de água fria. A área resfriada rapidamente sofre uma transformação martensítica e se torna mais dura. Uma série de ensaios de dureza é realizada para determinar até que distância do ponto de têmpera a dureza aumentou. A profundidade dessa região de dureza aumentada, desde a extremidade temperada da amostra, é denominada **temperabilidade** do metal.

Se a austenita é resfriada rapidamente até temperaturas entre 550°C e 250°C e for mantida nessa temperatura, outra estrutura fora do equilíbrio, denominada *bainita*, se forma. Essa estrutura tem propriedades e microestrutura intermediárias entre aquelas da martensita e da perlita. A conversão da austenita em bainita ou em perlita é competitiva. Uma vez que uma tenha se formado, ela não pode ser transformada na outra, sem austenitizar novamente o material.

A bainita consiste em uma matriz ferrítica com partículas alongadas de cementita. A microestrutura apresentada na Figura 4-17 mostra um padrão agulhado distinto, devido à cementita. A bainita é mais resistente e dura do que a perlita (embora seja menos resistente e dura do que a martensita), mas permanece razoavelmente dúctil, especialmente com baixas concentrações de carbono.

| **Temperabilidade** | A capacidade de um material sofrer transformação martensítica.

| **Bainita** | Um produto fora do equilíbrio do aço, com partículas alongadas de cementita em uma matriz de ferrita.

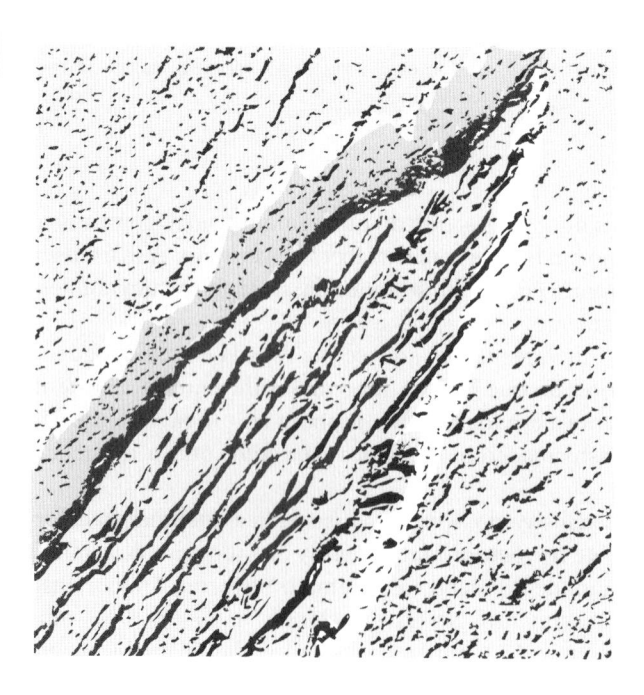

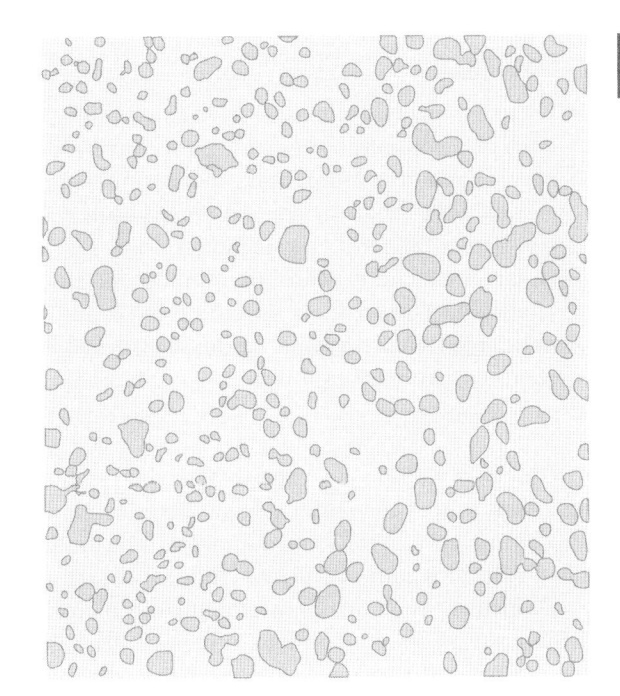

FIGURA 4-18 Microestrutura da Esferoidita

Um terceiro produto fora do equilíbrio pode ser formado aquecendo a perlita ou a bainita a temperaturas logo abaixo do eutetoide (tipicamente em torno de 700°C) por 18 a 24 horas. O produto resultante, denominado *esferoidita*, é menos duro e menos resistente que a perlita, mas é bem mais dúctil. A esferoidita tem seu nome devido a sua microestrutura, na qual as partículas de cementita se transformam, ou das camadas encontradas na perlita ou das agulhas encontradas na bainita, em esferas de cementita, dispersas em uma matriz de ferrita α, como mostrado na Figura 4-18.

Mesmo a estrutura de equilíbrio da perlita é afetada pelas condições de processamento. A *perlita grossa*, que consiste em grossas camadas alternadas de cementita e de ferrita α, se forma quando o aço é tratado isotermicamente em temperaturas logo abaixo do eutetoide. Quando são usados tratamentos em menores temperaturas, a taxa de difusão diminui e as camadas alternadas se tornam mais finas. Esse produto é denominado *perlita fina*. A perlita grossa é ligeiramente mais dúctil que a perlita fina, mas é menos dura.

| *Esferoidita* | Um produto fora do equilíbrio do aço, com esferas de cementita dispersas em uma matriz de ferrita.

| *Perlita Grossa* | Microestrutura do aço, com camadas alternadas grossas de cementita e de ferrita α.

| *Perlita Fina* | Microestrutura do aço, com camadas alternadas finas de cementita e de ferrita α.

Exemplo 4-4

Dois cavaleiros (Sir Kevin e Sir Robert) decidiram duelar usando suas melhores espadas. Cada cavaleiro levou sua espada bainítica, com uma concentração de carbono eutetoide, para ser afiada pelo ferreiro local. O ferreiro achava Sir Kevin um porco repugnante e decidiu trapacear em favor de Sir Robert. O ferreiro planejou converter uma das espadas para martensita e a outra para perlita grossa, mas ele viu que essa falsificação seria detectada se ele refundisse o metal. Como o ferreiro poderia converter os materiais e qual cavaleiro deveria receber a espada de perlita e por quê?

Cortesia de James Newell

Até agora a discussão tratou o aço como se ele contivesse apenas carbono e ferro. Em muitos casos, outros elementos de liga são adicionados para aumentar a resistência das soluções sólidas, melhorar a resistência à corrosão ou aumentar a temperabilidade do metal. Esses aços são conhecidos como *aços-liga* e podem conter até 50% de elementos outros que o ferro.

Os elementos de liga mais comuns são o cromo e o níquel. Quando pelo menos 12% de cromo estiver presente na liga, o metal é classificado como *aço inoxidável*. Quando o cromo é adicionado ao aço, a maior parte se dissolve na rede da ferrita, enquanto o restante se une à cementita. Os aços inoxidáveis tendem a ter um baixo teor de carbono, de modo que relativamente pouco do cromo forma carbetos. O cromo tanto estabiliza a rede como, essencialmente, converte o aço em uma liga binária ferro-cromo, que permanece como ferrita α e que não se austenitiza. Mesmo em temperaturas elevadas, a rede permanece em sua forma CCC. A rede resultante é mais estável que o sistema ferro-carbono típico. O cromo também se oxida preferencialmente ao ferro, criando uma barreira que protege o aço de uma oxidação posterior. Aços inoxidáveis que contêm cromo, mas não contêm níquel são denominados *aços inoxidáveis ferríticos* e tendem a ser menos caros que aqueles que contêm níquel.

Quando de 12% a 17% de cromo são adicionados ao aço fundido, contendo entre 0,15% e 1,0% de carbono, o aço se torna capaz de sofrer transformação martensítica. Esses *aços inoxidáveis martensíticos* são bem mais resistentes e duros do que os aços inoxidáveis ferríticos, mas tendem a ser menos resistentes à corrosão.

O níquel tem menor tendência de formar carbetos que o ferro, de modo que ele permanece na rede do ferro quando é adicionado ao aço. O níquel tem uma estrutura CFC, de modo que a adição de 7% a 20% de níquel ao aço ajuda a manter a estrutura CFC da austenita, mesmo quando o aço é resfriado para a temperatura ambiente. A estrutura CFC torna o aço mais maleável e altamente resistente à corrosão. Esses aços com alto teor de níquel são denominados *aços inoxidáveis austeníticos*, pois mantêm a estrutura CFC da austenita.

Para aplicações que requeiram maior resistência e maior dureza, aços de alto carbono (0,6% a 1,4%) são ligados com elementos que formam carbetos. Cromo, molibdênio, tungstênio e vanádio são elementos de liga comuns. Como essas ligas são duras, resistentes à abrasão e mantêm o fio de corte, elas são especialmente úteis em aplicações industriais, incluindo brocas, moldes, serras e outras ferramentas. Em função disso, aços-liga de alto carbono são comumente denominados como *aços ferramenta*.

Como os aços podem conter teores bem diferentes de carbono, juntamente com qualquer quantidade de elementos de liga diversos, foi desenvolvido um sistema de classificação pelo Instituto Americano do Ferro e do Aço (American Iron and Steel Institute, AISI) para identificar, de modo eficiente, a composição do metal. O sistema AISI/SAE, resumido na Tabela 4-5, fornece uma maneira simples para determinar tanto o teor de carbono do aço quanto para identificar os principais elementos de liga. Às liga de aço é atribuído um número de identificação de quatro dígitos. O primeiro número identifica os principais elementos de liga. O aço-carbono começa com 1, aços com níquel começam com 2, e assim por diante. O segundo dígito descreve as condições de processamento, para o caso dos aços-carbono, ou o teor do principal elemento de liga no aço. O terceiro e quarto dígitos representam a porcentagem de carbono no aço, multiplicada por 100. Por exemplo, 1040 descreve um aço-carbono básico, com 0,4% de carbono; 6150 representa um aço cromo-vanádio com 1% de cromo e/ou de vanádio e 0,5% de carbono.

| *Aços-Liga* | Soluções sólidas ferro-carbono com a adição de elementos adicionais para alterar propriedades.

| *Aços Inoxidáveis* | Soluções sólidas ferro-carbono com pelo menos 12% de cromo.

| *Aços Inoxidáveis Ferríticos* | Soluções sólidas ferro-carbono com pelo menos 12% de cromo e que não contêm níquel.

| *Aços Inoxidáveis Martensíticos* | Soluções sólidas ferro-carbono com 12% a 17% de cromo, que podem sofrer transformação martensítica.

| *Aços Inoxidáveis Austeníticos* | Soluções sólidas ferro-carbono com pelo menos 12% de cromo, contendo pelo menos 7% de níquel.

| *Aços Ferramenta* | Soluções sólidas ferro-carbono com alto teor de carbono, o que resulta em altas dureza e resistência à abrasão.

Tabela 4-5	Identificações AISI/SAE dos Aços	
Tipos	**Primeiro Dígito**	**Segundo Dígito**
Aço-carbono	Sempre 1	Descreve o processamento
Aço manganês	Sempre 2	Sempre 3
Aço ao níquel	Sempre 3	Porcentagem de níquel no aço
Aço níquel-cromo	Sempre 4	Porcentagem de níquel e cromo no aço
Aço ao molibdênio	Sempre 5	Porcentagem de molibdênio no aço
Aço ao cromo	Sempre 6	Porcentagem de cromo no aço
Aço cromo-vanádio	Sempre 7	Porcentagem de cromo e vanádio no aço
Aço cromo-tungstênio	Sempre 8	Porcentagem de tungstênio e cromo no aço
Aço manganês-silício	Sempre 9	Porcentagem de silício e manganês no aço
Ligas ternárias de aço (contém três elementos de liga principais)	Tanto 4, 8 ou 9	Porcentagem dos outros dois principais elementos de liga restantes.

Exemplo 4-5

Identifique a composição dos aços 1095 e 5160.

SOLUÇÃO

O 1095 é um aço-carbono (1) sem nenhum processamento especial (0), contendo 0,95% de carbono (95). O 5160 é um aço ao cromo (5), com aproximadamente 1% de cromo e/ou de vanádio (1) e 0,60% de carbono.

4.4 TRANSIÇÕES DE FASE

Todas a transições de fase descritas neste capítulo são governadas pela termodinâmica, mas precisam de tempo. Durante os primeiros estágios de uma transição de fase, pequenos núcleos da nova fase devem se formar e permanecer estáveis por tempo suficiente para começar a crescer. Conforme os grãos da nova fase começam a crescer a partir desses núcleos, quantidades crescentes da fase original são consumidas. A quantidade de transformação pode ser medida diretamente por microscopia ou, indiretamente, por uma propriedade que seja influenciada pela mudança de fase. A *equação de Avrami*,

$$y = 1 - \exp(-kt^n), \tag{4.10}$$

é usada para avaliar a fração convertida (y) à nova fase em função do tempo (t). As constantes k e n variam com o material e com a temperatura. Como as transformações de fases são processos difusivos, a taxa de transformação (r) varia com a temperatura e, geralmente, segue a equação de Arrhenius,

$$r = Q_0 \exp\left(-\frac{E_A}{RT}\right), \tag{4.11}$$

onde Q_0 é uma constante específica do material, E_A é a energia de ativação, R é a constante dos gases e T é a temperatura.

Para a maioria dos metais, pode ser construída uma curva comparando a fração convertida com o logaritmo do tempo decorrido, semelhante àquela na Figura 4-19. O gráfico indica, também, o tempo inicialmente gasto na nucleação (onde a inclinação da linha é pequena) e o início do crescimento de grão (onde a inclinação aumenta bruscamente). Infelizmente, cada

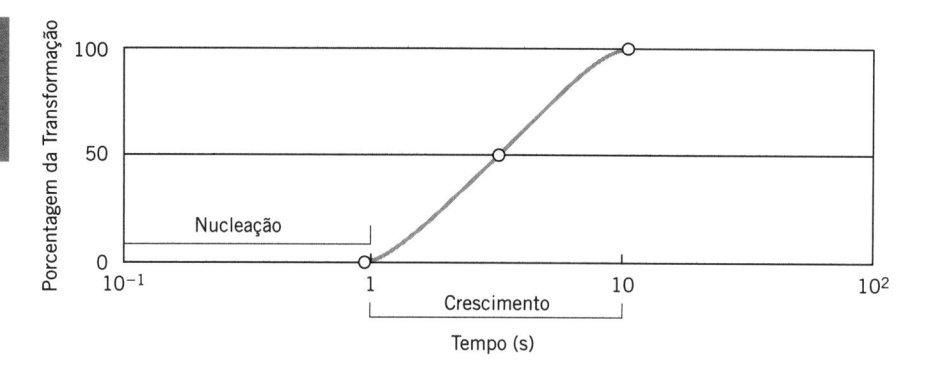

gráfico desses corresponde à taxa de conversão em apenas uma temperatura. Uma série de curvas, como as mostradas na Figura 4-20, seria necessária para caracterizar completamente a conversão em diferentes temperaturas.

Embora esses gráficos tenham uma quantidade significativa de informações, eles são pouco práticos de serem usados, pois um gráfico diferente é necessário para cada temperatura. Assim sendo, as informações de muitos desses gráficos são combinadas em um ***diagrama de transformações isotérmicas***, mais comumente chamado de *diagrama T-T-T* (transformação — tempo — temperatura), como o mostrado na Figura 4-21. O diagrama consiste em três curvas. A primeira representa uma conversão de 0% e é denominada ***curva de início***. A linha no centro, que é a ***curva de 50% de conversão***, identifica quanto tempo é necessário para que a transformação atinja o ponto médio. Finalmente, a ***curva de conversão*** indica quanto tempo é necessário para a conversão total.

Diagramas de transformações isotérmicas são ferramentas excepcionalmente valiosas, mas têm limitações. Cada gráfico corresponde a uma única composição. No caso da Figura 4-21, o gráfico se aplica apenas à composição eutetoide. Os diagramas também só são aplicáveis a transformações isotérmicas, onde o metal é mantido em uma temperatura constante durante toda a transformação de fase.

A Figura 4-21 também contém três isotermas assinaladas como M (Início), M (50%) e M (90%). Essas linhas representam as temperaturas nas quais a martensita começa a se formar (M [Início]), na qual 50% da austenita terá se convertido para martensita (M [50%]) e na qual 90% da austenita terá se convertido para martensita (M [90%]).

A Figura 4-22 mostra o que acontece com a microestrutura durante o processo de transição isotérmica. Acima de 727°C, toda a microestrutura consistiria em grãos de austenita. Esses grãos seriam estáveis e não começariam a se transformar. Se a amostra fosse resfriada rapidamente até 600°C, os grãos de austenita não mais seriam estáveis. A termodinâmica favoreceria a conversão deles para ferrita e cementita (perlita, em equilíbrio), mas é preciso tempo para que isso ocorra. Nos primeiros 2 a 3 segundos, pequenos núcleos de perlita se formam espontaneamente e, então, começam a crescer, consumindo a fase inicial (austeni-

| *Diagrama de Transformações Isotérmicas* | Figura usada para resumir o tempo necessário para completar uma transformação de fase específica em função da temperatura, para um dado material.

| *Curva de Início* | Linha em um diagrama de transformações isotérmicas que representa o limiar do início da transformação de fase.

| *Curva de 50% de Conversão* | Linha em um diagrama de transformações isotérmicas que indica quando metade da transformação de fases foi alcançada.

| *Curva de Conversão* | Linha em um diagrama de transformações isotérmicas que indica quando uma transformação de fase terminou.

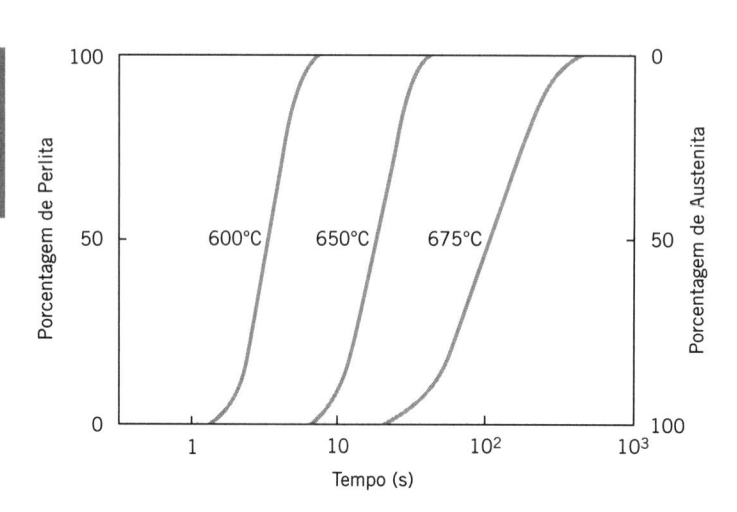

De William D. Callister, Materials Science and Engineering, 6ª edição. *Reimpresso com permissão de John Wiley & Sons, Inc.*

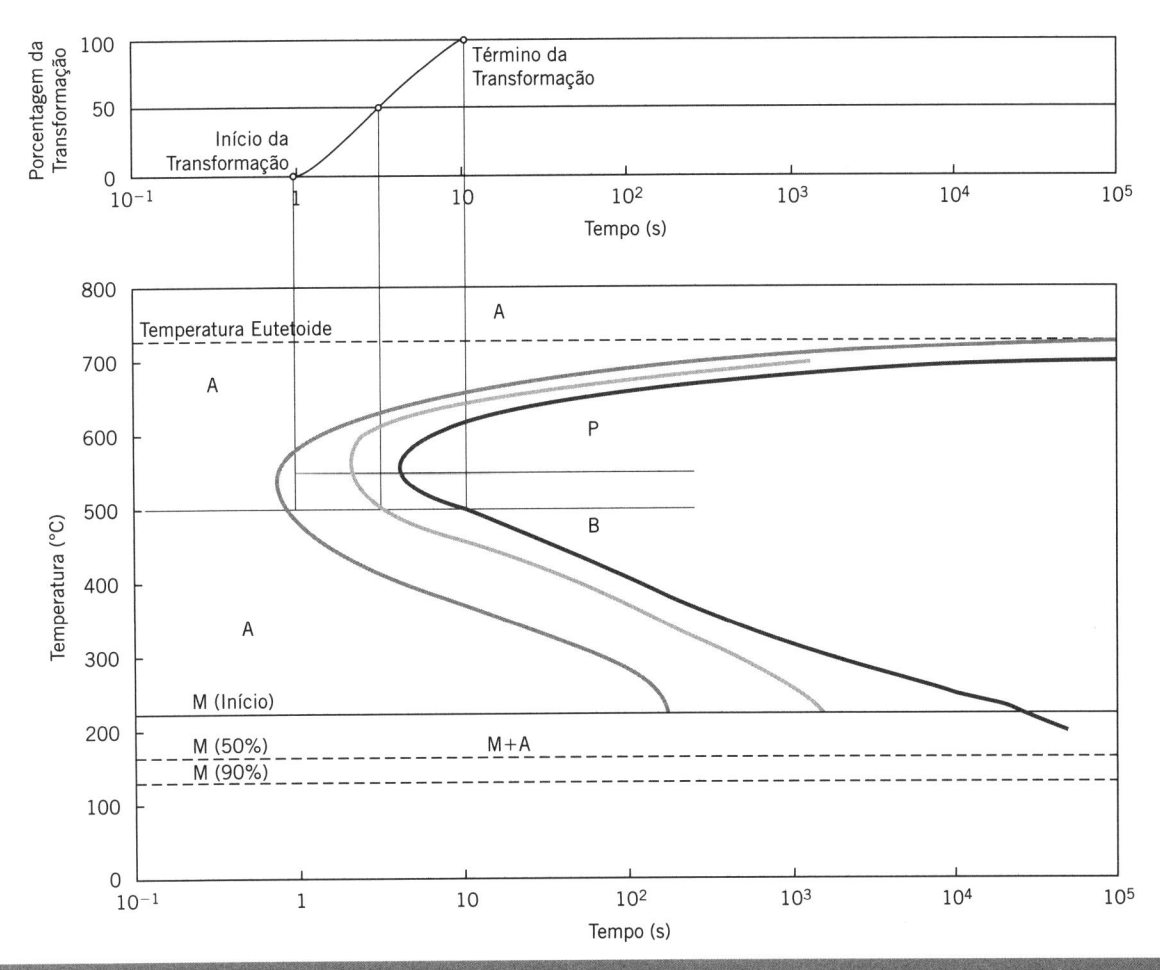

FIGURA 4-21 Diagrama de Transformações Isotérmicas para a Conversão da Austenita em Perlita na Concentração Eutetoide

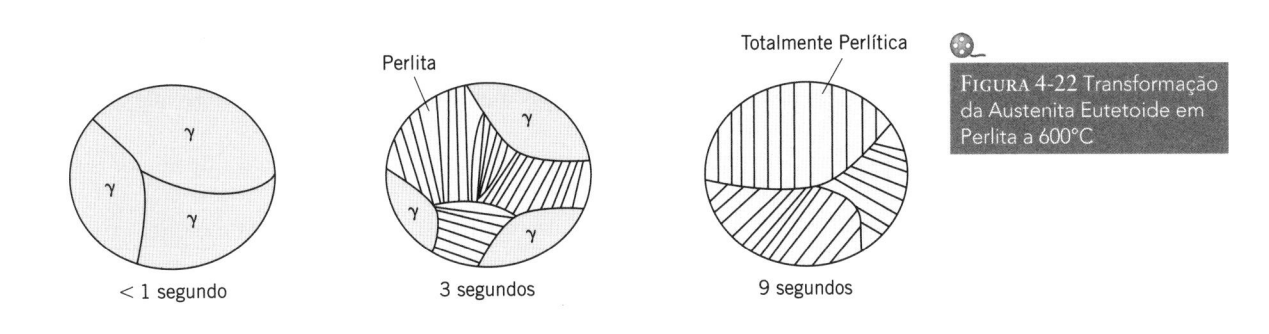

FIGURA 4-22 Transformação da Austenita Eutetoide em Perlita a 600°C

ta) nesse processo. Em cerca de 6 segundos, 50% da transformação já está completada e a microestrutura consiste, agora, em grãos de austenita, que estão tendo seu tamanho reduzido, envolvidos por crescentes regiões de perlita. Finalmente, em cerca de 9 segundos, toda a amostra foi convertida em perlita.

Os diagramas de transformações isotérmicas dão bastantes informações sobre as transformações de fase que ocorrem em metais, mas eles são aplicáveis apenas a metais mantidos em temperatura constante. Na maioria dos processos industriais, os materiais são resfriados continuamente, com a temperatura diminuindo durante todo o processo. Em consequência disso, as microestruturas finais da maioria dos materiais são bem mais complexas, porque as transformações acontecem em uma larga faixa de temperaturas. Nesses casos, a taxa de resfriamento é um fator dominante na determinação da microestrutura final. Está claro que se o aço eutetoide for resfriado suficientemente rápido, ele formará martensita. Por outro lado, uma taxa de resfriamento menor resultaria na formação de perlita. Um diagrama de trans-

Por quando tempo o ferreiro do Exemplo 4-4 deveria manter a espada de Sir Kevin a 650°C, para convertê-la completamente em perlita?

SOLUÇÃO

A Figura 4-21 mostra que leva aproximadamente 90 segundos para alcançar a curva de 100% de conversão a 650°C.

Determine a microestrutura resultante para um aço eutetoide, inicialmente a 750°C, se esse aço for:

a. Mergulhado em água fria
b. Resfriado rapidamente até 650°C e, então, mantido nessa temperatura por 30 segundos
c. Resfriado rapidamente até 680°C e, então, mantido nessa temperatura por 10 segundos
d. Resfriado rapidamente até 680°C e, então, mantido nessa temperatura por 1 hora
e. Resfriado rapidamente até 680°C e, então, mantido nessa temperatura por 16 horas
f. Resfriado rapidamente até 500°C e, então, mantido nessa temperatura por 2 minutos

SOLUÇÃO

a. O material seria temperado antes que qualquer difusão pudesse ocorrer. Assim, a microestrutura resultante seria martensita.
b. O material estaria próximo a linha de 50% de conversão. Logo ele teria, aproximadamente, uma mistura de proporção semelhante de grãos instáveis de austenita e regiões crescentes de perlita.
c. Dez segundos, a 680°C, é um tempo inferior ao da curva de início. Logo o material ainda seria completamente austenita.
d. Com 1 hora, o material seria uma mistura de austenita e perlita grossa.
e. Dezesseis horas ultrapassam a curva de conversão, de modo que o material seria completamente perlita grossa.
f. O material seria 100% bainita.

formações por resfriamento contínuo (TRC), como o mostrado na Figura 4-23, é usado para caracterizar a transformação.

O diagrama de transformações por resfriamento contínuo é um gráfico de temperatura *versus* tempo, com linhas curvas representando várias taxas de resfriamento. O item mais importante no gráfico é a curva que representa a taxa de resfriamento crítica. Em qualquer taxa menor do que a dessa linha, a transformação de austenita para perlita irá começar. Em qualquer taxa mais rápida, o tempo para ocorrer difusão é insuficiente e o material se tornará martensita. As isotermas M (Início), M (50%) e M (90%) ocorrem exatamente nas mesmas temperaturas em que elas ocorrem nos diagramas de transformações isotérmicas. Do mesmo modo que nos diagramas de transformações isotérmicas, diferentes diagramas TRC seriam necessários para cada composição de liga.

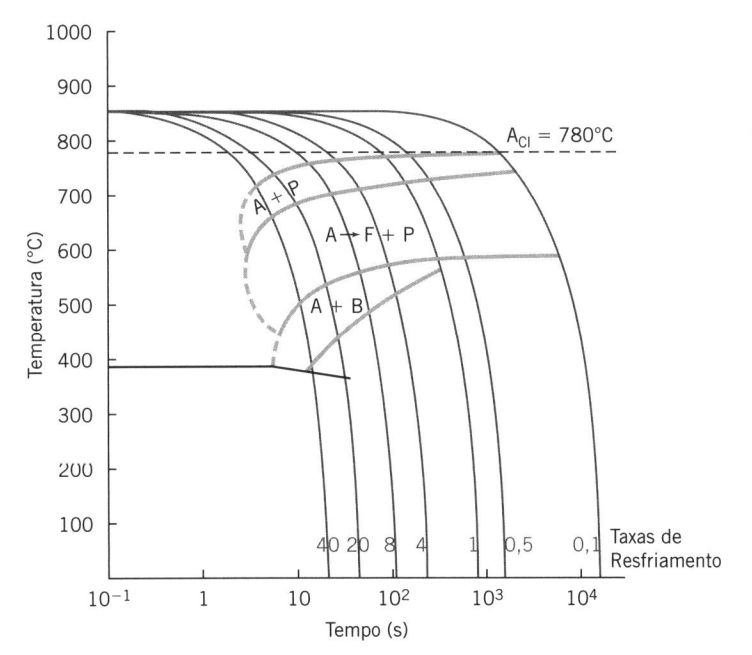

Figura 4-23 Diagrama de Transformações por Resfriamento Contínuo para o Aço Eutetoide

4.5 ENDURECIMENTO POR ENVELHECIMENTO (ENDURECIMENTO POR PRECIPITAÇÃO)

Quando são considerados as transformações de fase associadas ao resfriamento e ao aquecimento de metais, vale a pena discutir outros dois processos usados para alterar as propriedades de ligas. O *endurecimento por envelhecimento* (ou endurecimento por precipitação) usa mudanças na solubilidade de soluções sólidas com a temperatura para permitir a precipitação de partículas finas de segunda fase. Essas partículas aumentam a resistência de metais maleáveis, servindo como barreiras à propagação das discordâncias pela matriz. Como os átomos nos precipitados tendem a ter um tamanho diferente dos átomos metálicos que formam a rede da matriz, as partículas tendem a distorcer a forma da rede.

O processo de endurecimento por envelhecimento ocorre em duas etapas: *tratamento térmico de solubilização* e *tratamento térmico de precipitação*. Durante o tratamento térmico de solubilização, o metal é aquecido e mantido em uma temperatura acima da linha *solvus*, até que uma fase tenha se dissolvido totalmente na outra (por exemplo: o aquecimento até o ponto T_1 na Figura 4-24). A fase β se dissolve completamente na fase α. A liga, então, é resfriada rapidamente para uma temperatura suficiente para evitar qualquer difusão significativa (T_0 na Figura 4-24). Para muitas ligas, essa temperatura é a ambiente. A liga resultante é uma solução supersaturada da fase α.

| *Endurecimento por Envelhecimento* | Processo que emprega a variação das solubilidades de soluções sólidas com a temperatura para provocar a precipitação de finas partículas de segunda fase. Também denominado endurecimento por precipitação.

| *Tratamento Térmico de Solubilização* | Primeira etapa do endurecimento por envelhecimento, que envolve o aquecimento até que uma fase tenha se dissolvido completamente na outra.

| *Tratamento Térmico de Precipitação* | Segunda etapa do endurecimento por envelhecimento, na qual a taxa de difusão aumenta suficientemente para permitir que uma fase forme finos precipitados.

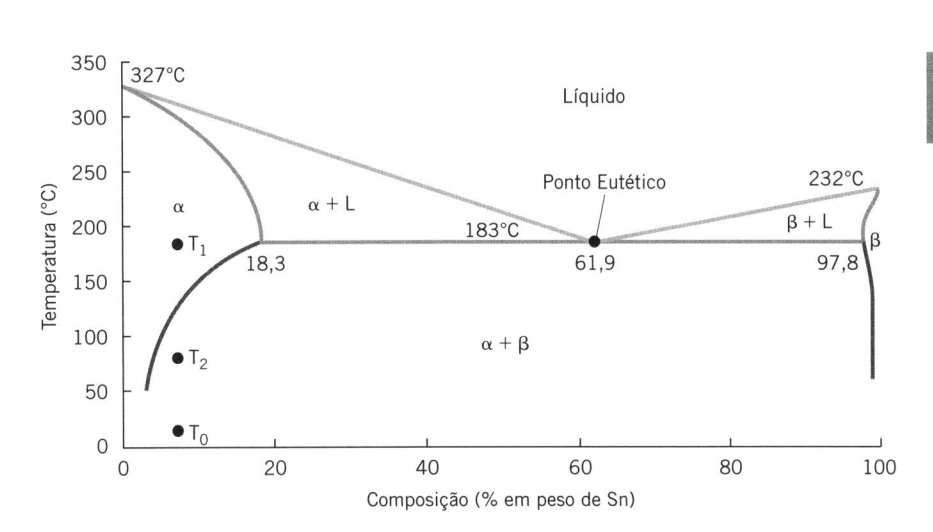

Figura 4-24 Ilustração do Endurecimento por Envelhecimento

Na segunda etapa, no tratamento térmico de precipitação, a temperatura da liga supersaturada é aumentada para um valor elevado, mas ainda abaixo da linha *solvus* (T_2 na Figura 4-24). Nessa temperatura, a taxa de difusão aumenta suficientemente para permitir que a fase β se forme como um precipitado fino. A taxa na qual a precipitação ocorre depende da taxa de difusão (que, ela mesma, é uma função da temperatura), da composição da liga e das solubilidades relativas das fases α e β.

4.6 COBRE E SUAS LIGAS

| *Calcocita* | O minério de cobre mais comum.

| *Calcopirita* | Mineral contendo ferro e que representa cerca de 25% dos minérios de cobre.

| *Cobre Blister* | Produto intermediário do refino do cobre, do qual todo o ferro foi removido.

| *Ligas de Cobre com Baixo Teor de Elementos de Liga* | Soluções sólidas contendo pelo menos 95% de cobre.

| *Latão* | Liga de cobre e zinco.

| *Bronze* | Liga de cobre e estanho.

| *Estrutura Widmanstätten* | Microestrutura presente no latão, na qual os grãos da fase β são envolvidos por precipitados da fase α.

Minérios de cobre são encontrados em diferentes partes do mundo. Aproximadamente metade do suprimento de minério de cobre comercial provém da *calcocita* (Cu_2S), com a *calcopirita* ($CuFeS_2$) sendo responsável por outros 25%. Um processo pirometalúrgico, de alta temperatura, é usado para purificar e concentrar o cobre. O líquido resultante, denominado mate de cobre, é soprado com ar (semelhante ao que é feito com o aço), para oxidar o ferro presente no sistema. Quando a maior parte do ferro for removida, o denominado *cobre blister* é decantado e transferido para um forno de refino, para o processamento final.

O cobre puro tem uma cor vermelha que o distingue e forma uma pátina verde quando oxidado, como mostrado na Figura 4-25. O cobre é um dos poucos metais com empregos comerciais significativos sem elementos de liga. O cobre tem alta condutividade (é o segundo entre os metais, atrás apenas da prata), é resistente à corrosão e é conformável. Tem massa específica moderada (8,94 g/cm^3), tornando-o adequado para emprego em fios para eletrônica e outras aplicações. Panelas de cobre são altamente consideradas devido à excelente e uniforme condução de calor, mas o cobre puro pode se tornar perigoso em contato com os alimentos. Portanto, quase todas as panelas comerciais de cobre são recobertas com aço inoxidável ou com estanho. A ingestão de cobre pode causar vômito e cãibras; o consumo de uma quantidade tão pequena quanto 27 gramas pode resultar em morte. A exposição crônica resulta, frequentemente, em dano ao fígado e inibe o crescimento.

Pequenas quantidades de outros metais são, frequentemente, adicionadas ao cobre para aumentar sua resistência e dureza. As **ligas de cobre com baixo teor de elementos de liga** contêm pelo menos 95% de cobre e tentam minimizar a perda de condutividade enquanto as propriedades mecânicas são aumentadas. O cádmio é um aditivo comum em ligas de cobre com baixo teor de elementos de liga. A adição de 1% de cádmio melhorará significativamente a resistência do metal, sacrificando apenas 5% da condutividade.

Embora seja frequentemente usado como metal puro ou com pequenas quantidades de aditivos metálicos, o cobre pode formar 82 ligas binárias. Duas das ligas mais comuns são o **latão** (cobre-zinco) e o **bronze** (cobre-estanho). Os latões são resistentes, brilhantes e menos propensos à corrosão do que o cobre puro. O diagrama de fases cobre-zinco está mostrado na Figura 4-26.

Abaixo de 35% de zinco, o metal é monofásico, com os átomos de zinco em uma solução sólida, α, com a rede de cobre. Os latões dessa faixa são resistentes e dúcteis e podem ser facilmente trabalhados a frio. O aumento do teor de zinco, aumenta a resistência do metal, mas diminui sua resistência à corrosão.

Acima de 35% de zinco, a fase β, CCC, é dominante. Se o metal quente for resfriado rapidamente, a fase β formará toda a microestrutura. Em taxas de resfriamento mais lentas, a fase α precipita nos contornos de grão, resultando em grãos de β envolvidos pelos precipitados de α. Essa microestrutura, mostrada na Figura 4-27, é denominada **estrutura Widmanstätten**, devido ao conde Alois von Beckh Widmanstätten, que a descobriu em um meteorito em 1908.

O chumbo (até 4%) é adicionado com frequência aos latões para melhorar a usabilidade e para preencher poros no metal. O chumbo é essencialmente insolúvel no cobre e precipita nos contornos de grão. Como resultado disso, o chumbo atua como um lubrificante durante a usinagem.

Os latões são lustrosos, resistentes à corrosão e facilmente fundidos; o que os torna ideais para estátuas e detalhes arquiteturais. Latões fundidos também são usados em encanamentos, válvulas de baixa pressão e engrenagens.

FIGURA 4-25 A Pátina Verde, Reconhecível Devido ao Cobre Oxidado na Estátua da Liberdade

PhotoDisc/Getty Images

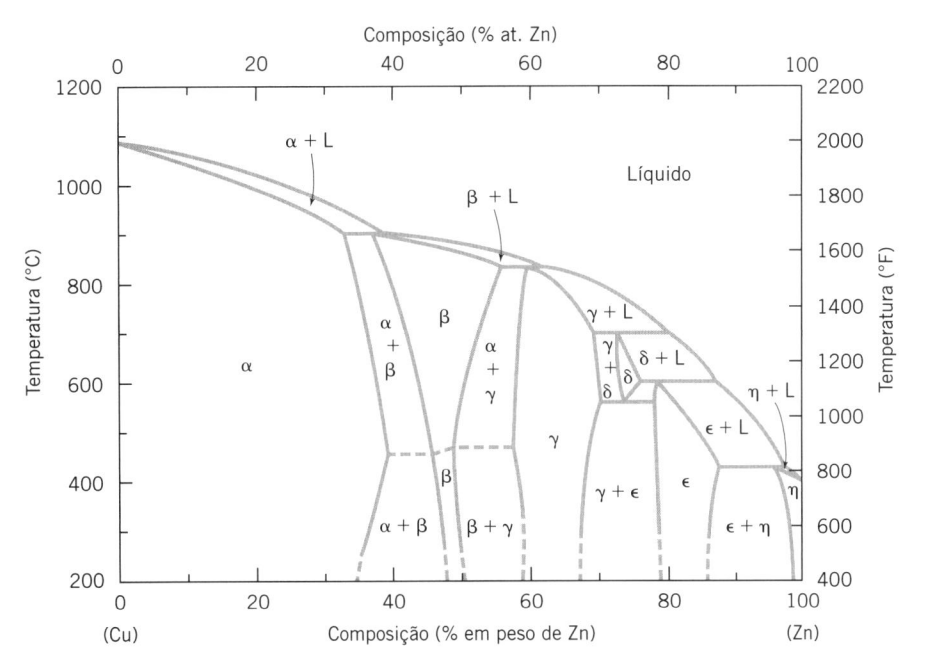

FIGURA 4-26 Diagrama de Fases para o Latão (Cobre-Zinco)

De T.B. Massalski, ed. Binary Alloy Phase Diagrams, *2ª edição. Vol. 3. ASM International, Materials Park, OH. Reimpresso com permissão da ASM International.*

FIGURA 4-27 Estrutura Widmanstätten no Latão

As ligas de bronze apareceram inicialmente na antiga Suméria, em torno de 3500 a.C. O bronze é mais duro do que a maioria das ligas comerciais, é resistente à corrosão e facilmente fundido. Embora o termo *bronze* tenha se tornado um nome genérico para muitas ligas duras de cobre, que se assemelham ao bronze, ele se originou do sistema cobre-estanho. A maioria dos bronzes comerciais contém cerca de 10% de estanho. Um diagrama de fases cobre-estanho é mostrado na Figura 4-28.

O bronze encontra aplicação em componentes de motores, mancais, sinos e esculturas artísticas. O bronze é especialmente bem adequado para fundição em moldes. Quando o metal fundido é adicionado ao molde, ele se expande para preencher todo o volume. Durante o resfriamento, o metal se contrai ligeiramente, fazendo com que seja fácil removê-lo, mas retendo as características da forma do molde.

Os bronzes, frequentemente, incluem outros elementos, que são adicionados em pequenas quantidades para aumentar determinadas propriedades A adição de 1% a 3% de silício torna

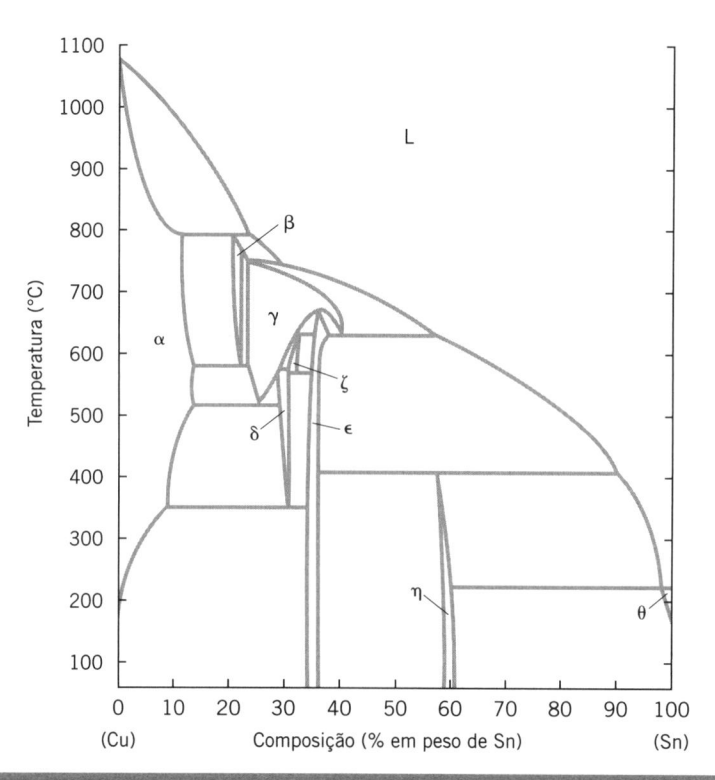

FIGURA 4-28 Diagrama de Fases Cobre-Estanho

De R. Hultgren e P.D. Desai, Selected Thermodynamic Values and Phase Diagrams for Copper and Some of Its Binary Alloys, Incra Monograph I (*New York: International Copper Research Association, Inc., 1971*). *Reimpresso com permissão da International Copper Research Association.*

a fundição do bronze mais difícil, mas aumenta de modo significativo sua resistência química. Bronzes ao silício são comumente usados em recipientes para produtos químicos. Frequentemente até 10% de chumbo é adicionado ao bronze para reduzir a dureza do metal, tornando mais fácil conformá-lo e aumentando sua capacidade de manter o corte. Esses **bronzes ao chumbo** são usados frequentemente em fundidos artísticos, mas são menos resistentes e mais frágeis que o bronze comum e são menos úteis para ferramentas. Frequentemente, antimônio é adicionado ao bronze usado para ferramentas, pois ele endurece o material e melhora sua habilidade de manter o corte.

| **Bronze ao Chumbo** | Ligas cobre-estanho que também contêm até 10% de chumbo, o qual é adicionado para tornar o metal mais maleável.

4.7 ALUMÍNIO E SUAS LIGAS

O alumínio é o elemento metálico mais comum na Terra e tem uma massa específica (2,70 g/cm³) de aproximadamente um terço daquela do aço. Devido a isso, a razão entre o limite de resistência e o peso do alumínio é excepcional. O alumínio tem uma forte afinidade pelo oxigênio e é quase sempre encontrado em óxidos ou em silicatos, ao contrário de em sua forma nativa. Quase todo o alumínio comercial é produzido a partir da **bauxita**, que é uma classe de minerais ricos em óxidos de alumínio. A bauxita deve ser tratada para remoção das impurezas e dos silicatos antes que ela possa ser convertida em alumínio metálico

| **Bauxita** | Classe de minerais rica em óxidos de alumínio, que servem como o principal minério para a produção de alumínio.

O alumínio é extensivamente usado em aplicações aeroespaciais, em automóveis e em latas para bebidas e em outras embalagens. A alta ductilidade das ligas de alumínio permite que ele seja laminado em folhas extremamente finas. O alumínio forma uma rede CFC e é comumente ligado com magnésio, cobre, lítio, silício, estanho, manganês e/ou zinco.

As ligas de alumínio são, de modo geral, classificadas em **forjadas** ou **fundidas**. As ligas para forjamento são identificadas por um conjunto específico de quatro dígitos. O primeiro dígito representa o elemento de liga principal, o segundo mostra modificações na liga e o terceiro e quarto dígitos mostram a porcentagem decimal da concentração de alumínio, para a classe

| **Forjado** | Conformado por deformação plástica.

| **Fundido** | Cuja forma é dada por fusão e vazamento em um molde.

Tabela 4-6	Nomenclatura das Ligas de Alumínio	
Designação	**Elementos de Liga**	**Propósito do Elemento de Liga**
Forjados		
1xxx	(>99% de alumínio)	Nenhum
2xxx	Cobre	Resistência e usabilidade
3xxx	Manganês	Resistência à corrosão e usabilidade
4xxx	Silício ou silício e magnésio	Reduzir a faixa de fusão
5xxx	Magnésio	Dureza e resistência à corrosão
6xxx	Magnésio e silício	Tratável termicamente e conformabilidade
7xxx	Magnésio e zinco	Resistência à corrosão sob tensão
8xxx	Lítio, estanho, zircônio ou boro	
Fundidos		
1xx.x	(>99% de alumínio)	
2xx.x	Cobre	
3xx.x	Silício e cobre ou magnésio e cobre	
4xx.x	Silício	
5xx.x	Magnésio	
7xx.x	Magnésio e zinco	
8xx.x	Estanho	

1000. As classes principais estão resumidas na Tabela 4-6. As ligas fundidas são diferenciadas das ligas forjadas pela presença de um ponto decimal entre o terceiro e o quarto dígitos.

As ligas de alumínio têm sua resistência aumentada através de diversas técnicas de trabalho a frio, que aumentam a resistência, mas aumentam a propensão à corrosão. Como o endurecimento é muito comum, a maioria das ligas de alumínio tem uma *identificação do tratamento realizado,* que indica se o material está endurecido por deformação (H) ou tratado termicamente (T). Esse tratamento térmico é conhecido, também, como endurecimento por envelhecimento. A Tabela 4-7 resume as identificações dos tratamentos realizados nas ligas de alumínio.

| *Identificação do Tratamento Realizado* | Nomenclatura que mostra se uma liga de alumínio foi endurecida por deformação ou foi tratada termicamente.

Tabela 4-7	Identificações dos Tratamentos Realizados para as Ligas de Alumínio
Símbolo	**Significado**
F	Como fabricada
O	Recozida
H1x	Trabalhada a frio, com x indicando a porcentagem de trabalho a frio
H2x	Trabalhada a frio e depois recozida parcialmente
H3x	Trabalhada a frio e, então, estabilizada em baixa temperatura para prevenir endurecimento por envelhecimento
W	Solubilizada
Tx	Endurecida por envelhecimento, com x dando detalhes adicionais sobre as condições de processamento

Exemplo 4-8

Para as ligas de alumínio a seguir, determine os principais elementos de liga, se a liga é fundida ou forjada e se a liga foi tratada termicamente ou endurecida por deformação, ou ambos.

1199.H18   A380.0   4043

SOLUÇÃO

1199 é uma liga de forjamento (não há um ponto decimal após o terceiro dígito), que tem mais de 99% de alumínio (o primeiro dígito é 1). Ela foi endurecida por deformação por um fator de 8, mas não foi recozida (devido a ser H18).

    A380.0 é uma liga fundida (tem um ponto decimal após o terceiro dígito), com manganês sendo o principal elemento de liga (começa por 3). Ela não foi nem endurecida por deformação, nem tratada termicamente (não apresenta nenhuma identificação do tratamento realizado).

    4043 é uma liga de forjamento com silício (ou silício e magnésio) como principal elemento de liga. Ela não foi nem endurecida por deformação, nem tratada termicamente.

Exemplo 4-9

Qual das ligas no Exemplo 4-8 seria mais adequada para ser usada em soldagem. Por quê?

SOLUÇÃO

A 4043 seria a mais adequada em soldagem, devido ao silício abaixar a faixa de fusão da liga.

Que Limitações Têm os Metais?

4.8   CORROSÃO

\$

| **Corrosão** | Perda de material devido à uma reação química com o ambiente.

| **Eletroquímica** | Ramo da química que lida com a transferência de elétrons entre um eletrólito e um condutor de elétrons.

| **Oxidação** | Reação química na qual um metal transfere elétrons para outro material.

| **Anodo** | O local no qual ocorre a oxidação em uma reação eletroquímica.

| **Redução** | Reação química na qual um material recebe elétrons transferidos de um metal.

| **Catodo** | O local no qual ocorre a redução em uma reação eletroquímica.

A deterioração dos metais no ambiente custa, anualmente, bilhões de dólares às companhias. Os elétrons livres, que dão aos metais suas excepcionais condutividades, tornam esses materiais particularmente suscetíveis ao ataque químico. Essa perda de material devido a uma reação química com o ambiente é denominada *corrosão*. Para se compreender totalmente a corrosão, é necessário, primeiro, revisar *eletroquímica*. Durante a corrosão, os metais transferem elétrons a outro material, em um processo denominado *oxidação*. A reação de oxidação ocorre em um local denominado *anodo* e pode ser representada por

$$\text{Metal} \rightarrow \text{Íon metálico}^{(n+)} + n \text{ elétrons perdidos.} \qquad (4.12)$$

Os elétrons perdidos devem ser recolhidos por outro material, em um processo denominado *redução*, que ocorre no *catodo*. O material que ganha os elétrons pode ser qualquer material capaz de receber elétrons, mas mais frequentemente é um ácido ou outro íon metálico. A reação de redução pode ser representada por

$$\text{Íon metálico}^{(n+)} + n \text{ elétrons perdidos} \rightarrow \text{Metal.} \qquad (4.13)$$

Como o número total de elétrons não pode variar, as reações de oxidação e de redução ocorrem simultaneamente. Um exemplo específico seria a imersão de magnésio (Mg) em uma solução ácida forte. A reação de oxidação,

$$Mg \rightarrow Mg^{2+} + 2e^-, \qquad (4.14)$$

representaria a oxidação do magnésio, enquanto a redução dos íons de hidrogênio do ácido seria dada por

$$2H^+ + 2e^- \rightarrow H_2. \qquad (4.15)$$

A reação de corrosão eletroquímica mais famosa é a de formação da ferrugem no ferro. Quando o ferro metálico (Fe) é exposto à água com oxigênio dissolvido, ocorre uma reação em duas etapas. Na primeira etapa, o ferro é oxidado, como mostrado na Equação 4.16:

$$Fe \rightarrow Fe^{2+} + 2e^-. \qquad (4.16)$$

Nesse momento, os íons de ferro rapidamente reagem para formar $Fe(OH)_2$,

$$Fe^{2+} + 2OH^- \rightarrow Fe(OH)_2. \qquad (4.17)$$

Na segunda etapa da reação, o ferro é oxidado novamente,

$$Fe(OH)_2 \rightarrow Fe(OH)_2^+ + e^-. \qquad (4.18)$$

O íon positivo reage novamente com um íon hidróxido da água para formar um composto insolúvel, $Fe(OH)_3$, que é mais conhecido como **ferrugem**.

$$Fe(OH)_2^+ + OH^- \rightarrow Fe(OH)_3. \qquad (4.19)$$

| **Ferrugem** | Produto final da corrosão eletroquímica do ferro.

Os exemplos anteriores envolveram um metal como o doador de elétrons e íons de hidrogênio como os receptores de elétrons. Entretanto, metais também podem trocar elétrons com outros metais. O conceito está claramente ilustrado pelo tipo de célula eletroquímica mostrada na Figura 4-29. Em uma **célula eletroquímica**, duas soluções são separadas por uma barreira impermeável. De um lado da barreira, uma peça de cobre está colocada em uma solução que contém íons de cobre (Cu^{2+}). Do outro lado, uma peça de estanho está colocada em uma solução que contém íons de estanho (Sn^{2+}). Se as duas peças de metal forem conectadas por um fio, os elétrons vão escoar do estanho para o cobre. Um voltímetro colocado no fio mostraria uma diferença de potencial de 0,476 volt. Durante o processo, o estanho metálico se oxidaria, gerando mais íons de estanho (Sn^{2+}), enquanto os elétrons iriam escoar para a solução de íons de cobre e reduziriam os íons de cobre (Cu^{2+}) para cobre metálico. Isso faria com que o estanho recobrisse a superfície da peça de cobre. A reação resultante é dada por

| **Célula Eletroquímica** | Dispositivo projetado para criar voltagem e corrente a partir de reações químicas.

$$Cu^{2+} + Sn \rightarrow Cu + Sn^{2+}. \qquad (4.20)$$

O cobre serviu como o anodo e ganhou metal, enquanto o estanho serviu como o catodo e corroeu. O processo, denominado **eletrodeposição**, é usado para colocar finas camadas de ouro, prata ou cobre em talheres, mas também tem implicações significativas em relação à corrosão.

| **Eletrodeposição** | A deposição eletroquímica de uma camada metálica fina sobre uma superfície condutora.

A **série galvânica**, mostrada na Tabela 4-8, classifica diferentes metais em ordem da sua tendência de oxidar, quando ligados a outros metais em soluções com seus íons. Essa tabela dá uma informação crucial em relação a qual metal servirá de anodo e qual servirá de catodo.

A série galvânica distingue entre as formas apassivadas e ativas de algumas ligas, inclusive do aço inoxidável. As ligas apassivadas se tornaram menos anódicas devido à formação de

| **Série Galvânica** | Lista classificando os metais em ordem da sua tendência a oxidar quando ligado a outros metais, em soluções com seus íons.

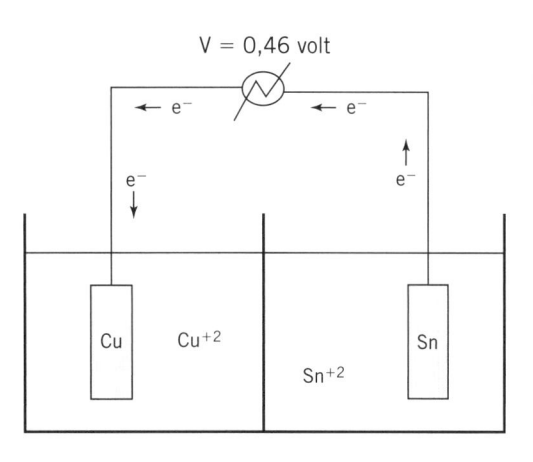

FIGURA 4-29 Célula Eletroquímica com Cobre e Estanho

TABELA 4-8	Série Galvânica		
Mais Catódicos (com menor probabilidade de oxidar)	Platina		
	Ouro		
	Grafita		
	Titânio		
	Prata		
	Aço inoxidável apassivado		
	Níquel apassivado		
	Monel		
	Ligas cobre-níquel		
	Bronzes		
	Cobre		
	Latões		
	Níquel ativo		
	Estanho		
	Chumbo		
	Aço inoxidável ativo		
	Ferro fundido		
	Ferro e aços		
	Ligas de alumínio		
	Cádmio		
	Alumínio		
	Zinco		
Mais Anódicos (com maior probabilidade de oxidar)	Magnésio e ligas de magnésio		

uma fina barreira de óxido sobre a superfície do metal, que atua como um obstáculo à difusão de oxigênio e inibe a corrosão adicional. A formação espontânea dessa barreira de proteção é denominada *apassivação*.

Podem ocorrer pelo menos oito formas distintas de corrosão em metais. Todas são afetadas pelas condições do ambiente, incluindo temperatura, submersão em líquidos, acidez e velocidade do fluido. Mais de uma forma de corrosão pode ocorrer simultaneamente.

O *ataque uniforme* é a forma de corrosão mais comum e é a mais fácil de se projetar uma proteção. Durante o ataque uniforme, toda a superfície metálica é uniforme e eletronicamente, atacada e com frequência um resíduo é deixado para trás. Coberturas são usadas com frequência para proteger a superfície metálica do contato com o ambiente corrosivo.

A *corrosão galvânica* atua de forma bem semelhante à célula eletroquímica discutida anteriormente. Quando metais diferentes estão ligados eletronicamente, as diferenças em seus potenciais eletroquímicos acarretarão corrosão. O metal que estiver mais em baixo na série galvânica irá oxidar em relação ao metal mais catódico. Quando tubulações de cobre e de aço são unidas nos aquecedores de água domésticos, por exemplo, o aço corrói preferencialmente. Existem diversas estratégias para minimizar a corrosão galvânica, incluindo selecionar metais próximos na série galvânica e prevenir que metais diferentes entrem em contato elétrico entre si. Entretanto, a corrosão galvânica pode, algumas vezes, ser usada vantajosamente. O casco de aço de navios corroeriam na água salgada. No entanto, pequenas peças de zinco são, rotineiramente, presas aos cascos. O zinco corrói preferencialmente e transfere elétrons ao ferro do casco, protegendo-o do ataque eletroquímico. O zinco serve como um *anodo de sacrifício* e dá *proteção catódica* ao ferro.

Quando existem pequenos defeitos superficiais, incluindo pequenos furos e arranhões, na superfície metálica, materiais corrosivos tendem a se aglomerar nessas áreas. O material corrosivo no furo oxida o metal, criando um furo mais profundo e, por fim, perfurando todo o metal. Esse processo, denominado *corrosão por pites*, é frequentemente difícil de ser detectado, pois a maior parte da superfície do metal não é afetada. A presença de cloretos (tais como os encontrados na água salgada) piora o processo de corrosão por pites, tornando os pites levemente ácidos e autocatalisando a reação de corrosão. A corrosão por pites é extremamente difícil de ser prevenida completamente, mas pode ser reduzida pelo polimento da superfície do metal para eliminar defeitos superficiais ou pelo uso de aço inoxidável com pelo menos 2% de molibdênio.

A *corrosão em frestas* é muito semelhante à corrosão por pites e ocorre em qualquer lugar que soluções estagnadas possam permanecer. Ela é mais séria quando ocorre sob parafusos, rebites e luvas. Mesmo ligas apassivadas estão sujeitas à corrosão por frestas, pois o aumento dos íons hidrogênio nos filmes estagnados destrói as barreiras de proteção. A corrosão em frestas pode ser reduzida usando-se soldas, em vez de rebites para unir metais; assegurando-se uma drenagem completa para reduzir a probabilidade da formação de filmes estagnados; usando luvas de Teflon®, que não irão absorver líquido, e pela remoção de sujeira e de outros depósitos que promovem a formação de líquidos estagnados.

A *corrosão intergranular*, ilustrada na Figura 4-30, ocorre preferencialmente em contornos de grão. Em alguns casos, o material nos contornos de grão se torna bem mais suscetível à corrosão que o restante do metal. Esse ataque preferencial pode resultar em falha macroscópica. Materiais com fases precipitadas nos contornos de grão são particularmente suscetíveis à corrosão intergranular. Aços inoxidáveis austeníticos e soldas em aços inoxidáveis são particularmente sensíveis, porque em temperaturas entre 500°C e 800°C, carbetos de cromo ($Cr_{23}C_6$) se precipitam da rede do aço inoxidável. Quando o cromo se precipita da rede, uma região pobre em cromo se desenvolve próximo aos contornos de grão. Nessa região pobre em cromo, as propriedades estabilizadoras da rede, devido ao cromo, não mais existem e a região próxima ao contorno de grão se torna particularmente sensível ao ataque da corrosão. O aço afetado desse modo foi *sensibilizado*. A corrosão intergranular em aços inoxidáveis austeníticos pode ser minimizada mantendo-se o teor de carbono baixo, para reduzir a formação de carbetos ou adicionando elementos de liga de outro metal (tal como o titânio), que tem uma maior afinidade para formar carbetos do que o cromo. Em alguns casos, o cromo pode ser recuperado dos carbetos pelo aquecimento do metal acima de 1000°C, seguido de resfriamento rápido.

A *corrosão sob tensão* resulta da influência combinada de um ambiente corrosivo e da aplicação de uma tensão de tração. Durante a corrosão sob tensão se formam trincas localizadas, como mostrado na Figura 4-31, que se propagam até resultar na falha do material. Materiais com corrosão sob tensão falham de modo frágil, mesmo que o metal, por si só, seja

| *Anodo de Sacrifício* | Um metal situado na parte de baixo da série galvânica, usado para se oxidar e para transferir elétrons a um metal mais importante.

| *Proteção Catódica* | Forma de resistência à corrosão dada pelo uso de um anodo de sacrifício.

| *Corrosão por Pites* | Forma de corrosão devida à aglomeração de material corrosivo em pequenos defeitos superficiais.

| *Corrosão em Frestas* | Perda de material resultante do aprisionamento de soluções estagnadas em contato com um metal.

| *Corrosão Intergranular* | Perda de material resultante do ataque preferencial de agentes corrosivos aos contornos de grão.

| *Sensibilização* | Tornado mais suscetível à corrosão intergranular pela perda localizada, na região do contorno de grão, de um elemento, que se precipita.

| *Corrosão sob Tensão* | Perda de material resultante da influência combinada de um ambiente corrosivo e uma tensão de tração aplicada.

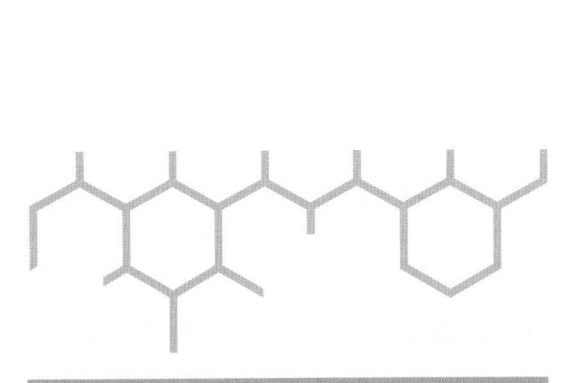

FIGURA 4-30 Esquema da Corrosão Intergranular

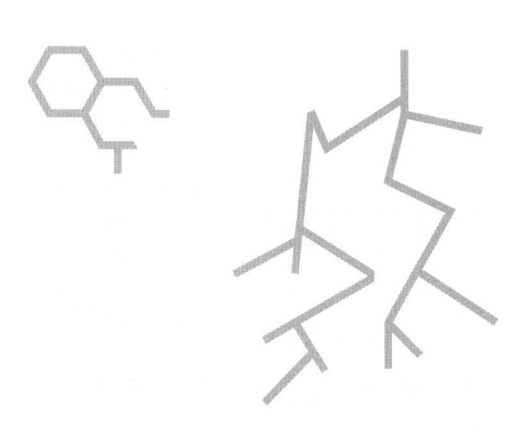

FIGURA 4-31 Trincas Localizadas que se Formam durante a Corrosão sob Tensão

normalmente dúctil. A corrosão sob tensão é um fenômeno altamente específico ao material. A maioria dos materiais são sujeitos à corrosão sob tensão apenas quando expostos a meios corrosivos bem específicos. Por exemplo, o chumbo é suscetível à corrosão sob tensão apenas quando exposto a soluções de acetato de chumbo, enquanto os latões são suscetíveis quando exposto a soluções de amônia. Os únicos métodos para evitar corrosão sob tensão são evitar a exposição dos metais a soluções corrosivas, às quais eles sejam suscetíveis, ou reduzir o valor da tensão aplicada. A redução da tensão aplicada não é tão simples quanto inicialmente parece, pois tensões residuais oriundas de um aquecimento não homogêneo podem ser suficientes. Um recozimento pode ser usado para eliminar as tensões residuais.

A *corrosão por erosão* resulta da abrasão mecânica de um metal por um material corrosivo. Essencialmente todos os metais são suscetíveis à corrosão por erosão, mas as ligas apassivadas são particularmente afetadas, pois a abrasão mecânica desgasta a barreira de óxido que inibe a corrosão. A presença de bolhas ou de partículas suspensas acelera o efeito da corrosão por erosão e um aumento da velocidade do fluido torna, dramaticamente, maior a corrosão. A corrosão por erosão prevalece mais em locais onde o fluxo se torna turbulento, incluindo cotovelos, curvas ou conexões entre tubos de diâmetros diferentes. A corrosão por erosão pode ser minimizada pela redução da formação de turbulências, pela remoção de sólidos suspensos e pela redução da velocidade do fluido.

A *lixívia seletiva* refere-se à eliminação preferencial de um constituinte de uma liga metálica. Quando ligas binárias sofrem corrosão, ambas as espécies metálicas são reduzidas e dissolvidas. Entretanto, o metal situado mais abaixo na série galvânica tende a permanecer na solução, enquanto recobre o material mais catódico. O caso mais comum de lixívia seletiva é a dezincificação dos latões. O cobre se recobre, enquanto o zinco, altamente anódico, permanece na solução. O resultado é uma rede de cobre com deficiência em zinco e com propriedades mecânicas significativamente reduzidas. Aços-liga também tendem a perder níquel preferencialmente pelo mesmo mecanismo.

O que Acontece com os Metais após Suas Vidas Comerciais?

4.9 RECICLAGEM DE METAIS

Os metais são a classe de materiais mais fácil de se reciclar. Os metais puros podem ser refundidos em um forno de refino e moldados novamente em novos produtos ou terem adicionados outros metais como elementos de liga. A reciclagem de ligas é algo mais desafiador, mas essencialmente é feita da mesma forma. Em 2005, os Estados Unidos reciclaram mais de 71 toneladas métricas de metais (pouco mais de 50% do suprimento total),[1] com aproximadamente 80% sendo ferro e aço (que são os metais industriais mais usados) e, aproximadamente, 9% de alumínio. O metal para reciclagem (ou *sucata metálica*) é classificado como *sucata nova*, quando vem de fontes anteriores ao consumo, incluindo sobras de estampados, rebarbas, sobras de cortes e qualquer material que não atendeu as especificações. A *sucata velha* é o material recuperado de produtos consumidos, que completaram suas vidas úteis; incluindo carros, equipamentos, latas de bebidas e prédios comerciais.

Mais de 70% de todo o aço é, eventualmente, reciclado. Muito desse material é sucata nova proveniente das usinas de processamento. Esse material é facilmente reciclado, porque sua composição exata é conhecida. Melhoras nos métodos de fundição e usinagem estão reduzindo a disponibilidade de sucatas novas de aço. A maior fonte de sucata velha de aço são os automóveis descartados. Mais de 12.000 companhias de desmontagem de automóveis operam nos Estados Unidos, mas quantidades significativas de sucata também provêm da demolição de prédios, de trilhos reciclados de estradas de ferro e de equipamentos.

A maioria das usinas de aço funde a sucata em fornos básicos com injeção de oxigênio (*basic-oxigen furnaces*, BOF) ou em fornos elétricos a arco (*eletric-arc furnaces*, EAF). Os Estados Unidos exportam, atualmente, sucata de aço para 44 diferentes países, e a China compra a maior quantidade.

Aproximadamente 80% de todo o chumbo usado industrialmente é reciclado; em parte devido ao custo e em parte devido às dificuldades de descartá-lo. As baterias são a fonte mais comum de chumbo reciclado, correspondendo a mais de 90% do total. Aproximadamente 91% da demanda doméstica total de chumbo pode ser suprida a partir do chumbo refinado de materiais reciclados.

A reciclagem de alumínio inclui aproximadamente 60% de sucata nova e 40% de sucata velha, com mais da metade da sucata velha sendo proveniente de latas de bebidas recicladas. Em 2003, quase 50 bilhões de latas de alumínio foram recicladas, correspondendo à, praticamente, metade das latas vendidas. Latas usadas de bebidas podem ser embaladas para fábricas de refino, onde elas são destruídas e passadas por um forno para remover qualquer pintura e a umidade residual. O metal usado nas latas de alumínio pode ser proveniente de duas ligas alumínio-magnésio diferentes. A liga nas extremidades, mais resistentes, contém 4,5% de magnésio, enquanto as laterais, mais deformáveis, contêm apenas 1% de magnésio. Algumas fábricas aquecem o alumínio a temperaturas nas quais a liga mais resistente funde e removem, com auxílio de uma peneira, os sólidos remanescentes para separar as ligas. Outras fábricas carregam o alumínio em um forno de refino, juntamente com uma mistura de metal fundido com baixo teor de magnésio. Como as latas recicladas contêm uma porcentagem de magnésio entre 1% e 4,5%, o novo metal fundido pode ter, proporcionalmente, menos magnésio e, portanto, produzir uma nova corrida da liga de baixo teor de magnésio. A mistura combinada obtida é analisada e, então, fundida em grandes lingotes, que eventualmente são laminados em chapas para fazer as laterais das latas.

Resumo do Capítulo 4

Neste capítulo examinamos:

- As finalidades e as diferenças das quatro operações de conformação
- Os princípios do endurecimento por deformação e como ele afeta as propriedades mecânicas dos metais
- As três etapas do recozimento (recuperação, recristalização e crescimento de grão) e seus impactos sobre o trabalho a quente
- Como ler e identificar um diagrama de fases
- As maneiras de calcular as composições das fases, usando tanto a regra da alavanca quanto, explicitamente, o balanço de massa
- As propriedades particulares do aço-carbono, incluindo o papel da microestrutura e do teor de carbono nas estruturas de equilíbrio e fora do equilíbrio.
- O papel dos elementos de liga nos aços
- O processo de difusão e seu papel nas transformações de fase
- O processo de endurecimento por envelhecimento e seu impacto sobre as propriedades
- Como usar um diagrama de transformações isotérmicas (gráfico T-T-T) para determinar a cinética das transformações de fase
- As propriedades particulares do cobre e suas ligas
- A diferença entre ligas de alumínio para forjamento e para fundição
- A natureza eletroquímica das reações de corrosão e os oito tipos principais de corrosão
- A reciclagem dos metais industriais

Referência

[1] J. Papp, ed., *USGS 2005 Mineral Yearbook* (U.S. Department of the Interior, February 2007).

Termos-Chave

aço-carbono	bainita	corrosão po pites
aço hipereutetoide	bauxita	corrosão sob tensão
aço hipoeutetoide	bronze	crescimento de grão
aço inoxidável	bronze ao chumbo	curva de 50% de conversão
aços ferramenta	calcocita	curva de conversão
aços inoxidáveis austeníticos	calcopirita	curva de início
aços inoxidáveis ferríticos	catodo	diagrama de fases
aços inoxidáveis martensíticos	célula eletroquímica	diagrama de transformações isotérmicas
aços-liga	cementita	difusão
anodo	cobre blister	difusão de lacunas
anodo de sacrifício	corrosão	difusão intersticial
apassivação	corrosão em frestas	difusividade
ataque uniforme	corrosão galvânica	eletrodeposição
austenita	corrosão intergranular	eletroquímica
austenitização	corrosão por erosão	endurecimento por envelhecimento

ensaio de temperabilidade Jominy	linha de amarração	refino
esferoidita	linha *liquidus*	regra da alavanca
estrutura Widmanstätten	linha *solidus*	Segunda Lei de Fick
eutético binário	linha *solvus*	sensibilização
eutetoides	lixívia seletiva	série galvânica
extrusão	martensita	sinterizado
fase	operações de conformação	solubilidade
ferro gusa	oxidação	sucata metálica
ferrugem	peritético	sucata nova
forjado	perlita	sucata velha
forjamento	perlita fina	temperabilidade
fundido	perlita grossa	temperatura de recristalização
identificação do tratamento realizado	ponto eutético	trabalho a frio
isomorfo binário	porcentagem de trabalho a frio (%TF)	trabalho a quente
isoterma eutética	Primeira Lei de Fick	transformação martensítica
laminação	proteção catódica	tratamento térmico de precipitação
latão	recozimento	tratamento térmico de solubilização
ligas	recristalização	trefilação
ligas de cobre com baixo teor de elementos de liga	recuperação	
	redução	

Problemas Propostos

1. Evidências recentes indicam que a razão pela qual o *Titanic* afundou tão rapidamente foi que o aço usado em seu casco era muito frágil. Descreva os papéis potenciais da microestrutura, do teor de carbono e das impurezas sobre a fragilidade do aço.

2. O diagrama de fases parcial, que acompanha este exercício, corresponde aos metais hipotéticos A e B, que formam uma liga contendo as fases α e γ. Adicionalmente, você sabe que uma mistura de 70% de A e 30% de B funde completamente para líquido a 1600°C.

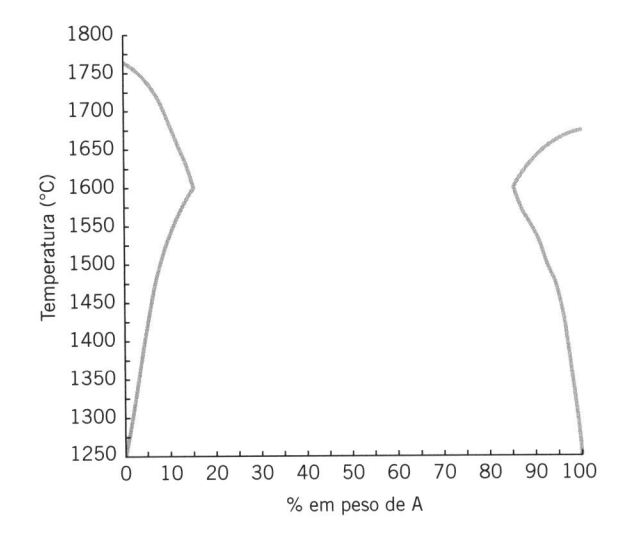

a. Desenhe as linhas que estão faltando no diagrama de fases e identifique as fases presentes em cada região.

b. Classifique o sistema (por exemplo, polimórfico ternário).

c. Calcule a fração em massa do material na fase α a 1500°C, se a fração em massa total de A for de 40%.

d. Determine a porcentagem em peso de A na fase γ a 1500°C, se a fração em massa total de A for de 40%.

e. Identifique tudo que está a seguir e que apareça no seu diagrama de fases: linha *solvus*, linha *liquidus*, linha *solidus*, ponto eutético, ponto eutetoide, ponto peritético.

f. Em vez de ser resfriada lentamente, uma amostra com 70% de A é resfriada rapidamente desde 1600°C até a temperatura ambiente. Que efeito isso teria sobre a microestrutura do metal?

3. Uma perlita grossa, com a concentração eutetoide, é aquecida a 600°C. Avalie as frações em massa de ferrita e cementita presentes.

4. Pegue o aço do Exercício 3 e aqueça-o próximo a 700°C por 20 horas. Compare, então, a microestrutura e as propriedades (dureza, ductilidade) do aço que você produziu, com aquelas do aço com que você começou.

5. Uma viga de aço contém perlita grossa e uma arquiteta decidiu que a viga deveria ter bainita. Obviamente, ela não deseja refundir a viga. Recomende um tratamento para converter a estrutura da viga para bainita e explique (em termos de propriedades) porque a arquiteta deve desejar bainita em vez de perlita ou de martensita.

6. Explique porque as latas de alumínio não podem ser simplesmente fundidas (após remoção do verniz) e conformadas novamente em novas latas.

7. 500 gramas do aço 1040 são resfriadas desde 770°C até 500°C e são mantidas nessa temperatura por várias horas.

   a. Determine a quantidade e as composições das fases presentes.

   b. Descreva a microestrutura.

   c. O gráfico T-T-T da Figura 4-23 pode ser usado para determinar o tempo necessário para completar essa transformação de fase? Explique.

8. Usando uma curva tensão-deformação, explique a influência do trabalho a frio sobre o limite de escoamento e sobre a ductilidade do aço.

9. Um navio de guerra afundou porque o casco do navio corroeu. A marinha pediu a você uma sugestão sobre um método de prevenção à corrosão para se ter certeza de que isso não acontecerá a futuros navios. Qual(is) método(s) de prevenção à corrosão você sugeriria? Por que os outros métodos são menos adequados?

10. Explique as características da corrosão por erosão e descreva uma situação na qual você deveria encontrar esse tipo de corrosão.

11. Uma liga cobre-zinco, com sua concentração eutetoide, é resfriada desde 900°C até 770°C.

    a. Determine a porcentagem em peso de cada fase e a porcentagem em peso de zinco presente em cada fase.

    b. O material poderia, provavelmente, ter uma composição uniforme? Explique.

12. Explique a diferença entre os seguintes termos:

    a. Hipoeutetoide e hipereutetoide

    b. Extrusão e trelifação

    c. Dureza e temperabilidade

    d. Eutetoide e eutético

    e. Linhas *solidus* e *solvus*

13. Preveja a microestrutura resultante para cada um dos tratamentos a seguir, se todos os materiais são aços eutetoides e o tratamento foi iniciado a 770°C.

    a. Resfriado rapidamente até 600°C, mantido por 2 minutos e, então, temperado.

    b. Resfriado rapidamente até 600°C, mantido por 1 segundo e, então, temperado.

    c. Resfriado rapidamente até 600°C, mantido por 5 segundos e, então, temperado.

    d. Resfriado rapidamente até 400°C, mantido por 90 segundos e, então, temperado.

    e. Resfriado rapidamente até 400°C, mantido por 10 minutos e, então, aquecido até 700°C por 20 horas.

14. Preveja a microestrutura resultante para cada um dos tratamentos a seguir, se todos os materiais são aços eutetoides e o tratamento foi iniciado a 770°C.

    a. Resfriado rapidamente até 500°C, mantido por 1 minuto e, então, temperado.

    b. Resfriado rapidamente até 700°C, mantido por 1 minuto e, então, temperado.

    c. Resfriado rapidamente até 650°C, mantido por 30 segundos e, então, temperado.

    d. Resfriado rapidamente até 100°C, mantido por 90 segundos e, então, temperado.

    e. Resfriado rapidamente até 550°C, mantido por 10 minutos e, então, aquecido até 700°C por 20 horas.

15. Preveja a microestrutura resultante para cada um dos tratamentos a seguir, se todos os materiais são aços eutetoides e o tratamento foi iniciado a 770°C.

    a. Resfriado a uma taxa de 140°C por minuto.

    b. Resfriado a uma taxa de 45°C por minuto.

    c. Resfriado a uma taxa de 15°C por minuto.

16. Considerando os dados a seguir, para um metal hipotético, calcule o tempo necessário para alcançar 90% de conversão de uma fase γ para uma fase α.

Fração Transformada	Tempo (s)
0,25	200
0,50	280

17. Considerando os dados a seguir, para um metal hipotético, calcule o tempo necessário para alcançar 90% de conversão de uma fase γ para uma fase α.

Fração Transformada	Tempo (s)
0,10	100
0,25	170

18. Por que a bainita não se forma no resfriamento contínuo do aço eutetoide?

19. Dê o processo mais direto para alcançar as seguintes transformações para o aço eutetoide à temperatura ambiente:

    a. Transformação de esferoidida em bainita.

    b. Transformação de bainita em perlita.

    c. Transformação de perlita em martensita.

    d. Transformação de martensita em bainita.

    e. Transformação de perlita grossa em perlita fina.

20. Um aço-carbono com limite de resistência inicial de 800 MPa e com limite de escoamento de 650 MPa é extrudado com uma tensão de 750 MPa. Descreva as diferenças nas propriedades e na microestrutura resultantes da realização da extrusão acima ou abaixo da temperatura de recristalização.

21. Baseado no diagrama de fases chumbo-estanho da Figura 4-11:

    a. Quais são as frações em massa de α e de β presentes, para um sistema com 40% de estanho a 100°C?

    b. Quanto estanho está presente em cada fase?

    c. Se o material é aquecido, a que temperatura se forma o primeiro líquido e qual é a composição da fase líquida nessa temperatura?

22. Identifique e classifique todos os pontos invariantes no diagrama de fases dos aços.

23. Qual seria a provável especificação AISI/SAE para as seguintes ligas:

    a. Aço com 0,9% dc carbono e 5% de molibdênio.

    b. Aço com 5% de manganês e 0,2% de carbono.

    c. Aço-carbono com 0,4% de carbono e nenhum tratamento especial.

    d. Aço com 7% de silício e manganês e 0,4% de carbono.

24. Identifique e classifique todos os pontos invariantes no diagrama de fases do latão.

25. Explique por que o zinco é usado como eletrodo de sacrifício em ambiente marinhos e como sua presença protege os cascos de ferro dos navios.

26. Uma solução sólida contendo 82% de zinco e 18% de cobre é resfriada desde 1000°C até 20°C.

    a. Quando se forma o primeiro sólido e que fase se forma?

    b. Qual é a composição do primeiro sólido?

    c. Todo o sólido formado nessa região terá a mesma composição? Explique.

27. Identifique pelo menos duas ligas de alumínio usadas em automóveis. Explique porque o principal elemento de liga foi escolhido para cada aplicação.

28. Descreva os papéis do níquel e do cromo nos aços inoxidáveis.

29. Descreva a condição física na qual cada forma de corrosão pode ocorrer e sugira pelo menos dois métodos de reduzir seus efeitos.

30. Discuta as vantagens e as desvantagens de um elemento de liga formador de carbetos nos aços-liga.

31. Explique os princípios operacionais das quatro operações de conformação.

32. O diâmetro final de uma amostra cilíndrica de metal, que sofreu um trabalho a frio de 30% vale 7,5 cm. Qual era o diâmetro original da amostra?

33. Explique porque a segregação afeta as propriedades mecânicas.

34. Dada a seguinte série de curvas de porcentagem de transformação, construa um gráfico T-T-T para um metal hipotético.

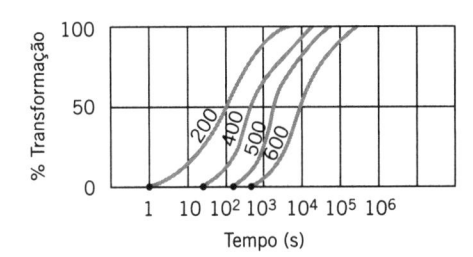

35. Identifique os principais elementos de liga, se o material é fundido ou forjado e qualquer endurecimento realizado nas seguintes ligas de alumínio:

    a. 2017

    b. 300.3

    c. 1199 H14

5

Polímeros

SUMÁRIO

Objetivos do Aprendizado

Ao final deste capítulo, um estudante deve ser capaz de:

- Explicar a terminologia básica dos polímeros, incluindo monômero, oligômero, copolímero, unidade estrutural e grau de polimerização.

- Identificar as características dos polímeros termoplásticos e termorrígidos.

- Explicar as diferenças entre copolímeros aleatórios, em bloco, alternados e enxertados.

- Descrever a estrutura básica e as propriedades das principais classes de polímeros, incluindo acrílicos, poliamidas (aramidas e náilons), poliésteres, poliolefinas, termoplásticos de grande consumo, raiom e elastômeros.

- Entender o que significa temperatura de transição vítrea e seus impactos sobre as propriedades dos polímeros.

- Reproduzir as sequências corretas de reações para gerar um polímero de tamanho adequado por polimerização de condensação ou de adição.

- Explicar as diferenças entre massa molecular relativa, peso molecular numérico médio e peso molecular ponderal médio.

- Explicar a diferença entre as ligações primárias e secundárias em polímeros.

- Compreender a importância de questões estruturais, incluindo a natureza aditiva das ligações secundárias, o efeito das ramificações sobre as propriedades físicas e a diferença entre redes poliméricas irregulares ou ordenadas.

- Identificar carbonos assimétricos nas cadeias poliméricas.

- Distinguir entre díades sindiotáticas e isotáticas.

- Explicar o que significa cristalinidade polimérica e porque técnicas analíticas diferentes darão resultados diferentes.

- Entender o equilíbrio entre as forças de atração e de repulsão que controlam a conformação.

- Descrever a diferença dos estados de energia entre as conformações trans, oculta ou em eclipse, deslocada e gauche.

- Explicar a operação básica dos sistemas de extrusão de polímeros.

- Descrever os princípios operacionais de fieiras, unidades de sopro de filmes, moldes e equipamentos de moldagem por injeção.

- Explicar por que nenhuma das técnicas baseadas em extrusão funcionará para termorrígidos e como, em vez disso, eles são processados.

- Discutir os desafios associados com a reciclagem comercial de materiais poliméricos.

O que São Polímeros?

5.1 TERMINOLOGIA DOS POLÍMEROS

| *Polímeros* | Cadeias de moléculas ligadas covalentemente, formadas por pequenas unidades repetidas de monômeros em todo seu comprimento.

| *Monômeros* | Unidades básicas de baixo peso molecular que se repetem na cadeia polimérica.

| *Oligômeros* | Pequenas cadeias de monômeros unidos entre si, cujas propriedades seriam alteradas pela adição de mais uma unidade monomérica.

| *Unidade Estrutural* | A menor unidade que se repete em um polímero. Também conhecida como unidade repetida.

| *Grau de Polimerização* | Número de unidades repetidas em uma cadeia polimérica.

| *Estrutura da Cadeia* | Formada por átomos ligados covalentemente, normalmente átomos de carbono, que formam o núcleo da cadeia polimérica.

| *Grupos Laterais* | Átomos ligados à estrutura da cadeia. Também denominados substituintes.

A palavra *polímero* vem das raízes gregas "*poli*", que significa muitos, e "*meros*", que significa unidades ou partes. Os *polímeros* são cadeias de unidades repetidas unidas, umas às outras, por ligações covalentes. As unidades que formam as cadeias e que se repetem são denominadas *monômeros*. À medida que os monômeros começam a se ligar para formar cadeias, eles se tornam *oligômeros*. Conforme mais monômeros se somam à cadeia oligomérica, ela cresce e eventualmente se torna um polímero, quando a adição de mais uma unidade monomérica não tem um efeito distinguível sobre as propriedades da cadeia.

Um polímero pode ter 10.000 ou 1.000.000 de unidades monoméricas repetidas em uma cadeia, o que torna impraticável representar a totalidade da molécula polimérica. Em vez disso, a cadeia polimérica é identificada por sua *unidade estrutural* (ou unidade repetida), que é a menor parte da cadeia que se repete. A unidade estrutural do poliestireno é mostrada na Figura 5-1.

O n representa o número de vezes que a unidade estrutural está repetida na cadeia. Claro que os polímeros não são obtidos cadeia a cadeia de cada vez. Grandes quantidades de cadeias começam a se formar simultaneamente e diferentes cadeias crescem até diferentes comprimentos. O número de unidades repetidas é denominado o *grau de polimerização* da cadeia polimérica e é representado pelo símbolo $\overline{GP_n}$.

O longo e repetido centro das cadeias, constituído por átomos ligados covalentemente (normalmente de carbono), forma a, assim denominada, *estrutura da cadeia*. Os átomos presos à estrutura são denominados *grupos laterais* ou substituintes. O hidrogênio é o grupo lateral mais comum, mas grupos metila, anéis de benzeno, moléculas de hidróxidos, heteroátomos e mesmo outras cadeias poliméricas podem servir também como grupos laterais. Quando se desenha uma cadeia polimérica, qualquer grupo lateral que não for especificamente mostrado é considerado como hidrogênio.

Os polímeros são classificados em função de suas habilidades de serem refundidos e novamente conformados. Os *termoplásticos* escoam como fluidos viscosos quando aquecidos e continuam a escoar quando reaquecidos e resfriados diversas vezes. Os termoplásticos são, normalmente, produzidos em larga escala como *pellets*, que podem ser tingidos, fundidos e conformados pelos produtores finais. Embora as cadeias individuais nos termoplásticos tenham ligações covalentes ao longo de seus eixos principais, as ligações entre as cadeias são, normalmente, limitadas às fracas interações de Van Der Waals. Na maioria dos casos não existe ordem tridimensional entre as cadeias e, frequentemente, existe pouca, quando existe, ordem bidimensional. O posicionamento relativo entre cadeias adjacentes, que aparentemente é aleatório, é frequentemente descrito como "um prato de espaguete", como mostrado na Figura 5-2. A falta de ligação entre as cadeias tende a reduzir a resistência à tração dos termoplásticos, mas torna relativamente fácil reciclá-los.

Por outro lado, quando os componentes químicos que formam os *termorrígidos* são aquecidos, eles lentamente sofrem uma reação química irreversível, gerando ligações cruzadas que unem as cadeias e fazem com que o líquido se torne uma massa sólida infusível. Uma vez solidificados, os termorrígidos não podem ser refundidos ou ser novamente conformados. Por esse motivo, a reação de polimerização é realizada em um molde ou em uma fieira para fibras, de modo a que o termorrígido ganhe imediatamente sua forma final. As ligações cruzadas entre as cadeias, ilustradas na Figura 5-2, fazem com que os termorrígidos sejam mais resistentes mecanicamente e mais resistentes à degradação química do que os termoplásticos, porém elas também os tornam mais difíceis de reciclar.

As decisões em relação a se usar termorrígidos ou termoplásticos para aplicações específicas criam dilemas éticos interessantes. O custo e os impactos ambientais tendem a favorecer o uso de termoplásticos. Imagine se sacolas de supermercado fossem tornadas mais resistentes usando os termorrígidos, mas não pudessem ser recicladas e custassem, cada uma, um quarto do preço. Por outro lado, equipamentos de avião, materiais para resistência balística e muitos suprimentos militares requerem o maior desempenho oferecido pelos termorrígidos.

Muitos polímeros são feitos a partir de uma única unidade estrutural, repetida muitas vezes, mas essa não é a única possibilidade. Quando um polímero é formado a partir da polimerização de dois ou mais monômeros, ele é denominado um *copolímero*. Existem quatro

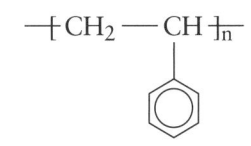

| *Termoplásticos* | Polímeros com baixos pontos de fusão devido à falta de ligações covalentes entre as cadeias adjacentes. Esses polímeros podem ser repetidamente fundidos e novamente conformados.

| *Termorrígidos* | Polímeros que não podem ser repetidamente fundidos e conformados, devido às fortes ligações covalentes entre as cadeias.

| *Copolímeros* | Polímeros formados por dois ou mais monômeros diferentes, ligados entre si covalentemente.

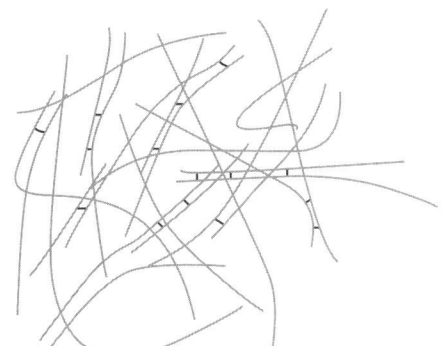

FIGURA 5-2 Polímeros Termoplásticos *versus* Termorrígidos

Termoplástico
- Escoa como líquidos viscosos quando aquecido e continua a ter esse comportamento quando reaquecido e resfriado diversas vezes
- Fracas forças de Van Der Waals entre as cadeias
- Posicionamento relativo aleatório entre as cadeias adjacentes

Termorrígidos
- Não podem ser refundidos ou novamente conformados
- Fortes ligações cruzadas entre cadeias
- Mais resistentes mecânica e quimicamente do que os termoplásticos, porém são difíceis de reciclar

FIGURA 5-3 Classes de Copolímeros

Aleatório: Não há um arranjo particular dos monômeros

Em bloco: Longa sequência de um monômero, seguida por longas sequências do outro, seguida de outra do primeiro

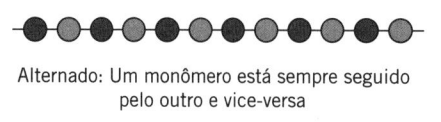

Alternado: Um monômero está sempre seguido pelo outro e vice-versa

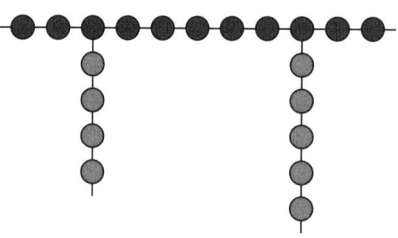

Enxertado: A cadeia de um monômero é ligada, como um substituinte, à cadeia do outro monômero

| *Copolímeros Aleatórios* | Polímeros formados por dois ou mais monômeros diferentes, que se ligam à cadeia polimérica sem uma ordem ou sequência particular.

| *Copolímeros Alternados* | Polímeros formados por duas ou mais unidades monoméricas diferentes, que se ligam à cadeia em uma sequência alternada (A-B-A-B-A-B).

| *Copolímeros em Bloco* | Polímeros formados por dois ou mais monômeros diferentes, que se ligam à cadeia em longas sequências de um tipo de monômero, seguidas por longas sequências do outro monômero (AAAAAAABBBBBBBBAAAAA).

| *Copolímeros Enxertados* | Polímeros nos quais uma cadeia de um determinado monômero está ligada à cadeia do outro tipo de monômero como uma cadeia lateral.

| *Misturas Físicas* | Dois ou mais polímeros mecanicamente misturados juntos, mas sem ligações covalentes entre eles.

classificações diferentes para os copolímeros feitos a partir de dois monômeros (A e B), as quais diferenciam como os monômeros se misturam. Essas classificações estão mostradas na Figura 5-3.

Os *copolímeros aleatórios* têm qualquer monômero em qualquer ordem, tal que a probabilidade de o próximo elo da cadeia ser o monômero A ou o monômero B não é afetada pela identidade do último monômero. Por outro lado, *copolímeros alternados* sempre têm um monômero A seguido por um monômero B e vice-versa. O comprimento da cadeia pode variar, mas ela sempre seguirá a sequência A-B-A-B. Os *copolímeros em bloco* envolvem longas sequências do monômero A, seguidas por longas sequências do monômero B, seguidas por mais do monômero A. Os *copolímeros enxertados* ocorrem quando a cadeia de um monômero (B) está ligada como um substituinte à cadeia do outro monômero (A).

As *misturas físicas* são formadas pela mistura mecânica de polímeros e permitem que os materiais tenham uma faixa mais ampla de propriedades sem que seja preciso ter as dificuldades e custos de tentar-se sintetizar um único polímero com a mesma combinação de propriedades. As misturas físicas tendem a exibir propriedades entre aquelas dos polímeros originais. Por exemplo, a tenacidade do poliestireno pode ser melhorada pela mistura física com pequenas quantidades de uma borracha, que absorve energia de impacto. As superfícies artificiais de pistas de corrida são uma mistura de poliuretano e borracha. As misturas físicas são bem mais difíceis de reciclar, devido aos problemas de separar os polímeros originais.

5.2 TIPOS DE POLÍMEROS

O processo de dar nomes aos polímeros é complexo e algumas vezes confuso. O nome da maioria dos polímeros de ocorrência natural foi dado ou pela fonte do polímero (por exemplo, a celulose obtida das células das plantas) ou pela natureza do polímero (por exemplo, ácidos nucleicos). Os nomes dos primeiros polímeros sintéticos foram dados a partir dos monômeros que foram usados em suas preparações. Por exemplo, as moléculas feitas a partir do etileno foram denominadas polietilenos. Algumas vezes seus nomes foram dados de grupos presentes na cadeia do polímero, tal como os poliésteres. A União Internacional de Química Pura e Aplicada (IUPAC, International Union of Pure and Applied Chemistry) desenvolveu um sistema de nomenclatura que usa regras estritas para dar nome aos polímeros. Infelizmente, permanecem em uso tanto os nomes da IUPAC quanto os nomes comuns. Além disso, polímeros comerciais tendem a ser conhecidos por uma abreviação dos seus nomes da IUPAC, porque os nomes da IUPAC são frequentemente longos e complicados, e por um ou mais nomes comerciais. As fibras usadas para vestes à prova de bala são frequentemente feitas de poli-p-fenileno tereftalamida, que é abreviada por PPTA e são vendidas sob os nomes comerciais Kevlar® (DuPont) ou Twaron® (Teijin). A Figura 5-4 mostra a unidade estrutural do PPTA.

A complexidade do procedimento para nomear os polímeros faz com que seja mais útil aprender sobre as classes básicas de polímeros comerciais. As fibras *acrílicas* contêm pelo me-

| *Acrílico* | Tipo de polímero que contém pelo menos 85% de poliacrilonitrila (PAN).

$$-N-\bigcirc-N-C-\bigcirc-C-$$

- Nomes comerciais: Kevlar, Twaron
- Alta resistência à tração, leve, susceptível à degradação por ultravioleta, não condutora
- Usada para blindagens resistentes à bala, equipamentos esportivos, roupas resistentes ao fogo

nos 85% de poliacrilonitrila (PAN), mostrada na Figura 5-5. Os acrílicos são leves e duráveis, tornando-os ideais para carpetes e roupas. Orlon® (DuPont) e Acrilan® (Solutia) são nomes comerciais comuns para as fibras acrílicas. A fibra acrílica mais importante comercialmente é o polimetilmetacrilato (PMMA), mostrado na Figura 5-6. O PMMA é transparente e não estilhaça, o que o torna adequado para as lanternas de carros e para a barreira de proteção plástica que envolve os rinques de hóquei. O PMMA é compatível biologicamente e é usado para diversas aplicações, incluindo implantes para reparar ossos, dentaduras e lentes de contato rígidas. O PMMA é também o componente-chave na tinta acrílica. O PMMA é vendido sob o nome comercial Lucite® (Lucite).

As *poliamidas* são polímeros que contêm grupos amidas ($CONH_2$) na cadeia. As poliamidas são classificadas ainda com base nos grupos aos quais os átomos de nitrogênio se ligam no polímero. Se mais do que 85% dos grupos amida estão ligados a dois anéis aromáticos, o polímero é considerado uma *aramida*. A fibra de poli-p-fenileno benzobisoxazolo (PBO), mostrada na Figura 5-7, é uma fibra aramida vendida sob o nome comercial Zylon® (Toyobo). As aramidas têm excepcional resistência à tração e à temperatura, o que as torna ideais para emprego em materiais balísticos, cordas e como fibras de reforço em compósitos.

Fibras de *náilon* são poliamidas com menos de 85% dos grupos amidas ligados a anéis aromáticos. As fibras de náilon são duráveis e muito resistentes, embora não sejam, tipicamente, tão resistentes quanto as aramidas. Elas são também facilmente tingidas e repuxadas.

| *Poliamidas* | Polímeros que contêm grupos amida (—N—) na cadeia.

| *Aramida* | Polímero no qual mais de 85% dos grupos amida estão ligados a dois anéis aromáticos.

| *Náilon* | Tipo de poliamida no qual menos de 85% dos grupos amida estão ligados a dois anéis aromáticos.

$$-\!\!\left[CH_2 - CH \right]\!\!{}_{n}$$
$$C \equiv N$$

- Nomes comerciais: Orlon, Acrilan
- Leve, durável
- Precursor da fibra de carbono
- Usado em raquetes de tênis, bicicletas de corrida e capacetes

FIGURA 5-5 Unidade Estrutural da Poliacrilonitrila (PAN)

David Morgan/iStockphoto (Mountain Bike); PhotoDisc/Getty Images (Capacete)

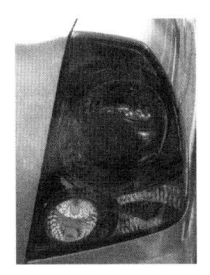

$$-\!\!\left[\underset{\underset{OCH_3}{\overset{\displaystyle CH_3}{\underset{|}{\overset{|}{C}}}}{\overset{|}{\underset{|}{C=O}}} - CH_2 - \underset{\underset{OCH_3}{\overset{\displaystyle CH_3}{\underset{|}{\overset{|}{C}}}}{\overset{|}{\underset{|}{C=O}}} - CH_2 \right]\!\!{}_{n}$$

- Nomes comerciais: Plexiglas, Lucite
- Transparente, à prova de estilhaços, biocompatível
- Usado em rinques de hóquei, lanternas de carros, implantes

Polímeros   131

FIGURA 5-7 Unidade Estrutural do Poli-p-fenileno Benzobisoxazolo (PBO)

Cortesia de James Newell

• Nome comercial: Zylon

O náilon foi inventado em 1935 por Wallace Carothers, da DuPont, e provocou um primeiro impacto como cerda de escovas de dentes em 1938. Por volta de 1940, meias de náilon se tornaram um sucesso de marketing. O náilon foi também usado em substituição à seda em paraquedas. O nome *náilon* nunca foi registrado e agora se refere a uma variedade de materiais, mas o mais comumente usado, mostrado na Figura 5-8, é o Náilon 6,6.

O náilon 6,6 é vendido sob uma variedade de nomes comerciais, incluindo Capron® (Allied Signal), Dartek® (DuPont), Primamid® (Prima Plastics) e Celanese® (Ticona). Os grupos polares amida na estrutura da fibra permitem que cadeias adjacentes façam ligações de hidrogênio umas com as outras, melhorando significativamente a resistência e a cristalinidade das fibras.

Os *poliésteres* são polímeros de cadeias longas, contendo pelo menos 85% de um éster (C—O—C) de um ácido carboxílico aromático substituído. As fibras de poliéster são resistentes e podem ser tingidas e feitas transparentes. O poliéster mais comum, o polietileno tereftalato (PET), é usado em garrafas transparentes de bebidas e em fibras para tapetes. O PET, mostrado na Figura 5-9, corresponde a 5% de todos os polímeros comerciais. O poliéster resiste ao tingimento e à contração e encontrou emprego disseminado em roupas. Dacron® (Invista) e Mylar® (DuPont Teijin) são nomes fantasia para outros produtos de poliéster.

As *poliolefinas* são polímeros derivados do petróleo, que contêm apenas hidrogênio e carbonos alifáticos (não aromáticos) no polímero. O polietileno (PE) e o polipropileno (PP) são as duas poliolefinas mais comuns. O polietileno é o polímero mais simples entre todos, com

I *Poliésteres* I Polímeros de cadeias longas que contêm pelo menos 85% de um éster de um ácido carboxílico aromático substituído. Essas fibras são resistentes e podem ser tingidas ou feitas transparentes.

I *Poliolefinas* I Polímeros que contêm apenas hidrogênio e carbono alifático.

• Nomes comerciais: Capron, Dartek, Primamid, Celanese
• Durável, resistente, tingido facilmente, extensível
• Usado em roupas, cordas, cerdas de escovas de dentes

FIGURA 5-8 Unidade Estrutural do Náilon 6,6

Cortesia de James Newell

FIGURA 5-9 Unidade Estrutural do Polietileno Tereftalamida (PET)

Cortesia de James Newell

• Nomes comerciais: Dacron, Mylar
• Resistente, tingido facilmente, transparente, resistente a manchas
• Usado em roupas, carpetes, garrafas plásticas

uma cadeia simples de carbono completamente saturada com átomos de hidrogênio, como mostrado na Figura 5-10. O polietileno é barato, facilmente manufaturado e resistente a produtos químicos.

As propriedades do polietileno variam significativamente em função da natureza da cadeia. Sob condições de alta temperatura e alta pressão alguns dos átomos de hidrogênio são arrancados e substituídos por outras cadeias de polietileno. A formação de cadeias laterais, ao longo da estrutura do polímero, é denominada *ramificação*. A presença de ramificações interrompe as interações entre cadeias adjacentes, reduzindo a resistência à tração, o ponto de fusão, a rigidez, a cristalinidade e a densidade do polímero.

| *Ramificação* | Formação de cadeias laterais ao longo da estrutura do polímero.

O polietileno de baixa densidade (PEBD) contém muitas ramificações, que tendem a ser relativamente longas. O polímero resultante tem baixa cristalinidade e baixa resistência, mas muito maior flexibilidade. O PEBD funde em baixa temperatura e é facilmente processável, tornando-o ideal para aplicações em massa, onde a resistência não é crítica. Muitas sacolas plásticas, brinquedos, sacos de produtos alimentícios e garrafas do tipo *squeeze* são feitas de PEBD.

O polietileno de alta densidade (PEAD) é quimicamente idêntico ao PEBD, mas é mais linear, com poucas ramificações. O polímero resultante é mais resistente e mais cristalino. Garrafas de leite, sacos de lixo, tanques de armazenamento de produtos químicos e copos plásticos são feitos de PEAD. Nomes fantasia para resinas de PEAD incluem o Paxon® (Exxon-Mobil Chemical) e Unival® (Dow).

O polipropileno (PP) é semelhante ao polietileno, mas um grupo metila (—CH$_3$) substitui um dos quatro hidrogênios na unidade estrutural, como mostrado na Figura 5-11. O polímero resultante é muito mais rígido do que o polietileno, mas também é mais duro e mais resistente à abrasão. O polipropileno também se funde em uma temperatura muito mais alta do que o PE, mas sua produção ainda é barata. Essa combinação de propriedades torna o polipropileno ideal para móveis, pratos e utensílios seguros para uso em lavadoras automáticas, cafeteiras, canudos, capas de DVDs e dispositivos de uso médico, que precisam ser esterilizados.

| *Raiom* | Polímero leve que absorve bem a água; o primeiro polímero sintético desenvolvido.

O *raiom* foi a primeira fibra polimérica sintética desenvolvida. O *processo viscose*, no qual a celulose da madeira ou do algodão é tratada com álcali e, então, extrudada através de uma fieira, data de 1892. O raiom foi inicialmente denominado *seda artificial* e ainda é chamado de *celulose regenerada*. O raiom é leve e absorve bem a água, tornando-o útil para roupas e utensílios domésticos, incluindo cobertores e lençóis. A estrutura do raiom é mostrada na Figura 5-12.

| *Processo Viscose* | Técnica usada para fazer raiom, que envolve tratar a celulose da madeira ou do algodão com álcali e extrudá-la por uma fieira.

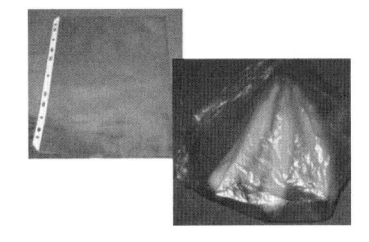

- Nomes comerciais: Paxon, Unival
- A mais simples estrutura polimérica
- Barato
- Usado para sacos de plástico, brinquedos, armazenamento de produtos químicos

$$-\!\!\left[\text{CH}_2 - \text{CH}_2\right]_n$$

FIGURA 5-10 Unidade Estrutural do Polietileno (PE)

Cortesia de James Newell

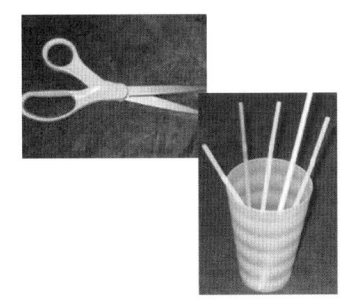

- Nomes comerciais: Ektar, Fortilene
- Rígido, barato, resistente à abrasão, alto ponto de fusão
- Usado para canudos, utensílios de cozinha, gabinetes de TV, cadeiras de estádios

$$-\!\!\left[\text{CH}_2 - \text{CH}\right]_n$$
$$\big|$$
$$\text{CH}_3$$

FIGURA 5-11 Unidade Estrutural do Polipropileno (PP)

Cortesia de James Newell

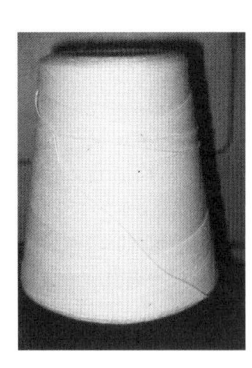

$$\left[-O-\underset{\underset{C}{|}}{\overset{\overset{H\ \ C-O\ H}{|}}{C}}-\underset{\underset{C}{|}}{\overset{\overset{CH_2OH}{|}}{C}}-O- \right]_n$$

• Nomes comerciais: Bemberg, Galaxy, Danufil, Viloft
• Leve, absorve água, confortável, macio, liso
• Usado para roupas e mobílias domésticas

Os polímeros de cloreto de polivinilideno (PVDC) são muito mais conhecidos por seu nome comercial Saran® (Dow). O PVDC, mostrado na Figura 5-13, é produzido em um filme fino, com moléculas fortemente ligadas, que criam uma barreira contra a umidade e o oxigênio. Assim, o material forma uma embalagem ideal para alimentos.

O poliestireno e o cloreto de polivinila são os outros ***termoplásticos de alto consumo (TAC)*** que este livro considerará. O poliestireno (PS) é quimicamente similar ao polietileno, mas um dos átomos de hidrogênio é substituído por um anel aromático, como mostrado na Figura 5-14. O poliestireno é rígido, fornece excelente isolamento térmico e pode ser feito tanto transparente quanto em uma larga variedade de cores, acarretando seu uso em copos descartáveis de café e estojos de CDs. O emprego mais comum do poliestireno é como poliestireno expandido, que consiste em 5% de poliestireno e 95% de ar. A Dow Chemical fabricava poliestireno expandido sob o nome comercial Styrofoam®. O poliestireno expandido pode ser facilmente moldado em uma variedade de formas; por essa razão a maioria das embalagens para consumidores e enchimentos de embalagens é feita de poliestireno expandido. Inicialmente, clorofluorcarbonos (CFCs), que causam danos ambientais, eram usados no processo de sopro de ar no poliestireno expandido, mas agora todos os fabricantes usam agentes de sopro mais benignos.

O cloreto de polivinila (PVC) é um polímero rígido e extremamente inerte, que encontrou emprego generalizado em construções. Paredes de vinil em casas, tubulações e garrafas de óleo de cozinha são feitas de PVC. Se agentes para reduzir a rigidez, chamados de *plastificantes* forem adicionados, o PVC também pode ser usado em pisos, estofamento para carros, dispositivos médicos e alguns cabos elétricos. O PVC é um excelente isolante elétrico e é resistente ao tempo. O polímero também é semelhante ao polietileno, mas um átomo de cloro substitui um dos átomos de hidrogênio, como mostrado na Figura 5-15. Os átomos de cloro também tornam o polímero resistente à chama. Nos últimos anos, considerações têm sido levantadas em relação ao largo uso do PVC e de seu papel na contaminação com dioxinas quando colo-

| **Termoplásticos de Alto Consumo (TAC)** | Materiais poliméricos simples produzidos como *pellets* em grandes quantidades.

• Nomes comerciais: Saran, Diofan, Ixan
• Barreira contra a umidade e o oxigênio, duro
• Usado para embalar alimentos, componente comum de muitos copolímeros

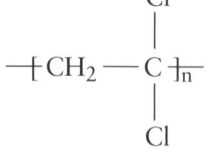

$$-\left[CH_2-\underset{\underset{Cl}{|}}{\overset{\overset{Cl}{|}}{C}} \right]_n$$

• Nomes comerciais: Novacor, Styrofoam
• Barato, rígido, isolante térmico
• Usado para material de embalagens, estojos de CD, copos descartáveis para bebidas quentes

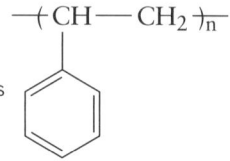

- Nomes comerciais: Geon, Viclon
- Barato, resistente a produtos químicos e à umidade, estabilidade para exposição em ambientes externos
- Usado em tubulações, estofamentos, pavimentos, cabos elétricos, equipamentos médicos

$$+CH\!-\!CH_2\,)_n$$
$$|$$
$$Cl$$

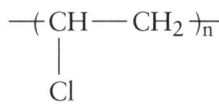

FIGURA 5-15 Unidade Estrutural do Cloreto de Polivinila (PVC)

Cortesia de James Newell

cado em aterros. Dioxinas cloradas se formam durante a produção ou a combustão de compostos orgânicos contendo cloro. Avanços significativos ocorreram em relação à redução da produção de dioxinas durante a fabricação do PVC, mas incêndios em casas, queima de lixo em jardins e incêndios em aterros municipais contendo PVC descartado criam quantidades significativas de dioxinas, frequentemente bem acima do limite de segurança. Cidades inteiras, incluindo Love Canal, Nova York e Times Beach, no Missouri, sofreram problemas significativos devido à contaminação com dioxinas. A Agência Americana de Proteção Ambiental (EPA, U.S. Environmental Protection Agency) lista as dioxinas cloradas como um sério risco à saúde pública.

Os *elastômeros* são largamente definidos como polímeros que podem se alongar cerca de 200% ou mais e, então, retornar ao seu comprimento original quando a tensão for relaxada. Embora existam muitos tipos de elastômeros, essa classe pode ser dividida entre os poliuretanos e os termorrígidos alifáticos (ou borrachas).

Os *poliuretanos* são polímeros com ligações uretanas em sua estrutura, como o mostrado na Figura 5-16. Essa definição genérica resulta em uma larga variedade de materiais caindo na classificação de poliuretano. Muitos poliuretanos são usados para fazer espumas, incluindo os assentos de espuma na maioria das cadeiras e sofás. Na forma líquida, o poliuretano é usado como uma tinta ou selante contra água. Talvez a aplicação mais famosa do poliuretano seja o Spandex; uma fibra polimérica flexível que facilmente se alonga e retorna a sua forma. As fibras de Spandex contêm pelo menos 85% de poliuretano e têm propriedades únicas. Elas podem ser alongadas mais de 500% e recuperar sua forma original, são resistentes ao suor, óleos do corpo e a detergentes. As primeiras aplicações do Spandex substituíram a borracha em sutiãs e cintas femininas, mas o mercado cresceu para uma ampla gama de roupas ativas. O Spandex tira suas propriedades das fibras poliméricas, que têm uma mistura de regiões rígidas e regiões flexíveis como mostrado na Figura 5-17. O Spandex é vendido sob os nomes comerciais de Lycra® (Invista) e Dorlasten® (Bayer).

A borracha natural tem sido produzida há séculos pelos nativos da América do Sul, a partir da seiva da árvore da borracha (*Hevea braziliensis*). Após a chegada dos europeus no século XVI, a borracha encontrou usos comerciais em sapatos, coberturas à prova de água e diversos outros produtos. Entretanto, as borrachas naturais tendiam a perder resistência e a fluir em temperaturas elevadas. Charles Goodyear adicionou enxofre à borracha em uma

| *Elastômeros* | Polímeros que podem se alongar cerca de 200% ou mais e ainda retornar ao seu comprimento original quando a tensão é aliviada.

| *Poliuretanos* | Vasta categoria de polímeros, que inclui todos os polímeros que contêm ligações uretano.

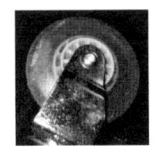

- Nomes comerciais: Esthane, Spandex, Pellanthane
- Barato, resistente a produtos químicos e à umidade, estabilidade para exposição em ambientes externos
- Usado para espumas de assentos, roupas ativas, rodas de scooters, acabamentos superficiais

$$R\!-\!\underset{\underset{H}{|}}{N}\!-\!\overset{\overset{O}{||}}{C}\!-\!\underset{O}{}\!R$$

FIGURA 5-16 Ligação Uretana em um Polímero (Poliuretano)

Cortesia de James Newell

FIGURA 5-17 Unidade Estrutural do Spandex (x pode ter qualquer comprimento, mas entre 40 e 50 são comuns)

FIGURA 5-18 Estrutura do Poli-isopreno

• Outros nomes: borracha natural, borracha de isopreno
• Usado como aditivo em pneus e solas de sapatos

$$-[CH_2 \quad \underset{H_3C}{\overset{}{C}}=\underset{H}{\overset{}{C}} \quad CH_2]_n-$$

| **Vulcanização** | Processo pelo qual ligações químicas cruzadas podem se formar entre cadeias poliméricas adjacentes, aumentando a resistência do material sem afetar significativamente suas propriedades elásticas.

temperatura elevada e descobriu que ligações químicas cruzadas se formavam entre cadeias poliméricas adjacentes, em um processo que ficou conhecido como **vulcanização**. Esse processo aumentava substancialmente a resistência do material sem afetar significativamente suas propriedades elásticas. A cadeia polimérica na borracha natural consiste principalmente em isopreno, mostrado na Figura 5-18.

A vulcanização pode ocorrer porque a estrutura do polímero ainda contém ligações duplas. Os átomos de enxofre formam ligações primárias entre os átomos de carbono em cadeias poliméricas adjacentes. Um máximo de duas ligações cruzadas é possível por unidade estrutural, embora restrições configuracionais tornem significativamente menor o número real de ligações cruzadas.

A localização dos grupos metila na estrutura do polímero tem um papel importante nas propriedades do polímero. Quando a maioria das unidades estruturais tem o grupo metila do mesmo lado (a configuração cis), o material é muito elástico e pode ser facilmente amolecido. A conformação cis é dominante na borracha natural. Entretanto, quando os grupos metila tendem a ocorrer em lados opostos (a conformação trans), o polímero se torna mais duro e menos elástico. O transpoli-isopreno, algumas vezes denominado *balata*, é usado em solas de sapatos e foi usado no centro das bolas de beisebol durante a Segunda Guerra Mundial, mas foi rapidamente substituído quando o número de jogadas vencedoras (*home runs*) caiu.

O polibutadieno é um elastômero sintético, desenvolvido durante o esforço de guerra da Segunda Guerra Mundial, quando os suprimentos americanos de borracha natural foram ameaçados. A estrutura química do polibutadieno é semelhante à do poli-isopreno, mas o grupo metila é substituído por um átomo de hidrogênio, como mostrado na Figura 5-19. A falta do grupo metila reduz a resistência à tração, a rigidez e a resistência a solventes. Entretanto, o polibutadieno é muito mais barato que o poli-isopreno e adere bem a metais. Aproximadamente 70% do polibutadieno produzido são usados em pneus. A maior parte do restante é usada como tenacificador em misturas físicas com outros polímeros.

O policloropreno é uma borracha sintética desenvolvida por Wallace Carothers na DuPont. A estrutura do policloropreno é semelhante à do polibutadieno, mas um dos átomos de hidrogênio nos carbonos com ligação dupla é substituído por um átomo de cloro, como mostrado na Figura 5-20. O átomo de cloro é grande e aumenta a resistência a óleos, a resis-

• Fabricantes: Goodyear, Bayer, Bridgestone
• Borracha sintética
• Usado em pneus para automóveis, caminhões e ônibus

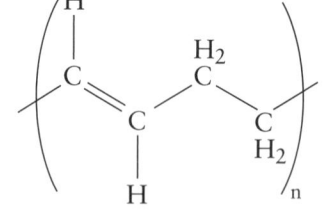

FIGURA 5-19 Unidade Estrutural do Polibutadieno

Cortesia de James Newell

FIGURA 5-20 Unidade Estrutural do Policloropreno

Cortesia de James Newell

• Nomes comerciais: Neoprene, Duprene
• Semelhante ao polibutadieno, mas a adição de cloro aumenta a rigidez e a estabilidade
• Usado em luvas de látex, botas, roupas de mergulho, adesivos

$$\left[\begin{array}{c} CH_2 \quad \quad CH_2 \\ \underset{Cl}{\overset{}{C}}=\underset{H}{\overset{}{C}} \end{array}\right]_n$$

tência mecânica, à rigidez, à chama e à estabilidade térmica do polímero. A ligação entre as cadeias poliméricas é alcançada por um processo de vulcanização no qual óxidos metálicos formam pontes de oxigênio entre cadeias adjacentes. A DuPont deu, inicialmente, o nome de "Duprene" a esse polímero, mas hoje em dia vende o policloropreno sob o nome comercial Neoprene®.

O policloropreno é usado em roupas de mergulho, galochas, luvas de látex, espumas moldadas, cabos e como matéria-prima para adesivos.

Os diversos polímeros descritos nesta seção exibem uma larga variedade de propriedades. Entretanto, uma faixa bem maior pode ser alcançada pela mistura física de polímeros. As misturas físicas poliméricas são materiais adequados para inúmeras aplicações, mas a seleção do melhor polímero para uma tarefa específica não é trivial. A Tabela 5-1 lista propriedades-chave físicas e mecânicas para os polímeros discutidos nesta seção.

Embora as propriedades na Tabela 5-1 sejam familiares (resistência à tração, ponto de fusão etc.), a *temperatura de transição vítrea* (T_g) é uma propriedade física que é particular aos polímeros e a algumas cerâmicas. Em baixas temperaturas, os polímeros se comportam de modo semelhante aos sólidos vítreos, onde os únicos movimentos são devidos às vibrações moleculares. À medida que a temperatura aumenta, polímeros com peso molecular baixo tendem a fundir, como outros materiais, mas os polímeros com alto peso molecular desenvolvem um movimento cooperativo antes de fundirem. Entre essa temperatura e o ponto de fusão, as cadeias poliméricas se flexionam e se desenrolam, se comportando mais como um material semelhante à borracha do que como um vidro ou um líquido.

De muitas maneiras, o polímero pode ser visto como uma mola ligada a duas estacas. Abaixo da temperatura de transição vítrea, o único movimento ocorre no nível molecular e não é detectável. Acima da temperatura de transição vítrea, alguém alonga a mola, que agora flete e vibra. A explosão que destruiu o ônibus espacial *Challenger* foi resultante de um anel de vedação de borracha, que se tornou vítreo quando a temperatura do ar caiu abaixo da temperatura de transição vítrea do polímero. No lugar de atuar como uma vedação apertada, o anel, agora vítreo, permitiu aos gases escaparem e o ônibus espacial explodiu. Analisaremos em mais detalhe a temperatura de transição vítrea, quando analisarmos a cristalinidade nos polímeros.

| *Temperatura de Transição Vítrea* | Transição termodinâmica de segunda ordem na qual ocorre o início da mobilidade em larga escala das cadeias nos polímeros. Abaixo de T_g o polímero é frágil, semelhante a um vidro. Acima de T_g o polímero se comporta como uma borracha, flexível.

TABELA 5-1	Propriedades Físicas de Polímeros Comerciais					
Polímero	*Tipo*	T_f (°C)	T_g (°C)	*Massa Específica* (g/cm³)	*Resistência à Tração* (MPa)	*Módulo de Elasticidade* (MPa)
PMMA	Acrílico	265–285	105	1,19	55–76	2400–3400
PBO	Aramida	n/d	n/d	1,54	5800	180.000
Náilon 6,6	Náilon	255	n/d	1,14	90	3400
PET	Poliéster	245–265	80	1,4	172	4275
PEBD	Poliolefina	110	n/d	0,92	10,3	166
PEAD	Poliolefina	1300–137	n/d	0,94–0,97	19–30	800–1400
PP	Poliolefina	164	−20	0,903	35,5	1380
Viscose	Raiom	n/d	n/d	1,5	28–47	9,7
PVDC	TAC	160	−4	1,17	34,5	517
PS	TAC	180	74–110	1,04	46	2890
PVC	TAC	175	81	1,39	55	2800
Poli-isopreno	Elastômero	40	−63	0,970	17–25	1,3
Polibutadieno	Elastômero	n/d	−110 a −95	1,01	18–30	1,3
Policloropreno	Elastômero	n/d	−45	1,32	25–38	0,52

Valores do Polymer Handbook, 4ª edição, *J. Brandrup, E. Immergut e E. Grulke, eds. (Hoboken, NJ: John Wiley & Sons, 1999).*

Como São Formadas as Cadeias Poliméricas?

O petróleo é a principal matéria-prima para a maioria dos polímeros. Quando o óleo cru é destilado, os produtos valiosos do petróleo são removidos, deixando para trás compostos de alto peso molecular, menos valiosos, que são aquecidos na presença de um catalisador. Como resultado disso, os grandes hidrocarbonetos são quebrados em moléculas menores por um processo denominado *craqueamento*. Essas moléculas menores servem como os blocos construtivos iniciais para os monômeros, que são convertidos em polímeros. Um dos monômeros mais comuns, o etileno, também é obtido do gás natural.

Devido ao custo do óleo cru e do impacto ambiental para refiná-lo, esforços significativos estão sendo feitos para se achar fontes alternativas, comercialmente viáveis, para precursores dos polímeros. O milho, a cevada, a soja e a madeira já foram, todos, identificados como fontes renováveis de precursores poliméricos, mas a produção comercial em larga escala está atualmente restrita, devido aos altos custos e baixos rendimentos.

Qualquer que seja a fonte dos materiais precursores, a maioria dos polímeros é obtida a partir de duas rotas de reação: *polimerização de adição* e *polimerização de condensação*.

5.3 POLIMERIZAÇÃO DE ADIÇÃO

A polimerização de adição, que também é conhecida como *polimerização por radical livre* ou *polimerização por crescimento de cadeia*, começa com um **monômero vinílico**, como mostrado na Figura 5-21. Os grupos que envolvem os carbonos com ligações duplas podem ser diferentes e a identidade do monômero varia em função disso. Se todos os quatro átomos são de hidrogênio, o monômero vinílico é o etileno. Se um átomo de hidrogênio for substituído por um anel de benzeno, o monômero é o estireno. Mais de um átomo de hidrogênio pode ser substituído por outros átomos. Um monômero de vinila com um átomo de cloro seria um cloreto de vinila; dois átomos de cloro fariam do monômero o vinilideno.

Independente do monômero vinílico específico, todas as reações de polimerização de adição ocorrem em três etapas:

1. Iniciação
2. Propagação
3. Terminação

A Figura 5-22 ilustra a reação completa, usando um monômero de estireno. A etapa de *iniciação* pode ser induzida por calor, radiação (incluindo a luz visível) ou pela adição de um produto químico (geralmente peróxido de hidrogênio). O propósito do iniciador é induzir a formação de um elétron não emparelhado, altamente reativo, denominado *radical livre*. Uma vez formado, o radical livre ataca a ligação dupla, formando uma nova ligação e transferindo o radical livre para a extremidade da cadeia. Se considerarmos a iniciação da polimerização de adição do estireno com um produto químico, usando peróxido de hidrogênio, o grupo H—O—O—H se decompõe espontaneamente em um par de radicais O—H•, que estão, então, prontos para atacar a ligação dupla de uma molécula de estireno.

Durante a segunda etapa, *propagação*, o radical estireno recentemente formado pode atacar a ligação dupla em outra molécula de estireno, quebrando novamente a ligação dupla, transferindo o radical para a extremidade e adicionando uma molécula a mais na cadeia crescente.

O novo radical poliestireno pode continuar a atacar as ligações duplas nos monômeros de estireno, crescendo do comprimento de um monômero de cada vez. O polímero continua a crescer enquanto continuar a reagir com os monômeros.

A etapa final, *terminação*, ocorre quando os radicais livres reagem entre si e terminam a reação de polimerização. Dois tipos distintos de radicais livres estão presentes no sistema: cadeias de poliestireno em crescimento e radicais não reagidos de iniciador. Quando uma cadeia polimérica em crescimento, com M unidades monoméricas ligadas, reage com outra cadeia

---

| *Craqueamento* | Processo de quebra dos grandes hidrocarbonetos orgânicos em moléculas menores.

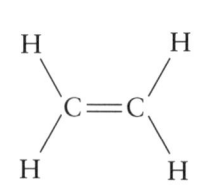

| *Polimerização de Adição* | Uma das duas rotas de reação mais comuns, usada para fabricar polímeros e que envolve três etapas: iniciação, propagação e terminação. Também é denominada polimerização por crescimento de cadeia e polimerização por radical livre.

| *Polimerização de Condensação* | Formação de um polímero que ocorre quando dois grupos terminais potencialmente reativos em um polímero reagem para formar uma nova ligação covalente entre as cadeias poliméricas. Essa reação também forma subproduto, que é, tipicamente, água.

| *Monômero Vinílico* | Molécula orgânica com ligação dupla usada para iniciar a polimerização de adição.

| *Iniciação* | Primeira etapa no processo de polimerização, durante a qual é formado um radical livre.

| *Radical Livre* | Molécula contendo um elétron não emparelhado, altamente reativo.

| *Propagação* | Segunda etapa do processo de polimerização, durante o qual a cadeia polimérica começa a crescer à medida que monômeros são adicionados a ela.

| *Terminação* | Etapa final do processo de polimerização, que causa o final do crescimento da cadeia polimérica.

Iniciação

$$HO\!\!-\!\!OH + Luz \longrightarrow 2HO\cdot$$

O Radical Livre Reage com o Primeiro Monômero

Propagação (Se Repete até a Terminação)

Propagação (Se Repete até a Terminação)

Terminação Primária

Terminação por Recombinação

em crescimento, com N unidades monoméricas, ocorre a ***terminação por recombinação***, que resulta em uma cadeia polimérica com M + N unidades.

Alternativamente, a cadeia de poliestireno em crescimento, de comprimento M, pode se combinar com um radical livre primário do peróxido de hidrogênio, resultando em uma ***terminação primária***. Nesse caso, um polímero final com M unidades monoméricas é obtido.

Três pontos a respeito da polimerização de adição devem ser considerados:

1. O radical livre pode se formar ou no lado substituído ou no lado não substituído do monômero de vinila (exceto quando o monômero é de etileno). Assim, o novo monômero pode ser adicionado apenas entre as extremidades substituídas (cabeça a cabeça), apenas entre a extremidade substituída e a não substituída (cabeça-cauda) ou uma mistura entre as duas, dependendo das estabilidades relativas dos radicais livres.

2. Embora o polímero possa ter milhares (ou milhões) de unidades monoméricas idênticas unidas existirão apenas dois ***grupos terminais***. Nesse caso, ambos serão grupos —OH. Os grupos terminais têm pouca importância sobre as propriedades mecânicas da maioria dos polímeros, mas podem ser usados para determinar o número de cadeias formadas usando titulação.

3. Muitas cadeias diferentes reagem ao mesmo tempo e se elas reagem com outro monômero de vinila ou com um radical livre é probabilístico. Assim sendo, haverá a formação de

| ***Terminação por Recombinação*** | Um dos dois tipos diferentes de terminação no processo de polimerização. Durante esse tipo de terminação, os radicais livres de duas cadeias poliméricas diferentes se unem, terminando o processo de propagação.

| ***Terminação Primária*** | Última etapa no processo de polimerização, que ocorre quando o radical livre de uma cadeia polimérica se une ao radical livre de um grupo terminal.

| ***Grupos Terminais*** | Dois substituintes encontrados nas duas extremidades de uma cadeia polimérica, que têm pouco ou nenhum efeito sobre as propriedades mecânicas.

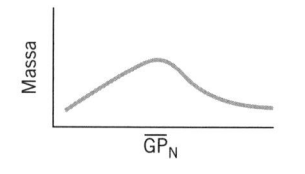

Figura 5-23 Distribuição de Comprimentos de Cadeia na Polimerização de Adição

| *Polimerização Passo a Passo* | Formação de um polímero que ocorre quando dois grupos terminais potencialmente reativos em um polímero reagem para formar uma nova ligação covalente entre as cadeias poliméricas. Essa reação também forma um subproduto, que tipicamente é a água. Também conhecida como polimerização de condensação.

| *Grupos Funcionais* | Arranjos específicos de átomos que fazem com que compostos orgânicos se comportem de maneiras previsíveis.

uma distribuição de comprimentos de cadeia, como mostrado na Figura 5-23. Controlar essa distribuição é o principal desafio para os cientistas e engenheiros de polímeros.

5.4 POLIMERIZAÇÃO DE CONDENSAÇÃO

A alternativa à polimerização de adição é a polimerização de condensação, que algumas vezes é denominada como *polimerização passo a passo*. Diferencte da polimerização de adição, a polimerização de condensação não requer etapas sequenciais ou qualquer iniciação. Na condensação, grupos funcionais potencialmente reativos nas extremidades das moléculas, reagem. Uma nova ligação covalente se forma entre os grupos funcionais e uma molécula pequena (normalmente de água) é formada como subproduto. Os *grupos funcionais* são arranjos específicos de átomos que fazem com que um composto orgânico se comporte de maneiras previsíveis. A maioria das reações químicas ocorre em grupos funcionais. A Figura 5-24 mostra os grupos funcionais frequentemente encontrados em polímeros. As polimerizações de condensação mais frequentes ocorrem entre um ácido e um álcool, tal como a reação entre o ácido tereftálico e o etileno glicol para formar PET e água, como mostrado na Figura 5-25.

O polímero ainda contém grupos funcionais potencialmente ativos em cada extremidade, os quais são capazes de reagir com outro ácido, álcool ou com outra cadeia em crescimento.

Nome	Estrutura	Nome	Estrutura
Ácido	$-C-O-H$ (C com O duplo)	Epóxi	$-C-C-$ (epóxido, O no topo)
Álcool	$-C-O-H$	Éster	$-C-O-C-$ (C com O duplo)
Aldeído	$-C-H$ (C com O duplo)	Éter	$-C-O-C-$
Amida	$-C-N-$ (C com O duplo, N com H)	Isocianato	$-N=C=O$
Amina	$-N-H$ (N com H)	Cetona	$-C-$ (C com O duplo)
Aromático	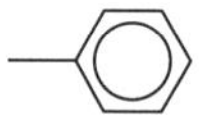 (anel benzênico)		

Figura 5-24 Grupos Funcionais Encontrados em Polímeros

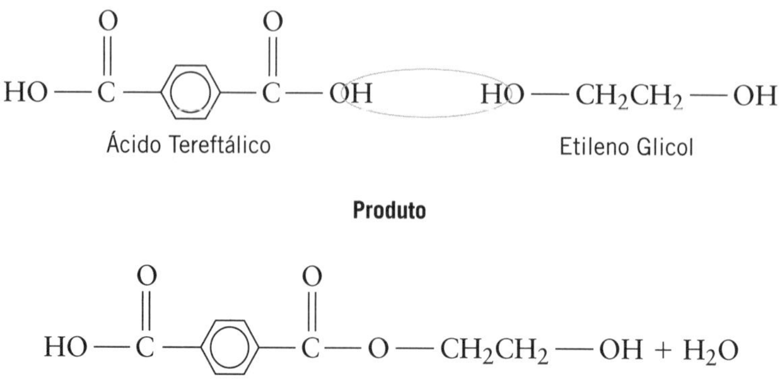

Figura 5-25 Polimerização de Condensação do PET

$$HO-C(=O)-\bigcirc-C(=O)-OH \quad + \quad HO-CH_2CH_2-OH$$

Ácido Tereftálico   Etileno Glicol

Produto

$$HO-C(=O)-\bigcirc-C(=O)-O-CH_2CH_2-OH + H_2O$$

Polietileno Tereftalato e Água

O polímero continua a crescer até resultar, finalmente, em um polímero com a forma

$$H \left[O - \underset{\overset{\displaystyle \|}{O}}{C} - \bigcirc - \underset{\overset{\displaystyle \|}{O}}{C} - O - CH_2CH_2 - O \right]_N H$$

juntamente com 2(n − 1) moléculas de água. O PET é denominado **homopolímero** porque ele tem uma única unidade de repetição. O grupo funcional do glicol reagirá apenas com um ácido, enquanto o grupo do ácido reagirá apenas com um álcool. Isso assegura que o monômero sempre crescerá como A-B-A-B-A-B. Teoricamente, a polimerização de condensação poderia continuar até que todos os monômeros disponíveis tivessem reagido para formar uma cadeia polimérica gigante única. Na realidade, a reação de polimerização alcança um equilíbrio e, à medida que as cadeias crescem, restrições configuracionais inibem um crescimento maior. Uma distribuição de comprimentos de cadeia resultará, novamente, do processo de polimerização. Em alguns casos, a reação pode ser terminada adicionando-se um material com apenas um grupo funcional. Essa terminação é denominada **congelamento** da reação. Além de ácidos e álcoois, ácidos e aminas também apresentam polimerizações de condensação. O náilon 6,6 é formado pela reação de condensação do ácido adípico e do hexametileno diamina, por exemplo.

| *Homopolímero* | Polímero que é formado por uma única unidade de repetição.

| *Congelamento* | Terminação de uma polimerização de condensação pela adição de um material com apenas um grupo funcional.

5.5 IMPORTÂNCIA DAS DISTRIBUIÇÕES DO PESO MOLECULAR

Já que ambos os tipos de reações de polimerização resultam em inúmeras cadeias de comprimentos diferentes, cada cadeia terá um peso molecular bem diferente. Qualquer peso molecular usado para representar uma amostra polimérica deverá representar uma média da larga faixa de comprimentos de cadeias. Para evitar confusão, a ***massa molecular relativa*** (**MMR**) é definida como

| *Massa Molecular Relativa* (**MMR**) | Termo usado para representar a massa molecular média de uma amostra contendo uma larga faixa de comprimentos de cadeias poliméricas. Esse termo é usado para evitar confusão entre o peso molecular numérico médio e o peso molecular ponderal médio.

$$MMR = \frac{m}{1,0001}, \tag{5.1}$$

onde m é a massa de qualquer cadeia polimérica dada e 1,0001 equivale a 1/12 da massa de um átomo de carbono-12. Em última análise, a MMR é apenas a definição de peso molecular usada para os materiais tradicionais, não poliméricos. Considere uma cadeia de polietileno com $\overline{GP_n}$ = 10.000. A unidade estrutural contém dois átomos de carbono, cada um com uma massa molecular igual a 12, e quatro átomos de hidrogênio, cada um com uma massa molecular igual a 1. Assim, a massa molecular relativa da cadeia é dada por

$$MMR = 10.000 * [(2 * 12) + 4 * 1)] = 280.000$$

O valor de 280.000 é válido apenas para essa única e específica cadeia. Cadeias maiores na mesma batelada terão MMRs maiores, enquanto cadeias menores terão MMRs menores. O limite de resistência à tração e outras propriedades mecânicas variam com o peso molecular. Por exemplo, a Figura 5-26 mostra a relação entre o limite de resistência à tração e o peso molecular para o polietileno.

Suponha que tenha sido feito um gráfico da MMR em função da massa para uma dada amostra, como mostrado na Figura 5-27. M_i representa a massa molecular de uma dada fração (i). O peso da *i*-ésima fração (W_i) é dado pela equação

$$W_i = n_i M_i, \tag{5.2}$$

onde n_i representa o número de moléculas na -ésima fração. O peso total (W) das cadeias poliméricas é definido como

$$W = \sum_{i=1}^{n} W_i. \tag{5.3}$$

Uma amostra contendo 10 mols de cadeias poliméricas, com uma massa molecular relativa de 500 teria um peso de 5000 g:

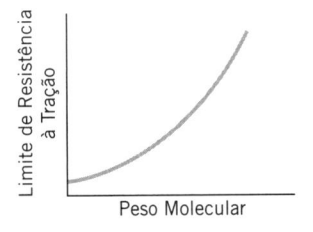

FIGURA 5-26 Relação entre o Limite de Resistência à Tração e o Peso Molecular para o Polietileno

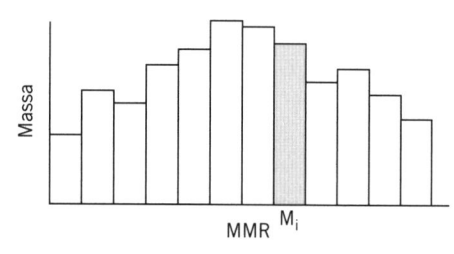

| **Peso Molecular Numérico Médio** | Medida do peso molecular de uma amostra de cadeias poliméricas, determinada dividindo-se a massa da amostra pelo número total de mols presentes.

| **Peso Molecular Ponderal Médio** | Um método para dar o peso molecular de uma amostra de polímero, com a média baseada no peso. Esse método é mais útil quando moléculas grandes presentes dominam o comportamento da amostra.

$$W_i = 10 \text{ mol} * 500 \text{ g/mol} = 5000 \text{ g}.$$

A capacidade de distinguir entre o número de moléculas e a massa das moléculas em uma dada fração fornece a oportunidade de definir pesos moleculares médios para o polímero. O **peso molecular numérico médio** $(\overline{M}_n)$ é a média mais simples e direta. $\overline{M}_n$ é obtido dividindo a massa da amostra pelo número total de mols presentes:

$$\overline{M}_n = \frac{\sum n_i M_i}{\sum n_i} = \frac{\sum W_i}{\sum n_i} = \frac{W}{\sum n_i} \tag{5.4}$$

Usando essa média, todas as moléculas contribuem igualmente para a média. Propriedades que dependem do número total de moléculas, sem importar o tamanho delas, se correlacionam bem com o peso molecular numérico médio.

O **peso molecular ponderal médio** $(\overline{M}_w)$ faz uma normalização baseado no peso das frações individuais ao invés de no número de moléculas. Como resultado disso, cadeias grandes têm um impacto maior do que cadeias pequenas. O peso molecular ponderal médio é definido como

$$\overline{M}_W = \frac{\sum W_i M_i}{\sum W_i} = \frac{\sum W_i M_i}{W} = \frac{\sum n_i M_i^2}{\sum n_i M_i}. \tag{5.5}$$

$\overline{M}_w$ é uma média mais adequada quando moléculas grandes dominam o comportamento, tal como em relação à viscosidade e à tenacidade. O termo M_i^2 no numerador da Equação 5.5 torna as moléculas grandes muito importantes. A diferença entre as duas médias ficará clara no Exemplo 5-1.

Ambos os pesos moleculares, numérico médio e ponderal médio, ignoram o efeito insignificante dos dois grupos terminais em cada cadeia. Dois pontos em relação a esses dois pesos moleculares devem ser observados:

1. $\overline{M}_w$ é sempre maior do que $\overline{M}_n$ para polímeros reais.
2. A razão $\overline{M}_w/\overline{M}_n$ fornece informação sobre o espalhamento da distribuição dos pesos moleculares.

Em geral, cadeias poliméricas com pesos moleculares maiores serão mais resistentes, terão maior resistência à fluência e serão mais tenazes. As propriedades físicas dos polímeros dependem da composição, da configuração e da conformação das cadeias, que serão os tópicos das próximas seções.

Exemplo 5-1

Considere uma mistura feita pela adição de 1 grama de C_5H_{12} e 1 grama de uma parafina grande, $C_{100}H_{202}$. Determine os pesos moleculares numérico médio e ponderal médio para a mistura.

SOLUÇÃO

A MMR para o C_5H_{12} é $(5 * 12) + (12 * 1) = 72$ g/mol. Como foi fornecido 1 grama de C_5H_{12}, podemos determinar o número de mols de C_5H_{12} dividindo pela MMR.

$$1 \text{ g } C_5H_{12}/72 \text{ g/mol} = 1,39 \times 10^{-2} \text{ mols de } C_5H_{12}.$$

De modo semelhante, a MMR para o $C_{100}H_{202}$ é

$$(100 * 12) + (202 * 1) = 1402 \text{ g/mol}$$

e

$$1 \text{ g } C_{100}H_{202}/1402 \text{ g/mol} = 7,13 \times 10^{-4} \text{ mols de } C_{100}H_{202}.$$

Da Equação 5.4,

$$\overline{M}_n = \frac{W}{\sum n_i} = \frac{1\,g + 1\,g}{(1,39 \times 10^{-2}\,mol) + (7,13 \times 10^{-4}\,mol)}$$

$$= 143\ g/mol$$

Da Equação 5.5

$$\overline{M}_W = \frac{\sum W_i M_i}{\sum W_i} = \frac{(1\,g)(72\ g/mol) + (1\,g)(1402\ g/mol)}{1\,g + 1\,g}$$

$$= 737\ g/mol$$

Como muito mais mols do hidrocarboneto menor estavam presentes, o peso molecular numérico médio é mais próximo da MMR do C_5H_{12}. Entretanto, a massa do $C_{100}H_{202}$ era muito maior, de modo que o peso molecular ponderal médio seria cinco vezes maior do que o numérico médio.

O que Influencia as Propriedades dos Polímeros?

5.6 CONSTITUIÇÃO

A *constituição* inclui todas as questões relacionadas às ligações, incluindo as ligações primárias e as secundárias, ramificações, formação de redes e grupos terminais. A *ligação primária* forma a estrutura do polímero, incluindo os grupos laterais, e sempre é covalente. Todas as ligações devem ser saturadas, de modo que todos os carbonos na cadeia principal devem ter quatro ligações; o nitrogênio deve ter três ligações e o oxigênio duas ligações. A *funcionalidade* se refere ao número de ligações diferentes que uma molécula pode fazer. Todos os elementos da estrutura devem ter uma funcionalidade de pelo menos 2. A *ligação secundária* está associada à ligação entre cadeias poliméricas adjacentes. Na maioria dos casos as ligações secundárias são resultantes de uma combinação de três fontes:

1. Forças de Van Der Waals
2. Atração dipolar
3. Ligação de hidrogênio

Conforme a Tabela 5-2 mostra, todas as ligações secundárias são altamente dependentes da distância. As cadeias devem se aproximar para que os efeitos das ligações secundárias sejam

| *Constituição* | Todas as questões relacionadas às ligações em polímeros, incluindo ligações primárias e secundárias, ramificações, formação de rede e grupos terminais.

| *Ligação Primária* | Ligação covalente na estrutura do polímero e nos grupos laterais.

| *Funcionalidade* | Número de ligações formadas por uma molécula.

| *Ligação Secundária* | Ligação fortemente dependente da distância entre as cadeias poliméricas adjacentes; normalmente inclui ligação de hidrogênio, dipolos e forças de Van Der Waals.

TABELA 5-2	Energias de Ligação e Comprimentos para Ligações Poliméricas Comuns		
Tipo de Ligação	*Classificação da Ligação*	*Comprimento da Ligação (nm)*	*Energia de Ligação (kJ/mol)*
C—C	Covalente–Primária	0,154	347
C—H	Covalente–Primária	0,110	414
C—N	Covalente–Primária	0,147	305
C—O	Covalente–Primária	0,146	360
C—Cl	Covalente–Primária	0,177	339
Ligação de Hidrogênio	Secundária	0,24–0,32	12,5–29
VDW e Dipolar	Secundária	0,3–0,5	8,4 para somente VDW até 42 para altamente polar

importantes. Em média, a ligação de hidrogênio (se estiver presente) tende a ser mais forte do que as forças de Van Der Waals.

Embora as ligações primárias sejam substancialmente mais fortes que as ligações secundárias, as ligações secundárias têm um papel-chave nas propriedades mecânicas dos polímeros. Embora as ligações secundárias individualmente sejam fracas, a ligação secundária é uma função aditiva da sobreposição das cadeias. Para se mover a cadeia, todas as ligações secundárias devem ser rompidas. Se cada unidade estrutural tiver 8,4 kJ/mol de ligações secundárias, devido às forças de Van Der Waals, e 100 unidades estruturais estiverem próximas o suficiente para ter ligações secundárias, então 840 kJ/mol de energia serão necessários para sobrepujar as ligações secundárias. A natureza aditiva das ligações secundárias explica porque cadeias poliméricas de alto peso molecular tendem as ser mais resistentes do que cadeias com baixo peso molecular do mesmo material. Cadeias mais longas têm maiores oportunidades de formar emaranhados e desenvolver a regularidade espacial necessária para haver ligações secundárias, como ilustrado na Figura 5-28.

Uma ramificação, como explicado na discussão das poliolefinas, envolve outra cadeia polimérica ocupando o lugar de um grupo lateral ao longo da cadeia principal. O átomo onde as duas cadeias se ligam é denominado *ponto de ramificação*, como mostrado na Figura 5-29. Ramificações são diferentes de grupos laterais, pois elas são, do ponto de vista da sua constituição, idênticas à cadeia principal. Não existe modo de distinguir a cadeia principal da ramificação, embora a cadeia menor seja frequentemente designada como a ramificação. A presença de ramificações reduz a probabilidade da formação de emaranhados e do desenvolvimento significativo de ligações secundárias. Como resultado disso, polímeros altamente ramificados são menos resistentes e menos tenazes, mas a ramificação torna mais fácil fundir o polímero, torna-o mais susceptível a solventes e mais degradável.

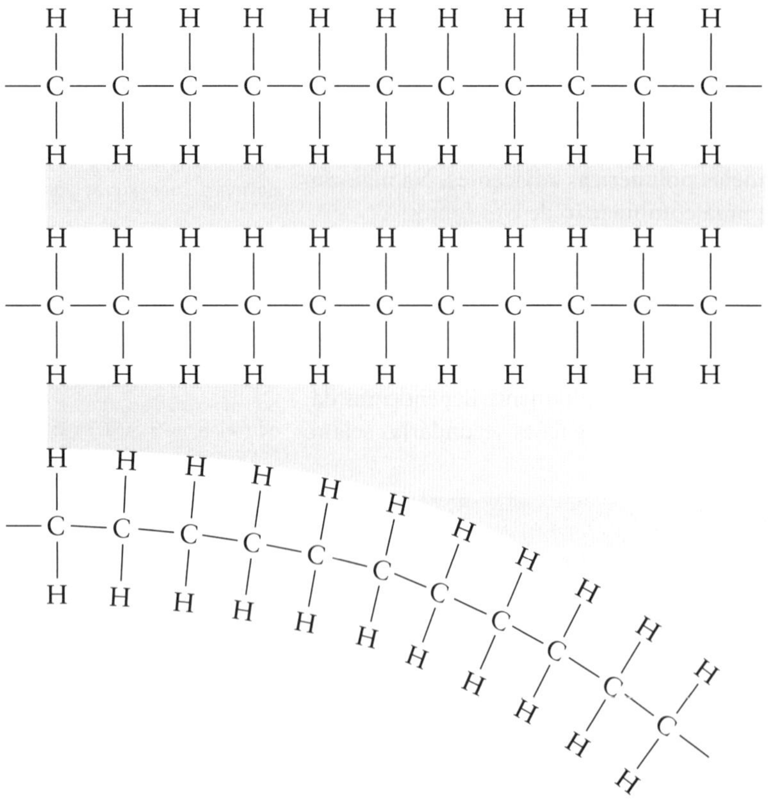

FIGURA 5-28 Interações de Van Der Waals em Cadeias Longas

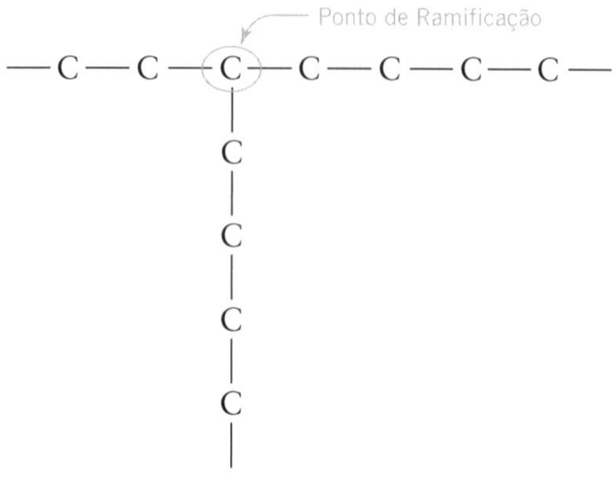

FIGURA 5-29 Ponto de Ramificação de um Polímero

A **configuração** é o arranjo espacial dos substituintes em torno da cadeia principal de átomos de carbono, que pode ser alterada apenas pela quebra de ligações. Um átomo de carbono é capaz de ter múltiplas configurações, se, e apenas se, ele é assimétrico (ou seja, ele tem quatro substituintes deferentes). Qualquer átomo de carbono com ligações duplas ou com substituintes repetidos (por exemplo, dois átomos de hidrogênio) não é assimétrico e não pode ter múltiplas configurações. A Figura 5-30 mostra um átomo de carbono assimétrico em duas configurações distintas. Observe que as moléculas são imagens espelhadas e que nenhuma rotação as tornará idênticas.

Existem regras para distinguir entre imagens espelhadas em polímeros, para ajudar a identificar que molécula está presente. Iniciando com a cadeia principal de átomos de carbono no centro,

1. Coloque o grupo lateral, com o maior número atômico total, de fora. Se dois grupos têm o mesmo número atômico, o grupo fisicamente maior tem prioridade.
2. Ordene os grupos remanescentes do maior número atômico para o menor.
3. Se o movimento do maior número atômico para o menor requerer um movimento horário, o carbono é identificado como (R). Se o movimento for anti-horário, o carbono é identificado como (S).

Considere os dois segmentos de cadeias de polipropileno a seguir. Eles podem parecer idênticos à primeira vista, mas eles não são. As configurações relativas dos carbonos assimétricos são diferentes e não existe maneira de girar o segundo segmento para que ele case perfeitamente com o primeiro. A configuração relativa de carbonos assimétricos adjacentes é denominada **taticidade**.

Se olharmos uma projeção plana dos dois segmentos, o grupo metila está do mesmo lado da molécula (a) e em lados opostos da molécula (b). Os dois átomos de carbono na molécula (a) são denominados **díade isotática**; os dois carbonos na molécula (b) são **díade sindiotática**.

	CH₃ || H || CH₃ || H	

$$\begin{array}{cccc} CH_3 & H & CH_3 & H \\ | & | & | & | \\ -C & -C & -C & -C- \\ | & | & | & | \\ H & H & H & H \end{array} \qquad \begin{array}{cccc} CH_3 & H & H & H \\ | & | & | & | \\ -C & -C & -C & -C- \\ | & | & | & | \\ H & H & CH_3 & H \end{array}$$

(a) Díade Isotática   (b) Díade Sindiotática

Um polímero pode ter todas as díades sindiotáticas, todas as díades isotáticas ou uma mistura de cada. Se tanto as díades sindiotáticas quanto as isotáticas estiverem presentes em quantidades significativas, o polímero é dito ser **atático**. Algumas reações químicas envolvendo polímeros são afetadas pelas diferentes nuvens eletrônicas associadas às configurações sindiotática e isotática, mas a propriedade mais diretamente afetada pela taticidade é a cristalinidade.

Diferente de metais ou cerâmicas, os polímeros não formam redes de Bravais. Entretanto, é energeticamente favorável para alguns polímeros formar regiões de ordem bidimensional ou tridimensional. Para formar regiões cristalinas, os polímeros precisam de uma estrutura regular. Ambos os alinhamentos isotático e sindiotático são regulares, mas uma cadeia atática não tem regularidade espacial. Como resultado, tanto as cadeias isotáticas quanto as sindiotáticas do polipropileno irão cristalizar, mas as cadeias atáticas não irão. Grupos laterais volumosos restringem a formação de cristais nos polímeros. O anel aromático no poliestireno torna

| Configuração | Arranjo espacial de substituintes ao redor da cadeia principal de átomos de carbono, que pode ser alterado apenas pela quebra de ligações.

| Taticidade | Configuração relativa de carbonos assimétricos adjacentes.

| Díade Isotática | Configuração de um substituinte em um polímero, na qual o substituinte está localizado no mesmo lado da cadeia polimérica em todas as unidades repetidas.

| Díade Sindiotática | Configuração de um polímero, na qual o substituinte está localizado em lados opostos da molécula em cada unidade repetida.

| Atático | Termo usado para descrever um polímero que contém um número significativo tanto de díades sindiotáticas quanto isotáticas.

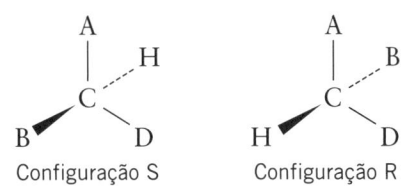

FIGURA 5-30 Átomo de Carbono Assimétrico em Duas Configurações Distintas

Configuração S   Configuração R

Exemplo 5-2

Determine se existe algum carbono assimétrico nos polímeros mostrados. Se existir, determine se eles são carbonos (R) ou (S). (*Nota*: DP_{n1} e DP_{n2} representam o restante da cadeia polimérica nas respectivas direções.)

$$(a) \quad DP_{n_1} - \underset{\underset{H}{|}}{\overset{\overset{H}{|}}{C}} - DP_{n_2}$$

$$(b) \quad DP_{n_1} - \underset{}{\overset{\overset{O}{\|}}{C}} - DP_{n_2}$$

$$(c) \quad \left[\overset{\overset{O}{\|}}{C} - \underset{}{\bigcirc} - \overset{\overset{O}{\|}}{C}OCH_2CH_2O \right]$$

$$(d) \quad DP_{n_1} - \underset{\underset{H}{|}}{\overset{\overset{CH_3}{|}}{C}} - DP_{n_2} \qquad DP_{n_1} > DP_{n_2}$$

$$(e) \quad DP_{n_1} - \underset{\underset{H}{|}}{\overset{\overset{CH_3}{|}}{C}} - DP_{n_2} \qquad DP_{n_1} = DP_{n_2}$$

SOLUÇÃO

a. Não, não existem carbonos assimétricos. Os dois átomos de hidrogênio são idênticos, de modo que o carbono tem apenas três substituintes diferentes. Ele não é assimétrico.

b. Não, não existem carbonos assimétricos. A ligação dupla deixa apenas três substituintes.

c. Não, não existem carbonos assimétricos.

d. Com quatro grupos substituintes diferentes, o carbono é assimétrico. DP_{n1} é o maior substituinte. $DP_{n2} > CH_3 > H$, de modo que devemos andar no sentido anti-horário para manter a ordem. Assim, o átomo de carbono é (S).

e. Se $DP_{n1} = DP_{n2}$, o carbono tem dois substituintes idênticos e não é assimétrico.

---

difícil sua cristalização. Entretanto, ligações de hidrogênio entre as cadeias ajudam a fixar os polímeros e promovem cristalinidade. Na melhor hipótese os polímeros são semicristalinos.

A cristalinidade em polímeros é mais complexa do que em metais. Em muitos casos, regiões cristalinas são como defeitos em um contínuo amorfo, como mostrado na Figura 5-31. Partes das cadeias formam essas regiões ordenadas, que seriam como pedaços de frutas suspensas em gelatina. Essas pequenas regiões de ordem são efetivamente pequenos cristais no polímero.

Diferente dos cristais claramente definidos dos metais e cerâmicas, os polímeros não têm redes em larga escala. Em vez disso, existem pequenas regiões de ordem que podem ter apenas poucas cadeias de largura. Sem uma estrutura em rede clara, precisamos perguntar: quão cristalino deve ser um polímero para que a cristalinidade seja medida? A resposta é: vai depender de como a cristalinidade é medida, pois diferentes técnicas analíticas darão estimativas bem diferentes para a cristalinidade dos polímeros.

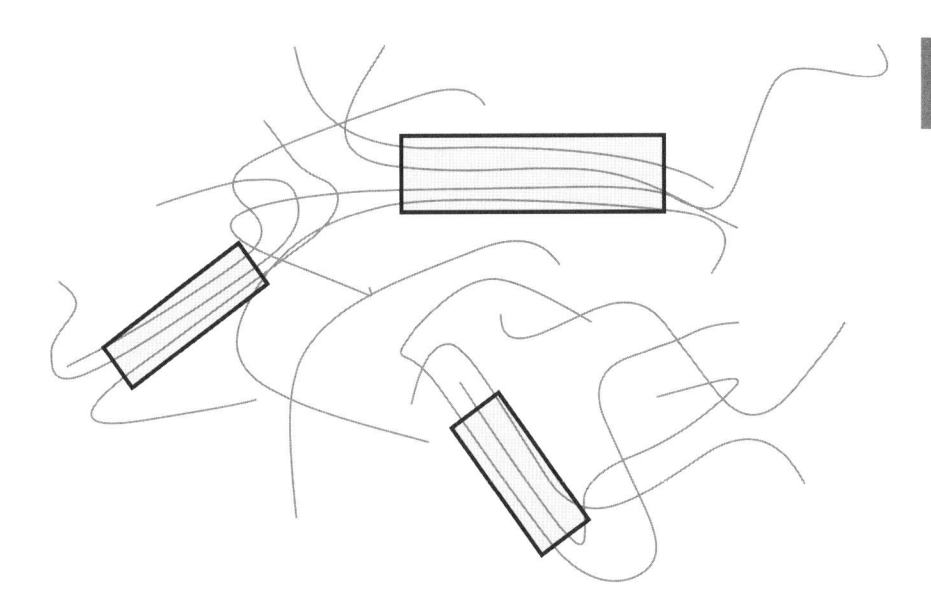

FIGURA 5-31 Esquema da Cristalinidade em um Polímero

Como discutido no Capítulo 2, a difração de raios X é uma técnica excepcional para estudar sistemas cristalinos. Entretanto, cerca de 10 camadas de planos são necessárias para gerar o reforço positivo necessário para obter difração coerente, o que implica que qualquer pequeno cristal, que tenha uma espessura menor do que 10 camadas de planos, será completamente ignorado pela difração de raios X.

Um método alternativo para estimar cristalinidade é aplicar uma regra das misturas simples, baseada nas massas específicas. A cristalinidade (α) pode ser estimada como a razão da diferença entre as massas específicas da amostra e de um polímero amorfo (a) e a diferença entre as massas específicas de um cristal perfeito (c) e do polímero amorfo:

$$\alpha = \frac{\rho - \rho_a}{\rho_c - \rho_a}. \tag{5.6}$$

O valor de ρ_a é obtido a partir de análises de têmpera, enquanto os valores de ρ_c são provenientes da difração de raios X em um monocristal puro. Essa técnica considerará qualquer ordenação, mesmo dois pequenos segmentos de cadeias que estiverem próximos entre si, como cristalinidade. Assim, o método da massa específica relativa tende a superestimar a cristalinidade.

Um terceiro enfoque envolve calorimetria. A energia necessária para aquecer a amostra até seu ponto de fusão é registrada e comparada com a energia necessária para fundir uma amostra completamente cristalina. A cristalinidade (α) é estimada como:

$$\alpha = \frac{\Delta H_m}{\Delta H_{m,c}}, \tag{5.7}$$

onde ΔH_m é a entalpia de fusão da amostra e $\Delta H_{m,c}$ é a entalpia de fusão de uma amostra completamente cristalina. Essa técnica funcionaria, porém parte da amostra cristaliza durante o processo, enquanto sua temperatura aumenta entre a temperatura de transição vítrea e o ponto de fusão. A própria técnica de ensaio, por si só, altera a amostra e, como resultado, irá superestimar a cristalinidade.

A variação da estimativa entre as técnicas pode ser substancial. A estimativa da cristalinidade em uma amostra estirada de polietileno, que tende a formar pequenos cristais pode ser tão baixa quanto 2%, a partir da difração de raios X, e tão alta quanto 20% a partir das massas específicas relativas. Não existe uma resposta única de quão cristalino é um polímero.

5.8 CONFORMAÇÃO

A *conformação* diz respeito à geometria espacial da cadeia principal e dos substituintes, a qual pode ser variada por rotação ou por movimentos flexionais A conformação é uma função do equilíbrio da energia molecular. Forças de atração (energias de ligação)

| *Conformação* | Referente à geometria espacial da cadeia principal e dos substituintes, que pode ser alterada por rotação e por movimento flexional.

são favoráveis e farão com que as moléculas queiram ficar próximas. As forças de repulsão são desvaforáveis e farão com que as moléculas tendam a se manter afastadas. Cinco conjuntos de forças se combinam para influenciar a conformação:

$$E_{Tot} = E_L + E_{ee} + E_{nn} + E_{cin} + E_{ne}, \qquad (5.8)$$

onde E_{Tot} é a energia total, E_L é a energia de ligação (atrativa), E_{ee} é a energia devida à interação das nuvens eletrônicas (repulsiva), E_{nn} é a energia devida à interação entre os núcleos (repulsiva), E_{cin} é um termo repulsivo da energia cinética, associado com as ligações químicas e E_{ne} é a energia devida à interação entre os núcleos e as nuvens eletrônicas (atrativa).

Como as nuvens eletrônicas de moléculas adjacentes entram em contato muito mais próximo do que os núcleos, E_{ee} é muito maior do que E_{nn}. Embora a energia de ligação (E_L) seja frequentemente bem alta, ela é independente da geometria espacial, de modo que a conformação é controlada, realmente, por três termos: E_{ee}, E_{cin} e E_{ne}. Se as forças de repulsão forem maiores do que as forças de atração, a geometria mais estável terá substituintes mais afastados o possível. As forças de repulsão são quase sempre maiores do que as forças de atração, exceto quando a presença de heteroátomos nos grupos substituintes permite haver ligações de hidrogênio ou outras interações significativas entre grupos adjacentes.

Vamos considerar uma molécula de etano (C_2H_6), olhando-a ao longo do eixo da cadeia principal, na qual os seis átomos de hidrogênio podem girar. O somatório das forças atrativas para o etano vale 19,7 kcal/mol, enquanto as forças de repulsão totalizam 22,4 kcal/mol. Como as forças repulsivas são mais fortes do que as forças atrativas, a conformação mais estável para o etano deverá ter todos os átomos de hidrogênio separados de 60 graus, como mostrado na Figura 5-32.

Considere a rotação dos três átomos de hidrogênio ligados ao primeiro átomo de carbono. Com uma rotação de 0°, os átomos de hidrogênio nos átomos de carbono adjacentes estão completamente alinhados. Devido às forças repulsivas serem mais fortes do que as de atração, esse alinhamento está em um estado de energia mais alto e é menos favorável. À medida que os átomos de hidrogênio começam a girar, existe menor interação e o equilíbrio de energia se torna mais favorável, até que eles estejam o mais afastado o possível, com uma defasagem de 60°. Acima de 60° as nuvens eletrônicas em torno dos átomos de hidrogênio começam a interagir novamente. Como todos os substituintes são idênticos, o equilíbrio de energia se repete simetricamente durante toda uma rotação de 360°, como mostrado na Figura 5-33.

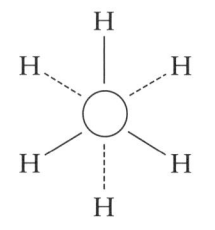

FIGURA 5-32 Molécula do Etano na Conformação Mais Estável (Trans)

FIGURA 5-33 Estados de Energia Associados com a Conformação do Etano

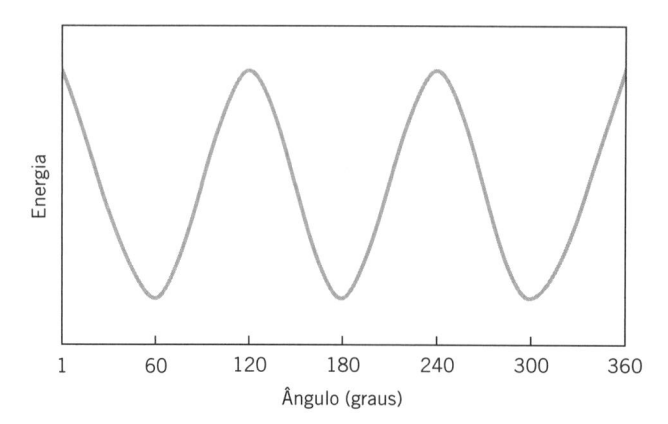

0° – Em Eclipse (cis)
Também para 120° ou 240°

60° – Trans
Também para 180° ou 300°

A questão da conformação se torna mais importante quando os substituintes são diferentes. Em vez do etano, considere uma molécula de butano (C_4H_{10}). Novamente as forças repulsivas são maiores do que as forças atrativas, mas, dessa vez, cada um dos dois átomos centrais de carbono é ligado a um grupo metila, como mostrado na Tabela 5-3.

TABELA 5-3   Efeito da Conformação sobre o Nível de Energia

Rotação	Projeção de Newman	Diagrama de Energia	Comentários
0° (360°) (cis, em eclipse)			Estado de energia menos favorável (maior energia); os grandes grupos substituintes metila estão diretamente alinhados.
60° (trans, gauche)			Existe alguma interação entre as nuvens eletrônicas dos grupos metila, mas existe também mais estabilidade do que em eclipse.
120° (cis, deslocado)			A nuvem eletrônica do grupo —CH_3 começa a interagir com a nuvem eletrônica dos átomos substituintes de hidrogênio.
180° (trans, anti)			Estado de energia otimizado; os grupos metila estão tão afastados quanto possível.
240° (cis, deslocado)			O mesmo que para 120°.

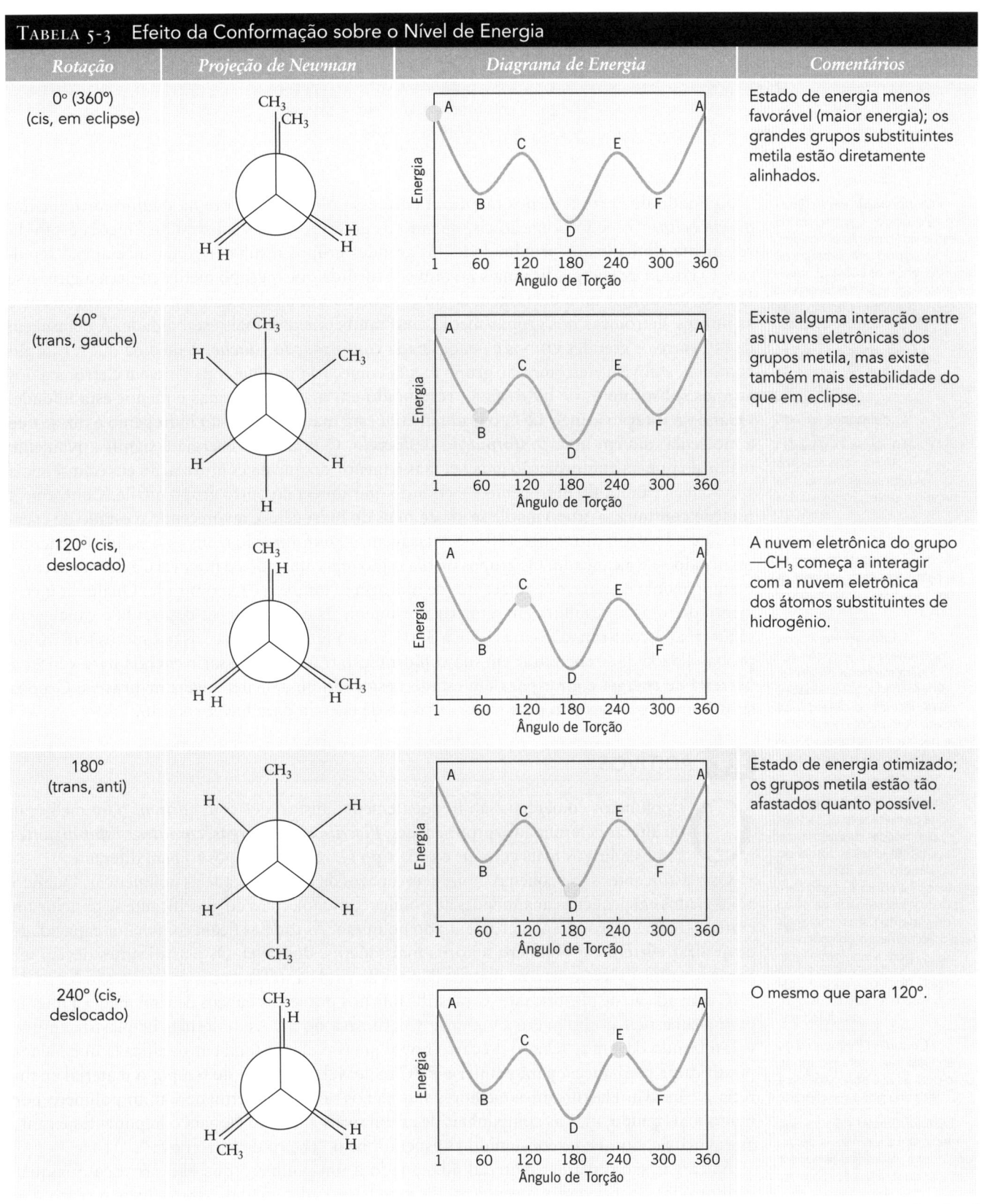

(continua)

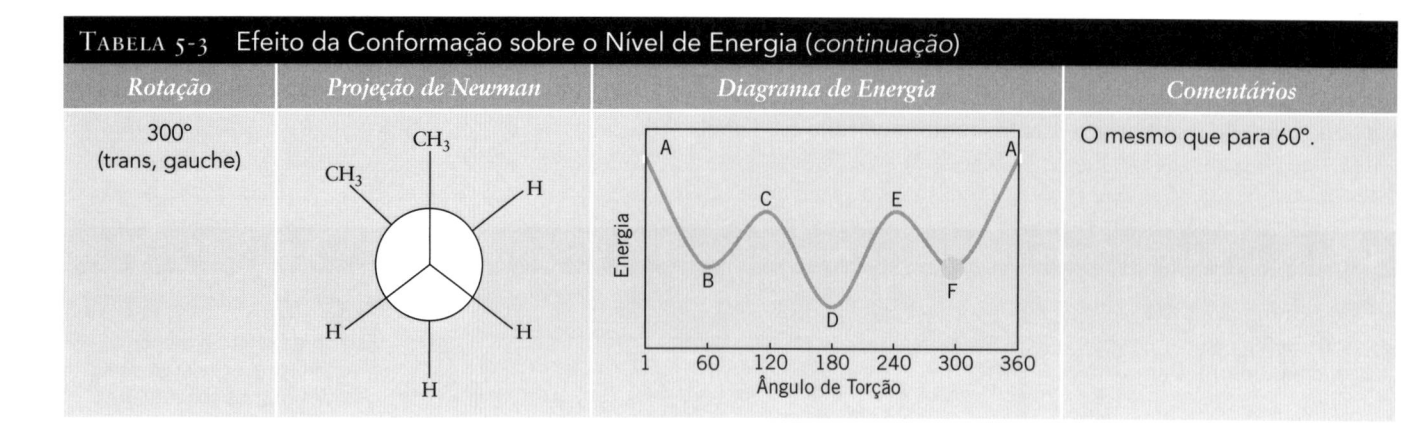

TABELA 5-3 Efeito da Conformação sobre o Nível de Energia (*continuação*)

Rotação	Projeção de Newman	Diagrama de Energia	Comentários
300° (trans, gauche)			O mesmo que para 60°.

| Conformação em Eclipse |
Ocorre quando os substituintes estão diretamente alinhados, causando uma substancial repulsão entre os substituintes e uma conformação desfavorável. Também denominada conformação cis.

| Conformação Gauche |
Conformação que ocorre quando os maiores substituintes em uma molécula estão defasados em 60°.

| Conformação Deslocada |
Arranjo dos maiores substituintes, no qual os substituintes estão defasados em 120°.

| Conformação Trans |
Conformação na qual os maiores substituintes estão defasados em 180°. Essa conformação é tipicamente a mais favorável.

| Aditivos | Moléculas adicionadas a um polímero para melhorar ou alterar determinadas propriedades ou moléculas adicionadas ao concreto com outros propósitos que não sejam os de modificar uma determinada propriedade.

| Plastificantes | Aditivos que causam inchamento, o que permite que as cadeias poliméricas deslizem mais facilmente entre si, tornando o polímero mais dúctil e mais dobrável. Também é usado para reduzir a viscosidade da pasta de cimento para tornar mais fácil o escoamento do concreto, para a sua forma final.

| Cargas | Aditivos cujo principal propósito é reduzir o custo do produto final.

| Corantes | Pigmentos ou anilinas que alteram o modo pelo qual a luz é absorvida ou é refletida por um polímero.

| Estabilizantes | Aditivos que melhoram a resistência de um polímero a variáveis que podem causar quebra das ligações, tal como o calor e a luz.

O estado de energia menos favorável para essa molécula ocorre na *conformação oculta ou em eclipse*, ou conformação cis, quando os grandes grupos substituintes metila estão diretamente alinhados. A proximidade dos grandes grupos resulta em uma substancial repulsão. O estado de energia fica mais favorável à medida que o grupo metila começa a girar e se afastar, até atingir uma defasagem de 60°. Nesse ponto, ainda existe alguma interação entre as nuvens eletrônicas dos grupos metila, mas também existe mais estabilidade. A defasagem de 60° entre os grandes grupos é denominada *conformação gauche*. À medida que a rotação continua, a nuvem eletrônica do grupo metila começa a interagir com a nuvem eletrônica dos átomos substituintes de hidrogênio, resultando em maiores energias e menor estabilidade. Quando a rotação atinge 120°, o grupo metila está mais próximo ao hidrogênio e diz-se que a molécula está em uma *conformação deslocada*. O estado de energia é significativamente maior do que na conformação gauche, mas é menor do que na conformação em eclipse, pois a nuvem eletrônica do hidrogênio é menor do que aquela do outro grupo metila. Conforme a rotação continua, o grupo metila se afasta mais do hidrogênio, favorecendo o estado de energia. Quando a rotação atinge 180° de defasagem, a *conformação trans* — o estado de energia otimizado — é alcançado. Os grupos metila estão mais afastados o possível e a distância entre o grupo metila e os átomos adjacentes de hidrogênio também é maximizada. Qualquer incremento de rotação resultará em retornar novamente às conformações deslocada e gauche, ao se retornar à conformação em eclipse a 360°. Como resultado disso, os polímeros têm maior probabilidade de se encontrar em sua conformação trans. É necessário energia para vencer a barreira de energia e girar para um estado deslocado ou gauche, menos favoráveis. Grupos substituintes grandes têm uma maior barreira de energia para haver rotação.

5.9 ADITIVOS

Os polímeros comerciais são frequentemente misturados com *aditivos* para melhorar ou alterar determinadas propriedades. *Plastificantes*, *cargas*, *corantes* e *estabilizantes* são os aditivos mais comuns e cada tipo serve a um propósito bem diferente.

Os plastificantes são pequenas moléculas capazes de dissolver cadeias poliméricas. Quando adicionados em pequenas quantidades ao polímero, as moléculas do plastificante se posicionam entre as cadeias e provocam inchamento do polímero. As cadeias ficam com maior capacidade de deslizar entre si e o polímero se torna mais dúctil e dobrável. Os plastificantes devem ser baratos, atóxicos e não serem voláteis. Bancos de vinil e estofamentos de carros são feitos de PVC com adição de plastificante. O plastificante nos primeiros bancos de vinil tendia a migrar para a superfície do polímero e então se volatilizava no ar. As moléculas de plastificante se volatilizando davam o "cheiro do carro novo", mas o cheiro também significava que menos plastificante permanecia para manter o PVC maleável. Ao longo do tempo, o material endurecia e trincava. Plastificantes melhores são menos voláteis e permanecem no polímero por muito mais tempo, mas as companhias de automóveis ainda adicionam componentes extras, mais voláteis, porque os consumidores esperam pelo "cheiro de carro novo".

As cargas são qualquer material adicionado a um polímero que não provoca qualquer melhora das propriedades mecânicas. As cargas são adicionadas para reduzir o custo dos produtos. O material das cargas tem custo menor do que o polímero, de modo que qualquer mistura de carga e polímero que não afete substancialmente as propriedades será uma escolha mais econômica. O negro de fumo, por exemplo, é adicionado aos elastômeros dos pneus de carros para reduzir custos e como corante.

Os corantes alteram o modo com que a luz é absorvida ou é refletida pelo polímero. As *anilinas* são dissolvidas diretamente no polímero e, frequentemente, são moléculas orgânicas. Polímeros aditivados com anilina podem ser claros e transparentes. Por outro lado, os *pigmentos* não se dissolvem no polímero e tornam o produto opaco. O negro de fumo é o pigmento mais comum usado na indústria.

Os estabilizantes são materiais adicionados aos polímeros para melhorar sua resistência ao calor e à luz. O calor ou a luz ultravioleta causam a ruptura de algumas ligações. Como resultado disso, o polímero perde resistência, se torna mais frágil e, frequentemente, perde a cor. A susceptibilidade à degradação varia com o polímero. O polietileno sofre um rápido decaimento, mas o PMMA permanece imune à luz ultravioleta por anos. Os estabilizantes reduzem a degradação, atuando como receptores de radicais livres, protegendo a integridade da cadeia polimérica. Sem a adição de estabilizantes, as moléculas de PVC tendem a perder átomos de cloro, formando ácido clorídrico (HCl) e deixando um radical livre. Na presença de oxigênio, a cadeia instável forma cetonas e as propriedades mecânicas do polímero variam substancialmente. Sais metálicos são usados comumente como estabilizantes.

| *Anilinas* | Aditivos dissolvidos diretamente no polímero, fazendo com que o polímero mude de cor.

| *Pigmentos* | Corantes que não se dissolvem no polímero.

Como os Polímeros São Processados em Produtos Comerciais?

5.10 PROCESSAMENTO DE POLÍMEROS

Os polímeros termoplásticos são produzidos em quantidades enormes, como pequenos *pellets*. Os transformadores fundem os *pellets* e os convertem em fibras, filmes ou em peças com formas variadas. O princípio para todas essas operações está centrado em torno do emprego de uma *extrusora*, para fundir os *pellets* e forçá-los para dentro de um dispositivo que lhes dá forma. A maioria das pessoas está familiarizada com extrusoras, mesmo se elas não reconhecerem o nome. Equipamentos para produzir macarrão, as colas em bastão, os moedores de carne e a maioria dos acessórios de brinquedos de massinha são simples extrusoras. Os componentes de um dispositivo de extrusão usado em polímeros incluem um *alimentador*, que armazena uma quantidade de *pellets* e os alimenta diretamente em uma câmara (denominada *corpo da extrusora*) que tem um parafuso giratório, aquecido. O parafuso aquecido funde os *pellets* e, então, empurra o fundido para frente. Voláteis indesejáveis, incluindo água e solventes, são purgados. Um esquema de uma extrusora é mostrado na Figura 5-34.

A extrusão é um processo contínuo. Enquanto o alimentador contiver *pellets* e o motor continuar a girar o parafuso, o processo pode continuar. A extrusão produz grandes quantidades de materiais poliméricos. O motor controla a velocidade de giro do parafuso, que po-

| *Extrusora* | Dispositivo usado no processamento de polímeros, que funde os *pellets* de polímero e os alimenta continuamente para dentro de um dispositivo que lhes dará forma.

| *Alimentador* | Parte de um equipamento de extrusão, que armazena uma grande quantidade de *pellets* poliméricos, à medida que eles são alimentados ao corpo da extrusora.

| *Corpo da Extrusora* | Parte do equipamento de extrusão, que contém um parafuso aquecido, que é usado para fundir o polímero e para empurrar o polímero à frente, para a próxima câmara.

FIGURA 5-34 Esquema de uma Extrusora

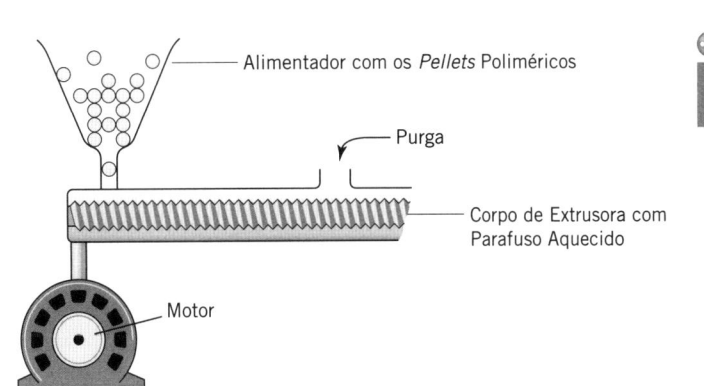

Alimentador com os *Pellets* Poliméricos

Purga

Corpo de Extrusora com Parafuso Aquecido

Motor

Figura 5-35 Cobertura de um Arame

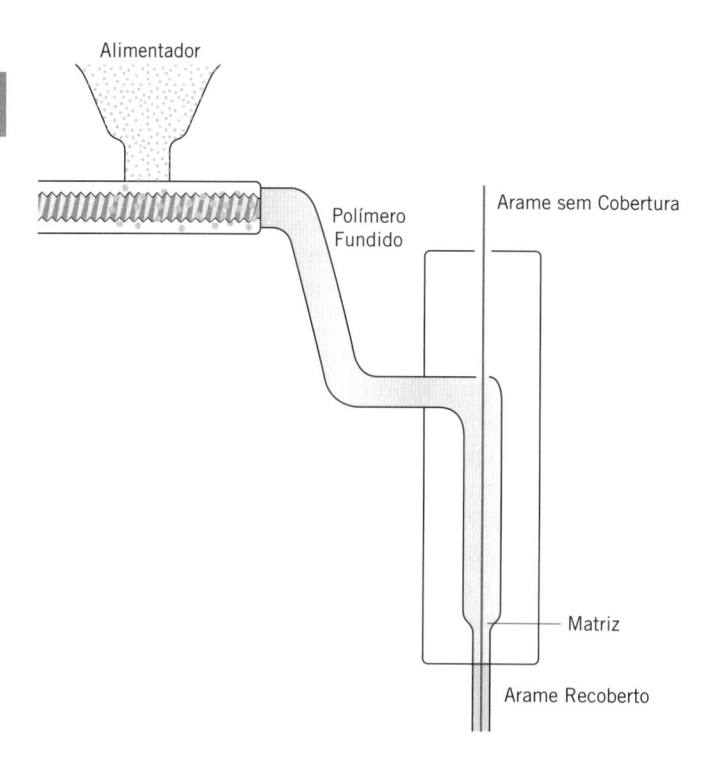

Alimentador

Polímero
Fundido

Arame sem Cobertura

Matriz

Arame Recoberto

de ser variada quando o processo necessitar de alterações. Mantas térmicas, que envolvem o corpo da extrusora, fazem o aquecimento.

A finalidade da extrusora é fornecer um polímero fundido, que é transformado na forma desejada e resfriado. Nas aplicações mais simples, o polímero fundido é empurrado através de uma série de peneiras, que filtram qualquer partícula que não tenha fundido, sujeira ou outros contaminantes sólidos. Os filtros, denominados **conjunto de peneiras**, eventualmente ficam entupidos e devem ser substituídos. O polímero fundido, então, entra em uma ferramenta que lhe dá forma, denominada **matriz**, que é montada na extremidade da extrusora. A matriz é normalmente feita de aço inoxidável e é afilada internamente para dar uma forma simples ao polímero, tal como uma barra, um cano ou um tubo. Ao sair da matriz, o polímero conformado é resfriado com água, para ajudar sua solidificação na sua forma final. O polímero é passado, frequentemente, através de uma série de placas de adequação de tamanho durante o processo de resfriamento para assegurar que a peça adquira a forma apropriada.

Arames recobertos são feitos do mesmo modo, à exceção da matriz, que é deslocada, de modo que um arame sem cobertura também pode ser alimentado através dela. O polímero fundido recobre o arame na matriz. O orifício de saída tem um diâmetro ligeiramente mais largo do que o do arame, o que controla a espessura da cobertura, como mostrado na Figura 5-35.

Existem muitas variações no projeto de extrusoras, incluindo algumas que usam um par de parafusos, operando juntos, para fundir e transportar o polímero. Entretanto, todos os processos de extrusão de polímeros operam com o princípio geral descrito anteriormente.

Quando o objetivo da extrusão é produzir fibras finas, a matriz é substituída por uma **fieira**. Uma fieira consiste em uma placa circular, com uma série de pequenos furos (normalmente com diâmetro de 0,005 polegada (0,127 mm) ou menor), como é mostrado na Figura 5-36.

Quando o polímero extrudado e fundido é empurrado até o topo da fieira, o material passa pelos furos, como pequenas fitas, pela ação da gravidade. À medida que o polímero passa pelo ar, abaixo da fieira, ele resfria e solidifica. Uma bobinadeira enrola as fibras solidificadas em um grande carretel removível, denominado **bobina**, como mostrado na Figura 5-37. A bobinadeira também impõe uma tensão cisalhante nas fibras que estão se solidificando, à medida que elas saem da fieira. Esse cisalhamento ajuda a reduzir o diâmetro e a aumentar a resistência da fibra. O processo é denominado, em conjunto, **fusão-enrolamento**. Embora os furos na maioria das fieiras sejam redondos, muitas outras formas podem ser feitas, incluindo furos com formato em y, usados para fabricar fibras trilobuladas, usadas em carpetes.

| **Conjunto de Peneiras** | Parte do equipamento de extrusão, que é usado como um filtro para separar partículas não fundidas, sujeira e outros contaminantes sólidos do polímero fundido.

| **Matriz** | Parte do equipamento de processamento de polímeros, através da qual o polímero é empurrado, forçando o polímero a adquirir formas simples, tais como uma barra ou um tubo.

| **Fieira** | Bloco estacionário, circular, com pequenos furos através dos quais o polímero fundido pode fluir, e tomar a forma de uma fibra.

| **Bobina** | Grande carretel, que é usado para enrolar as fibras poliméricas solidificadas após elas terem sido forçadas através da fieira.

| **Fusão-Enrolamento** | Processo pelo qual polímeros são forçados através de um fieira e as fibras solidificadas são enroladas sobre uma bobina; esse processo impõe uma tensão cisalhante nas fibras ao emergirem da fieira.

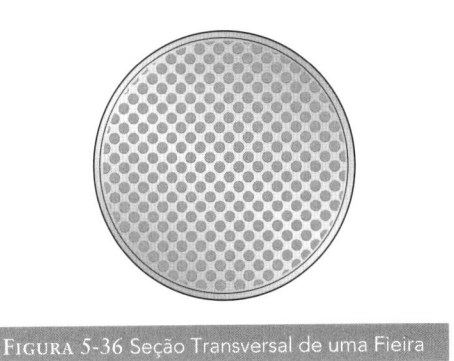

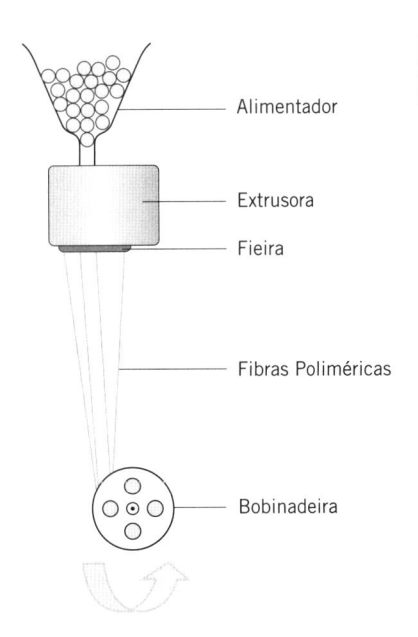

FIGURA 5-37 Processo de Fusão-Enrolamento

- Alimentador
- Extrusora
- Fieira
- Fibras Poliméricas
- Bobinadeira

Os filmes finos usados em recobrimentos, sacos de lixo e para envolver alimentos também começam a ser feitos a partir de um processo de extrusão. Quando o polímero fundido sai da extrusora, ele passa por uma matriz circular. Ar é forçado pela parte de baixo da matriz e flui para cima, através do polímero, formando uma bolha. A bolha se expande e resfria, gerando uma grande área com uma camada progressivamente mais fina de polímero ao seu redor. O estiramento do polímero também faz com que as moléculas se aproximem e desenvolve uma maior orientação cristalina. O ponto no qual a bolha desenvolve essa formação mais orientada é denominado ***linha de congelamento*** e pode ser identificada por uma perda de transparência. Quando a bolha atinge a estrutura de colapso, o material é fechado de modo a manter a bolha entre os filmes poliméricos e é, então, enrolado sobre um mandril de modo bem semelhante ao enrolamento de uma fibra, como mostrado na Figura 5-38.

O último modo de processamento de polímeros que iremos examinar é a ***moldagem por injeção***. Diferente dos sistemas de extrusão que foram discutidos, a moldagem por injeção pode fazer peças com formas complexas. O processo de moldagem por injeção é, inicialmente, semelhante aos processos de extrusão, com os *pellets*, em um alimentador, sendo introduzidos no corpo de injetora, que contém um parafuso aquecido. Entretanto, em um equipamento de

| *Linha de Congelamento* |
Termo associado ao equipamento de sopro de filme, que indica o ponto no qual as moléculas desenvolvem uma orientação mais cristalina em torno da bolha de ar.

| *Moldagem por Injeção* |
Tipo de processamento de polímeros, semelhante à extrusão, mas que pode ser usado para fabricar rapidamente peças com formas complexas.

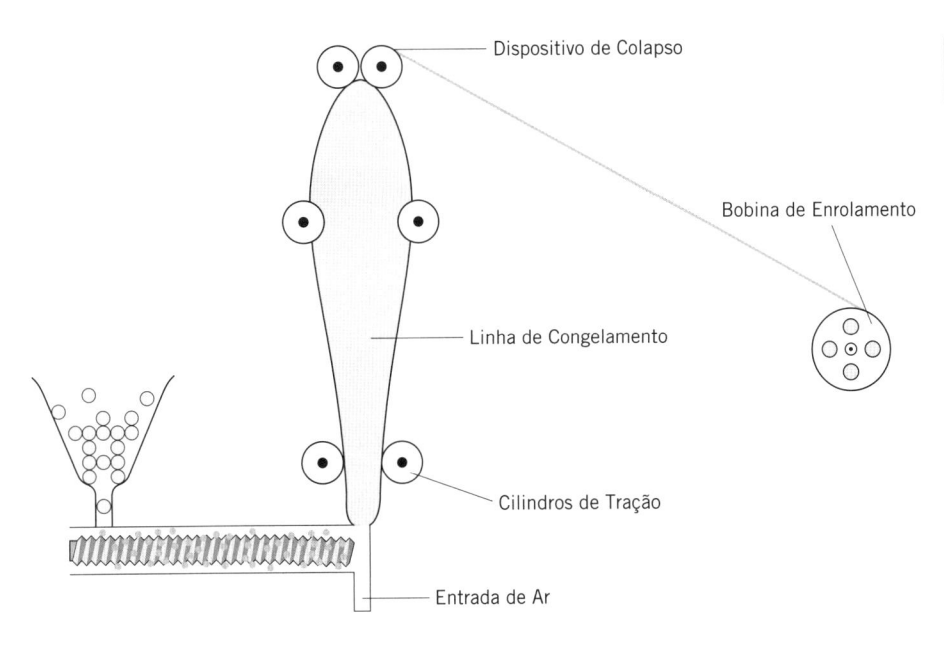

FIGURA 5-38 Equipamento para Sopro de Filmes

- Dispositivo de Colapso
- Bobina de Enrolamento
- Linha de Congelamento
- Cilindros de Tração
- Entrada de Ar

moldagem por injeção, o parafuso tem um movimento de rotação que funde o polímero tanto por calor quanto por ação mecânica. O polímero fundido é acumulado em um pequeno reservatório na extremidade do corpo da injetora. Quando a massa apropriada de polímero fundido (denominada **quantidade de disparo**) se acumula no reservatório, a extremidade do corpo da injetora se abre e o parafuso empurra todo o líquido para a frente, para dentro de um molde. O parafuso, então, retorna e o polímero é deixado resfriando no molde. Uma vez que o polímero tenha resfriado, o molde é aberto e a peça é removida. O projeto do molde controla a forma do produto.

A quantidade de polímero injetada varia de umas poucas onças (gramas) até tanto quanto 40 libras (18 kg). Os primeiros sistemas de moldagem por injeção tinham problemas com o endurecimento prematuro do polímero e escoamentos incompletos, mas as técnicas modernas controlaram esses problemas. A Figura 5-39 mostra um esquema da moldagem por injeção.

Todas as técnicas discutidas até agora envolveram a fusão dos *pellets* termoplásticos. Polímeros termorrígidos não podem ser conformados por qualquer uma dessas técnicas, pois as ligações cruzadas entre as cadeias impedem que eles se fundam. Assim sendo, a polimerização dos termorrígidos deve ocorrer quando eles estiverem na sua forma final. Frequentemente, as reações de polimerização são realizadas dentro de moldes. Os "insetos pegajosos" comercialmente disponíveis para crianças envolvem a mistura de reagentes em moldes em formato de aranha e a colocação dos moldes em um forno, para obter uma criatura sólida, de polímero termorrígido. Alguns termorrígidos irão desenvolver ligações cruzadas à temperatura ambiente e precisam apenas de tempo para isso ocorrer; outros precisam ser aquecidos.

Fibras termorrígidas são produzidas por uma técnica denominada *fiação em solução*, ilustrada na Figura 5-40. Os reagentes para a polimerização são misturados em um solvente (frequentemente uma solução ácida concentrada) e são passados através de uma fieira. A reação de polimerização ocorre durante o processo de fiação. As fibras recém-formadas saem da fieira, passam através de um colchão de ar, que auxilia a realinhar as moléculas, e, então, entram em um banho de resfriamento onde o solvente é removido. As fibras saem do banho de resfriamento e são enroladas em uma bobina, de modo semelhante a um material termoplástico. Muitos polímeros de alto desempenho, incluindo o PPTA e o PBO, são feitos pelo processo de fiação em solução.

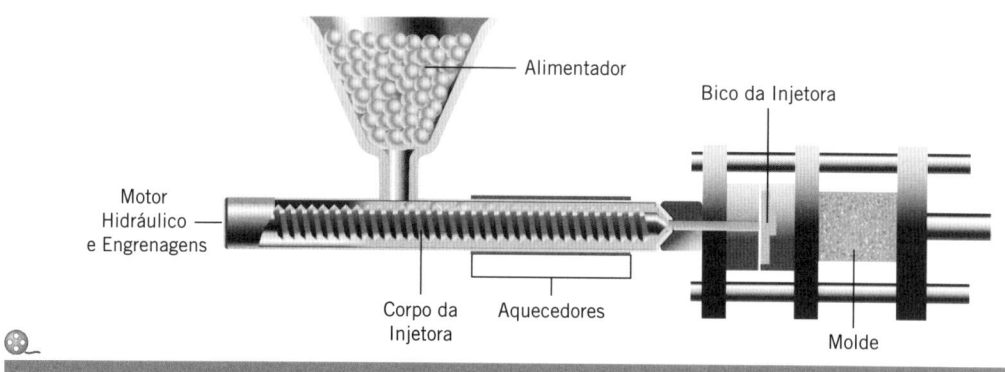

FIGURA 5-39 Equipamento de Moldagem por Injeção

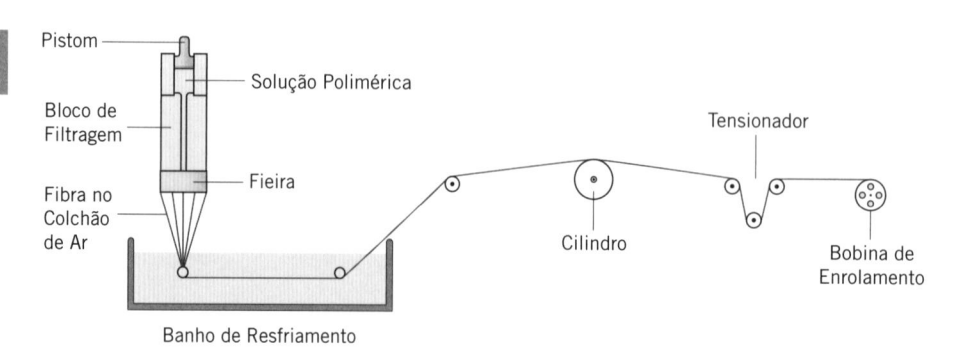

FIGURA 5-40 Fiação em Solução de Termorrígidos

O que Acontece Quando os Polímeros São Descartados?

Após os polímeros serem convertidos em produtos comerciais e vendidos aos consumidores, eles são usados por um período de tempo e, então, são descartados. Até a década de 1990, quase 90% dos materiais poliméricos usados comercialmente terminavam em aterros, com cerca de 10% sendo incinerados. Em 1991, 74 bilhões de toneladas de materiais plásticos foram descartados nos Estados Unidos, sendo reciclados menos de 2%.

As leis europeias exigem uma reciclagem quase total da maioria dos materiais, incluindo polímeros termoplásticos, e colocaram como meta a reciclagem total até 2010. Os Estados Unidos estão atrás nesses esforços, tanto devido aos custos de reciclagem, que seriam passados aos consumidores, quanto devido às dificuldades em coletar, transportar e separar os resíduos em um país tão grande. A Figura 5-41 mostra o ciclo de vida dos materiais usados na fabricação de muitos polímeros.

5.11 RECICLAGEM DE POLÍMEROS

Tecnicamente, a reciclagem de polímeros inclui tanto o reciclado nas fábricas quanto o descartado após consumo. A reciclagem nas fábricas envolve moer novamente e refundir refugos de polímeros, que nunca deixaram a fábrica em um produto acabado. O material descartado após o consumo inclui todos os materiais poliméricos que foram descartados após deixar as fábricas.

A primeira dificuldade vem da diversidade de materiais poliméricos em uso. Quando o vidro e latas de alumínio são reciclados, eles podem ser convertidos, essencialmente nos mesmos produtos de modo repetido, mas isso raramente ocorre com os polímeros. A maioria dos polímeros comerciais inclui corantes, plastificantes e outros aditivos, que devem ser removidos para qualquer atividade de reciclagem prática. Uma segunda dificuldade advém da separação. Uma garrafa de PVC é muito parecida com uma garrafa feita de PET, mas quimicamente elas são muito diferentes. Elas não podem ser misturadas sem que haja alterações significativas nas propriedades do novo material.

Para facilitar o processo de separação, a Sociedade da Indústria de Plásticos (SPI — Society of the Plastics Industry) desenvolveu um código de identificação, que é colocado na maioria dos produtos poliméricos comerciais. A Tabela 5-4 resume esses códigos.

O sistema de numeração não implica que todos esses polímeros sejam reciclados. Na maioria das comunidades, PET e PEAD são aceitos para reciclagem. Em alguns casos, o PEBD é reciclado, mas poucas companhias comerciais acharam econômico reciclar outros polímeros. A maioria dos outros polímeros e misturas poliméricas continua a ser descartada em aterros.

O PET é um dos polímeros mais fáceis de ser reciclado. Garrafas de bebidas são separadas pela cor, são então moídas em *pellets* e lavadas. O PET é mais denso que a água, de modo que ele afunda durante a lavagem, enquanto o PEAD e qualquer resíduo dos rótulos flutuam. Os *pellets* limpos são recolhidos e têm muitos usos, incluindo fibras para carpetes, novas garrafas e enchimentos para travesseiros. Os fatores limitantes para a reciclagem do PET tendem a ser a necessidade de separação manual e o custo do transporte das volumosas garrafas vazias de refrigerantes até os recicladores.

O PEAD também deve ser separado manualmente. Os vasilhames vazios de PEAD são moídos em pequenos flocos e lavados. O polietileno flutua, enquanto muitos contaminantes afundam. O PEAD reciclado é, então, tingido ou não, e reprocessado em uma variedade de produtos. Garrafas contendo produtos para o consumo humano não usam materiais reciclados. Partes de PEAD coloridas são misturadas juntas, moídas em flocos e tingidas de preto.

Muitos centros de reciclagem não aceitam PEBD, mas aqueles que o aceitam operam de modo semelhante aos recicladores de PEAD. Sacos de lixo, tubulações e madeira plástica contêm, frequentemente, algum PEBD reciclado.

O PVC é difícil de reciclar, em parte porque ele normalmente não é usado sozinho. Geralmente, o PVC comercial foi tratado com antioxidantes, corantes, plastificantes e aditivos para torná-lo mais resistente à luz ultravioleta. O PVC também precisa mais energia no processo de fabricação do que qualquer dos principais termoplásticos.

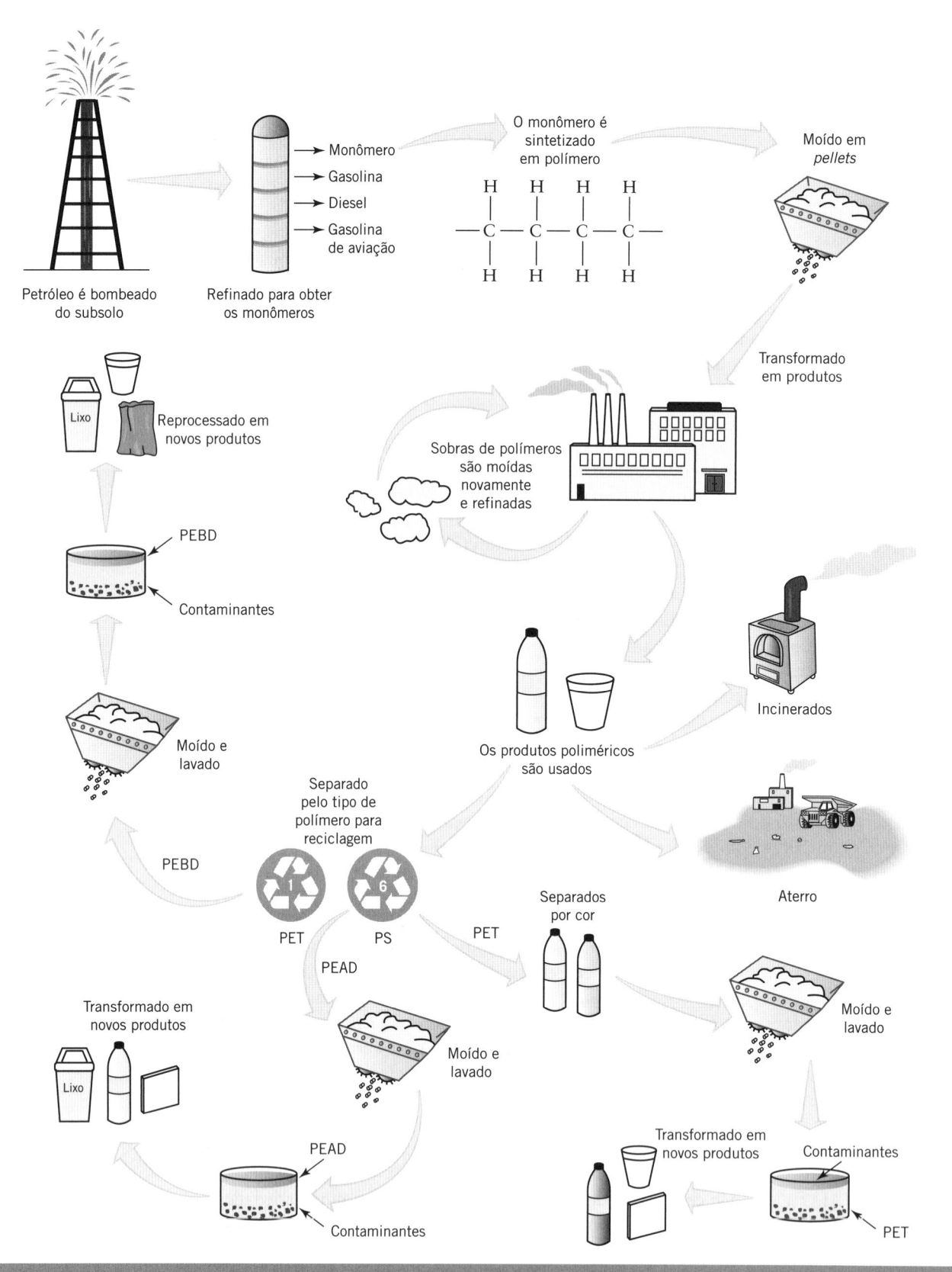

Figura 5-41 Ciclo de Vida de Materiais Poliméricos

Tabela 5-4 — Símbolos de Reciclagem dos Plásticos Comuns

Símbolo	Material	Usos Comuns
1 PET	Polietileno Tereftalato (PET)	Garrafa de refrigerante Fibras para carpete
2 PEAD	Polietileno de Alta Densidade (PEAD)	Garrafas de leite Frascos de xampu Sacos plásticos Copos plásticos rígidos Garrafas usadas em atividades esportivas
3 PVC	Cloreto de Polivinila (PVC)	Frascos para óleo Tubulações Fundidos
4 PEBD	Polietileno de Baixa Densidade (PEBD)	Sacos de supermercados Sacos de freezer Madeira plástica
5 PP	Polipropileno (PP)	Canudos Tampas de garrafas Móveis plásticos
6 PS	Poliestireno (PS)	Embalagens Copos de bebidas Embalagens para carne

Os plásticos que não são reciclados se acumulam no ecossistema. Muitos dos próprios polímeros são geralmente benignos, mas os corantes e os plastificantes contidos neles podem conter toxinas, incluindo chumbo e cádmio. Alguns estudos atribuem tanto quanto 28% de toda a contaminação tóxica por cádmio em aterros municipais, aos plásticos descartados. Para alguns polímeros, a incineração fornece uma alternativa energética consciente, pois o calor liberado durante a incineração pode ser usado para gerar vapor. Os hidrocarbonetos queimam bem e (com um controle adequado e limpeza dos gases) geram apenas dióxido de carbono e água como subprodutos. Entretanto, produtos inorgânicos e outros poluentes se acumulam nas cinzas da incineração. Testes revelaram níveis de furano, dioxinas, cádmio e chumbo em cinzas de incineração, que excedem as normas federais.

Pesquisas importantes estão focadas para tornar a reciclagem dos polímeros mais viável comercialmente. Vários sistemas de separação automática dos polímeros reciclados estão sendo desenvolvidos e testados. Existe também um direcionamento significativo no sentido de *projetar para reciclar (PPR)*, que essencialmente significa considerar o ciclo de vida no projeto do produto. Os projetistas de produtos estão sendo encorajados a usar polímeros reciclados e a usar um único polímero em vez de uma mistura sempre que possível.

| *Projetar para Reciclar (PPR)* |
Esforço para se considerar as consequências do ciclo de vida quando se projeta um material ou um produto.

Além das dificuldades na separação e na remoção de aditivos, os polímeros usados sofrem, invariavelmente, alguma degradação devido à exposição ao ambiente. Calor e luz ultravioleta danificam o polímero e, embora os estabilizantes reduzam o avanço da deterioração, eles não podem pará-la completamente. A oxidação também resulta em quebra das ligações e redução das propriedades mecânicas. Considerações de entropia também implicam cadeias mais embaraçadas e menos flexíveis com o passar do tempo. Não existe maneira de voltar completamente às propriedades originais do polímero. Como resultado, os polímeros reciclados entram com apenas uma fração do total de cadeias em novas aplicações.

Resumo do Capítulo 5

Neste capítulo examinamos:

- A terminologia básica e a nomenclatura dos polímeros
- As características e as aplicações das classes de polímeros comerciais
- Os mecanismos das polimerizações de adição e de condensação
- Os tipos de ligações encontrados nos polímeros e seus efeitos sobre as propriedades
- Como determinar a taticidade nos polímeros e seu efeito sobre a cristalinidade
- As barreiras de energia que governam a conformação
- Como os polímeros são processados em materiais úteis através da extrusão, sopro de filmes, fusão-enrolamento, moldagem por injeção e fiação em solução
- Questões que afetam a reciclagem e/ou o descarte dos materiais poliméricos

Termos-Chave

acrílico	elastômeros	pigmentos
aditivos	estabilizantes	plastificantes
alimentador	estrutura da cadeia	poliamidas
anilinas	extrusora	poliésteres
aramida	fiação em solução	polimerização de adição
atático	fieira	polimerização de condensação
bobina	funcionalidade	polimerização passo a passo
cargas	fusão-enrolamento	polímeros
configuração	grau de polimerização	poliolefinas
conformação	grupos funcionais	poliuretanos
conformação deslocada	grupos laterais	processo viscose
conformação em eclipse	grupos terminais	projetar para reciclar (PPR)
conformação gauche	homopolímero	propagação
conformação trans	iniciação	quantidade de disparo
congelamento	ligação primária	radical livre
conjunto de peneiras	ligação secundária	raiom
constituição	linha de congelamento	ramificação
copolímero	massa molecular relativa (MMR)	taticidade
copolímeros aleatórios	matriz	temperatura de transição vítrea
copolímeros alternados	misturas físicas	terminação
copolímeros em bloco	moldagem por injeção	terminação por recombinação
copolímeros enxertados	monômero vinílico	terminação primária
corantes	monômeros	termoplásticos
corpo da extrusora	náilon	termoplásticos de alto consumo (TAC)
craqueamento	oligômeros	termorrígidos
díade isotática	peso molecular numérico médio	unidade estrutural
díade sindiotática	peso molecular ponderal médio	vulcanização

Problemas Propostos

1. Mostre dois caminhos diferentes para se obter cloreto de polivinila sindiotático com grau de polimerização igual a quatro.

2. Uma mistura física contém 45% em peso de poliestireno e 55% em peso de polipropileno. Qual é a fração molar do poliestireno na mistura?

3. Mostre as reações necessárias para obter o náilon 6,6 com um grau de polimerização igual a três.

4. Determine o grau de polimerização médio para um PMMA com massa molecular relativa de 120.000.

5. Calcule o peso molecular numérico médio e o peso molecular ponderal médio para um polímero com as frações em massa listadas:

Faixa de MMR	Fração em Massa
0–2.500	0,03
2.500–5.000	0,12
5.000–7.500	0,08
7.500–10.000	0,24
10.000–12.500	0,22
12.500–15.000	0,15
15.000–17.500	0,11
17.500–20.000	0,05

6. Calcule o peso molecular numérico médio e o peso molecular ponderal médio para um polímero com as frações em massa listadas:

Faixa de MMR	Fração em Massa
0–5.000	0,01
5000–10.000	0,10
10.000–15.000	0,12
15.000–20.000	0,14
20.000–25.000	0,18
25.000–30.000	0,25
30.000–35.000	0,13
35.000–40.000	0,07

7. Como varia a curva tensão-deformação de um polímero se ele for ensaiado em tração acima da sua temperatura de transição vítrea e abaixo da sua temperatura de transição vítrea?

8. Quais dos polímeros da Tabela 5-1 são capazes de formar díades isotáticas e sindiotáticas?

9. Mostre as reações necessárias para gerar um polímero com grau de polimerização igual a quatro, a partir desse monômero:

$$H_2C{=}CH(C_3H_3O_2)$$

10. Ordene os seguintes polímeros na sequência de suas capacidades de cristalizar: PE, PP, PVC, PVDC. Explique a base para a sua ordenação.

11. Para um dado polímero consistindo em 1000 cadeias, o peso molecular numérico médio vale 4000 e a quantidade $\Sigma n_i M_i^2 = 1,96 \times 10^{11}$. Determine o peso molecular ponderal médio para essa amostra.

12. Explique a diferença entre um copolímero e uma mistura física polimérica.

13. Para o polimetilmetacrilato,

    a. Descreva a influência das ligações primárias e secundárias, incluindo as interações entre moléculas em uma cadeia e entre cadeias adjacentes.

    b. Existem problemas relacionados à taticidade? Se existirem, desenhe e nomeie os isômeros estruturais relevantes.

    c. Mostre a série de reações que levam à formação do PMMA.

14. Mostre quais combinações de grupos funcionais na Figura 5-27 são capazes de apresentar reações de condensação entre si e indique quais seriam os produtos da reação.

15. Explique a diferença entre a temperatura de fusão e a temperatura de transição vítrea de um polímero.

16. Um estudante afirma que ele pode provar que a cristalinidade de uma determinada amostra de polímero vale 27%. O que está errado nessa afirmativa?

17. Encontre 10 itens na sua casa que são fabricados em polímeros. Identifique o polímero básico usado em cada item e desenhe a sua unidade estrutural.

18. Explique porque as aramidas tendem a ser mais resistentes do que outras poliamidas.

19. Discuta as principais barreiras para o estabelecimento comercial da reciclagem de outros polímeros termoplásticos.

20. Explique porque é mais difícil para a cadeia de carbono girar em uma molécula de poliestireno do que em uma molécula de polietileno.

21. Por que é mais difícil fazer moléculas longas a partir da polimerização de condensação do que a partir da polimerização por adição?

22. Por que é importante obter uma distribuição estreita de peso molecular?

23. Como a copolimerização afetaria a cristalinidade?

24. Para as aplicações a seguir, sugira um possível material polimérico. Descreva sua adequabilidade baseado nas propriedades mecânicas, custo e reciclabilidade:

    a. Mata-moscas

    b. Mesa de piquenique para crianças

    c. Estofamento

25. Faça uma análise qualitativa do ciclo de vida para sacolas plásticas de supermercado.

26. Porque os polímeros termorrígidos não podem ser moldados por injeção?

27. Explique a diferença entre a moldagem por injeção e a extrusão.

28. Por que o controle da temperatura é tão importante na extrusão e na moldagem por injeção?

29. Qual é o maior número teórico possível de ligações cruzadas na vulcanização de 100 g de cadeias de poli-isopreno?

30. Explique porque o ácido teraftálico usado na obtenção do PET sempre reage com a extremidade do etileno glicol, na cadeia em crescimento, e nunca com a extremidade do ácido tereftálico.

31. Qual deve ser a influência das ramificações na reciclagem de polímeros?

32. Explique as características de composição, configuração e conformação existentes no poliestireno. (Comece por definir os termos e, então, explique como eles se aplicam ao poliestireno – por exemplo, que possíveis configurações a molécula pode assumir etc.)

6

Cerâmicas e Materiais à Base de Carbono

SUMÁRIO

O que São Materiais Cerâmicos?
6.1 Estruturas Cristalinas em Cerâmicas

Quais São os Usos Industriais das Cerâmicas?
6.2 Abrasivos
6.3 Vidros
6.4 Cimentos
6.5 Refratários
6.6 Argilas Estruturais
6.7 Louças Brancas
6.8 Cerâmicas Avançadas

O que Acontece com os Materiais Cerâmicos ao Final de Suas Vidas Úteis?
6.9 Reciclagem dos Materiais Cerâmicos

O Grafite É um Polímero ou uma Cerâmica?
6.10 Grafite

Outros Materiais à Base de Carbono Apresentam Propriedades Incomuns?
6.11 Diamante
6.12 Fibras de Carbono
6.13 Fulerenos e Nanotubos de Carbono

Objetivos do Aprendizado

Ao final deste capítulo, um estudante deve ser capaz de:

- Definir um material cerâmico e identificar características físicas e mecânicas comuns às cerâmicas.
- Calcular o número de coordenação para uma rede cerâmica.
- Identificar e descrever os sistemas cristalinos principais, comuns às cerâmicas.
- Entender o papel dos sítios intersticiais, octaédrico e tetraédrico, na estrutura cristalina das cerâmicas.
- Descrever as sete classes básicas de materiais cerâmicos.
- Explicar o papel dos abrasivos na indústria.
- Descrever os princípios operacionais por detrás das lixas e de outros processos de abrasão de materiais.
- Explicar a importância do diagrama de fases do silício para a fabricação do vidro.
- Explicar o processo *float-glass*.
- Identificar as microestruturas e as propriedades associadas com os vidros.

- Descrever o papel do tetraedro de SiO_4^{4-} nos vidros.
- Descrever as diferenças entre sinterização e vitrificação.
- Explicar os fundamentos da química do cimento.
- Listar os principais constituintes no cimento Portland e definir seus papéis no processo de hidratação.
- Descrever o papel do cimento no projeto industrial.
- Distinguir entre as diferentes classes de cimento Portland.
- Definir as louças brancas e explicar os processos de queima e esmaltagem.
- Discutir o papel dos refratários na indústria.
- Distinguir entre as principais classes de tijolos refratários.
- Definir os produtos estruturais de argila e explicar seus usos na indústria.
- Descrever os desenvolvimentos que estão ocorrendo nas cerâmicas avançadas.
- Explicar por que o grafite se assemelha a um polímero, mas se comporta como uma cerâmica.
- Explicar como o diamante adquire suas propriedades mecânicas únicas.
- Descrever como as fibras de carbono são fabricadas e seus usos na indústria.
- Descrever os nanotubos de carbono e seus potenciais usos na indústria.

O que São Materiais Cerâmicos?

6.1 ESTRUTURAS CRISTALINAS EM CERÂMICAS

| **Cerâmicas** | Compostos que contêm átomos metálicos ligados a átomos não metálicos, tais como o oxigênio, o carbono e o nitrogênio.

Quando a maioria das pessoas ouve a palavra *cerâmica*, elas tendem a pensar em estátuas de argila ou na louça do jantar. Na verdade, a palavra *cerâmica* é derivada da palavra grega *keramos*, que significa pote de barro. Entretanto, as cerâmicas englobam um grupo muito mais amplo de empregos e de tipos de materiais.

Como discutido no Capítulo 1, os materiais cerâmicos são compostos que contêm átomos metálicos ligados a átomos não metálicos, mais comumente ao oxigênio, nitrogênio ou carbono. Essa definição ampla resulta em um enorme espectro de propriedades desses materiais. A maioria das cerâmicas tem ligações iônicas, mas podem conter uma mistura de ligações iônicas e covalentes. Essas ligações dão, à maioria das cerâmicas, dureza, resistência à abrasão e estabilidade química. A maioria dos materiais cerâmicos é imune à corrosão, pois, essencialmente, eles já estão corroídos.

Quando a ligação é prioritariamente iônica, a rede consiste em cátions metálicos e ânions não metálicos. A presença desses íons torna a rede das cerâmicas muito mais complexa que a de um metal puro. Primeiramente, a carga resultante do sistema deve estar em equilíbrio. Se íons de titânio (Ti^{4+}) estão em uma rede com íons de oxigênio (O^{2-}), devem existir, então, duas vezes mais íons de oxigênio para equilibrar a carga dos íons de titânio.

Os cátions tendem a ser menores do que os ânions, de modo que a razão entre o raio do cátion (r_c) e o raio do ânion (r_a) é menor do que 1. Cátions maiores, mostrados na Figura 6-1(b), podem ter contato com mais ânions do que cátions menores como está mostrado na Figura 6-1(a). Cada cátion preferiria manter contato com tantos ânions quanto possível, enquanto cada ânion preferiria manter contato com tantos cátions quanto possível. O *número de coordenação* da rede é definido como o número de ânions que cada cátion tem contato e é controlado pelos raios atômicos e pela geometria. A Tabela 6-1 resume a menor razão entre

| **Número de Coordenação** | O número de ânions em contato com cada cátion em uma rede cerâmica.

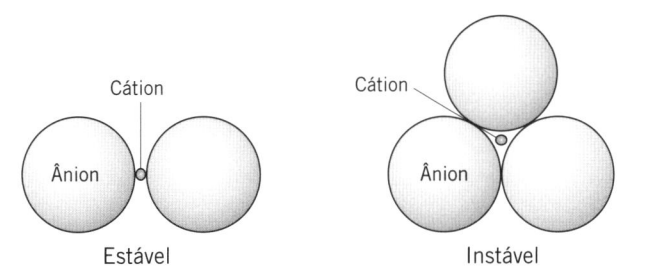

Cátion

Ânion

Estável

Cátion

Ânion

Instável

(a) Cátion Pequeno

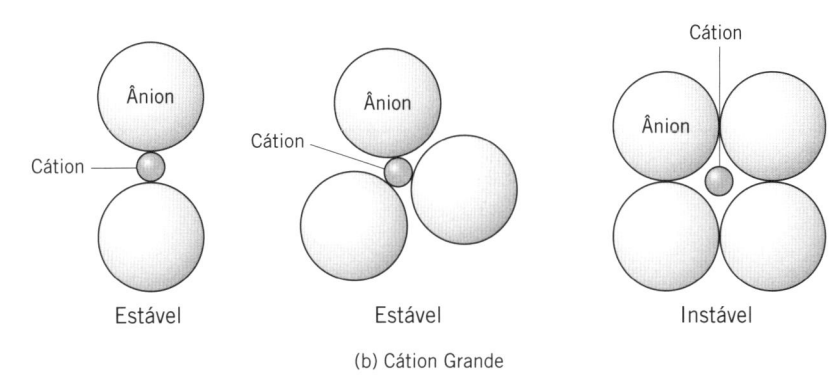

Ânion

Cátion

Estável

Cátion

Ânion

Estável

Cátion

Ânion

Instável

(b) Cátion Grande

TABELA 6-1   Resumo das Razões dos Raios Iônicos para os Números de Coordenação Estáveis

Número de Coordenação	Valor de r_-/r_+
2	<0,155
3	0,155–225
4	0,225–414
6	0,414–732
8	0,732–1,0

TABELA 6-2   Raios Iônicos

Espécie Atômica	Íon	Raio Iônico (nm)	Espécie Atômica	Íon	Raio Iônico (nm)
Actínio	Ac^{3+}	0,118	Lítio	Li^+	0,078
Alumínio	Al^{3+}	0,057	Magnésio	Mg^{2+}	0,078
Antimônio	Sb^{3+}	0,09		Mn^{2+}	0,091
Arsênio	As^{3+}	0,069	Manganês	Mn^{3+}	0,07
	As^{5+}	~0,04		Mn^{4+}	0,052
Astatínio	At^{7+}	0,062	Mercúrio	Hg^{2+}	0,112
Bário	Ba^{2+}	0,143	Molibdênio	Mo^{4+}	0,068
Berílio	Be^{2+}	0,054		Mo^{5+}	0,065
Bismuto	Bi^{3+}	0,12	Neodímio	Nd^{3+}	0,115
Boro	B^{3+}	0,02	Nióbio	Nb^{4+}	0,074
Bromo	Br^-	0,196		Nb^{5+}	0,069
Cádmio	Cd^{2+}	0,103	Níquel	Ni^{2+}	0,078

(continua)

Espécie Atômica	Íon	Raio Iônico (nm)	Espécie Atômica	Íon	Raio Iônico (nm)
Cálcio	Ca^{2+}	0,106	Ósmio	Os^{4+}	0,067
Carbono	C^{4+}	<0,02	Ouro	Au^+	0,137
Cério	Ce^{3+}	0,118	Oxigênio	O^{2-}	0,132
	Ce^{4+}	0,102	Paládio	Pd^{2+}	0,05
Césio	Cs^+	0,165	Platina	Pt^{2+}	0,052
Chumbo	Pb^{4-}	0,215		Pt^{4+}	0,055
	Pb^{2+}	0,132	Polônio	Po^{6+}	0,067
	Pb^{4+}	0,084	Potássio	K^+	0,133
Cloro	Cl^-	0,181	Praseodímio	Pr^{3+}	0,116
Cobalto	Co^{2+}	0,082		Pr^{4+}	0,1
	Co^{3+}	0,065	Prata	Ag^+	0,113
Cobre	Cu^+	0,096	Promécio	Pm^{3+}	0,106
	Cu^{2+}	0,072	Rádio	Ra^+	0,152
Cromo	Cr^{3+}	0,064	Rênio	Re^{4+}	0,072
	Cr^{6+}	0,03-0,04	Ródio	Rh^{3+}	0,068
Disprósio	Dy^{3+}	0,107		Rh^{4+}	0,065
Enxofre	S^{2-}	0,174	Rubídio	Rb^+	0,149
	S^{6+}	0,034	Rutênio	Ru^{4+}	0,065
Érbio	Er^{3+}	0,104	Samário	Sm^{3+}	0,113
Escândio	Sc^{2+}	0,083	Selênio	Se^{2-}	0,191
Estanho	Sn^{4-}	0,215		Se^{6+}	0,03-0,04
	Sn^{4+}	0,074	Silício	Si^{4-}	0,198
Estrôncio	Sr^{2+}	0,127		Si^{4+}	0,039
Európio	Eu^{3+}	0,113	Sódio	Na^+	0,102
Ferro	Fe^{2+}	0,087	Tálio	Tl^+	0,149
	Fe^{3+}	0,067		Tl^{3+}	0,106
Flúor	F^-	0,133	Tântalo	Ta^{5+}	0,068
Fósforo	P^{5+}	0,03-0,04	Telúrio	Te^{2-}	0,211
Frâncio	Fr^+	0,18		Te^{4+}	0,089
Gadolínio	Gd^{3+}	0,111	Térbio	Tb^{3+}	0,109
Gálio	Ga^{3+}	0,062		Tb^{4+}	0,089
Germânio	Ge^{4+}	0,044	Titânio	Ti^{2+}	0,076
Háfnio	Hf^{4+}	0,084		Ti^{3+}	0,069
Hidrogênio	H^-	0,154		Ti^{4+}	0,064
Hólmio	Ho^{3+}	0,105	Tório	Th^{4+}	0,11
Índio	In^{3+}	0,092	Túlio	Tm^{3+}	0,104
Iodo	I^-	0,22	Tungstênio	W^{4+}	0,068
	I^{5+}	0,094		W^6	0,065
Irídio	Ir^{4+}	0,066	Urânio	U^{4+}	0,105
Itérbio	Yb^{3+}	0,1	Vanádio	V^{3+}	0,065
Ítrio	Y^{3+}	0,106		V^{4+}	0,061
Lantânio	La^{3+}	0,122		V^{5+}	~0,04
Leutécio	Lu^{3+}	0,099	Zinco	Zn^{2+}	0,083
Nitrogênio	N^{5+}	0,01-0,02	Zircônio	Zr^{4+}	0,087

TABELA 6-2   Raios Iônicos (*continuação*)

os raios atômicos necessária para alcançar uma rede estável, para cada número de coordenação. A Tabela 6-2 resume os raios iônicos para cátions e ânions.

Esses números de coordenação afetam os tipos de estruturas cristalinas formadas nas cerâmicas. Essas estruturas são classificadas, aproximadamente, pelo número de cátions e de ânions diferentes, presentes em cada rede. As estruturas mais simples, contendo apenas um cátion para cada ânion, são classificadas como sistemas AX, onde A representa o cátion e X o ânion. Quando as cargas do cátion e do ânion são diferentes, a rede é classificada como de um sistema A_mX_p, onde $m \neq p$. Por fim, quando uma cerâmica tem duas espécies de cátions com cargas diferentes, o sistema é classificado como $A_mB_nX_p$.

Os vazios intersticiais entre os átomos da rede se tornam muito importantes quando as estruturas cerâmicas são consideradas, pois átomos ou íons podem ocupar esses espaços. Dois tipos distintos de espaços intersticiais existem nas redes CFC (cúbica de faces centradas), comuns a muitas cerâmicas. Quatro vazios intersticiais ocorrem nos pontos onde três átomos, em um mesmo plano, tocam um quarto átomo em um plano adjacente, como mostrado na Figura 6-2. Esses vazios são denominados *posições tetraédricas*, porque linhas desenhadas a partir do centro dos átomos formam um tetraedro. De modo semelhante, existem oito *posições octaédricas*, nas quais seis átomos mantêm a mesma distância do espaço intersticial. Em geral, os maiores ânions ocupam os planos mais compactos, enquanto os ânions menores ocupam as posições intersticiais.

| *Posições Tetraédricas* |
Quatro posições intersticiais estão presentes na rede. Um tetraedro é formado quando linhas são desenhadas unindo os centros dos átomos que envolvem essa posição.

| *Posições Octaédricas* | Espaços intersticiais entre seis átomos em uma rede. Um octaedro é formado quando linhas são desenhadas unindo os centros dos átomos que envolvem essas posições.

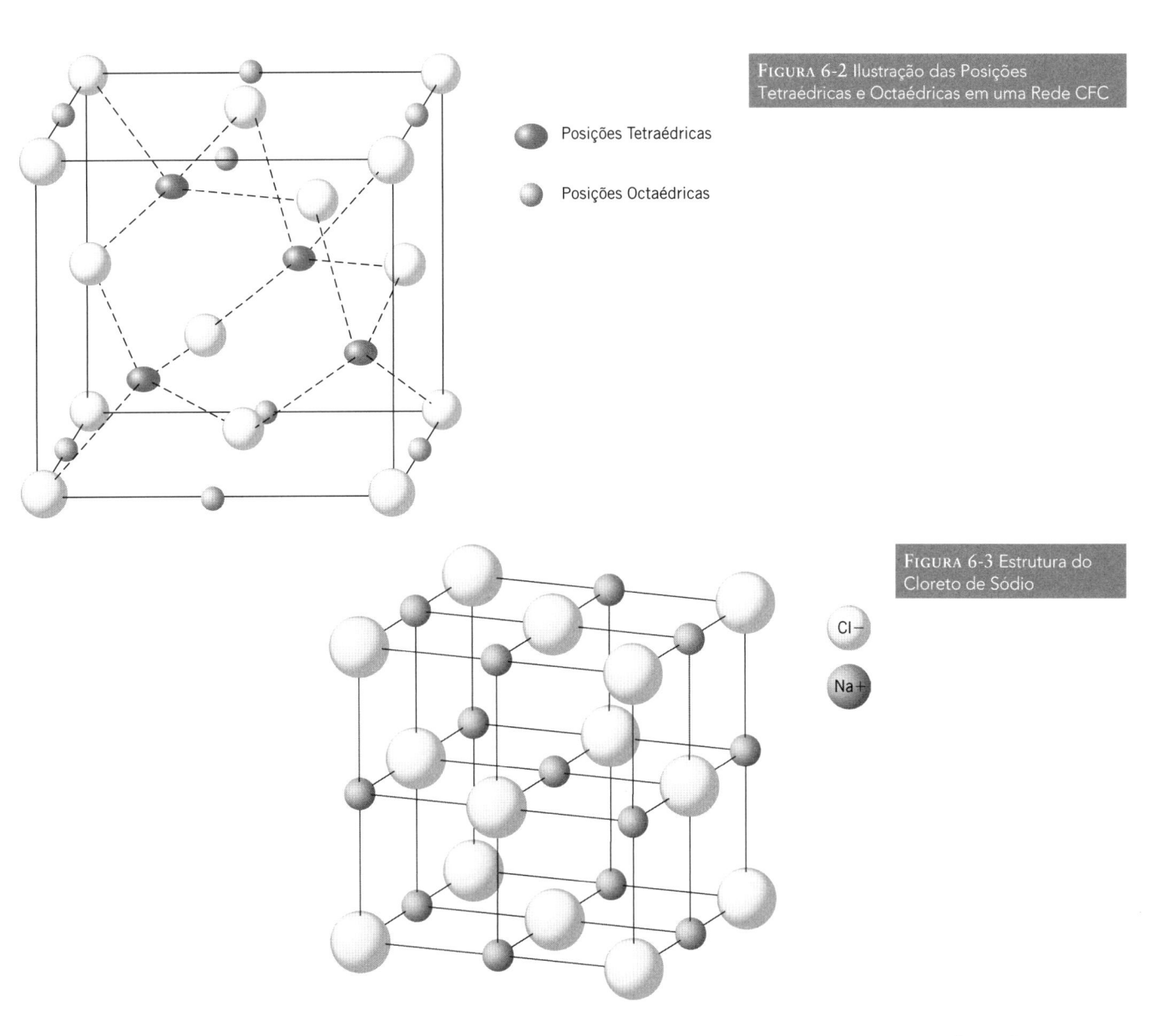

Figura 6-2 Ilustração das Posições Tetraédricas e Octaédricas em uma Rede CFC

Posições Tetraédricas

Posições Octaédricas

Figura 6-3 Estrutura do Cloreto de Sódio

Cl−

Na+

Verifique que um número de coordenação igual a 6 é válido para uma cerâmica formada por íons Na^+ e Cl^-.

SOLUÇÃO

A partir da Tabela 6-2, o raio iônico de um íon sódio vale 0,102 nm e o de um íon de cloro vale 0,181 nm. A razão entre o cátion e o ânion vale

$$\frac{r_c}{r_a} = \frac{r_{Na^+}}{r_{Cl^-}} = \frac{0,102 \text{ nm}}{0,181 \text{ nm}} = 0,56$$

A Tabela 6-1 mostra que a faixa da razão dos raios iônicos para um número de coordenação igual a 6 varia de 0,414 até 0,732. Como 0,56 está localizado nessa faixa, 6 é o número de coordenação correto.

| *Estrutura do Cloreto de Sódio* |
Sistema cristalino no qual os ânions preenchem as posições das faces e dos vértices de uma rede CFC, enquanto um número igual de cátions ocupa as regiões intersticiais.

| *Estrutura da Blenda de Zinco* |
Sistema da rede CFC com um número igual de cátions e de ânions, no qual cada ânion está ligado a quatro cátions idênticos.

| *Estrutura do Fluoreto de Cálcio* | Sistema da rede CFC com os cátions ocupando as posições da rede, os ânions nas posições tetraédricas e as posições octaédricas permanecendo vazias.

Um dos sistemas AX mais comuns, a **estrutura do cloreto de sódio** mostrada na Figura 6-3, é altamente iônico e envolve números iguais de cátions e ânions. Os ânions Cl^- ocupam as posições dos vértices e das faces da estrutura da rede CFC e os cátions Na^+ ocupam as regiões intersticiais. Como cada cátion está em contato com seis ânions, o número de coordenação da rede vale 6. O óxido de ferro (FeO) e o sulfeto de manganês (MnS) são outras cerâmicas comuns com a estrutura do cloreto de sódio.

A **estrutura da blenda de zinco** é outro sistema AX, mas dessa vez cada célula unitária contém o equivalente a quatro ânions e quatro cátions, como mostrado na Figura 6-4. Existem duas formas equivalentes da estrutura. Em uma, todas as posições dos vértices e das faces na rede CFC estão ocupadas por ânions, enquanto todos os cátions ocupam posições intersticiais tetraédricas. Uma estrutura exatamente equivalente resulta se a posição dos cátions e dos ânions estiver invertida. Como resultado disso, cada ânion está ligado a quatro cátions, resultando em um número de coordenação igual a 4. Juntamente com compostos de zinco, a rede do carbeto de silício forma uma estrutura do tipo da blenda de zinco.

Para os sistemas onde os cátions e os ânions têm cargas diferentes, obtém-se uma estrutura A_mX_p, como a encontrada na **estrutura do fluoreto de cálcio** (CaF_2), mostrada na Figura 6-5. A estrutura do CaF_2 consiste em uma rede CFC com os íons de cálcio ocupando as posições da

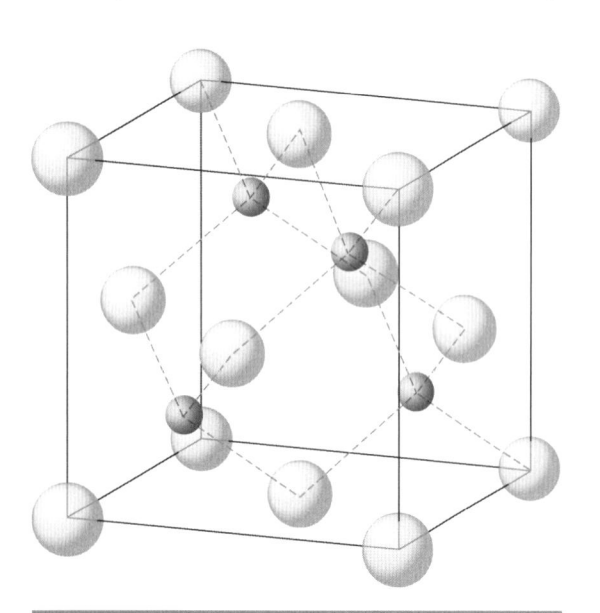

FIGURA 6-4 Estrutura da Blenda de Zinco

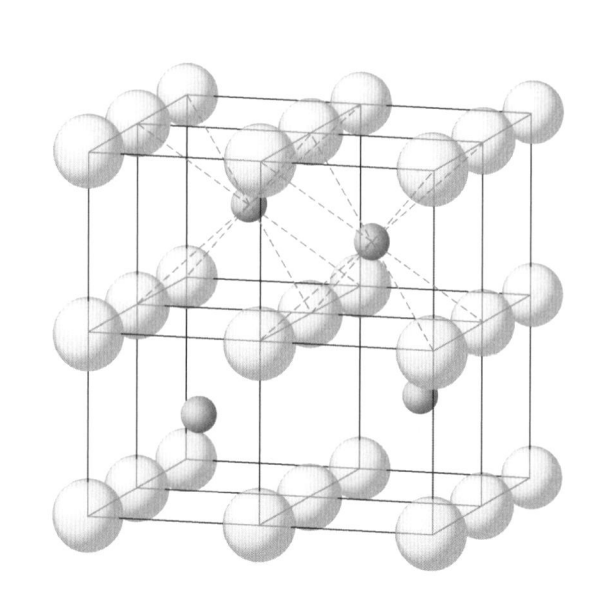

FIGURA 6-5 Estrutura do Fluoreto de Cálcio

Exemplo 6-2

Calcule o número de coordenação para o óxido de urânio.

SOLUÇÃO

A partir da Tabela 6-2, o raio iônico de um íon U^{4+} vale 0,105 nm e o de um íon oxigênio vale 0,132 nm. A razão entre o cátion e o ânion vale:

$$\frac{r_c}{r_a} = \frac{r_{U^{4+}}}{r_{O^{2-}}} = \frac{0,105 \text{ nm}}{0,132 \text{ nm}} = 0,795$$

De acordo com a Tabela 6-1, a razão dos raios iônicos de 0,795 nm corresponde a um número de coordenação igual a 8.

---

rede e os íons F^- nas posições tetraédricas. A caraterística particular da estrutura do fluoreto de cálcio é a de que os sítios octaédricos da rede permanecem vazios. No caso do óxido de urânio (UO_2), esses espaços não ocupados podem ser usados para capturar subprodutos de fissão.

A **estrutura da perovsquita**, mostrada na Figura 6-6, é um exemplo de um sistema $A_mB_nX_p$. Nessa estrutura, dois ânions com cargas potencialmente diferentes coexistem na mesma cerâmica, como uma única espécie de ânion. As perovsquitas, tal como o titanato de bário ($BaTiO_3$) e o titanato de cálcio ($CaTiO_3$), contêm, geralmente, um cátion metálico capaz de manter uma carga maior, tal como o titânio. Nesses sistemas, o outro cátion ocupa as posições dos vértices de uma rede CFC, com os ânions oxigênio ocupando as posições das faces da rede. O cátion Ti^{4+} preenche a posição do interstício octaédrico. Materiais com a estrutura da perovsquita apresentam propriedades piezelétricas, que são discutidas no Capítulo 8.

A **estrutura do espinélio**, mostrada na Figura 6-7, é outro exemplo de um sistema $A_mB_nX_p$. Nesse caso, o aluminato de magnésio ($MgAl_2O_4$) forma uma rede CFC, com os ânions oxigênio nas posições dos vértices e nas faces. Os cátions Mg^{2+} ocupam as quatro posições tetraédricas, enquanto as oito posições octaédricas são ocupadas por cátions Al^{3+}. A estrutura do espinélio tem uma importância especial porque ela tem propriedades ferromagnéticas.

| *Estrutura da Perovsquita* |
Sistema da rede CFC com dois tipos de cátions, um ocupando as posições dos vértices e o outro ocupando os sítios octaédricos. Um ânion ocupa as posições das faces na rede.

| *Estrutura do Espinélio* |
Sistema da rede CFC com dois tipos de cátions, um ocupando as posições tetraédricas e o outro ocupando os sítios octaédricos. Um ânion ocupa as posições das faces e dos vértices na rede.

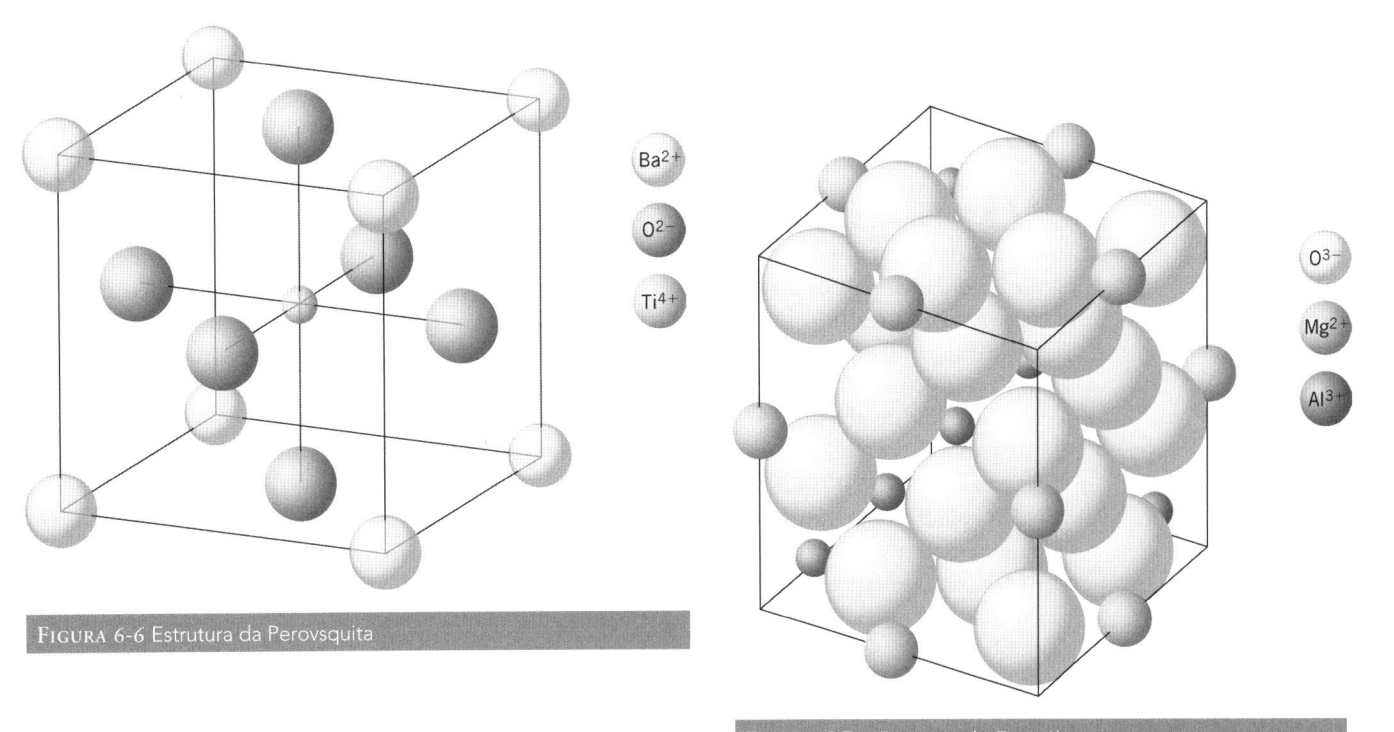

Ba^{2+}
O^{2-}
Ti^{4+}

Figura 6-6 Estrutura da Perovsquita

O^{3-}
Mg^{2+}
Al^{3+}

Figura 6-7 A Estrutura do Espinélio

FIGURA 6-8 Diagrama de Fases MgO-Al₂O₃

De B. Hallstedt, "Thermodynamic Assessment of the System MgO-Al₂O₃", Journal of the American Ceramic Society, Vol. 75, No. 6 (1992): 1502. Reimpresso com permissão da American Ceramic Society

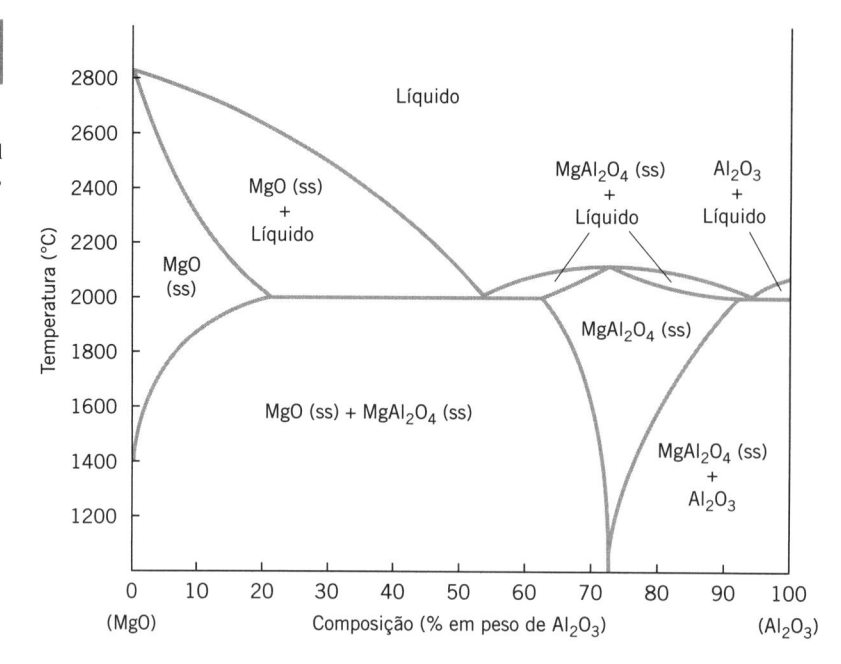

Sistemas cerâmicos são representados em diagramas de fases como os metais. Em geral, diagramas de fases cerâmicos envolvem misturas de óxidos e/ou de silicatos. A Figura 6-8 mostra um diagrama de fases cerâmico típico para o óxido de magnésio–alumina. Os mesmos princípios de interpretação dos diagramas de fases, que são usados para os metais, também são aplicáveis aos diagramas cerâmicos; incluindo o cálculo da composição das fases a partir de uma linha de amarração e a identificação das linhas *solidus*, das linhas *liquidus*, das linhas *solvus* e de todos os pontos invariantes.

Quais São os Usos Industriais das Cerâmicas?

A Sociedade Americana de Cerâmica classifica os materiais cerâmicos em sete grupos distintos: *abrasivos, vidros, cimentos, refratários, argilas estruturais, louças brancas* e *cerâmicas avançadas*. Cada categoria possui propriedades e desafios diferentes.

6.2 ABRASIVOS

| *Abrasivos* | Materiais usados para desgastar outros materiais.

Abrasivos são usados para desgastar outros materiais através de processos que incluem moagem, lixamento, lapidação e jateamento. A partícula de abrasivo atua como um instrumento de corte, arrancando parte do material mais macio. Por essa razão, a dureza é a característica mais importante para um material abrasivo, mas o abrasivo também deve resistir à fratura. Logo, a tenacidade é uma preocupação. Muitas cerâmicas são abrasivos ideais, devido a sua mistura de tenacidade e de dureza, juntamente com uma resistência suficiente ao aquecimento, para suportar as temperaturas elevadas geradas pelo atrito durante os processos de abrasão.

O abrasivo comercial mais familiar é a *lixa*, na qual uma resina é usada para fixar partículas grandes sobre um substrato. A lixa data do século XIII, na China, onde cacos de conchas eram colados com goma natural a pedaços de pergaminho ou de pele de tubarão. A primeira patente americana para lixa data de 1834 e envolve a fixação de pedaços de vidro sobre papel. As lixas modernas evoluíram além do vidro e algumas não usam mais papel como substrato. Em seu lugar são comumente usados Mylar, algodão e raiom.

Quatro classes diferentes de abrasivos são usadas nas lixas: alumina, granada, carbeto de silício e "cerâmica". As lixas com alumina (Al_2O_3) são, de longe, as mais comuns e possuem muitas boas propriedades. A alumina é densa ($3,97$ g/cm³), dura (9 na escala de dureza Mohs), insolúvel em água e tem alto ponto de fusão (2288 K). A alumina tem a **estrutura do** *córindon*, mostrada na Figura 6-9, na qual os íons Al^{3+} ocupam as posições octaédricas na rede hexagonal compacta (HC). Como o sistema deve permanecer eletricamente neutro, podem existir apenas dois íons de alumínio para cada três íons de oxigênio. Assim sendo, os íons de alumínio podem ocupar apenas dois terços das posições octaédricas e a rede fica ligeiramente distorcida. O empacotamento compacto dos íons de alumínio e de oxigênio é responsável pela excepcional dureza do material. Muitas pedras preciosas são alumina com impurezas específicas, incluindo os rubis (o Cr^{3+} dá a cor vermelha) e a safira (o Fe^{2+} e o Ti^{4+} dão a cor azul).

Partículas de alumina podem ser fabricadas em uma diversidade de formas e tamanhos e elas são *friáveis*, de modo que elas formam fragmentos com novas bordas afiadas quando quebram sob tensão, devido ao aquecimento ou à pressão. Assim, as partículas abrasivas de óxido de alumínio nas lixas se autorrenovam.

As granadas [$A_3B_2(SiO_4)_3$] são, na realidade, uma diversidade de materiais classificados como granadas de alumínio, granadas de cromo ou granadas de ferro, dependendo do tipo do metal B na sua estrutura. A granada é um material menos duro do que a alumina e não é friável, tornando-a menos adequada para o desbaste de grandes quantidades de material. As bordas vivas das granadas se adoçam durante o processo de lixamento, produzindo uma superfície muito mais lisa do que com o óxido de alumínio e selando os grãos da madeira (se a madeira é o material que está sendo lixado). Em função disso, lixas de granada são tipicamente usadas para o acabamento final em madeiras macias. Mais de 100.000 toneladas de lixas de granada são produzidas a cada ano e são reconhecíveis pela sua típica coloração laranja.

O carbeto de silício (SiC) é mais duro do que a alumina e é friável, embora a maioria das madeiras não seja dura o suficiente para fraturar a superfície das partículas. A combinação de dureza e de resistência a altas temperaturas torna o SiC ideal para desbastar metais, argamassa e compósitos de fibras de vidro.

Lixas cerâmicas são as mais duras e mais caras. As partículas cerâmicas são depositadas sobre o substrato usando um processo *sol-gel*, no qual os sais metálicos são colocados em uma suspensão coloidal, denominada sol, que é, então, colocada em um molde. Através de uma série de secagens e de tratamentos térmicos, a suspensão (sol) se converte em um gel sólido e úmido. O gel é posteriormente seco, formando uma cerâmica extremamente dura. Lixas sol-gel são usadas para dar forma e nivelar madeira e são tipicamente encontradas em lixadeiras de rolo.

Qualquer que seja o agente abrasivo, as lixas são classificadas pela sua granulometria, que é dada pelo número de partículas de abrasivo por polegada quadrada. A Tabela 6-3 resume as granulometrias, graus e usos comerciais das lixas.

As lixas são classificadas como abrasivos recobertos, pois as partículas são coladas a um substrato flexível. Porém, outras formas de abrasivos são usadas em processos e produtos comerciais. Abrasivos para polimento são partículas extremamente finas, que são usadas para o polimento fino. Tipicamente, os abrasivos para polimento são vendidos tanto como

| *Estrutura do Córindon* | Estrutura com rede HC, com os cátions ocupando dois terços das posições octaédricas.

| *Friável* | Que forma bordas vivas quando quebrado sob tensão.

| *Sol-gel* | Material obtido pela formação de uma suspensão coloidal de sais metálicos e a posterior secagem da solução em um molde convertendo-a em um gel sólido, úmido.

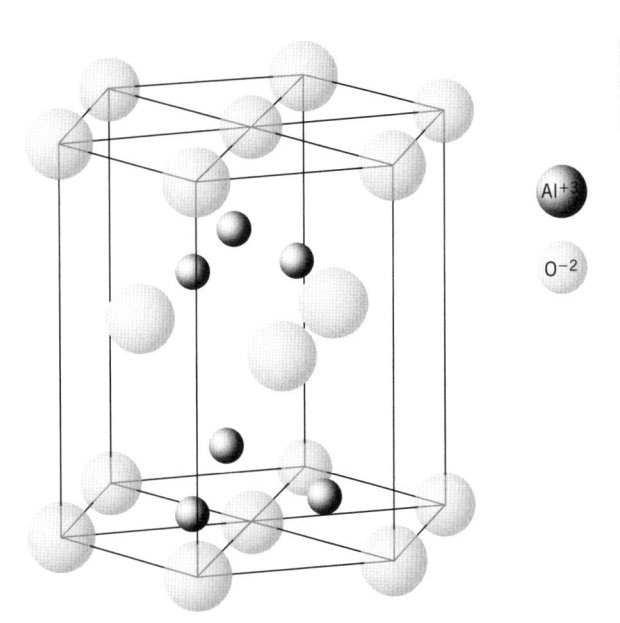

Figura 6-9 A Estrutura do Tipo Córindon do Óxido de Alumínio

Al^{+3}

O^{-2}

TABELA 6-3	Granulometria das Lixas	
Granulometria	**Grau**	**Usos**
40–60	Grosso	Desbaste ou lixamento em larga escala
80–120	Médio	Lixamento
150–180	Fino	Lixamento final para madeiras
220–240	Muito Fino	Lixamento de acabamento para produzir superfície brilhante
280–320	Extrafino	Remoção de marcas
360–600	Superfino	Remoção de arranhões superficiais

pós secos ou como pastas, sendo aplicados com água em uma politriz giratória. A peça a ser polida é movida delicadamente para a frente e para trás contra o pano da politriz. O pó de diamante é o abrasivo para polimento mais duro. Abrasivos colados são formados por partículas cerâmicas duras e um material ligante, o que permite que sejam prensados em formas úteis; incluindo discos, cilindros, blocos e cones de polimento. A principal técnica usada para fabricar abrasivos colados é a ***prensagem de pós***.

| Prensagem de Pós | Permite a obtenção de um material sólido pela compactação de finas partículas sob pressão.

Diferente dos polímeros e dos metais, a maioria das cerâmicas não pode ser conformada pela fusão do material e seu vazamento em um molde. Em vez disso, as partículas cerâmicas são misturadas com um agente de ligação (normalmente água), o qual lubrifica as partículas durante a compactação, e são conformadas em uma forma final pela aplicação de pressão. Na forma mais simples, *a prensagem uniaxial de pós*, o pó cerâmico é comprimido em um molde metálico pela aplicação de pressão em uma única direção. Como resultado disso, o material compactado assume a forma do molde e dos punções. Quando uma forma mais complicada é necessária, o material cerâmico é colocado em uma câmara de borracha e usa-se água para aplicar uma pressão hidráulica uniforme em todas as direções. Essa técnica é denominada *prensagem isostática de pós* e é significativamente mais cara do que a prensagem uniaxial.

Embora a pressão tenha esmagado as partículas entre si, um processo de sinterização é necessário para melhorar a resistência da peça prensada. Durante a sinterização, a peça prensada é aquecida, fazendo com que os contornos de grão entre as partículas adjacentes cresçam. A região intersticial entre as partículas começa a contrair e gradualmente se transforma em poros esféricos, pequenos, como é mostrado na Figura 6-10.

FIGURA 6-10 Mudanças Microestruturais Resultantes da Sinterização

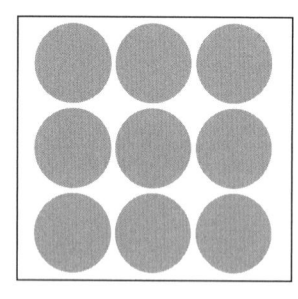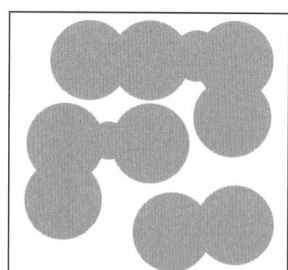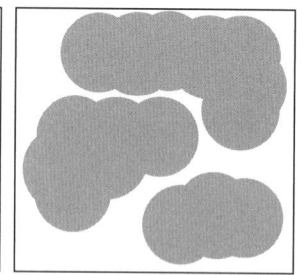

6.3 VIDROS

| Vidros | Sólidos inorgânicos que existem em uma forma rígida, mas não cristalina.

| Vidro à Base de Sílica | Sólido não cristalino formado pelo resfriamento do dióxido de silício (SiO₂) fundido.

Os ***vidros*** diferem da maioria dos materiais sólidos, pois não exibem uma estrutura cristalina. Embora materiais vítreos possam ser feitos a partir de inúmeros óxidos metálicos, o ***vidro à base de sílica*** é, de longe, o mais comum. Ironicamente, o vidro à base de sílica, que não é cristalino, é feito a partir de um material cristalino, o dióxido de silício (SiO_2), que ocorre sob inúmeras formas alotrópicas, dependendo da temperatura e de como foi formado. O diagrama de fases para o SiO_2 é mostrado na Figura 6-11. A estrutura cristalina mais comum para o SiO_2 é o quartzo (ou quartzo α), que é uma estrutura trigonal. Quando o quartzo é aquecido até 573°C, ele se transforma em uma rede hexagonal e se torna

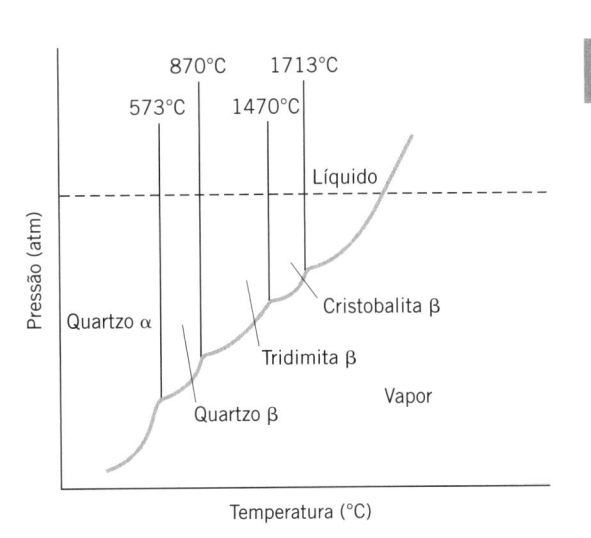

870°C   1713°C

573°C   1470°C

Pressão (atm)

Líquido

Quartzo α

Cristobalita β

Tridimita β

Quartzo β

Vapor

Temperatura (°C)

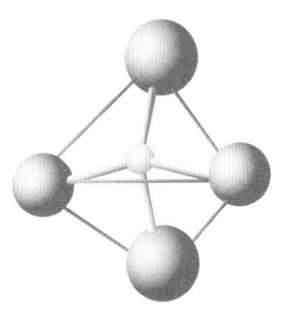

FIGURA 6-12 Tetraedro de SiO₄⁴⁻

o quartzo β (ou quartzo resistente a alta temperatura). Conforme a temperatura é aumentada até 867°C, o SiO₂ se transforma novamente. Dessa vez em uma rede hexagonal denominada **tridimita**, que é, ainda, convertida à forma cúbica **cristobalita** a 1713°C.

Embora não exista nada particularmente incomum a respeito do aquecimento do quartzo para formar SiO₂ líquido, o comportamento do material durante o resfriamento é bem diferente. À medida que o SiO₂ fundido resfria, o diagrama de fases indica que a cristobalita deveria se formar. Entretanto, a viscosidade extremamente alta do SiO₂ fundido previne que as moléculas tetraédricas de SiO₂ se rearrumem em uma estrutura cristalina. Conforme o líquido continua a resfriar, ele forma um vidro amorfo, em vez da estrutura cristalina, termodinamicamente favorável, da cristobalita.

Diferente dos metais, o vidro não se transforma diretamente de um líquido para um sólido rígido. Em vez disso, ele sofre uma transição de um líquido altamente viscoso para um semissólido, que se torna rígido apenas quando a temperatura de transição vítrea é alcançada. Da mesma forma que em polímeros, a temperatura de transição vítrea representa o ponto no qual o movimento molecular em larga escala se torna possível. Quando um vidro é aquecido acima da temperatura de transição vítrea, ele desenvolve movimento em larga escala através de um processo denominado **vitrificação**.

A unidade básica do vidro é um tetraedro de SiO₄⁴⁻ como a mostrada na Figura 6-12. Nesse arranjo, cada átomo de silício está localizado no centro de um tetraedro, com os átomos de oxigênio em cada vértice. As ligações entre os átomos de silício e de oxigênio têm tanto características iônicas quanto covalentes. Uma **rede aberta**, como a mostrada na Figura 6-13, é formada, com os tetraedros se tocando vértice a vértice e sem ordem de longo alcance.

| **Tridimita** | Forma polimorfa do dióxido de silício (SiO₂), estável em alta temperatura, e que exibe uma rede hexagonal.

| **Cristobalita** | Forma polimorfa do dióxido de silício (SiO₂), estável em alta temperatura, e que exibe uma rede cúbica.

| **Vitrificação** | Processo de aquecimento pelo qual um sólido vítreo desenvolve movimento em larga escala.

| **Rede Aberta** | Arranjo molecular nos vidros, no qual não existe ordem de longo alcance, mas onde os tetraedros de SiO₄⁴⁻ compartilham um átomo de oxigênio em seus vértices.

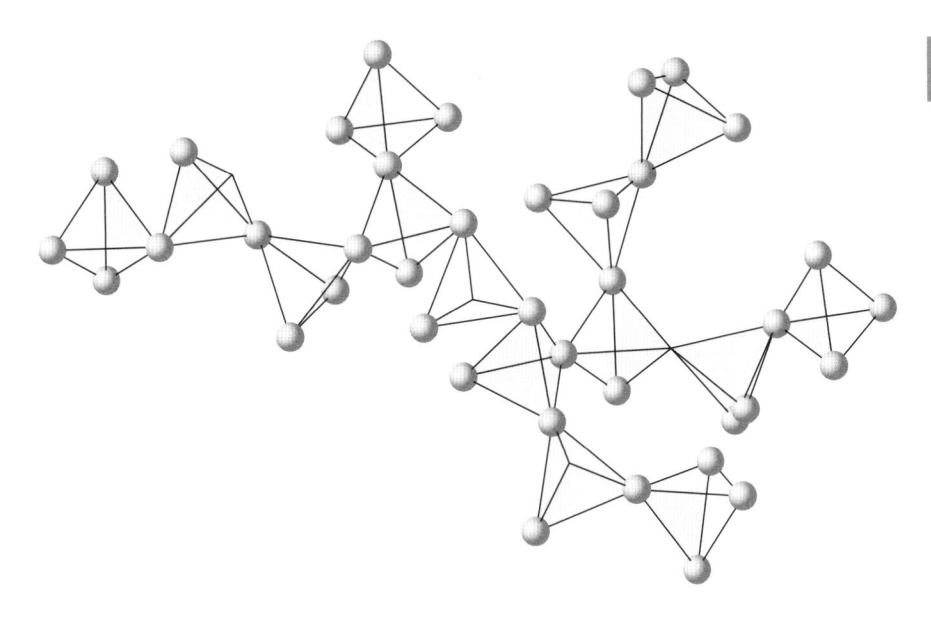

FIGURA 6-13 Rede Aberta de Tetraedros de SiO₄⁴⁻

| *Modificadores de Rede* |
Aditivos usados para reduzir a viscosidade das redes abertas do vidro.

| *Óxidos Intermediários* |
Aditivos usados para dar propriedades especiais aos vidros.

| *Vidro de Soda-Cal* | A composição mais comum de vidro, que inclui dióxido de silício (72%), soda (14%) e cal (7,9%) como componentes principais.

| *Processo Float-Glass* | Técnica de produção de vidro na qual uma chapa fina de vidro é puxada de um forno e flutua sobre a superfície de uma piscina de estanho fundido.

| *Lehr* | Forno de recozimento usado na fabricação do vidro.

Para reduzir a viscosidade dessas redes abertas, óxidos metálicos, denominados ***modificadores de rede***, são adicionados com frequência à mistura. Modificadores de rede comuns incluem Na_2O, K_2O e MgO. Os átomos de oxigênio desses óxidos quebram a rede aberta, ocupando uma posição tetraédrica. Outros óxidos, que não são capazes de formar sua própria rede, podem ser adicionados. Eles se unem a uma rede aberta de tetraedros SiO_4^{4-} existente. Esses compostos são chamados de ***óxidos intermediários*** e, geralmente, são usados para dar propriedades especiais ao vidro. Por exemplo, vidros à base de aluminossilicatos podem suportar temperaturas mais altas, enquanto a adição de óxido de chumbo aumenta o índice de refração, tornando o vidro mais lustroso e ideal para copos de cristal, janelas ou joias. Garrafas de vinho fabricadas com vidros com óxido de chumbo, como a mostrada na Figura 6-14, foram populares até o final dos anos 1980, quando foi descoberto que bebidas alcoólicas podiam lixiviar um pouco de chumbo do vidro.

A maioria dos vidros é formada por uma rede aberta de tetraedros de SiO_4^{4-}, modificadores de rede e óxidos intermediários. O ***vidro de soda-cal***, que tem a formulação mais comum, consiste em 72% de SiO_2, 14% de soda (Na_2O), 7,9% de cal (CaO), 1,8% de alumina (Al_2O_3), 1% de óxido de lítio (Li_2O), 1% de óxido de zinco (ZnO) e menos de 1% dos óxidos de bário (BaO), potássio (K_2O) e antimônio (Sb_2O_3).

A outra razão para incorporar aditivos específicos aos vidros é alterar suas cores. Quando estão livres de impurezas, os vidros à base de sílica não têm cor. Adicionando-se pigmentos específicos de óxidos metálicos à mistura, os fabricantes de vidro podem criar um vidro transparente ou translúcido com cores marcantes. A Tabela 6-4 resume os aditivos para vidros específicos. O que mais chama a atenção na lista é o óxido de urânio, mostrado na Figura 6-15, que produz um vidro verde/amarelo (frequentemente chamado de vidro Vaselina) que brilha no escuro. Nos anos 1940 o uso do óxido de urânio foi banido da fabricação de vidro, na medida em que o governo quis controlar o acesso ao urânio, e devido a preocupações em relação à saúde dos trabalhadores da indústria de vidros. Ao final dos anos 1950 essas restrições foram eliminadas, mas o alto custo do óxido de urânio tornou seu uso proibitivamente caro para a maioria dos vidros.

Mais de 80% de todo o vidro comercial é produzido pelo ***processo float-glass***, mostrado na Figura 6-16, o qual foi desenvolvido por Sir Alastair Pilkington em 1959. Nesse processo, os componentes do vidro são fundidos em um forno a 1500°C. Uma chapa fina de vidro é puxada do forno e flutua sobre uma piscina de estanho fundido. O vidro viscoso e o estanho fundido são completamente imiscíveis, de modo que uma superfície perfeitamente plana se forma entre o vidro e o estanho. Quando a superfície do vidro endureceu o suficiente, cilindros puxam o vidro através de um forno de recozimento denominado ***lehr***. Nesse forno, o vidro é resfriado lentamente para remover quaisquer tensões residuais e são aplicadas quaisquer coberturas.

TABELA 6-4	Aditivos para os Vidros Coloridos
Cor	***Aditivo(s)***
Âmbar	Óxidos de manganês
Preto	Óxidos de manganês, de cobre e de ferro
Azul-claro	Óxidos de cobre
Azul-escuro	Óxidos de cobalto
Verde	Óxidos de ferro
Verde-amarelo	Óxidos de urânio
Vermelho	Óxidos de selênio
Branco	Óxidos de estanho
Amarelo	Chumbo e antimônio

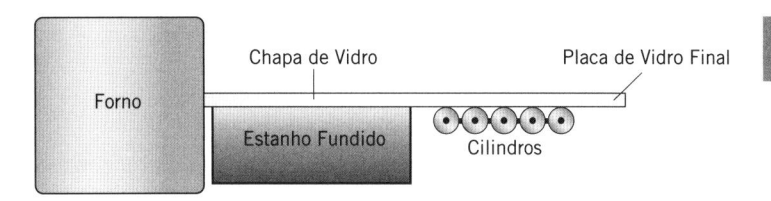

Forno

Chapa de Vidro

Estanho Fundido

Cilindros

Placa de Vidro Final

FIGURA 6-16 Processo *Float -Glass*

6.4 | CIMENTOS

Embora *cimento* seja realmente um termo genérico que se refere a qualquer material capaz de unir partes, de uma perspectiva de materiais o termo significa ou *cimentos hidráulicos*, que requerem água para formar um sólido, ou *cimentos não hidráulicos*, que formam sólidos sem precisar de água.

O cimento hidráulico mais comum, o *cimento Portland*, é fabricado pela pulverização de nódulos de silicatos de cálcio sinterizados. Como os silicatos de cálcio são abundantes no calcário, no giz, em depósitos de conchas e de xisto, o cimento Portland é um dos materiais de construção mais baratos disponíveis. O uso mais comum do cimento Portland é como o material que atua como matriz no *concreto*. O concreto é o quase onipresente material de construção, que é um compósito particulado e que está discutido no Capítulo 7.

O cimento Portland pode ser produzido tanto por processos a úmido ou a seco, com o processo a seco requerendo mais energia. Em ambos os processos, uma fonte de carbonato de cálcio é moída e misturada com quartzo (SiO_2) e com uma argila ou areia que fornecem Fe_2O_3 e Al_2O_3 à mistura. Devido a diferentes óxidos de ferro, alumínio e cálcio ou a silicatos poderem prevalecer na mistura um sistema-padrão, abreviando a nomenclatura do cimento Portland, foi desenvolvido. Essa notação abreviada está resumida na Tabela 6-5 e é usada em toda essa seção. Quando existe mais de um composto, as razões são dadas como subscritos, de tal modo que um composto com 3 mols de CaO para cada mol de Al_2O_3 seria abreviado como C_3A.

| *Cimento* | Qualquer material capaz de unir partes.

| *Cimentos Hidráulicos* | Materiais para ligação, que requerem água para formar um sólido.

| *Cimentos Não Hidráulicos* | Materiais para ligação, que formam um sólido sem precisar de água.

| *Cimento Portland* | O cimento hidráulico mais comum, fabricado pela pulverização de silicatos de cálcio sinterizados.

| *Concreto* | O compósito particulado mais importante comercialmente, que consiste em uma mistura de brita ou de pedras quebradas e de cimento Portland.

TABELA 6-5 Nomenclatura Resumida para os Constituintes do Cimento Portland	
Abreviação	*Composto*
A	Al_2O_3
C	CaO
F	Fe_2O_3
H	H_2O
S	SiO
$\bar{S}$	SO_3

| *Evaporação-Deidratação* |
Primeiro estágio no processamento do cimento Portland, no qual toda a água livre é removida.

| *Calcinação* | Segundo estágio no processamento do cimento Portland, no qual o carbonato de cálcio é convertido em óxido de cálcio.

| *Formação do Clínquer* |
Terceiro estágio no processamento do cimento Portland, no qual são formados os silicatos de cálcio.

As partículas misturadas são alimentadas a um forno rotativo, iniciando um processo em quatro estágios que inclui *evaporação-deidratação*, *calcinação*, *formação do clínquer* e resfriamento. Durante o estágio de evaporação-deidratação, a mistura é aquecida entre 250°C e 450°C para remover toda a água livre. À medida que o aquecimento continua até cerca de 600°C, qualquer água ligada aos óxidos e aos silicatos é removida. A cerca de 900°C, o processo de calcinação se inicia, no qual o carbonato de cálcio é convertido a óxido de cálcio e é liberado dióxido de carbono, como mostrado na Equação 6.1:

$$CaCO_3 \rightarrow CaO + CO_2 \tag{6.1}$$

Na mesma faixa de temperatura, o óxido de cálcio (C) reage com o óxido de alumínio (A) e com o óxido férrico (F) para formar o tetracálcio aluminoferrita (C_4AF) e o tricálcio aluminato (C_3A), como mostrado nas Equações 6.2 e 6.3:

$$4C + A + F \rightarrow C_4AF \tag{6.2}$$

$$3C + A \rightarrow C_3A \tag{6.3}$$

Conforme a temperatura do forno aumenta para cerca de 1450°C, a formação do clínquer começa e o óxido de cálcio remanescente reage com os silicatos do quartzo para formar silicato dicálcio (C_2S) e silicato tricálcio (C_3S), como mostrado nas Equações 6.4 e 6.5:

$$2C + S \rightarrow C_2S \tag{6.4}$$

$$3C + S \rightarrow C_3S \tag{6.5}$$

O produto resultante do forno é denominado *clínquer* e consiste em uma distribuição de partículas que têm, em média, cerca de 10 mm de diâmetro. O clínquer passa por um estágio de resfriamento e, então, é enviado para um moinho de bolas, onde ele é moído juntamente com 5% de gesso moído ($C\bar{S}H_2$) até que a mistura resultante atinja um tamanho médio de partícula de aproximadamente 10 μm, com uma faixa entre 1 μm e 100 μm. A Tabela 6-6 resume a composição típica do cimento Portland.

A composição exata do cimento Portland pode ser alterada para torná-lo mais adequado a aplicações específicas. A Tabela 6-7 resume os diferentes tipos de cimento Portland e as aplicações para as quais eles são adequados. Os tipos I e II englobam mais de 90% de todos os cimentos Portland.

As partículas do cimento Portland são armazenadas sob condições secas até serem necessárias. Quando chega a hora de construir a estrutura em cimento, as partículas de cimento são

TABELA 6-6 Composição do Cimento Portland

Composto	Abreviação	Massa Percentual
Silicato tricálcio	C_3S	55
Silicato dicálcio	C_2S	20
Tricálcio aluminato	C_3A	10
Tetracálcio aluminoferrita	C_4AF	8
Gesso	$C\bar{S}H_2$	5

TABELA 6-7 Tipos de Cimento Portland

Tipo	Propriedades Especiais
I	Uso geral
II	Resistência a alguns sulfatos
III	Ganha resistência rapidamente
IV	Baixo calor de hidratação (importante em estruturas grandes)
V	Alta resistência a sulfatos
IA	Tipo I com agente de geração de bolhas misturado
IIA	Tipo II com agente de geração de bolhas misturado
IIIA	Tipo III com agente de geração de bolhas misturado

misturadas com água para formar uma *pasta de cimento* e começa uma série de reações de hidratação, que geram as propriedades finais do cimento sólido. Os silicatos de cálcio (C_3S e C_2S) compõem três quartos da massa total e dão a maior parte da resistência do cimento. Os silicatos de cálcio sofrem reações altamente exotérmicas com a água, formando silicatos de cálcio hidratados (C-S-H) e hidróxido de cálcio (CH), como resumido nas Equações 6.6 e 6.7:

| *Pasta de Cimento* | Mistura de partículas de cimento e água.

$$2C_3S + 7H \rightarrow C_3S_2H_8 + 3CH \qquad (6.6)$$

$$2C_2S + 5H \rightarrow C_3S_2H_8 + CH \qquad (6.7)$$

Os silicatos de cálcio hidratados são partículas amorfas, extremamente pequenas, e incluem diversas composições; de modo que a designação C-S-H usada não implica uma razão exata entre os constituintes.

As reações do silicato de cálcio ocorrem, realmente, em cinco estágios distintos. O Estágio 1 ocorre durante os primeiros minutos, após a água ser misturada ao cimento. Os íons cálcio e hidróxido são liberados do C_3S, resultando na geração de calor e em um rápido aumento no pH. CH e C-S-H também começam a se cristalizar no Estágio 1. Após aproximadamente 15 minutos, o cimento entra em um período de dormência (Estágio 2) durante o qual a reação diminui. Uma cobertura de C-S-H se desenvolve sobre a superfície do cimento, a qual cria uma barreira à difusão da água. À medida que a espessura aumenta, a taxa de reação se torna, cada vez mais, controlada pela difusão. Após 2-4 horas, é alcançada uma massa crítica de íons e a taxa de reação (Estágio 3) acelera. Durante o Estágio 3, tanto C_3S e o menos reativo C_2S se hidratam rapidamente. Após cerca de 8 horas, a taxa de reação desacelera e a difusão controla completamente todas as taxas (Estágio 4). Finalmente, um estágio de equilíbrio (Estágio 5) acontece, no qual a hidratação é essencialmente independente da temperatura.

Ao mesmo tempo, o tricálcio aluminato (C_3A) também sofre uma reação de hidratação. Sem o gesso, o C_3A reagiria rapidamente com a água, causando um endurecimento prematuro e propriedades menos desejáveis. Em vez disso, o C_3A reage com o gesso para formar sulfoaluminato hidratado de cálcio (etringita), como mostrado na Equação 6.8:

$$C_3A \quad + \quad 3\,C\bar{S}H_2 \quad + \quad 26H \quad \rightarrow \quad C_6A\bar{S}_3H_{32} \qquad (6.8)$$

$$\text{Aluminato} \; + \quad \text{Gesso} \quad + \; \text{Água} \; \rightarrow \quad \text{Etringita}$$
$$\text{de Cálcio}$$

A etringita forma uma barreira contra a difusão em torno do aluminato de cálcio e reduz a reação de hidratação. Uma vez que o gesso tenha sido consumido, a etringita reage com o tricálcio aluminato para formar monossulfoaluminato ($C_4A\bar{S}H_{12}$), como mostrado na Equação 6.9:

$$2C_3A + C_6A\bar{S}_3H_{32} + 4H \quad \rightarrow \quad C_4A\bar{S}H_{12} \qquad (6.9)$$

O monossulfoaluminato é estável no cimento, mas torna o cimento vulnerável ao ataque de íons sulfatos. O monossulfoaluminato irá reagir para formar mais etringita na presença dos íons sulfato. A nova etringita causa uma expansão dentro do cimento, que pode resultar em trincas.

O tetracálcio aluminoferrita (C_4AF) tem o mesmo percurso de reações que o C_3A, mas, como é bem menos reativo, muito pouco do gesso reage com ele. Em vez disso, a maioria do C_4AF reage com o hidróxido de cálcio formado na hidratação do C_2S e do C_3S.

Quando a pasta de cimento endurece, ela consiste majoritariamente em C-S-H, C-H e $C_4A\bar{S}H_{12}$, com cerca de 5% de silicatos não hidratados, como resumido na Tabela 6-8. O C-S-H corresponde a cerca de 50% a 70% do volume total e dá a maior parte da resistência. À medida que as coberturas de C-S-H crescem nos grãos de C_3S e C_2S, elas começam a se direcionar para fora, como agulhas. A continuação da hidratação faz com que as agulhas de partículas adjacentes se interconectem, unindo fisicamente, portanto, os grãos de cimento entre si, como mostrado na Figura 6-17.

Os microporos presentes na estrutura C-S-H reduzem a resistência, mas à medida que a água é perdida desses poros durante a secagem, o cimento contrai e aumenta de resistência.

O hidróxido de cálcio (CH) forma placas cristalinas grossas encravadas na ampla matriz de C-S-H, como mostrado na Figura 6-17. Essas placas crescem nos poros, reduzindo, desse modo, a porosidade geral do cimento e aumentando sua resistência. O CH também tampona a solução, permitindo que ela mantenha um pH alcalino. A solubilidade do CH na água faz com que ele seja lentamente lixiviado do cimento e pode resultar em aumento de porosidade e redução na

Tabela 6-8 Componentes Presentes na Pasta Endurecida de Cimento			
Componente	*Fração Volumétrica*	*Massa Específica (kg/m³)*	*Microestrutura*
C-S-H	0,50–0,70	2000	Misturas de agulhas radiantes de sólidos porosos
CH	0,20–0,25	2250	Placas cristalinas grossas
$C_4A\bar{S}H_{12}$	0,10–0,15	1950	Placas cristalinas finas, aglutinadas, irregulares
Silicatos não hidratados	>0,05	3150	Ainda mantendo a estrutura de grãos originais

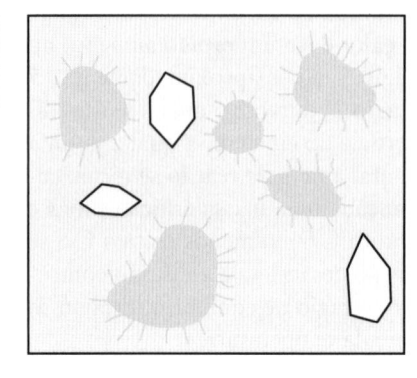
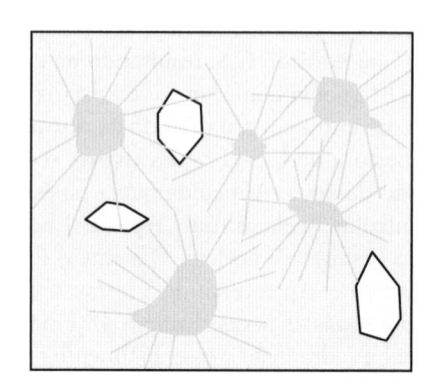
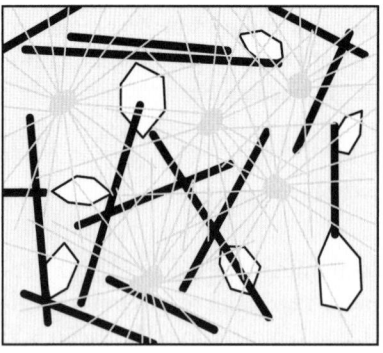

durabilidade. O monossulfoaluminato tem um papel pequeno no aumento de resistência do concreto, mas preenche alguns espaços dos poros. O $C_4A\bar{S}H_{12}$ forma placas finas e irregulares.

| **Poros Capilares** | Espaços abertos entre grãos.

A porosidade também tem um papel importante na resistência dos cimentos. **Poros capilares** são os espaços abertos entre grãos, enquanto **poros gel** são os espaços dentro do C-S-H. A maioria da porosidade do cimento ocorre como poros gel.

| **Poros Gel** | Espaços dentro do C-S-H durante a hidratação do cimento.

Muito da pesquisa corrente a respeito da produção de cimento envolve o uso de subprodutos industriais, incluindo cinzas e escória de alto-forno. Além do benefício ecológico de se reutilizar esses rejeitos, as cinzas e a escória frequentemente aumentam a durabilidade do cimento e reduzem o calor de hidratação, pois a forma esférica das suas partículas reduz o atrito interno. O cimento escoa com menos água e ocorrem menos segregações.

6.5 REFRATÁRIOS

| **Refratários** | Materiais capazes de suportar altas temperaturas sem fundir, degradar ou reagir com outros materiais.

Os **refratários** são capazes de suportar altas temperaturas sem fundir, degradar ou reagir com outros materiais. Essa combinação de propriedades torna as cerâmicas refratárias ideais para fornos de alta temperatura, necessários para fundir vidro, metal e outros materiais. A indústria do ferro e do aço sozinha usa bem mais da metade de todas as cerâmicas refratárias produzidas nos Estados Unidos. Os refratários são, mais comumente, vendidos como tijolos, mas eles também podem ser encontrados como placas, mantas ou em formatos especialmente fabricados.

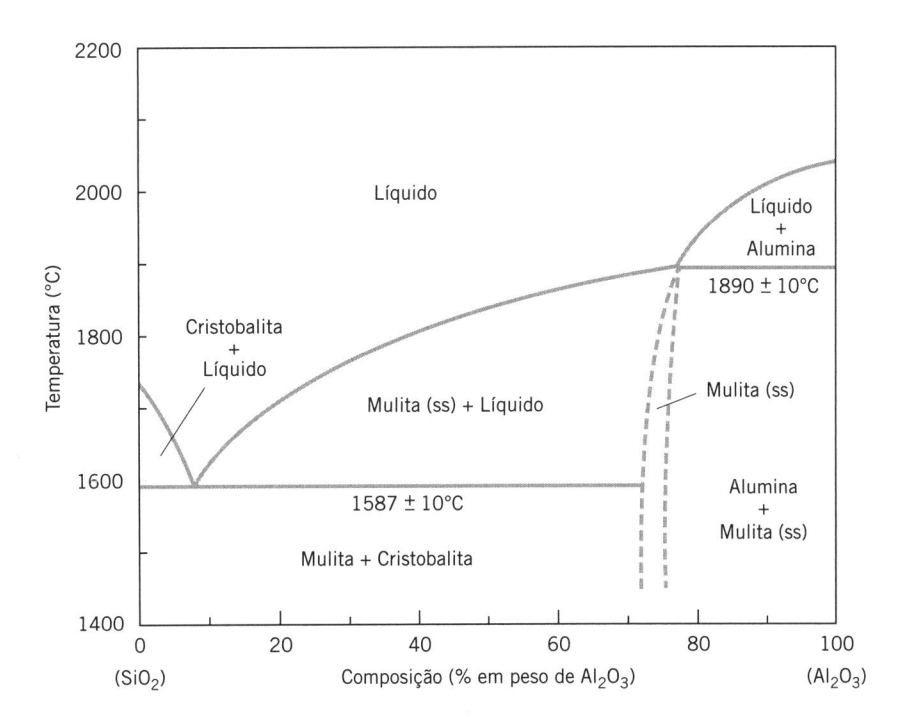

FIGURA 6-18 Diagrama de Fases Alumina-Sílica

De F. J. Klug, S. Prochazka e R. H. Doremus, "Alumina-Silica Phase Diagram in the Mullite Region", Journal of the American Ceramic Society, *Vol. 70, No. 10 (1987): 758. Reimpresso com permissão da American Ceramic Society.*

As cerâmicas refratárias têm dois tipos básicos: ***argilosas*** (que contém pelo menos 12% de SiO_2) e não argilosas. O refratário à base de argila mais comum é a ***argila refratária***, que é fabricada a partir da ***caolinita***, a qual é, principalmente, uma mistura de alumina (Al_2O_3) e sílica (SiO_2), que está descrita com maior detalhe na Seção 6.7. O diagrama de fases alumina-sílica está mostrado na Figura 6-18. A argila refratária pode conter algo entre 50% e 70% de sílica, com 25% a 45% de alumina. Constituintes em menor quantidade, incluindo CaO, Fe_2O_3, MgO e TiO_2, combinados, somam menos de 5% do total do material. Como visto no diagrama de fases da Figura 6-18, a argila refratária nessa faixa de composições pode suportar temperaturas tão elevadas quanto 1587°C sem fundir. Quando são desejados teores de alumina acima de 50%, a bauxita serve como matéria-prima. A presença de sílica ajuda a fazer refratários resistentes ao ataque por ácidos.

Quando concentrações extremamente elevadas de alumina (maiores de 88%) são desejadas, tijolos de ***mulita*** são usados. Esses tijolos são os mais estáveis termicamente, mas são considerados refratários não argilosos. Os tijolos de mulita não começam a fundir até temperaturas próximas a 1890°C. Outros refratários não argilosos são os tijolos de silício, que contêm sílica com 3% a 3,5% de CaO e o ***periclásio***, que contêm pelo menos 90% de óxido de magnésio (MgO). Esses refratários de periclásio são especialmente resistentes ao ataque por álcalis e têm uso importante na indústria do aço.

| *Argila* | Material refratário, contendo pelo menos 12% de dióxido de silício (SiO_2).

| *Argila Refratária* | Material à base de argila contendo entre 50% e 70% de sílica e 25% a 45% de alumina.

| *Caolinita* | Mineral argiloso, cujo nome é derivado da região de Gaolin, na China, onde ele foi descoberto.

| *Mulita* | Material argiloso formado por aluminossilicatos estáveis à alta temperatura.

| *Periclásio* | Material refratário que contém pelo menos 90% de óxido de magnésio (MgO).

6.6 ARGILAS ESTRUTURAIS

P**rodutos estruturais à base de argila* incluem quaisquer materiais cerâmicos usados na construção de prédios e, mais comumente, envolvem tijolos e terracota, que é facilmente reconhecível por sua cor laranja avermelhada. A ***terracota, que literalmente significa terra queimada, é usada em louças desde pelo menos 3.000 a.C. e em esculturas desde pelo menos o terceiro século a.C., como ilustra o exército de terracota na China, mostrado na Figura 6-19. Nos Estados Unidos, a terracota é feita a partir de uma argila, denominada Redart, que contém cerca de 7% de óxido de ferro, juntamente com 64% de sílica, 16% de alumina, 4% de óxido de potássio e uma mistura de outros óxidos metálicos.

A integridade estrutural é o fator crítico nos produtos estruturais à base de argila, especialmente nos tijolos. Nos Estados Unidos, os tijolos-padrão variam de 2,75 a 4 polegadas (69,8 a 102 mm) de altura, 4 a 6 polegadas (102 a 152 mm) de espessura e 8 a 12 polegadas (203 a 305 mm) de comprimento. Aproximadamente 75% do mercado de US$ 2 bilhões de tijolos vendidos anualmente são usados na construção de casas e de prédios. Os tijolos são fabricados aquecendo-se a argila seca em um forno. Eles são ainda classificados em tijolos comuns e tijo-

| *Produtos Estruturais à Base de Argila* | Quaisquer materiais cerâmicos usados na construção de prédios, incluindo tijolos e terracota.

| *Terracota* | Material cerâmico feito com argila rica em óxido de ferro, reconhecível por sua cor laranja avermelhada.

los acabados, que são quimicamente idênticos. Porém, os tijolos acabados têm uma aparência uniforme, o que os torna adequados para paredes externas.

6.7 LOUÇAS BRANCAS

| **Louças Brancas** | Cerâmicas de textura fina usadas em pratos, pisos e tijolos para paredes e esculturas.

| **Porcelana** | Louça branca translúcida devido à formação de vidro e mulita durante o processo de queima.

| **Pedra da China** | Mistura de quartzo e mica usada para fazer porcelana chinesa.

| **Biscuit** | Material vitrificado resultante da queima da argila de caolinita.

As **louças brancas** são cerâmicas de textura fina usadas em pratos, pisos e tijolos para parede e em esculturas. A **porcelana** é, talvez, a forma mais familiar de louça branca, mas a porcelana realmente tem uma larga faixa de composições. A caolinita $(Al_2Si_2O_5(OH)_4)$ é o principal material na porcelana, mas ela pode conter também vidro, cinza de osso (fosfato de cálcio) e esteadita (uma forma vítrea de talco). A porcelana chinesa contém também um material conhecido como **pedra da China**, que é uma mistura de quartzo e sericita (mica com grãos pequenos).

A caolinita é, de longe, a argila mais comum; praticamente todos os depósitos de argila têm algumas partículas translúcidas de caolinita. O nome *caolinita* deriva da cidade de Gaolin, China, onde existe um grande depósito. A caolinita forma apenas cristais microscópicos, com uma dureza Mohs entre 1,5 e 2.

Normalmente, a fabricação da louça branca envolve dar a forma desejada à argila à base de caolinita e permitir que ela seque. O material é, então, queimado em um forno, em temperaturas acima de 800°C para converter a argila em um material semelhante ao vidro, denominado *biscuit*, devido à vitrificação. A Figura 6-20 mostra um exemplo de um *biscuit*. Durante o aquecimento, a água ligada aos óxidos é perdida. Os poros na argila fornecem canais naturais para purgar o vapor de água. A mudança estrutural na argila nesse processo de eliminar a água é irreversível. O restante do processo de aquecimento envolve a queima de quaisquer compostos orgânicos, inversão do quartzo análoga àquela na fabricação do vidro e sinterização semelhante àquela na produção do cimento.

Ao ser removida do forno, a louça branca é geralmente recoberta com um *esmalte* e queimada novamente em um forno em temperaturas entre 950°C e 1430°C para converter totalmente a argila em uma substância vítrea dura e para endurecer o esmalte. Os esmaltes são, eles próprios, materiais vítreos à base de SiO$_2$, juntamente com uma mistura de outros óxidos metálicos. A cor do esmalte varia com as condições de queima e a presença de outros óxidos metálicos. Por muitos anos, os esmaltes das louças brancas continverem, com frequência, óxido de chumbo, o que resultava em contaminação dos efluentes aquosos do processo. Muito da pesquisa corrente nesse campo está focada na eliminação do uso do chumbo em esmaltes e na melhora de métodos de reciclagem das sobras de esmalte.

Os esmaltes frequentente têm apenas uma função decorativa, dando cor ao produto bruto queimado de caolinita branca, mas eles também podem ser usados para gerar uma barreira impermeabilizante. Os esmaltes são aplicados como suspensões aquosas. Para a maioria dos produtos comerciais, a aplicação dos esmaltes é automatizada, mas muitos artesãos ainda desenvolvem e aplicam seus próprios esmaltes manualmente.

| *Esmalte* | Mistura de SiO$_2$ e óxidos metálicos, que são usados para recobrir o *biscuit* e dar cor quando o material é reaquecido.

6.8 CERÂMICAS AVANÇADAS

As *cerâmicas avançadas* são materiais especialmente desenvolvidos, usados principalmente para aplicações finais de alto desempenho. Esses materiais estão em constante desenvolvimento e essa seção tenta fornecer uma gama das aplicações atuais e visões do futuro. Blindagem cerâmica, nanopartículas cerâmicas, células combustíveis de óxidos sólidos e *biocerâmicas* se constituem nos principais exemplos das cerâmicas avançadas. Uma blindagem cerâmica é feita, principalmente, de carbetos ou de nitreto de boro, em muito devido à excepcional dureza desses materiais. A Tabela 6-9 resume suas propriedades físicas-chave.

O nitreto de boro (BN) ocorre em duas formas distintas. O nitreto de boro hexagonal é semelhante ao grafite e é frequentemente usado como um lubrificante, mas não é adequado para blindagem. O nitreto de boro cúbico forma uma estrutura semelhante ao diamante e é o segundo material mais duro existente, atrás apenas do diamante. Embora um processo de fabricação do nitreto de boro tenha sido descoberto primeiro em 1957, não existiu produção comercial significativa até o final dos anos 1980. Devido à dificuldade de se fabricar o nitreto de boro cúbico, ele é mais usado na forma de pós ou em coberturas isolantes do que em blindagens.

O carbeto de boro (B$_4$C) é o terceiro material mais duro existente, atrás do diamante e do nitreto de boro cúbico. A combinação de baixa densidade, alta dureza e alto módulo de Young torna o carbeto de boro ideal para uso em blindagens pessoais. O carbeto de boro é fabricado pela adição de carbono ao B$_2$O$_3$ em um forno a arco, mas ele é difícil de sinterizar. Frequentemente outros materiais devem ser adicionados para auxiliar a sinterização.

O carbeto de titânio (TiC) tem tido como a maior de suas aplicações o uso como a extremidade de ferramentas de corte e de brocas (frequentemente misturado com carbeto de tungstênio), mas novos avanços aumentaram seu emprego como blindagem. Devido a sua densidade relativamente elevada, o TiC é pouco adequado como blindagem pessoal mas está tendo uso em veículos blindados.

Recentemente mais usos comerciais têm sido encontrados para nanopartículas cerâmicas. As nanopartículas cerâmicas podem ser produzidas por uma variedade de técnicas, incluindo sol-gel e por *processos de aerossóis e chama*. Nos processos de aerossóis e chama, um líquido organometálico é vaporizado e direcionado a uma chama, onde oxida rapidamente e forma um núcleo para uma nanopartícula de óxido metálico. Esses núcleos colidem e se combinam para formar a partícula final. Nanopartículas à base de sílica, sensíveis à luz, estão sendo usadas para alvejar tumores em pacientes com câncer. Nanopartículas de BaTiO$_3$, na faixa de tamanho entre 20 nm e 100 nm, estão sendo usadas em capacitores cerâmicos multicamadas, enquanto nanopartículas de carbeto de silício (SiC) estão sendo testadas para uso em blindagens aprimoradas.

| *Cerâmicas Avançadas* | Materiais cerâmicos especialmente desenvolvidos, usados principalmente para aplicações finais de alto desempenho.

| *Biocerâmicas* | Cerâmicas usadas em aplicações biomédicas.

| *Processo de Aerossol e Chama* | Método para produzir nanopartículas cerâmicas no qual um líquido organometálico é direcionado a uma chama para formar um núcleo para crescimento das partículas.

Tabela 6-9 Propriedades Físicas das Cerâmicas Avançadas Usadas em Blindagem				
Material	T_f (°C)	*Módulo de Young (GPa)*	*Massa Específica (g/cm³)*	*Dureza Mohs*
Nitreto de boro	3000	20–100	2,2	9,5–10
Carbeto de boro	2445	450–470	2,52	9,5
Carbeto de titânio	3160	440–455	4,93	9–9,5

Em geral, nanopartículas cerâmicas mostram um grande potencial em melhorar a tenacidade e a ductilidade de cerâmicas, aumentando a resistência à abrasão e a arranhões das peças cerâmicas e permitindo uma mistura de materiais que não são normalmente miscíveis.

Com a demanda atual para reduzir a dependência de combustíveis fósseis, o interesse industrial em células combustíveis de óxidos sólidos (CCOS) cresceu dramaticamente. Uma CCOS usa eletroquímica para converter energia química diretamente em energia elétrica, em um processo semelhante às células galvânicas discutidas no Capítulo 5. Na célula, um material anódico e um material catódico são separados por um isolante, que também conduz átomos de oxigênio do catodo para o anodo, onde eles reagem com a fonte de combustível. Muitas células de combustível requerem uma corrente limpa de hidrogênio como combustível, mas os CCOS podem usar também hidrocarbonetos.

Materiais cerâmicos, incluindo cromita de lantânio dopada com estrôncio, são usados como o material de ligação entre as células individuais. Diferente de muitas células de combustível, os CCOS operam em uma taxa de eficiência muito alta. Como eles também requerem temperaturas altas, o uso de cerâmicas avançadas é essencial. Óxidos de níquel também são comumente usados como material do anodo.

As biocerâmicas são discutidas em mais detalhe no Capítulo 9 (biomateriais), mas as principais funções das biocerâmicas incluem superfícies lubrificantes em próteses, coberturas resistentes a coágulos em válvulas de coração, agentes de transferência e coletores de espécies radioativas para tratamentos de câncer e substratos para estimular o crescimento de ossos.

O que Acontece com os Materiais Cerâmicos ao Final de Suas Vidas Úteis?

6.9 RECICLAGEM DOS MATERIAIS CERÂMICOS

Como os materiais cerâmicos não são corroídos, frequentemente a extensão das suas vidas úteis é bem maior do que a dos outros materiais. As grandes pirâmides do Egito se mantiveram por milhares de anos. Entretanto, as mesmas propriedades físicas que tornam as cerâmicas tão duráveis, também as tornam extremamente difíceis de reciclar, com a exceção do vidro. A maioria dos municípios coleta rotineiramente produtos recicláveis de vidro como parte do seu serviço regular. Essas garrafas, louças, lâmpadas, jarras e outros itens reciclados são separados por cor e moídos em fragmentos finos denominados *pó de vidro*, que pode ser refundido e conformado novamente em novos produtos de vidro. Cada tonelada de pó de vidro usada no lugar da sílica nova economiza mais do que 600 libras (272 kg) de emissões de dióxido de carbono.

| *Pó de Vidro* | Aparas de vidro finamente moídas usadas na reciclagem de cerâmicas.

A maioria dos outros materiais cerâmicos tem sido descartada, enterrando-os em aterros. Entretanto, iniciativas recentes estão desafiando essas práticas. Abrasivos, que outrora se pensava ser impossíveis de reciclar, são agora recolhidos, reciclados e trocados, pela Internet, entre diferentes usuários finais. Algumas companhias começaram a pulverizar concretos indesejáveis à base de cimento Portland, provenientes da demolição de construções e a usá-los como agregados para projetos futuros. Louças brancas são também comumente aterradas após seu emprego ter acabado. Mas, duas companhias na Nova Zelândia, Electrolux e Fisher & Paykel Appliances, iniciaram um projeto de programas de administração da vida das cerâmicas para reduzir a perda na fabricação de louças brancas e para permitir a reciclagem após o término da vida útil.

O Grafite É um Polímero ou uma Cerâmica?

| *Grafite* | Forma alotrópica do carbono, consistindo em anéis aromáticos de carbono, de seis elementos, ligados entre si em planos; possibilitando que os planos deslizem facilmente entre si.

6.10 GRAFITE

O *grafite* faz uma transição ideal entre a discussão de materiais cerâmicos e a discussão sobre materiais à base de carbono. O grafite é uma forma alotrópica do carbono, que tem uma estrutura em camadas, na qual existem anéis aromáticos de seis ele-

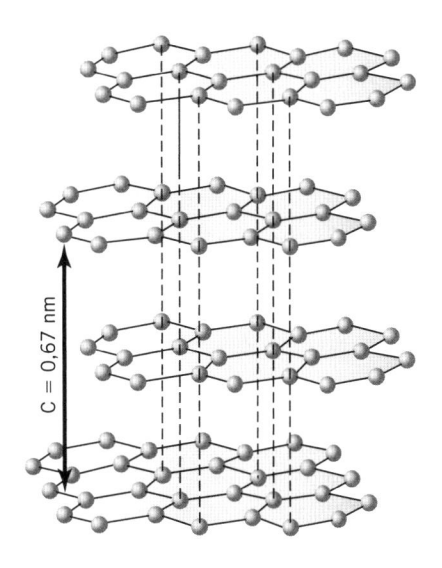

Figura 6-21 Estrutura do Grafite

mentos em planos de grafeno. As camadas estão separadas entre si de 3,35 angstroms, como mostrado na Figura 6-21. As ligações covalentes entre os átomos de carbono nos planos têm estabilização ressonante e são incrivelmente fortes, mas apenas fracas interações de Van der Waals existem entre os planos. Essa diferença entre as resistências das ligações no plano e entre os planos torna o grafite um material altamente anisotrópico, no qual as propriedades são fortemente dependentes da direção. Maiores tensões são necessárias para quebrar as ligações nos planos, mas uma tensão relativamente baixa irá fazer com que os planos deslizem uns em relação aos outros. Embora tenha a mesma composição química que o diamante, o grafite é extremamente macio, com uma dureza Mohs entre 1 e 2. Em função disso, o grafite é um excelente lubrificante e funciona como "lubrificante" no lápis. O grafite é condutor térmico e elétrico ao longo dos planos, mas é isolante na direção perpendicular aos planos. O grafite tem emprego importante nos reatores nucleares, tanto como revestimento do próprio reator quanto como um moderador, que reduz a velocidade dos nêutrons o suficiente para induzir a fissão do U-235.

Em muitas maneiras, o grafite é um material de difícil classificação. Ele é claramente uma forma alotrópica do carbono, mas ele também se encaixa na definição técnica de um polímero. Ele é uma longa cadeia de unidades repetidas (os anéis de seis elementos), ligadas covalentemente entre si. O grafite, claramente, não é um material cerâmico, pois ele não possui tanto átomos metálicos quanto não metálicos. Entretanto ele possui muitas propriedades físicas associadas aos cerâmicos. O grafite é frágil, resistente e isolante (pelo menos em uma direção) e tem o maior módulo de Young entre todos os materiais (1080 GPa).

Embora as propriedades do grafite sejam únicas, outros materiais à base de carbono oferecem composições distintas de propriedades, que os tornam ideais para determinadas aplicações. As três seções a seguir examinam o diamante, as fibras de carbono, os nanotubos de carbono e os fulerenos.

Outros Materiais à Base de Carbono Apresentam Propriedades Incomuns?

6.11   DIAMANTE

O **diamante** é uma forma alotrópica do carbono, que forma uma estrutura CFC, na qual os átomos de carbono também ocupam quatro das oito posições intersticiais tetraédricas, como mostrado na Figura 6-22. A maioria das excepcionais propriedades do diamante resulta de sua estrutura cristalina. O diamante é o material mais duro de ocorrência natural existente (dureza Mohs = 10) e pode ser arranhado apenas por outros diamantes. O próprio nome *diamante* provém da palavra grega para invencível (*adamas*).

| **Diamante** | Forma alotrópica altamente cristalina do carbono, sendo o material mais duro conhecido.

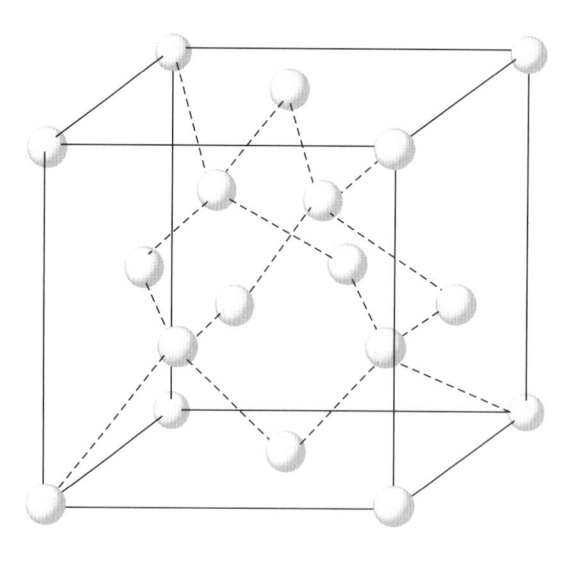

FIGURA 6-22 Estrutura Cristalina do Diamante

A maioria dos diamantes não tem cor, mas eles podem adquirir uma cor devido à presença de impurezas. A tonalidade amarela, associada a diamantes de menor qualidade resulta da presença de nitrogênio, a mais comum das impurezas. A impureza de nitrogênio ocupa uma posição da rede normalmente preenchida por um átomo de carbono. Outras impurezas podem resultar em diversas cores, incluindo branca, metálica, azul, vermelha, verde e rosa.

O uso comercial do diamante se enquadra em duas grandes categorias: gemas e processos industriais. Mais de 25.000 quilogramas de diamantes são minerados a cada ano, mas a maioria não tem a cor, o tamanho e a clareza necessária para uso como gemas. Por outro lado, aproximadamente 80% são classificados como **borte** e são usados para propósitos industriais, incluindo lâminas de serras, pontas de brocas, dobradiças de baixo atrito nos ônibus espaciais e para pastas de polimento.

| **Borte** | Diamantes que não têm qualidade de gemas, que são usados com propósitos industriais.

Os diamantes naturais se formam quando depósitos de carbono são expostos a uma combinação de temperatura e pressão extremas por períodos de tempo suficientemente longos para permitir o crescimento de cristais. A maioria dos diamantes ocorre em cachimbos vulcânicos, que se formam a partir de erupções subterrâneas profundas de magma. Esses cachimbos fornecem tanto temperatura quanto pressão necessárias para formar diamantes. Esses cachimbos vulcânicos são raros; a maioria dos diamantes é minerada na África Central e Austral.

O alto custo dos diamantes naturais limita seu uso industrial, mas diamantes sintéticos oferecem muitas possibilidades. O famoso autor de ficção científica H. G. Wells especulou sobre a fabricação de diamantes sintéticos em seu livro, de 1914, *The Diamond Maker*, mas os primeiros diamantes sintéticos não foram produzidos antes de 1953. O maior obstáculo para a fabricação de diamantes sintéticos tem sido a necessidade de alcançar e manter pressões tão elevadas quanto 55.000 atmosferas. O método industrial mais comum, o **método APAT** (alta pressão, alta temperatura), cuja sigla em inglês é HPHT (*high-pressure, high-temperature*), usa prensas gigantes para produzir e manter pressões tão elevadas quanto 5 GPa, a uma temperatura de 1500°C. Esse método é lento e o equipamento é caro e pesa várias toneladas, mas melhores materiais para as matrizes permitem, agora, produção mais rápida de diamantes sintéticos maiores e de maior qualidade.

| **Método APAT** | Processo para produzir diamantes sintéticos usando temperaturas e pressões elevadas.

A deposição química a partir de vapor (CVD, *chemical vapor deposition*) de diamantes sintéticos apareceu, primeiramente, nos anos 1980 e oferece uma alternativa promissora. Um plasma contendo carbono é formado sobre uma molécula, usada como substrato, por radiação de micro-ondas ou por descarga em arco. O diamante é, essencialmente, "montado" com um átomo de cada vez a partir do gás. Embora promissores, os processos CVD ainda encontram numerosas barreiras técnicas, antes que a produção em larga escala seja prática.

Os diamantes têm um grande potencial como dissipadores de calor em microprocessadores ou mesmo nos próprios semicondutores. Semicondutores de diamante operam em temperaturas acima das quais o silício fundiria. Muitos pesquisadores esperam que a próxima geração de supercomputadores inclua microchips de diamante.

6.12 | FIBRAS DE CARBONO

As *fibras de carbono* são definidas pela União Internacional de Química Pura e Aplicada (IUPAC, International Union of Pure and Applied Chemistry) como "fibras (filamentos, cabos, fios, bobinas) consistindo em pelo menos 92% (fração em massa) de carbono, usualmente em uma forma diferente do grafite." As propriedades finais da fibra de carbono dependem diretamente da seleção e do processamento dos materiais precursores, da formação da fibra e do seu processamento subsequente. Dependendo de como são processadas, as fibras de carbono podem apresentar uma larga faixa de propriedades físicas, químicas, elétricas e térmicas. Essa flexibilidade torna as fibras de carbono o principal reforço em compósitos avançados para diversas aplicações, incluindo aviões e mísseis militares, carrocerias de automóveis, equipamentos esportivos, baterias e capacitores e carvões ativados.

A maioria das fibras de carbono comerciais é produzida através da ***carbonização***, embora algumas fibras especiais sejam produzidas por crescimento a partir de hidrocarbonetos gasosos. Temperaturas extremamente altas são necessárias para remover todos os outros elementos à exceção dos anéis aromáticos de carbono, mas a maioria das fibras se fundiria antes da carbonização. Assim sendo, as fibras precursoras devem ser convertidas a uma forma termicamente estável, que não possa se fundir, através de um processo denominado ***estabilização***. Durante o processo de carbonização, substâncias inorgânicas e carbonos alifáticos são removidos, resultando em uma fibra consistindo em ***camadas de planos de grafeno***. Uma fibra de carbono idealizada é mostrada na Figura 6-23.

Fibras de carbono reais nunca alcançam a estrutura idealizada mostrada na Figura 6-23. Em vez disso, elas formam camadas ***turboestráticas***, nas quais a distância entre os planos das camadas varia, mas a distância média é sempre maior do que a distância ótima de 3,35 angstroms. Vazios e desalinhamentos são comuns e tendem a reduzir significativamente a resistência da fibra.

A maioria das fibras de carbono comerciais é produzida a partir de fibras de poliacrilonitrila (PAN). As fibras de carbono baseadas no PAN são várias vezes mais resistentes do que o aço, em uma base de peso. Sendo as fibras de carbono mais resistentes disponíveis, elas dominam o mercado para as aplicações estruturais.

A poliacrilonitrila comercial é, na verdade, um copolímero de acrilonitrila com outro monômero (acetato de vinila, metil acrilato ou ácido acrílico), que é adicionado para reduzir a temperatura de transição vítrea do material e controlar a sua resistência à oxidação. Antes que as fibras acrílicas, produzidas em um processo de fiação a úmido, possam ser submetidas às elevadas temperaturas de carbonização, elas são estabilizadas ao ar, em temperaturas entre 200°C e 300°C e sob tração, para prevenir contração da fibra.

Durante o processo de estabilização, a fibra é convertida a um polímero com estrutura em escada através de uma combinação de reações de oxidação, deidrogenação e ciclização, mostradas na Figura 6-24. A fibra estabilizada é carbonizada em uma atmosfera inerte em tem-

| ***Fibras de Carbono*** | Formas de carbono feitas pela conversão de uma fibra precursora em uma fibra totalmente aromática com excepcionais propriedades mecânicas.

| ***Carbonização*** | A pirólise controlada de uma fibra precursora em uma atmosfera inerte.

| ***Estabilização*** | A conversão de um precursor de uma fibra de carbono a uma forma termicamente estável, que não se fundirá durante a carbonização.

| ***Camadas de Planos de Grafeno*** | Planos paralelos consistindo em combinação de anéis aromáticos de carbono, de seis elementos.

| ***Turboestrática*** | Estrutura na qual irregularidades causam distorções em planos que seriam paralelos.

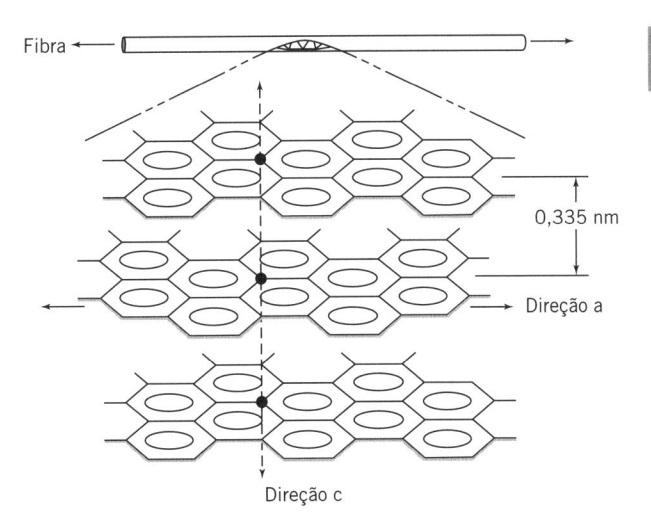

FIGURA 6-23 Fibra de Carbono Idealizada

FIGURA 6-24 Mecanismo Geral para a Estabilização do PAN

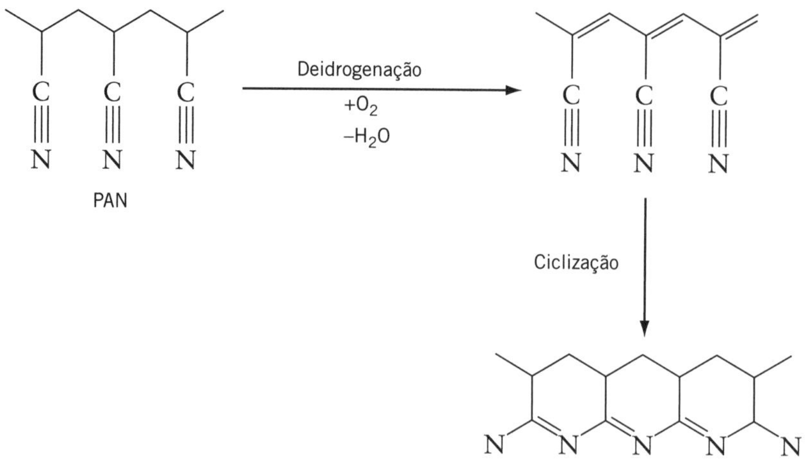

| **Piche Mesofásico** | Subproduto da destilação do carvão ou do petróleo, contendo regiões líquidas com ordem cristalina, obtidas através de tratamentos térmicos.

peraturas variando de 1000°C a 3000°C, dependendo das propriedades desejadas. Durante a pirólise, aproximadamente todos os inorgânicos e os carbonos não aromáticos são removidos.

Fibras de carbono baseadas em **piche** representam um nicho de mercado menor, mas significativo. Essas fibras apresentam módulos excepcionais e têm propriedades ao longo do plano superiores, incluindo rigidez e condutividade térmica. O piche é um resíduo do petróleo ou do alcatrão, formado por centenas de milhares de diferentes espécies químicas, com um peso molecular médio de várias centenas. Muitas das moléculas nesses piches contêm grandes quantidades de anéis aromáticos, o que as torna ideais para fibras de carbono. Alguns piches podem ser diretamente fiados em fibras isotrópicas de piche, que podem ser estabilizadas e carbonizadas. Embora baratas e fáceis de fazer, essas fibras de carbono isotrópicas tendem a ter baixa resistência e ter condutividades térmicas menores.

Para obter melhores fibras de carbono, o piche deve ser submetido a uma série de tratamentos térmicos e de extração por solventes. Durante esses tratamentos, uma fase líquida cristalina (ou mesofase) se forma. Uma molécula típica do piche mesofásico é mostrada na Figura 6-25.

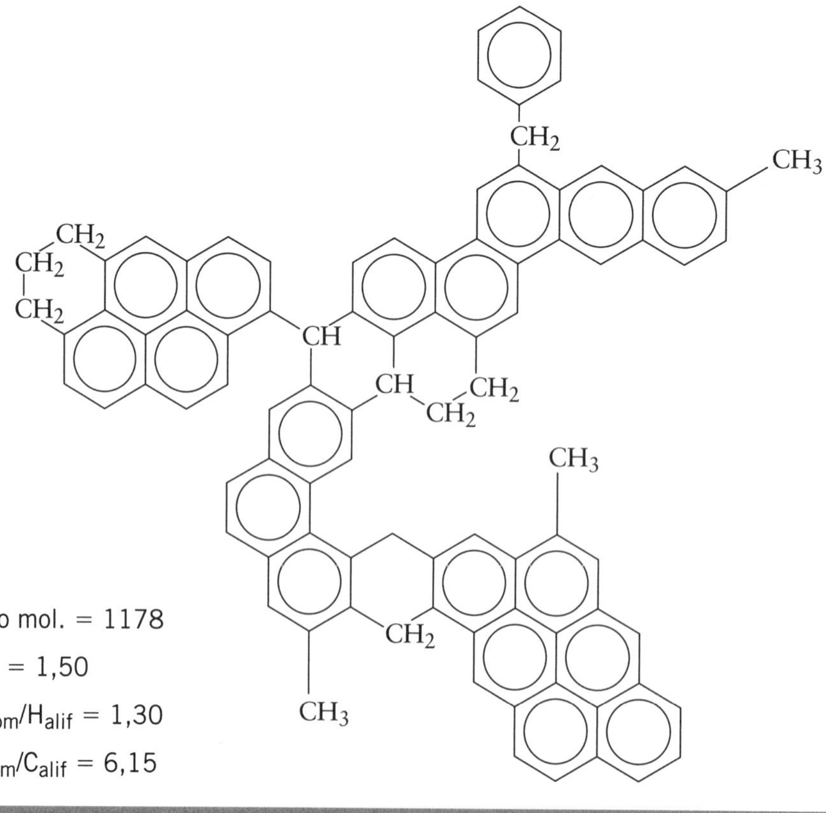

Peso mol. = 1178

C/H = 1,50

$H_{arom}/H_{alif} = 1,30$

$C_{arom}/C_{alif} = 6,15$

FIGURA 6-25 Molécula Representativa do Piche Mesofásico

Tabela 6-10	Propriedades Mecânicas das Fibras Comerciais de Carbono		
Tipo da Fibra	Material Precursor	Resistência à Tração (GPa)	Módulo de Young (GPa)
T-300	PAN	3,66	231
T-650/35	PAN	4,28	241
P-100S	Piche	2,41	759
P-120S	Piche	2,41	828
K-1100	Piche	3,10	931

As fibras de piche mesofásico são produzidas através de fiação a partir do estado fundido, que é essencialmente o mesmo processo usado para fiar os polímeros comerciais. Uma extrusora funde as partículas de piche e bombeia o piche fundido através de uma fieira com múltiplas aberturas. As fibras que saem da fieira são estiradas por uma bobinadeira. A Tabela 6-10 resume as propriedades das fibras de carbono à base de piche mesofásico e à base de PAN.

6.13 FULERENOS E NANOTUBOS DE CARBONO

Até 1985, o grafite e o diamante eram os únicos alótropos estáveis de carbono conhecidos. Em torno de 1990 os cientistas foram capazes de produzir uma nova forma de carbono, que se assemelhava muito a uma bola de futebol. Esse novo alótropo, mostrado na Figura 6-26, contém 60 átomos de carbono (C_{60}) dispostos em 20 hexágonos e 12 pentágonos. As moléculas são oficialmente denominadas *fulerenos buckminster* devido ao famoso arquiteto Buckminster Fuller, que projetou um domo geodésico semelhante. Porém, essas moléculas são mais comumente denominadas *fulerenos* ou *esferas de bucky*. Fulerenos maiores, com 70, 76 e 78 átomos de carbono foram sintetizados nos restos de correntes de plasma e estruturas ainda mais estáveis têm sido teorizadas.

| *Fulerenos Buckminster* |
Alótropos de carbono com pelo menos 60 átomos de carbono dispostos como uma bola de futebol ou um domo geodésico.

A forma vazia, semelhante a uma gaiola, das esferas de bucky intrigou os pesquisadores, que tentam introduzir moléculas específicas dentro da estrutura aberta. Alguns pesquisadores estão examinando a possibilidade de usar as esferas de bucky para liberar antibióticos específicos contra bactérias, que resistem aos antibióticos tradicionais, via oral ou intravenosa. A estrutura também parece ser promissora para supercondução e na inoculação de aços com esferas de bucky que tenham átomos metálicos aprisionados. Alguns estudos indicaram que as esferas de bucky podem ser tóxicas para organismos vivos, mas muitos desses estudos são muito preliminares para avaliar os efeitos potenciais dessas moléculas sobre a saúde.

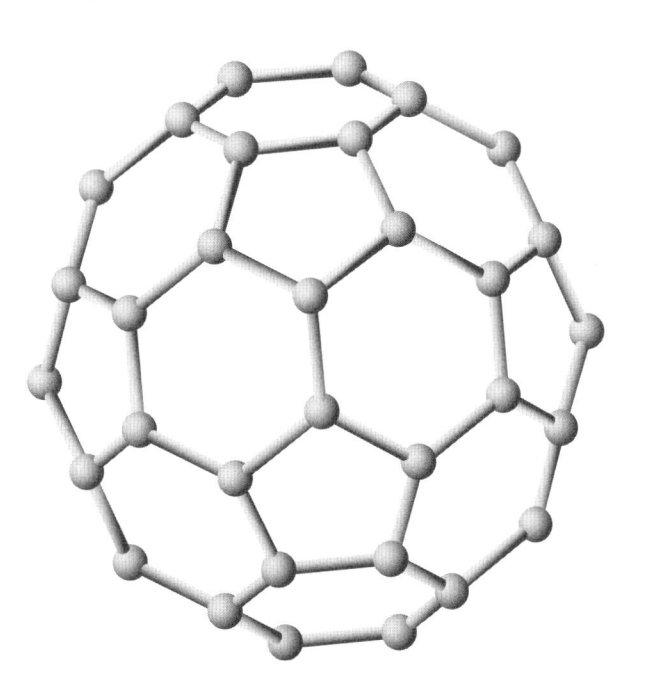

Figura 6-26 Estrutura de uma Esfera de Bucky

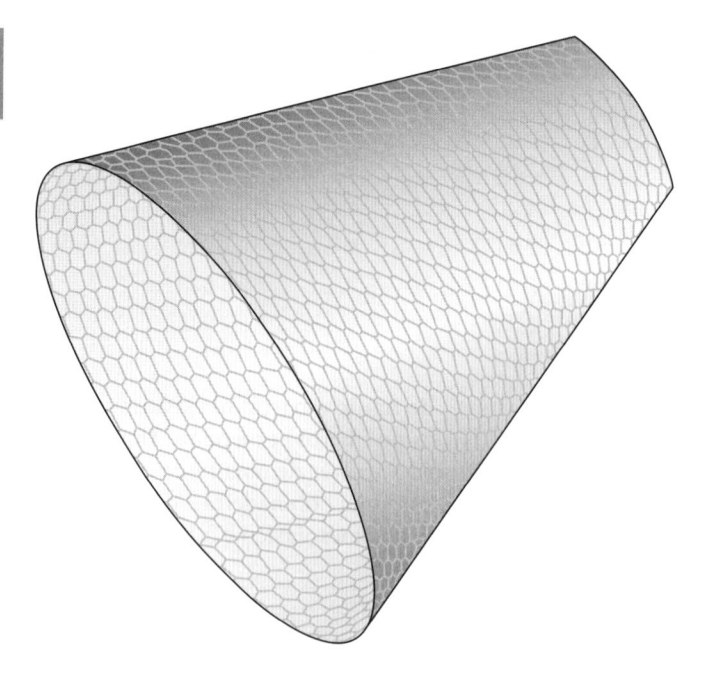

FIGURA 6-27 Nanotubo de Carbono de Parede Simples

| **Nanotubos de Carbono** | Tubos sintéticos de carbono formados pelo enrolamento de um plano de grafeno sobre outro.

Os **nanotubos de carbono** são o outro mais promissor novo material à base de carbono. Nanotubos de carbono de parede simples (SWNT, *single-walled carbon nanotubes*) são, essencialmente, um único plano de grafeno enrolado em um tubo cilíndrico, como mostrado na Figura 6-27. Os nanotubos de carbono são uma ordem de grandeza mais resistentes do que o aço, em uma base de peso, e seis vezes mais resistentes do que a melhor das fibras de carbono; e exibem excepcionais propriedades elétricas. Muitos especialistas acreditam que os SWNT irão revolucionar a indústria microeletrônica, de forma similar ao que os *wafers* de silício fizeram. Os nanotubos de carbono de parede simples também podem ser alinhados para formar estruturas simples, tal como cabos e filmes.

Nanotubos de carbono de parede múltipla (MWNT, *multiwalled carbon nanotubes*) envolvem diversas camadas de grafeno enroladas na mesma forma de tubos cilíndricos, como nos nanotubos de carbono de paredes simples. Um **modelo da boneca russa** é usado para descrever esses tubos, nos quais uma camada externa de grafeno envolve uma camada interna de grafeno, que envolve outra, de forma bem semelhante às bonecas que se ajustam uma dentro das outras. As camadas internas dos nanotubos de carbono de parede múltipla podem deslizar uma em relação às outras, essencialmente sem atrito, o que cria o primeiro mancal de rotação perfeito.

| **Modelo da Boneca Russa** | Representação dos nanotubos de carbono de parede múltipla, na qual as camadas externas de grafeno envolvem camadas internas, semelhante às bonecas que se encaixam umas dentro das outras.

Os nanotubos de carbono de parede múltipla são classificados por um par de inteiros (n.m), que representam um par de vetores unitários. Esses vetores unitários definem direções ao longo do plano de grafeno, como mostrado na Figura 6-28, de modo semelhante aos índices usados para representar direções em uma rede de Bravais. Nanotubos com m ≠ 0 são classificados como do tipo *zigzag*. Aqueles com m = n são denominados *poltrona (armchair)*, enquanto aqueles com m ≠ n são denominados *quirais*.

A estrutura do tubo afeta bastante as propriedades elétricas dos nanotubos de carbono de parede múltipla. Nanotubos de parede múltipla com índices que satisfaçam a Equação 6.10,

$$2m + n = 3q, \qquad (6.10)$$

onde q é qualquer inteiro, conduz com a mesma eficiência que os metais, mas são capazes de suportar densidades de corrente várias ordens de grandeza maior do que os metais mais condutores. Aqueles que não satisfazem a equação têm propriedades semicondutoras.

O alto custo da produção de nanotubos de carbono limita seu amplo uso comercial. Pequenas quantidades de alguns nanotubos de carbono ocorrem naturalmente na fuligem e nas cinzas, mas esses nanotubos são muito irregulares para uso comercial. Muitas técnicas podem ser usadas para produzir nanotubos de carbono, incluindo ablação por laser e descarga a arco, mas a mais promissora parece ser um processo de deposição química a partir de vapor (CVD). Nesse processo, o acetileno ou outro gás contendo carbono é passado através de um catalisador metálico em altas temperaturas sob condições bastante controladas. Muita pesquisa está focada na redução dos custos de processamento e na melhora da qualidade do produto.

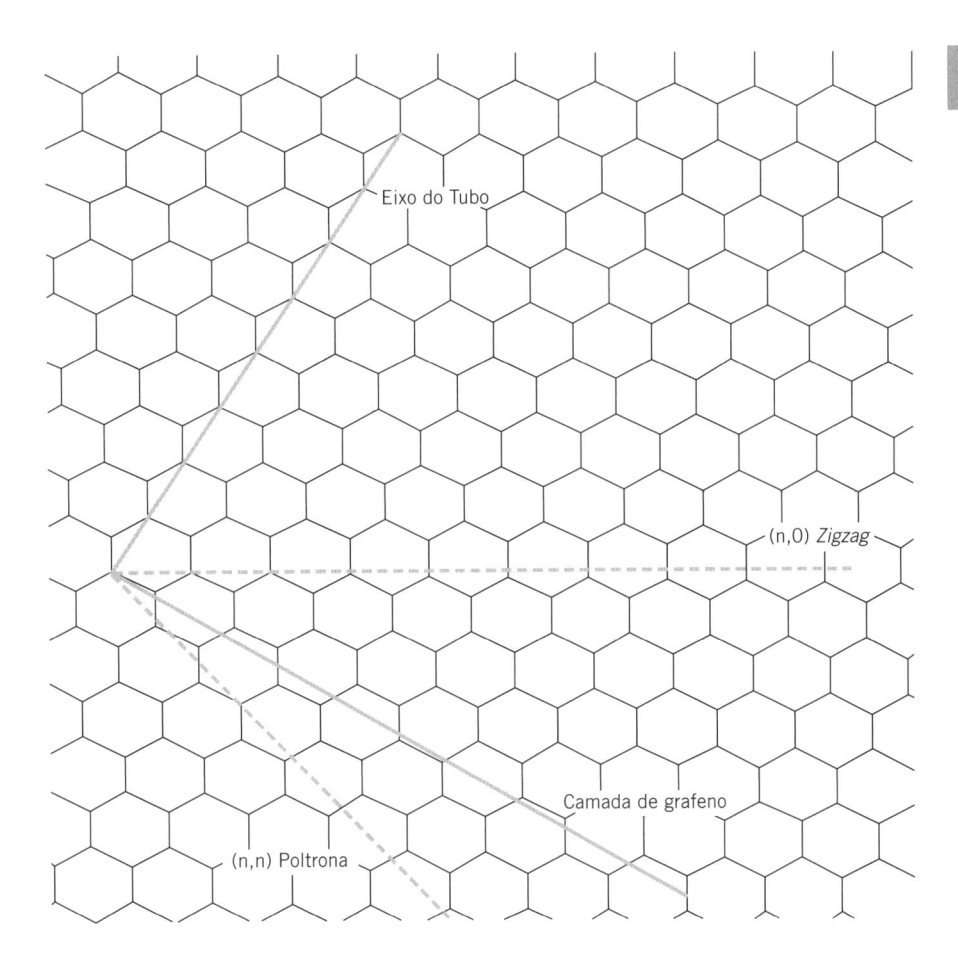

Eixo do Tubo

(n,0) *Zigzag*

Camada de grafeno

(n,n) Poltrona

Resumo do Capítulo 6

Neste capítulo examinamos:

- Aprendemos as estruturas cristalinas características aos cerâmicos e como calcular os números de coordenação

- Examinamos as propriedades relevantes dos abrasivos, com uma análise mais detalhada das lixas

- Exploramos a química do cimento Portland

- Examinamos o processo de fabricação do vidro, incluindo o papel dos aditivos

- Discutimos as propriedades relevantes dos refratários

- Revimos os empregos dos produtos estruturais de argila

- Examinamos a formação das louças brancas e o emprego dos esmaltes

- Consideramos a estrutura e as propriedades particulares do grafite

- Aprendemos sobre as propriedades do diamante e exploramos os processos de fabricação dos diamantes sintéticos

- Comparamos as fibras de carbono derivadas do piche e do PAN

- Discorremos sobre as estruturas dos fulerenos e dos nanotubos de carbono, enquanto consideramos seus potenciais para futuras aplicações

Termos-Chave

abrasivos
argila
argila refratária
biocerâmicas
biscuit
borte
calcinação
camadas de planos de grafeno
caolinita
carbonização
cerâmicas
cerâmicas avançadas
cimento
cimento Portland
cimentos hidráulicos
cimentos não hidráulicos
concreto
cristobalita
diamante
esmalte
estabilização
estrutura da blenda de zinco

estrutura da perovsquita
estrutura do cloreto de sódio
estrutura do córindon
estrutura do espinélio
estrutura do fluoreto de cálcio
evaporação-deidratação
fibras de carbono
formação do clínquer
friável
fulerenos buckminster
grafite
Lehr
louças brancas
método APAT
modelo da boneca russa
modificadores de rede
mulita
nanotubos de carbono
número de coordenação
óxidos intermediários
pasta de cimento
pedra da China

periclásio
piche mesofásico
pó de vidro
porcelana
poros capilares
poros gel
posições octaédricas
posições tetraédricas
prensagem de pós
processo de aerossol e chama
processo *float-glass*
produtos estruturais à base de argila
rede aberta
refratários
sol-gel
terracota
tridimita
turboestrática
vidro à base de sílica
vidro de soda-cal
vidros
vitrificação

Problemas Propostos

1. Calcule o número de coordenação para a ZrO_2.

2. Explique porque o gesso é adicionado ao cimento Portland.

3. Como os modificadores de rede afetam as propriedades dos vidros?

4. Compare e diferencie a temperatura de transição dos vidros com a dos polímeros.

5. Descreva o princípio de operação de uma célula combustível de óxidos sólidos.

6. Encontre pelo menos três produtos comerciais fabricados com fibras de carbono. Determine se fibras à base de piche ou de PAN são usadas.

7. O que é piche mesofásico?

8. Calcule o número de coordenação do CaO.

9. Por que o grafite é algumas vezes considerado um polímero e às vezes é tratado como uma cerâmica?

10. Explique por que o diamante é extremamente duro e o grafite não, embora ambos os materiais sejam feitos de carbono puro.

11. Considere uma mistura de 40%, em peso, de MgO e 60%, em peso, de Al_2O_3. Que fases, e com quais composições, estão presentes a 1600°C? A que temperatura se forma o primeiro líquido?

12. Explique por que as cerâmicas tendem a ser resistentes, mas frágeis.

13. Mostre que a mínima razão cátion-ânion vale 0,155 para um sistema com um número de coordenação igual a 3.

14. Explique o papel do C-S-H na hidratação do cimento.

15. Explique porque a terracota é frequentemente usada em tubulações de esgoto.

16. Explique a diferença entre os poros gel e os poros capilares.

17. Descreva as diferenças entre os nanotubos com estruturas poltrona, quiral e *zigzag*.

18. Por que é tão fácil separar as camadas de grafite?

19. Explique os impactos ambientais e econômicos do uso em larga escala das células combustíveis de óxidos sólidos.

20. Qual é o propósito de um esmalte nas louças brancas?

21. Explique por que o SiO_2 fundido forma vidro em vez de resfriar novamente para uma forma cristalina.

22. Explique por que o nitreto de boro hexagonal não é adequado para uso em blindagens pessoais.

23. Defina um sol-gel.

24. Desenhe uma estrutura do espinélio e identifique as posições tetraédricas e octaédricas.

25. Explique por que o pó de diamante é tão ideal para polimento.

26. Compare e diferencie a vitrificação e a sinterização.

27. Compare e diferencie as propriedades do vidro à base de sílica e do cimento Portland.

28. Por que é potencialmente benéfico incluir cinzas no cimento Portland?

29. Encontre dois empregos adicionais potenciais para nanopartículas cerâmicas, não discutidos no capítulo.

30. Determine as frações em massa na fase líquida para um sistema com 20% de Al_2O_3 e 80% de MgO a 2400°C.

31. Quais propriedades são as mais importantes na seleção de um refratário?

32. Explique como a prensagem isostática de pós difere de uma prensagem-padrão de pós.

33. Explique como a necessidade de equilibrar carga afeta as propriedades mecânicas das cerâmicas.

34. Cite vantagens e desvantagens do emprego de fibras de carbono no lugar de polímeros de alto desempenho para as seguintes aplicações:

   a. Equipamento aeroespacial

   b. Chassi de carros de corrida

   c. Tacos de golfe

35. Por que as cerâmicas são essencialmente imunes à corrosão?

36. Descreva os cinco estágios de endurecimento do cimento.

7

Compósitos

SUMÁRIO

Objetivos do Aprendizado

Ao final deste capítulo, um estudante deve ser capaz de:

- Identificar as características relevantes entre compósitos reforçados por fibras, particulados e laminados.

- Distinguir entre um compósito e uma liga.

- Comparar e diferenciar os papéis da fibra e da matriz em compósitos reforçados por fibras.

- Explicar a importância da qualidade da ligação entre a fibra e a matriz.

- Estimar a densidade, a condutividade elétrica, a condutividade térmica, o limite de resistência e o módulo elástico de um compósito se as frações volumétricas dos materiais que o compõem (incluindo os poros) foram conhecidas.

- Estimar a fração da carga aplicada, sustentada pelas fibras.

- Distinguir entre fibras uniaxiais, fibras picadas e tecidos e explicar como a orientação das fibras influenciará nas propriedades dos compósitos.

- Discutir os fatores econômicos e mecânicos que influenciam a decisão sobre a quantidade de fibra a ser colocada em um compósito.

- Descrever os fundamentos das técnicas de produção de compósitos, incluindo a pultrusão, o enrolamento filamentar a úmido, a fabricação de pre-pregs e a moldagem por transferência de resina.

- Examinar os principais tipos de fibras de reforço e considerar os fatores que influenciam sua seleção.

- Diferenciar as diferentes funções dos diversos materiais usados como matriz.

- Explicar o papel dos agregados em compósitos particulados.

- Discutir as implicações da matriz de cimento Portland nas propriedades do concreto.

- Explicar o papel dos aditivos no concreto.

- Descrever a influência da razão água-cimento, do tamanho dos agregados e da forma dos agregados sobre as propriedades mecânicas do concreto.

- Explicar por que o concreto é muito menos resistente em tração do que em compressão.
- Medir e interpretar a resistência à compressão máxima, a 28 dias, de uma coluna de concreto.
- Definir e medir o módulo de ruptura.
- Definir e medir o módulo de elasticidade secante efetivo.
- Definir vergalhão e explicar seu emprego no concreto protendido.
- Explicar o papel do asfalto na pavimentação.
- Distinguir entre os processos de mistura a quente, mistura à temperatura moderada e mistura a frio do asfalto e sua influência sobre as propriedades.
- Descrever os componentes e empregos do compensado.
- Explicar os fatores que influenciam a seleção da resina epóxi para os compósitos laminados.
- Examinar o destino da maioria dos compósitos obsoletos e considerar a situação da sua reciclagem.

O que São Materiais Compósitos e como Eles São Fabricados?

| *Compósitos* | Material formado pela mistura de dois materiais em fases distintas, produzindo um novo material com propriedades diferentes das dos materiais que o formam.

| *Compósitos Reforçados por Fibras* | Compósitos nos quais um material forma a matriz externa e transfere quaisquer cargas aplicadas para as fibras, mais frágeis e mais resistentes.

| *Matriz* | Em um compósito, o material que protege, orienta e transfere carga para o material de reforço.

| *Compósitos Particulados* | Compósitos que contêm grande número de partículas grossas, tal como o cimento e a brita encontrados no concreto.

| *Compósitos Laminados* | Compósitos fabricados alternando-se o empilhamento de diferentes materiais que são unidos entre si.

| *Compósitos Híbridos* | Materiais compósitos produzidos com pelo menos uma fase que é, por si própria, um material compósito.

7.1 AS CLASSES DOS COMPÓSITOS

De forma semelhante às ligas metálicas, os *compósitos* misturam dois ou mais materiais, para formar, juntos, um material com propriedades que são diferentes das de ambos os materiais iniciais. Entretanto, os compósitos diferem das ligas porque os materiais iniciais, continuam a existir separadamente como uma fase distinta. Os materiais compósitos são classificados em uma de três categorias: reforçados por fibras, particulados e laminados. Os *compósitos reforçados por fibras*, mostrados na Tabela 7-1, têm fibras resistentes envolvidas por uma *matriz*, normalmente amorfa, que protege e orienta as fibras. Os *compósitos particulados* envolvem partículas grandes, dispersas em uma matriz, enquanto os *compósitos laminados* envolvem camadas alternadas de material unidas umas às outras.

Em alguns casos, *compósitos híbridos* são produzidos, os quais envolvem compósitos de compósitos. Por exemplo, um pneu radial cinturado com aço é um compósito híbrido. O "pneu de borracha" é um compósito particulado, com uma matriz polimérica envolvendo partículas de negro de fumo. O "pneu de borracha" encapsula e orienta uma cordoalha de aço, para formar um compósito reforçado por fibras, enquanto múltiplas camadas desses compósitos reforçados por fibras estão ligadas juntas para formar um compósito laminado.

7.2 COMPÓSITOS REFORÇADOS POR FIBRAS

Os compósitos reforçados por fibras consistem em duas fases: as fibras e a *matriz*. Na maioria dos casos, fibras resistentes e rígidas, porém frágeis, são colocadas em uma matriz tenaz, e mais dúctil, resultando em um material com excelentes razão resistência-peso, rigidez e resistência à fadiga. O papel da fibra é o de suportar cargas de tração elevadas na direção longitudinal. As fibras comumente usadas para reforço incluem as de carbono, de vidro, polímeros de alto desempenho, poliéster, aço, titânio e tungstênio.

Tabela 7-1 Classes dos Compósitos

Classe do Compósito	Definição	Esquema	Exemplo
Reforçado por fibras	Compósito no qual um material forma a matriz externa e transfere quaisquer cargas aplicadas para as fibras frágeis e mais resistentes.		Compósitos Kevlar-epóxi
Particulado	Compósito que contém grande número de partículas grossas, para reforçar a matriz.		Concreto
Laminado	Compósito que é fabricado alternando-se o empilhamento de diferentes materiais, mantidos juntos por um adesivo.		Compensado
Híbrido	Compósito composto por outros materiais compósitos.		Concreto reforçado por vergalhão

O material da matriz envolve as fibras, as orienta para otimizar seu desempenho coletivo, as protege de ataque do ambiente e transfere a carga para elas. O poliéster é o material mais comum usado como matriz, devido ao seu custo relativamente baixo. Resinas epóxi são usadas quando a contração é um problema e o custo não é tão relevante.

O uso de compósitos reforçados por fibras data da antiguidade, quando tijolos foram fabricados de uma mistura de argila (a matriz) e palha (a fibra). Compósitos reforçados por fibras de carbono têm uso em aplicações militares e aeroespaciais, bem como em modernos barcos à vela, carros de corrida, bicicletas de competição e equipamentos de golfe e de tênis.

7.2.1 // Propriedades dos Compósitos Reforçados por Fibras

Como as fibras atuam como o material que suporta as cargas no compósito, fibras resistentes são selecionadas preferencialmente, mas a relação entre a resistência da fibra e a resistência do compósito não é simples. A matriz deve ser capaz de transferir a carga mecânica para as fibras através da ligação covalente entre a fibra e a matriz. Diversos fatores — incluindo o tamanho e a orientação das fibras, as características químicas superficiais das fibras, a porcentagem de vazios presentes e o grau de cura — influenciam essas ligações. Entretanto, o grau e a qualidade da ligação entre a fibra e a matriz é o fator mais importante na resistência do compósito.

Os compósitos reforçados por fibras são anisotrópicos, com propriedades bem diferentes na direção do alinhamento das fibras (a *direção longitudinal*) e na direção perpendicular às fibras (a *direção transversal*). Quando as fibras estão alinhadas, todas contribuem para suportar uma carga longitudinal, mas não dão praticamente qualquer reforço para uma carga transversal.

| *Direção Longitudinal* | Direção do alinhamento das fibras.

| *Direção Transversal* | Direção perpendicular às fibras em um compósito.

Diversos fatores importantes influenciam o desempenho das fibras, incluindo comprimento e diâmetro, fração volumétrica e orientação. As fibras podem ter qualquer comprimento, desde uns poucos milímetros, no caso das fibras picadas (onde as fibras longas são cortadas em pedaços pequenos e alinhadas aleatoriamente), até diversos quilômetros, no caso de monofilamentos contínuos. A maioria das fibras de reforço varia desde 7 micra até 150 micra de diâmetro. Como ponto de referência, um cabelo humano típico tem cerca de 80 micra de espessura. Em geral, fibras mais finas são mais resistentes, pois suas áreas superficiais reduzidas as tornam menos suscetíveis a imperfeições superficiais. Enquanto fibras mais longas suportam carga de modo mais eficiente do que fibras curtas, pois existem menos extremidades.

A razão entre o comprimento da fibra e seu diâmetro é denominada *razão de aspecto* (l/d). Claramente, maiores razões de aspecto resultam em compósitos mais resistentes, mas fibras mais longas são mais difíceis de processar. Elas são mais difíceis de orientar e, frequentemente, são limitadas pelo tamanho do próprio material compósito. Muitas vezes os projetistas de compósitos definem um comprimento crítico (l_c) abaixo do qual a fibra fornece reforço limitado, mas acima do qual a fibra atua como se tivesse um comprimento quase infinito. A equação,

$$l_c = \frac{\sigma_f d}{2\tau_i},$$
(7.1)

expressa o comprimento crítico de uma fibra em função do limite de resistência da fibra (σ_f), do diâmetro da fibra (d) e de uma constante empírica (τ_i), que se relaciona à qualidade da ligação entre a fibra e a matriz, a qual é denominada *molhabilidade*. Entretanto, a qualidade da ligação é difícil de ser caracterizada e mais frequentemente o comprimento crítico é determinado por tentativa e erro, em vez da análise teórica. Se a tensão cisalhante de escoamento da matriz for significativamente menor do que τ_i, seu valor, frequentemente, substitui τ_i na equação do comprimento crítico.

Exemplo 7-1

Para um compósito Kevlar 29/resina epóxi, o comprimento crítico de uma fibra com 13 μm de diâmetro foi determinado como de 44 mm. Quando pequenas quantidades de fibras de vidro são adicionadas ao compósito para melhorar a molhabilidade, o comprimento crítico é reduzido para 33 mm. Estime a constante de molhabilidade para o compósito, tanto sem a adição de fibras de vidro e com a presença delas.

SOLUÇÃO

A constante de molhabilidade (τ_i) pode ser calculada da Equação 7.1. Para o compósito sem a fibra de vidro,

$$\tau_i = \frac{\sigma_f d}{2l_c} = \frac{(2,8 \text{ GPa})(\ 0,013 \text{ mm})}{2(44 \text{ mm})} = 4,14 \times 10^{-4} \text{ GPa}.$$

Para o compósito com a fibra de vidro,

$$\tau_i = \frac{\sigma_f d}{2l_c} = \frac{(2,8 \text{ GPa})(0,013 \text{ mm})}{2(33 \text{ mm})} = 5,52 \times 10^{-4} \text{ GPa}.$$

Algumas propriedades mecânicas podem ser preditas com maior precisão para um material compósito. Uma regra das misturas simples é bem aplicável para massas específicas, condutividades elétricas e condutividades térmicas. Se o compósito é considerado como consistindo em três materiais – matriz, fibras e poros (espaços vazios) – então, as frações volumétricas (f) de cada um desses materiais devem somar 1, como mostrado na Equação 7.2:

$$f_f + f_m + f_v = 1$$
(7.2)

A massa específica, a condutividade elétrica e a condutividade térmica de um vazio valem todas essencialmente zero e não irão aparecer nas equações subsequentes, mas deve-se ter cuidado para garantir que a presença dos vazios seja considerada no cálculo das frações volumétricas. As Equações 7.3 a 7.5 fornecem as equações para a massa específica (ρ), a condutividade térmica (κ) e a condutividade elétrica (σ) para compósitos.

$$\rho_c = \rho_m f_m + \rho_f f_f$$
(7.3)

$$\kappa_c = \kappa_m f_m + \kappa_f f_f \qquad (7.4)$$

$$\sigma_c = \sigma_m f_m + \sigma_f f_f \qquad (7.5)$$

As relações para as propriedades mecânicas são mais complexas. Quando uma força de tração é aplicada ao compósito na direção da fibra de reforço (longitudinalmente), tanto a fibra quanto a matriz começam a se deformar. Se a qualidade da ligação entre a fibra e a matriz é suficiente, elas se alongam na mesma taxa e sofrem a mesma deformação. Essa condição é denominada *condição de isodeformação*. Enquanto a carga permanece pequena, tanto a fibra como a matriz se alongam elasticamente. Quando o limite de escoamento da matriz (σ_{ym}) é ultrapassado, a matriz começa a se deformar plasticamente. Mas, as fibras mais resistentes permanecem na região de alongamento elástico. Nesse ponto, mais carga é transferida para as fibras e o compósito não rompe, mesmo em cargas que destruiriam a matriz sem reforço. Como a tensão no compósito (σ_c) deve ser suportada tanto pela fibra quanto pela matriz,

$$\sigma_c = \sigma_m f_m + \sigma_f f_f \,. \qquad (7.6)$$

Como a deformação (ϵ) nas fibras e na matriz é igual, a Equação 7.6 pode ser rescrita como

$$\frac{\sigma_c}{\epsilon} = \frac{\sigma_m f_m}{\epsilon} + \frac{\sigma_f f_f}{\epsilon} , \qquad (7.7)$$

Mas, a razão σ_c/ϵ é o módulo de elasticidade (E). Assim, o módulo elástico do compósito (E_c) pode ser estimado de

$$E_c = E_m f_m + E_f f_f \,. \qquad (7.8)$$

A contribuição relativa da fibra e da matriz para suportar a carga aplicada pode ser estimada a partir da Equação 7.9,

$$\frac{F_f}{F_m} \approx \frac{E_f f_f}{E_m f_m} , \qquad (7.9)$$

onde F_f e F_m são as cargas nas fibras e na matriz, respectivamente.

Como as fibras de reforço são frágeis, elas começam a fraturar quando sua resistência à tração ($\sigma_{s,f}$) é ultrapassada. Entretanto, devido à variação aleatória natural na resistência à tração das fibras individuais, as fraturas vão ocorrer em uma ampla faixa de cargas aplicadas. Mesmo quando as fibras rompem, o compósito pode sobreviver. A matriz continua a se deformar plasticamente, enquanto as partes das fibras rompidas permanecem ligadas ao material da matriz. Assim, mesmo as fibras rompidas continuam a ter alguma função de reforço.

Toda a análise que acabou de ser feita está baseada na suposição de uma ligação de alta qualidade entre a fibra e a matriz. Se a ligação for menos resistente, as ligações entre a fibra e a matriz rompem, resultando em **arrancamento da fibra**. Sem qualquer ligação entre a fibra e a matriz, a carga não pode ser transferida para as fibras e a matriz se comporta como se não tivesse qualquer reforço.

Quando a carga é aplicada na direção transversal, as fibras não dão, essencialmente, qualquer reforço à matriz. Assim, as tensões suportadas pelas fibras e pela matriz são as mesmas,

$$\sigma_c = \sigma_m = \sigma_f, \qquad (7.10)$$

enquanto o módulo elástico do compósito pode ser estimado pela Equação 7.11,

$$E_c = \frac{E_f E_m}{f_m E_f + f_f E_m} \,. \qquad (7.11)$$

Essa condição é denominada *condição de isotensão*.

7.2.2 // Efeito da Porcentagem e da Orientação das Fibras

A porcentagem de fibras colocadas em um compósito afeta tanto seu custo quanto seu desempenho. Como as fibras são responsáveis por suportar a carga aplicada, o uso de mais fibras resulta em compósitos mais resistentes. Entretanto, quando a fração das fibras excede cerca de 80%, não existe material da matriz suficiente para envolver completamente e para unir as

Exemplo 7-2

Um cilindro de compósito reforçado por fibras, com uma área de seção transversal de 100 mm², é constituído de 60%, em volume, de uma matriz polimérica (massa específica = 1,2 kg/m³, módulo de elasticidade = 3 GPa, limite de resistência = 300 MPa), 35% de fibras de vidro-E de reforço (as propriedades se encontram na Tabela 7.2) e 5% de vazios. Uma tensão de 20 MPa é aplicada ao compósito, na direção longitudinal.

a. Estime a massa específica do compósito.
b. Estime o módulo de elasticidade do compósito na direção longitudinal.
c. Estime o módulo de elasticidade do compósito na direção transversal.
d. Estime a fração da carga suportada pelas fibras.
e. Estime a deformação nas fibras ou na matriz e explique por que é necessário calcular apenas uma delas.

SOLUÇÃO

a. A massa específica pode ser estimada a partir da regra das misturas dada na Equação 7.3:

$$\rho_c = \rho_m f_m + \rho_f f_f = \left(1{,}2\,\frac{kg}{m^3}\right)(0{,}60) + \left(2{,}58\,\frac{kg}{m^3}\right)(0{,}35) = 1{,}62\,\frac{kg}{m^3}.$$

Lembre que a massa específica de um poro vale zero, mas os poros ainda contribuem com 5% do volume total.

b. O módulo de elasticidade na direção longitudinal é calculado pela Equação 7.8:

$$E_c = E_m f_m + E_f f_f = (3\ GPa)(0{,}60) + (22\ GPa)(0{,}35) = 9{,}5\ GPa.$$

c. O módulo de elasticidade na direção transversal pode ser calculado a partir da Equação 7.11:

$$E_c = \frac{E_f E_m}{f_m E_f + f_f E_m} = \frac{(22)(3)}{(0{,}60)(22) + (0{,}35)(3)} = 4{,}63\ GPa.$$

d. A Equação 7.9 é usada para encontrar a razão entre a carga suportada pelas fibras em relação àquela suportada pela matriz:

$$\frac{F_f}{F_m} \approx \frac{E_f f_f}{E_m f_m} = \frac{(22\ GPa)(0{,}35)}{(3\ GPa)(0{,}60)} = 4{,}3$$

Essa razão indica que as fibras suportam 4,3 vezes mais carga do que a matriz.

e. Quando se considera que a qualidade da ligação entre a fibra e a matriz é alta, uma carga aplicada na direção longitudinal resulta em uma situação de isodeformação, na qual $\epsilon_f = \epsilon_m = \epsilon$. Uma vez que a deformação nas fibras seja conhecida, então a deformação na matriz também é conhecida. Para achar a deformação nas fibras, é necessário primeiro conhecer a tensão nelas. Tensão é definida como a carga dividida pela área da seção transversal:

$$\sigma_f = \frac{F_f}{A_f}$$

Para determinar a carga nas fibras, a carga total no compósito deve ser calculada:

$$F_c = \sigma_c A_c = (20\ MPa)(100\ mm^2) = 2000\ N.$$

A carga total no compósito é a soma das cargas nas fibras e na matriz,

$$F_c = F_f + F_m,$$

e, na parte (d) desse problema concluiu-se que a fibra suporta 4,3 vezes mais carga do que a matriz. Assim,

$$F_c = 4,3\,F_m + F_m$$
$$2000\ N = 5,3\,F_m$$
$$F_m = 377\ N$$
$$F_f = 2000\ N - 377,4\ N = 1623\ N.$$

A área da seção transversal das fibras deve ser determinada a partir da fração volumétrica:

$$A_f = A_c f_f = (100\ mm^2)(0,35) = 35\ mm^2.$$

Assim sendo, a tensão nas fibras é dada por

$$\sigma_f = \frac{F_f}{A_f} = \frac{1623\ N}{35\ mm^2} = 46,4\ MPa.$$

Uma vez que a tensão na fibra é conhecida, a deformação é determinada a partir do módulo de elasticidade:

$$\epsilon_f = \frac{\sigma_f}{E_f} = \frac{46,4\ MPa}{22.000\ MPa} = 2,11 \times 10^{-3}.$$

Um valor idêntico seria obtido usando a fração da matriz para fazer os mesmos cálculos.

---

fibras; bem como para transferir a carga eficientemente. Na maioria dos casos, as fibras de reforço são muito mais caras do que a matriz que as envolve, tornando desejável reduzir a fração das fibras no compósito. Embora a fração de fibras exata varie com o tipo de material e a aplicação, a maioria dos compósitos reforçados por fibras contém entre 35% e 50% de fibras, em volume.

A orientação das fibras também tem um papel importante sobre as propriedades. Como mostrado na Figura 7-1, os compósitos podem ser fabricados com fibras uniaxiais, com fibras picadas orientadas aleatoriamente ou com tecidos bidimensionais ou tridimensionais complexos. Fibras uniaxiais resultam no compósito ter capacidade de reforço significativamente maior na direção longitudinal do que na direção transversal, devido ao alinhamento quase perfeito das fibras. As fibras picadas, orientadas aleatoriamente, são isotrópicas, gerando, fundamentalmente, as mesmas propriedades em todas as direções. Como as fibras são menores do que as fibras alinhadas e apenas uma pequena fração está alinhada com qualquer que seja a direção da carga aplicada, a capacidade de reforço máxima é menor do que a dos compósitos uniaxiais. Entretanto, compósitos com fibras picadas são produzidos mais facilmente e de modo mais barato. Quando tanto a alta resistência quanto a habilidade de suportar cargas em diversas direções são necessárias, tecidos bi e tridimensionais são usados. Com os tecidos, as fibras podem ser alinhadas em diversas direções e as cargas aplicadas sempre serão perpendiculares a uma parcela das fibras. Entretanto, quanto mais complicada for a tecedura, mais complicado e caro será o processo de fabricação.

7.2.3 // Fabricação de Compósitos Reforçados por Fibras

Os compósitos são fabricados através de diversos processos. Compósitos simples, com fibras picadas, são frequentemente fabricados por *mistura com a resina*, quando pedaços de fibras picadas são misturados à matriz, juntamente com quaisquer agentes de cura, aceleradores, diluentes, cargas e pigmentos. Se uma matriz polimérica é usada, a matriz é fundida antes da adição dos outros componentes e, então, vertida em um molde. Quando uma resina epóxi é usada como matriz, a resina é misturada a um endurecedor, à medida que a resina e os outros componentes são colocados no molde.

Frequentemente, compósitos uniaxiais são fabricados através de um processo denominado *pultrusão*, mostrado na Figura 7-2. Nesse processo, um grande número de cabos de fibras é

| **Mistura com a Resina** |
Processo no qual pedaços de fibras picadas são misturados à matriz, juntamente com quaisquer agentes de cura, aceleradores, diluentes, cargas ou pigmentos, para se obter um compósito simples, reforçado por fibras picadas.

| **Pultrusão** | Processo usado com frequência para fabricar compósitos reforçados por fibras uniaxiais.

FIGURA 7-1 Alinhamentos Possíveis de Fibras em Compósitos

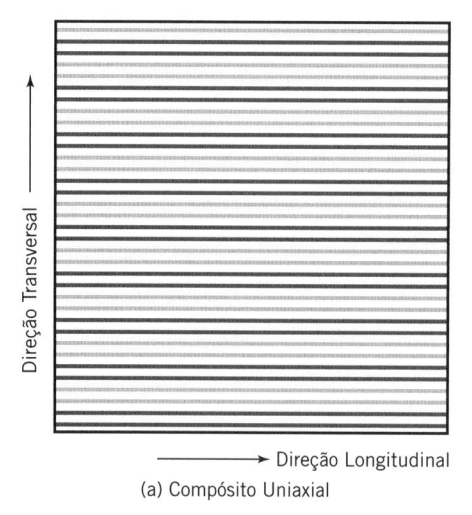

Direção Transversal

Direção Longitudinal

(a) Compósito Uniaxial

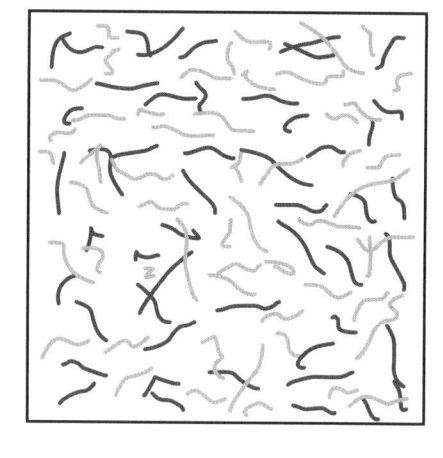

(b) Compósito com Fibras Picadas

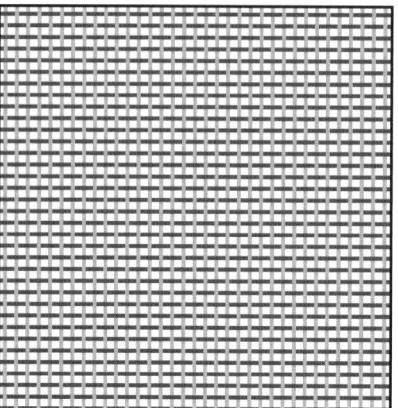

(c) Compósito com Tecidos

FIGURA 7-2 Processo de Pultrusão

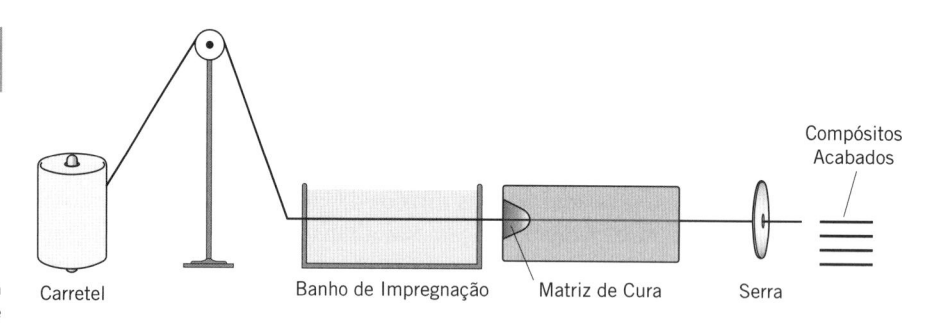

Carretel

Banho de Impregnação

Matriz de Cura

Serra

Compósitos Acabados

| **Bobina** | Consiste em um grande número de cabos de fibras enrolados paralelamente.

| **Carretel** | Dispositivo capaz de puxar continuamente filamentos de inúmeras bobinas diferentes, sem parar o processo.

| **Enrolamento Filamentar por Via Úmida** | Processo de fabricação de formas mais complexas de compósitos reforçados por fibras.

| **Moldagem por Transferência de Resina** | Processo para transformar tecidos ou mantas em compósitos usando um molde no qual o tecido é colocado e a resina é injetada sob uma pressão alta o suficiente para permear e envolver o tecido.

enrolado em paralelo para formar uma ***bobina***. Muitas dessas bobinas são unidas entre si em um dispositivo denominado ***carretel***, que permite que os filamentos sejam puxados continuamente de diferentes bobinas, sem ter que parar o processo. As fibras são puxadas continuamente a partir do carretel, através de um dispositivo de tensionamento, para um banho de resina onde elas são recobertas pelo material da matriz. As fibras recobertas são, então, puxadas através de uma matriz aquecida, que provoca a cura da matriz. O compósito final é, então, cortado no comprimento desejado.

Formas mais complexas podem ser obtidas usando-se um processo assemelhado, denominado ***enrolamento filamentar por via úmida***, no qual fibras contínuas provenientes de bobinas são puxadas através de um banho de impregnação e, então, são enroladas na forma desejada, como mostrado na Figura 7-3. Quando a quantidade suficiente de fibras impregnadas com resina tiver sido enrolada em torno do mandril, esse é movido para um forno de cura, para produzir o compósito com a forma desejada.

Tecidos e mantas são frequentemente transformados em compósitos usando uma técnica de ***moldagem por transferência de resina***, mostrada na Figura 7-4. O tecido de fibras é colo-

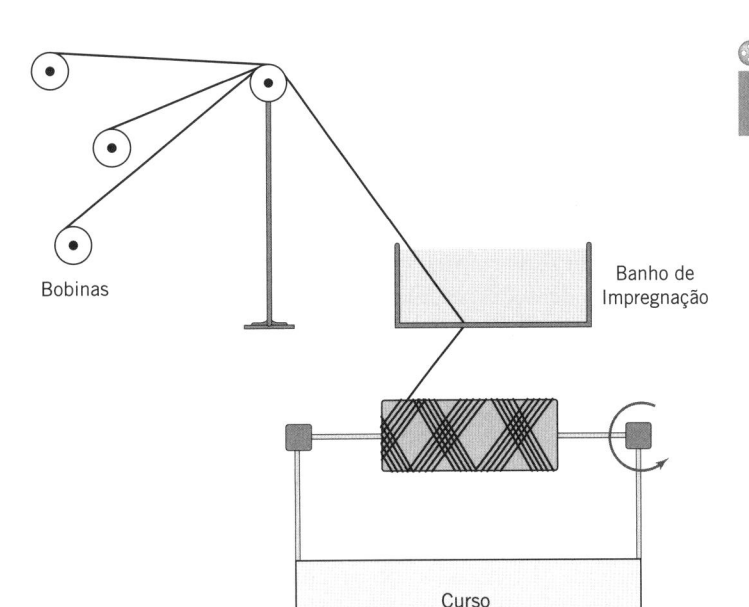

Figura 7-3 Enrolamento Filamentar por Via Úmida

Bobinas

Banho de Impregnação

Curso

cado em um espaço entre a parte de baixo e de cima do molde. A resina é injetada por uma cavidade na parte superior do molde, com pressão suficiente para assegurar que ela penetre e envolva o tecido. Os moldes são, então, curados usando uma combinação de calor e pressão, produzindo uma peça em compósito com a forma do molde.

Todas as técnicas de produção discutidas até agora envolvem o recobrimento das fibras pela matriz imediatamente antes da fabricação dos compósitos. Entretanto, com frequência, é vantajoso ter um feixe de fibras, que já tenha sido impregnado com o material da matriz, e que possa ser transformado em compósito sem qualquer processamento adicional. Essas fibras pré-recobertas são denominadas *pré-impregnados* (ou pre-pregs) e o seu processo de fabricação é denominado *fabricação de pré-impregnados*. Durante esse processo, as fibras são imersas em uma solução de resina ou são recobertas com pequenas quantidades de polímero fundido ou em pasta, como mostrado na Figura 7-5. As fibras recobertas são, então, ligeiramente aquecidas em um forno para assegurar que a cobertura grude às fibras. O pré-impregnado resultante é armazenado sob refrigeração até que esteja pronto para ser convertido em um compósito.

Os pré-impregnados têm como vantagem significativa o fato de que o material da matriz já está disperso sobre as fibras. Assim, não é necessária a injeção da resina, sob altas pressões,

| *Pré-impregnado* | Feixe de fibras já impregnado com o material da matriz, que pode ser convertido em um compósito sem qualquer processamento adicional.

| *Fabricação de Pré-impregnados* | Processo de fabricação dos pré-impregnados pela imersão das fibras em um banho de resina e pelo ligeiro aquecimento do conjunto, para assegurar que a cobertura adira às fibras.

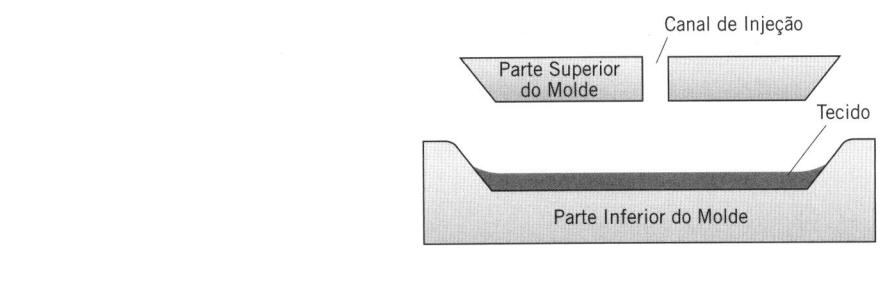
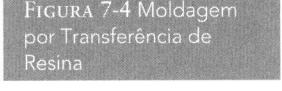

Figura 7-4 Moldagem por Transferência de Resina

Canal de Injeção

Parte Superior do Molde

Tecido

Parte Inferior do Molde

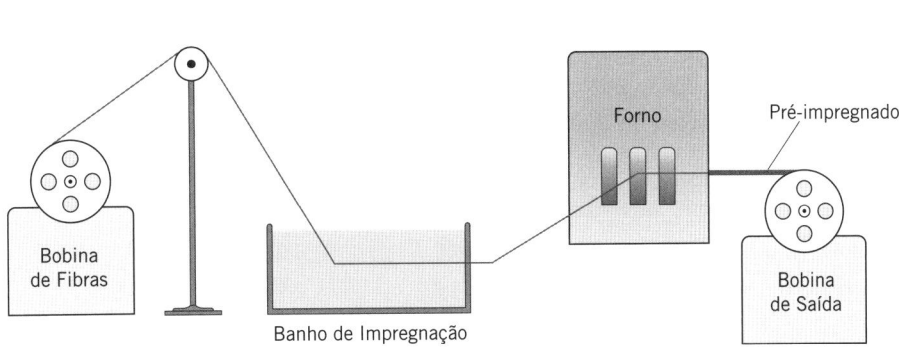

Figura 7-5 Processo de Fabricação de Pré-Impregnados

Forno

Pré-impregnado

Bobina de Fibras

Banho de Impregnação

Bobina de Saída

Compósitos   201

em um molde. O pré-impregnado é geralmente cortado no formato desejado, rebarbado e colocado dentro de um molde. Frequentemente, várias camadas são necessárias para obter a espessura desejada. O molde é colocado em um saco de vácuo e, então, é curado em uma autoclave, onde a peça é submetida à pressão e temperatura.

7.2.4 // Seleção das Fibras de Reforço

Todas as fibras de reforço compartilham a necessidade de ter alta resistência mecânica, mas outras considerações, incluindo custo e massa específica, exercem fortes influências sobre a seleção. A resistência específica (σ_{es}) de uma fibra é definida como a razão entre a resistência à tração e a massa específica da fibra, como mostrado na Equação 7.12:

$$\sigma_{es} = \frac{\sigma_s}{\rho}. \tag{7.12}$$

O uso da resistência específica permite que a razão resistência/peso seja considerada em decisões.

As fibras de reforço tendem a ser fabricadas a partir de cerâmicas, de polímeros de alto desempenho, de metais ou de carbono. A Tabela 7-2 resume propriedades-chave para diversas fibras de reforço comuns. As fibras cerâmicas, tais como as de carbeto de silício e óxido de alumina, tendem a ser rígidas e resistentes, mas são bastante densas. As fibras de vidro (do tipo E) são, frequentemente, selecionadas porque englobam alta resistência, resistência química e baixo custo; embora deva-se tomar muito cuidado para evitar danificar as fibras durante seu manuseio. Fibras de tungstênio e molibdênio têm empregos importantes em aplicações espaciais e de soldagem, devido a seus altos pontos de fusão. Fibras de aço tendem a ser pesadas, mas aumentam a resistência e a condutividade térmica do compósito. Além de possuir uma resistência específica elevada para um metal, as fibras de titânio são inertes no corpo e são capazes de *osseointegração*. Ou seja, são capazes de formar uma ligação direta com o osso, o que as torna ideais para compósitos dentais e em aplicações de substituição de juntas.

| *Osseointegração* | Processo no qual a hidroxiapatita se torna parte do osso em crescimento.

As fibras poliméricas de alto desempenho, incluindo o Kevlar e o PEUAPM, são geralmente usadas com matrizes poliéster e epóxi e têm emprego importante em materiais à prova de bala, equipamentos esportivos, lonas de freios e pneus. Quando o desempenho precisa se sobrepor a preocupações com o custo, as fibras de carbono são, frequentemente, o material de reforço escolhido. As fibras de carbono têm resistências específicas elevadas e mantêm suas propriedades em temperaturas elevadas. Compósitos de fibras de carbono encontram amplo emprego em carrocerias de automóveis de corridas, no ônibus espacial e em algumas aplicações em construções, incluindo na ponte Westgate, sobre o rio Yarra, em Melbourne, Austrália.

TABELA 7-2 Propriedades das Fibras de Reforço Comuns				
Tipo de Fibra	*Massa Específica (kg/m³)*	*Resistência à Tração (GPa)*	*Resistência Específica (GPa/kg·m⁻³)*	*Módulo de Elasticidade (GPa)*
Aço (alta resistência)	7,9	2,3	0,3	210
Carbeto de Silício	3,0	20,0	6,6	150
Fibra de carbono (baseada no PAN)	1,75	3,5	2,0	230
Kevlar-29	1,44	2,8	1,9	122
Kevlar-49	1,44	4,0	2,8	131
Molibdênio	10,2	2,2	0,2	327
Óxido de alumínio	3,97	10,0	2,5	360
PEUAPM	0,97	2,6	2,7	210
Poliéster	1,4	0,2	0,14	4,3
Titânio	4,5	8,3	1,8	116
Tungstênio	19,3	2,9	0,15	21,1
Vidro-E	2,58	3,4	2,6	22

7.2.5 // Seleção dos Materiais das Matrizes

A maioria dos compósitos reforçados por fibras usa materiais poliméricos como a fase matriz, embora algumas aplicações se beneficiem do uso de metais ou de cerâmicas. Quando as propriedades mecânicas da matriz não são cruciais à aplicação, resinas poliéster fornecem a escolha mais econômica. A maioria dos compósitos reforçados por fibras usa uma *resina poliéster* ortoftálica, misturando monômeros de poliéster com estireno para reduzir a viscosidade. Uma resina poliéster isoftálica fornece maior resistência à água e é escolhida quando o compósito será exposto a ambientes aquáticos, tal como o casco de um barco. Quando a resina vai ser usada, um catalisador é adicionado ao líquido viscoso e claro para iniciar a polimerização. Ligações cruzadas, irreversíveis, ocorrem em um processo denominado *cura*, endurecendo a resina poliéster.

As *resinas epóxi* são muito mais caras, mas têm melhores propriedades mecânicas e excepcional resistência ao ambiente. A maioria dos compósitos usados na indústria aeronáutica é fabricada com resinas epóxi, devido às suas melhores propriedades. As resinas epóxi têm uma cor âmbar característica e, normalmente, podem curar à temperatura ambiente com a adição de um *endurecedor*; embora o processo possa ser acelerado com aquecimento. Os endurecedores diferem dos catalisadores, pois os endurecedores se tornam incorporados ao polímero resultante através de uma polimerização de adição. A maioria dos endurecedores contém grupos amina.

As *resinas éster vinílicas* representam um compromisso entre as vantagens econômicas das resinas poliéster e as excepcionais propriedades das resinas epóxi. As éster vinílicas são mais tenazes e mais resilientes do que as poliéster e encontram emprego comercial em dutos e tanques de armazenamento. As resinas éster vinílicas geralmente precisam de temperaturas elevadas para curar totalmente.

Embora os três sistemas discutidos anteriormente formem as resinas poliméricas mais comuns, outros materiais poliméricos têm usos em casos especiais. As *resinas fenólicas* produzem compósitos com muitos vazios e propriedades mecânicas baixas, mas oferecem certo nível de resistência ao fogo. As resinas de poliuretano fornecem certo nível de resistência química e oferecem significativa tenacidade, mas têm baixa resistência à compressão. *Resinas de poli-imida*, que são extremamente caras e têm emprego apenas em aplicações de alto desempenho, tais como em mísseis e em aviões militares, podem manter suas propriedades em temperaturas acima de 250°C.

Os *compósitos de matriz metálica* oferecem uma alternativa às matrizes poliméricas mais comuns. Embora tenham ficados limitados a aplicações militares e aeroespaciais devido aos custos elevados, os compósitos de matriz metálica estão penetrando na indústria de materiais esportivos, na indústria automobilística e em materiais eletrônicos. A matriz metálica mais comum é o alumínio, devido a sua alta resistência específica e custo relativamente baixo. Comparadas às matrizes poliméricas, as matrizes metálicas têm alta resistência, melhor resistência ao ambiente (incluindo o fato de que elas não queimam), condutividade térmica muito maior, melhor resistência à abrasão e a capacidade de operar em temperaturas elevadas.

Os *compósitos de matriz cerâmica (CMCs)* têm um propósito diferente daquele dos outros materiais discutidos nesta seção. Quando fibras cerâmicas são adicionadas a uma matriz de um material cerâmico diferente, a tenacidade à fratura do compósito aumenta significativamente, enquanto ele mantém a capacidade de suportar altas temperaturas e ambientes corrosivos. Por esse razão, CMCs geralmente substituem cerâmicas comuns em aplicações nas quais a tenacidade à fratura seja uma preocupação principal. Muitos especialistas antecipam que os CMCs se tornarão comuns em motores cerâmicos, o que pode tornar os fluidos de refrigeração desnecessários e aumentar a eficiência dramaticamente. CMCs leves podem também substituir superligas, permitindo importante redução de peso.

| *Resina Poliéster* | A escolha mais econômica para matriz de compósitos em situações onde as propriedades mecânicas da matriz não são cruciais à aplicação.

| *Cura* | Endurecimento de um material polimérico através da formação de ligações cruzadas entre as cadeias.

| *Resinas Epóxi* | Resinas usadas como matrizes em materiais compósitos, que são mais caras do que as resinas poliéster, mas que têm melhores propriedades mecânicas e excepcional resistência ao ambiente.

| *Endurecedor* | Substância adicionada à resina epóxi para causar ligações cruzadas; o endurecedor fica incorporado ao polímero resultante.

| *Resinas Éster Vinílicas* | Material polimérico usado como matriz, que combina as vantagens econômicas das resinas poliéster e as excepcionais propriedades das resinas epóxi.

| *Resinas Fenólicas* | Material polimérico usado como matriz, que tem muitos vazios e propriedades mecânicas baixas, mas que oferece alguma resistência ao fogo.

| *Resinas de Poli-imida* | Material polimérico usado como matriz, que é extremamente caro e é usado apenas em aplicações de alto desempenho devido a sua habilidade de manter suas propriedades em temperaturas acima de 250°C.

| *Compósitos de Matriz Metálica* | Compósitos que usam um metal como o material da matriz no lugar das matrizes poliméricas mais comuns.

| *Compósitos de Matriz Cerâmica (CMCs)* | Compósitos nos quais há a adição de fibras cerâmicas a uma matriz de um cerâmico diferente, para aumentar significativamente a tenacidade à fratura do compósito.

7.3 COMPÓSITOS PARTICULADOS

Compósitos particulados não podem, geralmente, ter a mesma resistência que os compósitos reforçados por fibras, mas são muito mais fáceis de fabricar e muito mais baratos. Os compósitos particulados contêm um grande número de partículas aleatoriamente orientadas, denominadas *agregados*, que ajudam o compósito suportar cargas compressivas. As propriedades finais dos compósitos particulados são mais fáceis de predizer, porque eles não têm os problemas de orientação que ocorrem nos compósitos reforçados por fibras. Os compósitos particulados tendem a ser isotrópicos, possuindo as mesmas propriedades em todas as direções.

Em geral, os materiais dos agregados são muito mais resistentes do que a fase matriz que os envolve, mas partículas adjacentes de agregado não podem se ligar umas às outras. A fase matriz une as partículas, mais duras, do agregado, mas também limita a resistência do compósito. Um compósito fabricado com um agregado resistente mas com uma matriz pouco resistente falhará sob cargas de tração relativamente baixas. As partículas de agregado tendem a aumentar o módulo do compósito, enquanto a ductilidade e a permeabilidade da fase matriz são reduzidas.

As partículas de agregado reduzem, frequentemente, as deformações dependentes do tempo, incluindo a fluência, e normalmente são bem mais baratas do que o material da matriz. As partículas de agregado com menos do que 0,25 polegada (6,35 mm) de diâmetro são classificadas como *agregado fino*, enquanto as partículas maiores são classificadas como *agregado grosso*.

7.3.1 // Concreto

O compósito particulado mais importante comercialmente é o *concreto*, que é uma mistura de brita, ou pedriscos (o agregado) e cimento Portland (a matriz). Tecnicamente, o termo *concreto* se refere a qualquer compósito particulado que misture agregados minerais com uma matriz que os una, mas atualmente o termo, geralmente, é aplicável ao concreto com cimento Portland. O primeiro emprego do cimento Portland no concreto data de 1756, quando o engenheiro inglês John Smeaton misturou o cimento com tijolos moídos e pedriscos. O concreto é atualmente onipresente na construção e na pavimentação; somente nos Estados Unidos, existem mais de 45.000 milhas (72.000 km) de estradas interestaduais em concreto, mais incontáveis estradas e caminhos menores. Mais de 6 bilhões de toneladas de concreto são produzidos cada ano, com aproximadamente 40% sendo usado na China.

Além do cimento Portland e dos agregados, o concreto usa água (para iniciar as reações de hidratação no cimento, como discutido detalhadamente no Capítulo 6), *aditivos* (usados no concreto para alterar propriedades) e cargas (também discutidas no Capítulo 6). O agregado corresponde a cerca de 75% do volume total do concreto, mas as propriedades do compósito são dominadas pela matriz de cimento Portland, menos resistente. Os aditivos correspondem, tipicamente, a menos de 5% do volume total do concreto e têm quatro propósitos fundamentais:

1. *Catalisar a hidratação* alterando a taxa de hidratação no cimento Portland. Aqueles que aceleram a hidratação são denominados *aceleradores* e aqueles que retardam a taxa são denominados *retardadores*.
2. *Pigmentos* fornecem cor ao concreto, com finalidade estética.
3. *Aprisionadores de ar* fazem com que pequenas bolhas de ar se formem e se distribuam por todo o concreto, o que permite que o concreto suporte ciclos de expansão por congelamento-descongelamento sem falhar.
4. *Plastificantes* reduzem a viscosidade da pasta de cimento, tornando mais fácil escoar as misturas de concreto em suas formas finais.

O concreto desenvolve várias propriedades mecânicas desejáveis, incluindo excelente resistência à compressão, resistência química e à umidade, e estabilidade dimensional, porém tem baixa resistência à tração. As propriedades mecânicas do concreto estão relacionadas à razão água-cimento; ao tamanho, forma e composição do agregado usado; e à mistura do cimento com as cargas.

A razão água-cimento exerce a maior influência sobre a resistência e a durabilidade do concreto. Quando a razão água-cimento é alta, um gel úmido é produzido, resultando em um concreto de baixa resistência e muito suscetível ao tempo. Reduzir a razão água-cimento aumenta a resistência, mas acarreta, por si só, duas dificuldades. O *Instituto Americano do Concreto (ACI, American Concrete Institute)* requer que exista água suficiente para garantir que o concreto cure por pelo menos sete dias, para permitir a hidratação de qualquer cimento não reagido. Adicionalmente, água suficiente deve ser adicionada para permitir que o concreto seja trabalhado em todas as partes de seu molde ou caixão. Para reduzir esses problemas, pequenas quantidades de aditivos são adicionadas ao concreto. Os aprisionadores de ar prendem pequenas bolhas de ar por todo o concreto, o que aumenta sua durabilidade e serve como um lubrificante, reduzindo a necessidade de água. Adicionalmente, plastificantes são adicionados, os quais aumentam significativamente as características de escoamento do concreto e reduzem a necessidade de água.

O tamanho dos agregados afeta praticamente todas as propriedades mecânicas do concreto, incluindo a resistência à fadiga, a rigidez, a resistência à umidade e a trabalhabilidade. Agregados menores tendem a produzir concretos mais resistentes, mas são mais difíceis de trabalhar e afetam de modo negativo o módulo de elasticidade e a resistência a fluência. Tipicamente, a distribuição de tamanho das partículas do agregado é usada com o objetivo de se ter pequenas partículas preenchendo alguns dos espaços vazios entre as partículas maiores, como está mostrado na Figura 7-6; melhorando, dessa maneira, a interação entre as partículas do agregado.

As distribuições dos tamanhos das partículas são obtidas passando o agregado através de conjuntos de peneiras em um processo denominado **separação granulométrica**. Em 1907, William Fuller e Sanford Thompson mostraram que a máxima densidade de empacotamento podia ser obtida quando a Equação 7.13 fosse satisfeita:

$$p = \left[\frac{d}{D_{100}}\right]^{0,5}, \qquad (7.13)$$

onde p é a porcentagem de partículas que passam através de um dado tamanho de peneira, d é o diâmetro da partícula e D_{100} é o diâmetro da maior partícula do agregado. O Departamento de Transporte usa, tipicamente, um **parâmetro de Fuller-Thompson** de 0,45, em vez de 0,50, no expoente da Equação 7.13.

A forma das partículas de agregado também afeta as propriedades. Britas lisas têm uma razão área superficial/volume muito menor do que pedriscos irregulares. Assim sendo, muito mais cimento é necessário para alcançar o mesmo grau de ligação entre os agregados de britas lisas e a matriz. De modo semelhante, a característica química da superfície do agregado influi sobre quão efetivamente ele pode se ligar à matriz cimentícia. Por exemplo, o calcário ($CaCO_3$) se liga muito mais facilmente com o cimento Portland do que a brita ou muitos outros tipos de agregados.

A resistência à compressão do concreto é medida testando-se amostras que foram endurecidas a temperatura constante e a 100% de umidade por 28 dias. Uma amostra cilíndrica de 6 polegadas (152 mm) de diâmetro e 12 polegadas (304 mm) de comprimento é testada até a fratura sob compressão uniaxial, como descrito no Capítulo 3. A **resistência à compressão máxima a 28 dias** (f_c') normalmente ocorre próxima a uma deformação de 0,002, mas a curva tensão-deformação do concreto é bastante não linear. Assim sendo, o módulo de elasticidade varia com o nível de tensão. O ACI especifica um **módulo de elasticidade secante efetivo** (E_c) de

$$E_c = 0,043w_c^{1,5}\sqrt{f_c'}. \qquad (7.14)$$

onde E_c está em MPa e w_c é a massa específica do concreto (tipicamente 2.320 kg/m³).

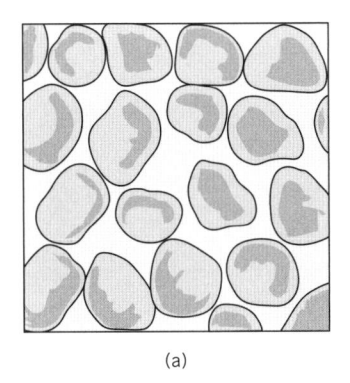

(a)

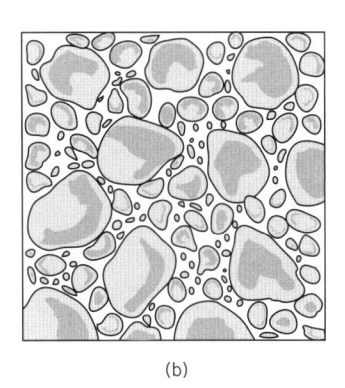

(b)

FIGURA 7-6 Variações no Empacotamento entre (a) Partículas Grandes e Relativamente Uniformes e (b) Partículas com Diversos Tamanhos

A resistência à tração do concreto varia muito, porém tende a variar entre $0,08f_c'$ e $0,15f_c'$. A resistência à tração é medida carregando uma viga de concreto até a fratura, aplicando uma carga concentrada em seu ponto médio. A máxima tensão de tração na superfície inferior da viga, denominada, **módulo de ruptura** (f_r), pode ser calculada a partir das equações-padrão de tensão para vigas. Entretanto, como a resistência à tração do concreto é tão menor do que sua resistência à compressão, o concreto sempre vai falhar em tração, mesmo quando cargas compressivas são aplicadas. Assim, o módulo de ruptura pode ser correlacionado à resistência a compressão máxima a 28 dias. O código ACI dá que

$$f_r = 0,7\sqrt{f_c'}. \tag{7.15}$$

A presença de muitas trincas finas por todo o concreto, afeta significativamente a resistência à tração, embora tenha pouco efeito sobre a resistência à compressão. Quando o concreto é colocado sob tração, ocorrem concentrações de tensão na ponta das trincas, resultando em tensões locais elevadas o suficiente para aumentar o comprimento das trincas. À medida que as trincas crescem, a área sem danos diminui, a tensão aumenta, resultando em fratura.

Como quase todas as aplicações estruturais requerem a habilidade de suportar algum nível significativo de forças de tração, materiais de reforço são normalmente adicionados ao concreto para sustentar as forças de tração. Embora fibras de vidro, fibras poliméricas ou mesmo fibras de carbono tenham sido adicionadas ao concreto, os materiais de reforço mais comuns são barras de aço (**vergalhões**), como o mostrado na Figura 7-7. O vergalhão é fabricado em diâmetros variando entre 0,375 polegada (9,52 mm) até 2,25 polegada (57,1 mm) e é classificado por **bitola**, na qual cada número subsequente indica um aumento de 0,125 polegada (3,1 mm). Assim, uma bitola de 3 vai indicar um vergalhão com 0,375 polegada (9,5 mm) de diâmetro, enquanto uma bitola de 10 vai representar uma amostra com 1,25 polegada (31,7 mm). A Tabela 7-3 resume as propriedades mecânicas dos vergalhões.

A adição de vergalhões cria um novo compósito, com o vergalhão tendo, essencialmente, o papel de material de reforço, como se fossem fibras, e o concreto atuando como a matriz, que orienta as fibras e transfere carga para elas. Essencialmente todas as questões discutidas na Seção 7.2 para compósitos reforçados por fibras são aplicáveis ao concreto reforçado com vergalhões.

FIGURA 7-7 Fotografia de uma Amostra de Vergalhão

Cortesia de James Newell

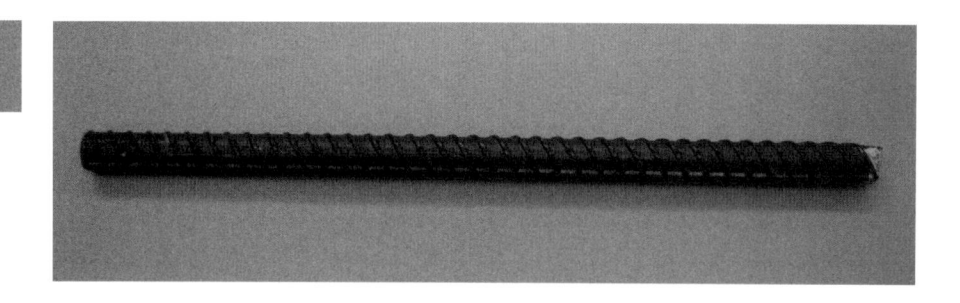

TABELA 7-3	Propriedades dos Vergalhões		
Bitola	*Diâmetro (in)*	*Área da Seção Transversal, (in^2)*	*Massa Nominal, (lb_m/ft)*
3	0,375	0,11	0,376
4	0,500	0,20	0,681
5	0,625	0,31	1,043
6	0,750	0,44	1,502
7	0,875	0,60	2,044
8	1,000	0,79	2,670
9	1,128	1,00	3,400
10	1,270	1,27	4,303
11	1,410	1,56	5,313

7.3.2 // Asfalto (Concreto Asfáltico)

O outro principal compósito particulado comercial é o concreto asfáltico (também conhecido como cimento asfáltico) ou, mais comumente denominado, *asfalto*. Sob qualquer nome, o asfalto é a familiar cobertura preta usada em estradas e estacionamentos. Como o concreto tradicional, o concreto asfáltico é uma mistura de agregado mineral e de uma fase ligante de asfalto, que é uma fração de alto peso molecular produzida da destilação do petróleo. Diferente do concreto tradicional, que cura para uma forma permanente através de uma série de complexas reações de hidratação, o concreto asfáltico pode ser refundido e remoldado muitas vezes. De fato, o asfalto é o material mais reciclado no mundo, embora o material reciclado não mantenha o mesmo nível de resistência à umidade que o asfalto novo.

O uso do asfalto, em vez de concreto, em rodovias tem algumas desvantagens. O custo inicial do asfalto é menor, mas uma típica rodovia em concreto vai durar duas vezes mais. O asfalto se deforma mais sob as cargas pesadas dos caminhões e de outros veículos grandes, fazendo com que ele seja menos apropriado para as principais rodovias usadas por transportadores de cargas. Além disso, o asfalto é menos resistente ao deslizamento e tende a absorver calor, tornando-o, frequentemente, muito quente para se caminhar durante os meses de verão.

A maioria do asfalto usado nas principais rodovias é produzida através de um *processo de mistura a quente do concreto asfáltico*. O asfalto é amolecido, aquecendo-o acima de 160°C antes de misturar o agregado. O pavimento é, então, colocado e prensado a 140°C. O processo libera uma quantidade significativa de dióxido de carbono e de vapores orgânicos e gera um aroma característico. A quantidade das emissões de vapores pode ser reduzida adicionando-se zeólitas (materiais porosos), tal como o silicato sódico de alumínio ou graxas à mistura. As zeólitas reduzem a temperatura de amolecimento do asfalto por até 25°C, levando a um *processo de mistura à temperatura moderada do concreto asfáltico*. Embora essa tecnologia reduza as emissões, reduza os custos e torne o ambiente de trabalho mais aprazível, a indústria de construção tem sido lenta em abraçar essa mudança. Durante os anos 1970, a indústria tentou usar um processo à temperatura moderada usando a umidade do agregado, mas níveis de umidade variáveis no agregado levaram a propriedades diferentes e a um quase abandono do processo durante um quarto de século.

O *concreto asfáltico de mistura a frio* é resultante da adição de água e de moléculas de surfactantes ao asfalto, antes de misturá-lo com o agregado. Quando a água evapora, o concreto asfáltico resultante adquire propriedades semelhantes àquelas produzidas pelo processo de mistura a quente. Essa técnica é geralmente aplicada apenas a remendos sobre um pavimento existente ou em rodovias com baixo volume de tráfego. O asfalto misturado a frio serve também como o principal método de reciclagem para solos contaminados com petróleo.

| **Asfalto** | Mistura de hidrocarbonetos de alto peso molecular, obtidos como resíduo da destilação do petróleo. Também é o nome comum usado para o concreto asfáltico.

| **Processo de Mistura a Quente do Concreto Asfáltico** | Processo usado para produzir a maioria do asfalto usado nas principais rodovias, no qual o asfalto é aquecido até 160°C, antes de se misturar o agregado e é aplicado e compactado a 140°C.

| **Processo de Mistura à Temperatura Moderada do Concreto Asfáltico** | Processo para produzir concreto asfáltico pela adição de zeólitas, para reduzir a temperatura de amolecimento de até 25°C. Isso reduz a liberação de emissões e o custo e cria melhores condições de trabalho.

| **Concreto Asfáltico de Mistura a Frio** | Concreto asfáltico criado pela adição de água e moléculas de surfactante ao asfalto, levando à formação de um concreto asfáltico semelhante àquele obtido pelo processo de mistura a quente de concreto asfáltico. Esse processo serve como o principal meio para a reciclagem de solo contaminado com petróleo.

7.4 COMPÓSITOS LAMINADOS

Os compósitos laminados consistem em camadas alternadas de materiais bidimensionais, que têm orientação anisotrópica, e que são unidos por camadas de matriz. O compósito laminado mais comum é o *compensado*, que consiste em finas camadas de madeira unidas por adesivos. A seleção da madeira e do adesivo depende da aplicação desejada. O compensado é mais resistente à contração e ao empeno do que a madeira, devido ao *empilhamento cruzado*, de modo que os grãos da madeira em cada camada do compensado estão deslocados de 90° em relação às camadas vizinhas.

Quando o compensado é projetado para uso decorativo, a camada superficial pode ser de bétula, bordo, mogno ou de outra madeira de lei, enquanto as camadas internas são geralmente feitas de pinheiro, mais barato e mais macio. A maioria dos compensados contêm três, cinco ou sete camadas de madeira, cada uma com 0,125 polegada (3,1 mm) de espessura. Os compensados projetados para aplicações internas tipicamente usam uma resina de fenol-formaldeído, que é barata, mas pode dissolver em água. Compensados para usos externos empregam uma resina fenol-resorcinol, mais cara, mas mais resistente.

Outros compósitos laminados comerciais incluem vidros de segurança para para-brisas (discutidos no Capítulo 1), esquis para neve (originalmente feitos de camadas de fibras de

| **Compensado** | Tipo mais comum de compósito laminado, consistindo em camadas finas de madeira unidas por adesivos.

| **Empilhamento Cruzado** | No compensado, os grãos de uma camada de madeira estão defasados de 90° em relação às camadas vizinhas, fazendo com que o compensado seja mais resistente à contração e ao empeno do que a madeira comum.

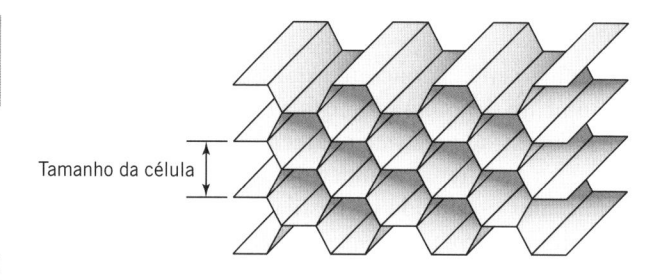

FIGURA 7-8 Estrutura Colmeia Usada em um Compósito Sanduíche

Tamanho da célula

| **Compósito Sanduíche** |
Compósito usado quando é necessária resistência, mas o peso é um fator importante. Normalmente é fabricado com camadas resistentes nas superfícies dos compósitos, tendo um material de baixa densidade no interior; frequentemente em uma estrutura colmeia, que dá rigidez e resistência à tensão perpendicular.

| **Placas de Acabamento** |
Fabricadas, tipicamente, de materiais muito resistentes e usadas nas faces externas de um compósito sanduíche.

| **Estrutura Colmeia** | Formato comum usado para materiais de baixa densidade em compósitos sanduíche, para prover rigidez e resistência a tensões perpendiculares

vidro e madeira, mas agora fabricados frequentemente com composições mais complicadas, que incluem camadas de polietileno sinterizado, aço, borracha, fibras de carbono, fibras de vidro e madeira) e a borracha nos pneus dos automóveis, que contém 28% de partículas de negro de fumo, que são baratas, em uma matriz de poli-isobutileno.

Nas aplicações aeroespaciais, onde a resistência é necessária, mas o peso é um fator significativo, uma sequência de empilhamento mais complexa é usada para as camadas, levando à obtenção de um *compósito sanduíche*. Com frequência, *placas de acabamento* são usadas nas faces externas do compósito. Essas placas de acabamento são, normalmente, fabricadas de materiais muito resistentes, tais como ligas de titânio, ligas de alumínio ou compósitos reforçados por tecidos de fibras, pois elas são responsáveis por sustentar a maior fração das cargas e tensões aplicadas. Entre as placas de acabamento, um material de baixa densidade é, normalmente, conformado em uma *estrutura colmeia*, mostrada na Figura 7-8, e é usado para prover rigidez e resistir a tensões perpendiculares. As propriedades dos materiais da colmeia dependem do tamanho da célula e da espessura e da resistência do material que a forma. Em aplicações simples, pode-se usar cartolina como o material da colmeia, mas alumínio e polímeros de alto desempenho são necessários para aplicações aeroespaciais e outras aplicações de alto desempenho.

O que Acontece com Compósitos Obsoletos?

7.5 RECICLAGEM DE MATERIAIS COMPÓSITOS

Mais de 98% de todos os materiais compósitos obsoletos são incinerados ou enviados para aterros; sua reciclagem tem sido pouco mais do que uma ideia. Historicamente, a técnica mais comum para a limitada reciclagem de materiais compósitos tem sido moer, cortar ou picar o compósito obsoleto em pedaços pequenos o suficiente para serem usados como cargas em novos compósitos. Essa técnica é razoavelmente eficiente quando os materiais compósitos contêm quantidades significativas de cargas de baixo custo, mas materiais compósitos de alto desempenho criam problemas, tanto econômicos quanto ambientais.

A digestão ácida tem sido usada para dissolver a matriz e permitir a recuperação das caras fibras de carbono, mas essa técnica é cheia de problemas. A mistura ácida resultante é altamente tóxica e o seu necessário processamento reduz a maioria das vantagens econômicas da reciclagem. Os principais fabricantes de aviões fizeram análises detalhadas do ciclo de vida para determinar maneiras ambientalmente corretas para reutilizar e reciclar materiais compósitos.

Como é frequentemente o caso, a Europa está liderando o caminho para obrigar a reciclagem de materiais compósitos. A maioria dos estados na União Europeia baniu o aterro de materiais compósitos por volta de 2004, colocando limites adicionais sobre a quantidade total que pode ser incinerada. Desse modo, muitos fabricantes de compósitos foram forçados a assumir a responsabilidade de reciclagem dos produtos finais.

Embora o suprimento de materiais compósitos obsoletos ultrapasse em muito a demanda, a Europa desenvolveu um "Conceito Europeu para Reciclagem de Compósitos", para financiar a pesquisa para o desenvolvimento e a validação econômica de procedimentos viáveis, para a reciclagem comercial em larga escala de materiais compósitos.

Resumo do Capítulo 7

Neste capítulo examinamos:

- Aprendemos como classificar um compósito como: reforçado por fibras, particulado, laminado ou híbrido
- Comparamos e distinguimos o papel da fibra e da matriz em compósitos reforçados por fibras
- Desenvolvemos a regra das misturas para permitir a previsão das propriedades mecânicas de compósitos
- Discutimos diferentes métodos de fabricação de compósitos reforçados por fibras
- Resumimos as propriedades-chave envolvidas na seleção das fibras de reforço e dos materiais usados como matrizes
- Analisamos os fatores que influenciam as propriedades mecânicas dos compósitos particulados, com ênfase especial no concreto e no asfalto
- Consideramos a produção de compósitos laminados, com ênfase especial sendo dada aos compensados
- Discutimos o lento progresso no desenvolvimento de estratégias comerciais viáveis para reciclar materiais compósitos

Termos-Chave

aceleradores
aditivos
agregados
agregados finos
agregados grossos
aprisionadores de ar
arrancamento da fibra
asfalto
bitola
bobina
carretel
catalisador da hidratação
compensado
compósito sanduíche
compósitos
compósitos de matriz cerâmica (CMCs)
compósitos de matriz metálica
compósitos híbridos
compósitos laminados
compósitos particulados
compósitos reforçados por fibras

concreto
concreto asfáltico de mistura a frio
condição de isodeformação
condição de isotensão
cura
direção longitudinal
direção transversal
empilhamento cruzado
endurecedor
enrolamento filamentar a úmido
estrutura colmeia
fabricação de pré-impregnados
Instituto Americano do Concreto
matriz
mistura com a resina
módulo de elasticidade secante efetivo
módulo de ruptura
moldagem por transferência de resina
molhabilidade
osseointegração

parâmetro de Fuller-Thompson
pigmentos
placas de acabamento
plastificantes
pré-impregnados
processo de mistura a quente do concreto asfáltico
processo de mistura à temperatura moderada do concreto asfáltico
pultrusão
razão de aspecto
resina poliéster
resinas de poli-imida
resinas epóxi
resinas éster vinílicas
resinas fenólicas
resistência à compressão máxima a 28 dias
retardadores
separação granulométrica
vergalhão

Problemas Propostos

1. Um compósito com quantidade desprezível de vazios e com 35% de fração de fibras deve ser fabricado com uma resina poliéster (ρ = 1,4 kg/m³, E = 3,5 GPa) como matriz. Compare a massa específica do compósito e a fração de carga suportada pelas fibras se fibras de titânio ou de Kevlar-49 forem usadas. Que outros fatores poderiam influenciar a seleção final das fibras?

2. Explique por que a resistência à tração do concreto é tão menor do que a sua resistência à compressão.

3. Calcule a deformação na matriz de um compósito cilíndrico, com 40 mm² de área de seção transversal, que esteja submetido a uma carga de 30 MPa se a fração de fibras for de 40%, a fração de vazios puder ser desprezada e o módulo de elasticidade da fibra for 35 vezes maior do que o da matriz.

4. Por que é importante que a resistência à compressão do concreto seja sempre medida após o mesmo período de cura (28 dias)?

5. Estime o módulo de elasticidade para o concreto, com massa específica de 120 lb/ft³ (1.922 kg/m³) e uma resistência à compressão máxima após 28 dias de 3500 psi (24 MPa).

6. Dois objetivos importantes ao se fabricar compósitos são melhorar a qualidade da ligação entre as fibras e a matriz e reduzir custos. Explique como a melhora desses dois principais objetivos tende a resultar em compósitos que são mais difíceis de reciclar.

7. Se as propriedades mecânicas do compósito são governadas pelas propriedades das fibras de reforço, por que um engenheiro pagaria mais caro por uma resina epóxi, em vez de usar uma resina poliéster mais barata?

8. Explique as vantagens e a desvantagem de usar partículas menores de agregado em compósitos particulados.

9. Muitas pontes são fabricadas de compósitos de concreto reforçado por vergalhões. Classifique o sistema desse compósito (reforçado por fibras, particulado, laminado ou híbrido) e explique por que esse material é uma escolha tão onipresente na construção.

10. Por que o concreto asfáltico é usado, frequentemente, em vez do concreto de cimento Portland em estacionamentos e estradas?

11. Explique por que os compósitos sanduíche, com placas de acabamento de alumínio e colmeias de polímeros de alto desempenho, são empregados nas asas de aviões.

12. Explique por que os compósitos reforçados por fibras podem suportar cargas muito maiores na direção longitudinal do que na direção transversal. Como isso influencia o uso de tecidos?

13. Descreva o efeito dos vazios nos compósitos em termos da resistência à tração, resistência à compressão, densidade, custo e módulo elástico.

14. Explique por que as Equações 7.2 a 7.11 não se aplicam aos compósitos com baixa molhabilidade.

15. Uma cientista desenvolveu uma nova fibra polimérica, que ela acha que seria uma excelente fibra de reforço para materiais compósitos. Que propriedades da fibra seriam necessárias conhecer (e por que) antes que se pudesse julgar seu potencial como fibra de reforço?

16. Por que os asfaltos misturados a frio seriam um material apropriado para remendos de estradas, mas não para construí-las inicialmente?

17. Explique a função das cintas de aço, do negro de fumo e do polímero poli-isobutileno em um pneu comercial de automóvel.

18. Quais são as diferenças principais entre o compensado projetado para usos em interiores e em exteriores?

19. O que diferencia um aditivo de uma carga?

20. Qual é a diferença entre um compósito e uma liga?

21. Qual fração de fibra seria necessária em um compósito com fibras de titânio com uma matriz de policarbonato (E = 2,5 GPa), para que as fibras sustentem 85% de uma carga de tração longitudinal? Estime a massa específica e o módulo transversal do compósito.

22. Se o módulo secante efetivo de uma amostra de concreto vale 450 MPa, estime sua resistência à compressão máxima após 28 dias.

23. Por que um fabricante preferiria preparar pré-impregnados em vez de fabricar imediatamente o compósito?

24. Quais são as vantagens e as desvantagens de se usar fibras picadas, aleatoriamente orientadas, em compósitos?

25. Compare o módulo elástico e a massa específica de dois compósitos: um feito com 40% de fibra de vidro-E em uma matriz de poliéster (ρ = 1,35, E = 45 MPa); o outro fabricado com 50% de fibra de vidro-E com o mesmo polímero. Por que não haveria benefício em usar 85% de fibra de vidro-E?

26. Compare a massa específica, o módulo elástico na direção longitudinal, o módulo elástico na direção transversal e a fração de carga suportada pelas fibras para um compósito fabricado com 35% de fibras de Kevlar-49 em uma resina epóxi (ρ = 1,1 kg/m³, E = 2,5 GPa) com as mesmas propriedades de um compósito fabri-

cado com uma matriz poliéster ($\rho = 1,35$ kg/m³, $E = 45$ MPa).

27. Discuta possíveis alternativas, excluindo a incineração e o aterro, para:

   a. Concreto

   b. Pneus de automóveis

   c. Compósitos de fibras de vidro

   d. Compósitos sanduíche de asas de avião

28. Explique o que acontece às propriedades mecânicas de um compósito (tanto na direção transversal quanto longitudinal) se existir um desalinhamento significativo das fibras de reforço.

29. Discuta os principais fatores que influenciam a seleção da melhor fibra e da melhor fração volumétrica para uma aplicação de um compósito.

30. Por que as fibras poliméricas são, normalmente, uma escolha ruim para aplicações de alta temperatura?

8

Materiais Ópticos e Eletrônicos

SUMÁRIO

Objetivos do Aprendizado

Ao final deste capítulo, um estudante deve ser capaz de:

- Explicar as bases física e química para a condução em metais.
- Calcular a mobilidade de deriva, a densidade de corrente e a condutividade.
- Discutir os fatores que afetam a resistividade.
- Determinar a resistividade de uma liga.
- Explicar a natureza e a importância do intervalo de energia entre a banda de valência e a banda de condução.
- Descrever a natureza da semicondução intrínseca e a migração, tanto de elétrons quanto de buracos, em resposta a um campo elétrico aplicado.
- Explicar o papel dos dopantes, tanto nos semicondutores extrínsecos do tipo p quanto nos do tipo n, e a operação de diodos baseados nas junções p-n.
- Discutir os princípios operacionais de transistores BJT e MOSFETs.
- Descrever a fabricação de circuitos integrados.
- Explicar o papel dos materiais dielétricos nos capacitores.

- Distinguir entre materiais ferroelétricos e piezelétricos, e descrever as propriedades particulares associadas a cada um.
- Explicar as diferenças entre luz transmitida, absorvida, refletida e refratada.
- Calcular os coeficientes de refletância e de transmissão, dados os índices de refração.
- Aplicar a lei de Snell para determinar o ângulo de refração e o ângulo crítico para reflexão interna total.
- Explicar os princípios de operação e os usos comerciais das fibras ópticas e dos lasers.

A maior parte da análise neste texto esteve focada nas propriedades mecânicas dos materiais. Entretanto, alguns materiais têm importância comercial devido a como eles conduzem eletricidade (materiais eletrônicos) ou refletem, absorvem ou transmitem a luz (materiais ópticos). Embora os materiais eletrônicos e ópticos pertençam às classes-padrão já discutidas (polímeros, metais, cerâmicas e compósitos), seus comportamentos particulares garantem que eles sejam considerados em separado.

Como os Elétrons Fluem nos Metais?

8.1 CONDUTIVIDADE NOS METAIS

Devido à natureza dissociada da ligação metálica, os metais possuem elétrons livres que são capazes de se mover quando o material é submetido a um campo elétrico no zero absoluto. Qualquer material que não tenha elétrons livres no zero absoluto é considerado um ametal ou *isolante*. Entretanto, em temperaturas maiores do que o zero absoluto, muitos isolantes desenvolvem a habilidade de conduzir elétrons. Esses materiais são denominados *semicondutores* e seu desenvolvimento levou a uma revolução nas comunicações e em outras tecnologias, que alteraram fundamentalmente a vida da maior parte do mundo desenvolvido.

| *Isolante* | Material que não tem elétrons livres no zero absoluto.

| *Semicondutores* | Materiais que têm uma faixa de condutividade entre aquela dos condutores e dos isolantes.

A habilidade de conduzir elétrons está diretamente relacionada à configuração das camadas eletrônicas ao redor do átomo. Os elétrons permanecem em órbita em torno do núcleo devido à atração coulombiana entre eles e os prótons no núcleo. A complexa mecânica quântica prova que um elétron deve existir em um nível discreto de energia, ou camada, que satisfaça a equação

$$E = \frac{n^2 h^2}{8m\,L^2} \tag{8.1}$$

| *Número Quântico Principal* | Camada principal, na qual um elétron está localizado.

onde E é a energia do elétron, n é o *número quântico principal* que representa cada camada, h é a constante de Planck, m é a massa do elétron e L é um comprimento característico associado ao movimento ondulatório. A energia de todos os elétrons dentro da mesma camada é igual. Dentro de cada camada, distintos subníveis (s, p, d e f) contabilizam as diferenças no momento angular e na rotação. Em última análise, existem n^2 estados quânticos para cada camada, com cada estado sendo capaz de manter um elétron de spin positivo e um elétron de spin negativo, como requerido pelo princípio de exclusão de Pauli. A Tabela 8-1 resume os diferentes níveis de energia e estados quânticos.

Enquanto os átomos permanecem isolados de outros átomos, o número de estados permitidos é rigidamente definido. A questão se torna mais complicada quando um grande número de átomos se aproxima, como em uma rede sólida de Bravais. Já que as nuvens eletrônicas se aproximam, os elétrons livres de um átomo podem se mover para os orbitais de outro átomo. Essa "partilha" de elétrons é a base da ligação metálica, mas mesmo essa partilha tem limitações. O princípio da exclusão de Pauli impede que elétrons com o mesmo spin existam no

TABELA 8-1	Subníveis e Elétrons Disponíveis para Cada Número Quântico	
Número Quântico	*Número Máximo de Elétrons*	*Tipos das Subcamadas*
1	2	1s
2	8	1s, 3p
3	16	1s, 3p, 5d
4	32	1s, 3p, 5d, 7f

mesmo subnível. Como resultado, os níveis de energia se subdividem ligeiramente, formando *bandas de energia*, cada uma com níveis de energia ligeiramente diferentes.

Considere um elemento do Grupo I, que tem um único elétron desemparelhado em sua camada mais externa. Se um dado número desses átomos do Grupo I (n) se aproximar entre si, existirão n níveis s com n elétrons livres. Os níveis de energia mais baixos sempre devem ser preenchidos primeiro e cada estado s é capaz de manter dois elétrons. Assim, as n/2 bandas com os menores estados de energia (ou estados-padrão) serão preenchidas com dois elétrons cada uma, enquanto as n/2 bandas com os maiores níveis de energia ficarão vazias. A Figura 8-1 mostra a formação e o preenchimento dessas bandas de energia para quatro átomos que se aproximam. As duas bandas de menor energia conteriam, cada uma, dois elétrons de spins opostos, enquanto as duas bandas de maior energia estariam vazias. O nível de energia da banda ocupada mais elevada é denominado *energia de Fermi* (E_F).

O tipo de subdivisão da banda de energia mostrado na Figura 8-1 não está limitado aos átomos do Grupo I. Como as propriedades eletrônicas dos materiais são governadas pelas interações das bandas eletrônicas mais externas e como essas bandas podem conter apenas elétrons dos mesmos níveis correspondentes, todos os metais com um único elétron não emparelhado em uma camada s formarão bandas como as mostradas na Figura 8-1. O cobre tem um elétron em sua camada 4s, que pode interagir com o elétron 4s de outro átomo de cobre. A camada 4s pode interagir apenas com outra camada 4s.

A quantidade de subdivisões entre as bandas eletrônicas varia com o espaçamento interatômico e o número de estados depende do tipo dos orbitais presentes em cada átomo. Se n átomos estiverem presentes, cada banda s terá n estados, cada banda p terá 3n estados, enquanto cada banda d terá 8n estados.

Quando ambos os orbitais s e p estiverem presentes, as bandas de energia frequentemente se sobrepõem. Por exemplo, no alumínio algumas das bandas 3p têm um menor estado de energia do que algumas das bandas 3s, como mostrado na Figura 8-2. Essa banda sp combinada permite que o alumínio tenha elétrons livres, embora um átomo isolado não tenha elétrons desemparelhados para compartilhar.

A taxa de movimento dos elétrons através de uma área unitária é dada por

$$J = \frac{\Delta q}{A\Delta t},$$ (8.2)

onde J é a *densidade de corrente*, Δq é a carga total passando através da área, A é a área e t é o tempo. Como os elétrons são livres para se mover aleatoriamente em qualquer direção através dos orbitais compartilhados, um campo elétrico (E) deve ser aplicado para induzir um fluxo resultante de elétrons em uma direção específica. Os elétrons desemparelhados se desligam do núcleo e se tornam parte da nuvem eletrônica que envolve o metal, e são livres para responder ao campo aplicado, para gerar uma densidade de corrente.

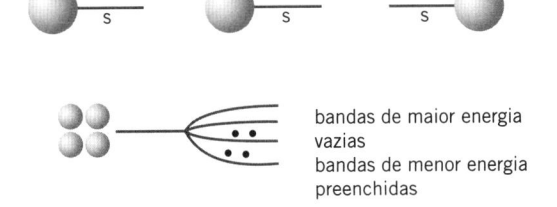

Quatro átomos, cada um com um elétron do nível s desemparelhado, no mesmo nível de energia

bandas de maior energia vazias
bandas de menor energia preenchidas

Quatro átomos com orbitais s fundidos, formando uma banda com níveis diferentes de energia

FIGURA 8-2 Bandas de Energia para (a) Cobre e (b) Alumínio

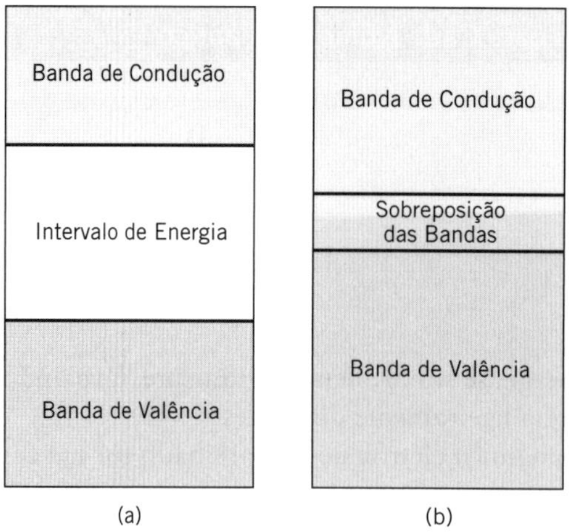

Banda de Condução

Intervalo de Energia

Banda de Valência

(a)

Banda de Condução

Sobreposição das Bandas

Banda de Valência

(b)

Quanto mais forte for o campo elétrico aplicado, mais rapidamente os elétrons vão escoar. A velocidade média dos elétrons é definida como a **velocidade de deriva** (v_d),

| **Velocidade de Deriva** |
Velocidade média dos elétrons devido a um campo elétrico aplicado.

$$v_d = \mu_d E, \qquad (8.3)$$

onde a constante de proporcionalidade μ_d é denominada **mobilidade de deriva**.

| **Mobilidade de Deriva** | Constante de proporcionalidade relacionando a velocidade de deriva com um campo elétrico aplicado.

Embora exista um fluxo resultante de elétrons na direção oposta ao campo elétrico, os elétrons não escoam de um modo ordenado. Os átomos no metal vibram continuamente e a própria rede contém muitas discordâncias, átomos substitucionais e outros defeitos, de modo que os elétrons irão, inevitavelmente, colidir com os átomos da rede. Em função disso, ocorre espalhamento dos elétrons, onde um elétron é defletido entre os átomos da rede, de modo semelhante a uma bola de fliperama ricocheteando nos anteparos, como ilustrado na Figura 8-3. Cada ricochete individual pode mover o elétron para a frente ou para trás, mas o campo elétrico causará um movimento resultante positivo.

O tempo entre as colisões de espalhamento é considerado na mobilidade de deriva, e pode ser definido como

$$\mu_d = \frac{e\tau}{m_e}, \qquad (8.4)$$

onde e é a carga absoluta de um elétron ($1,6 \times 10^{-16}$ C), τ é o tempo médio entre as colisões de espalhamento e m_e é a massa de um elétron ($9,1 \times 10^{-31}$ kg).

A densidade de corrente (J) é diretamente proporcional à velocidade de deriva e pode ser expressa por

$$J = env_d, \qquad (8.5)$$

onde e, novamente, é a carga absoluta de um elétron e n é o número de elétrons por unidade de volume. Combinando as Equações 8.3 e 8.5 temos

$$J = en\mu_d E. \qquad (8.6)$$

| **Condutividade Elétrica** |
Habilidade de um material conduzir uma corrente elétrica.

A **condutividade elétrica** (σ) de um metal pode, então, ser definida como

$$\sigma = \frac{J}{E}, \qquad (8.7)$$

a qual é, na realidade, apenas a forma microscópica da lei de Ohm. A lei de Ohm é mais familiar em sua forma macroscópica,

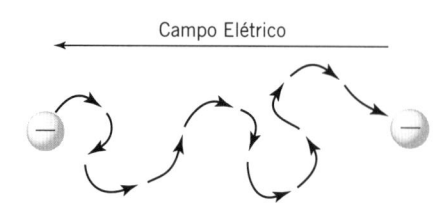

FIGURA 8-3 Espalhamento dos Elétrons nos Metais

Campo Elétrico

Material	Condutividade Elétrica $(\Omega cm)^{-1}$
Aço-carbono	$0,6 \times 10^5$
Aço Inoxidável	$0,25 \times 10^5$
Alumínio	$3,8 \times 10^5$
Cobre	$6,0 \times 10^5$
Ferro	$1,0 \times 10^5$
Ouro	$4,3 \times 10^5$
Prata	$6,8 \times 10^5$

TABELA 8-2 Valores da Condutividade Elétrica para Metais e Ligas Metálicas Comuns, Próximos a Temperatura Ambiente

$$\frac{1}{R} = \frac{I}{v}. \tag{8.8}$$

Combinando as Equações 8.6 e 8.7 resulta

$$\sigma = en\mu_d. \tag{8.9}$$

A Tabela 8-2 resume os valores de condutividade elétrica para diversos metais e ligas metálicas comuns.

Exemplo 8-1

Calcule a mobilidade de deriva da prata, próximo a temperatura ambiente.

SOLUÇÃO

A Equação 8.8 dá que

$$\sigma = en\mu_d \text{ ou } \mu_d = \frac{\sigma}{en}.$$

A condutividade elétrica (σ) é dada na Tabela 8-2 e a carga do elétron (e) é uma constante. Assim, a única incógnita é o número de elétrons livres por unidade de volume (n). Como cada átomo de prata tem um elétron desemparelhado, que será doado à nuvem eletrônica, n deve ser igual ao número de átomos de prata por unidade de volume. Assim sendo, n deve ser dado por

$$n = \frac{\rho_{Ag} N_A}{M_{Ag}},$$

onde ρ_{Ag} é a massa específica da prata, N_A é o número de Avogadro e M_{Ag} é a massa atômica da prata. Assim,

$$n = \frac{(10,49 \text{ g/cm}^3)(6,02 \times 10^{23} \text{ átomos/mol})}{(107,87 \text{ g/mol})}$$

$$= 5,85 \times 10^{22} \text{ elétrons/cm}^3,$$

$$\mu_d = \frac{\sigma}{en} = \frac{6,8 \times 10^5 (\Omega cm)^{-1}}{(1,6 \times 10^{-19} \text{ C})(5,85 \times 10^{22} \text{ elétrons/cm}^3)}$$

$$= 76,2 \frac{cm^2}{Vs}.$$

S e os elétrons condutores fossem livres para se mover sem serem perturbados por quaisquer colisões, todas as redes metálicas não teriam resistência ao movimento eletrônico. Em vez disso, as colisões dentro da rede criam uma barreira à condutividade. A magnitude dessa barreira é denominada *resistividade elétrica* (ρ) e é o inverso da condutividade,

$$\rho = \frac{1}{\sigma}. \qquad (8.10)$$

Tudo que resultar em mais colisões (e assim em mais espalhamento) aumenta a resistividade elétrica e abaixa a condutividade. Três fatores principais se combinam para afetar a resistividade de um metal: temperatura, impurezas e deformação plástica. A *regra de Matthiessen* considera que cada um desses fatores atua independentemente do outro e que a resistividade total do material pode ser definida como

$$\rho = \rho_t + \rho_i + \rho_d, \qquad (8.11)$$

onde t, i e d correspondem à temperatura, impureza e deformação, respectivamente.

Quando a temperatura aumenta, o número de lacunas na rede aumenta, bem como a taxa de vibração atômica. Como resultado disso, a quantidade de espalhamento e a *resistividade* aumentam. A partir da teoria cinética, a relação que explicita a parcela térmica da resistividade é definida como

$$\rho_t = \frac{m_e T}{e^2 n a}, \qquad (8.12)$$

onde T é a temperatura e a é uma constante de proporcionalidade específica do material. Como a massa de um elétron (m_e), a carga de um elétron (e) e o número de elétrons por unidade de volume (n) são todos independentes da temperatura, a Equação 8.12 é, com frequência, aplicada como uma proporcionalidade simples em relação a uma temperatura de referência específica,

$$\rho_t = \rho_0 + \frac{T}{a}, \qquad (8.13)$$

onde ρ_0 é a resistividade na temperatura de referência.

Os átomos de impureza são maiores ou menores do que os átomos da rede principal e distorcem a rede na região em torno da impureza. Essa irregularidade na estrutura aumenta a quantidade de espalhamento e, portanto, aumenta a resistividade. No caso das ligas metálicas que formam soluções sólidas monofásicas, um átomo atua como uma impureza na rede do outro. À medida que a quantidade de impurezas aumenta, esse termo pode se tornar tão grande que ele domina a resistividade total e o papel da temperatura pode se tornar menos importante. Por exemplo, quando 20% de cromo são ligados com 80% de níquel, a liga resultante (denominada nicromo) tem uma resistividade 16 vezes maior do que a do níquel puro. Uma resistividade elétrica crescente não é sempre algo ruim; o nicromo tem grandes aplicações comerciais em fios de resistências para aquecimento de fornos, torradeiras e outros utensílios.

A resistividade de uma liga binária pode ser estimada pela *regra de Nordheim*,

$$\rho_i = CX(1 - X), \qquad (8.14)$$

onde C é o *coeficiente de Nordheim*; uma constante de proporcionalidade que representa quão efetiva uma impureza é para o aumento da resistividade e X é a concentração da impureza. A equação de Nordheim funciona bem apenas para soluções diluídas. As Tabelas 8-3 e 8-4 resumem os coeficientes de Nordheim para ligas de cobre e de ouro com impurezas metálicas.

A deformação plástica também aumenta a resistividade elétrica do sistema devido à distorção da rede e ao aumento da quantidade de espalhamento. Entretanto, o impacto da deformação plástica tende a ser bem menor, tanto em relação ao aumento da temperatura quanto da presença de impurezas.

TABELA 8-3 Coeficientes de Nordheim para Redes de Cobre	
Impureza Metálica	*C (nΩ m)*
Estanho	2900
Ouro	5500
Níquel	1200
Zinco	300

TABELA 8-4 Coeficientes de Nordheim para Redes de Ouro	
Impureza Metálica	*C (nΩ m)*
Estanho	3360
Ouro	450
Níquel	790
Zinco	950

O que Acontece Quando Não Existem Elétrons Livres?

8.3 ISOLANTES

Na maioria dos materiais com ligações covalentes, os estados s e p estão completamente preenchidos, não deixando elétrons livres. Sem estados vazios disponíveis, não existe lugar para o elétron se mover quando exposto a um campo elétrico. A ligação covalente deve ser rompida para que o elétron seja capaz de se mover. Quando tal ruptura ocorre, o elétron se move para um estado de energia bem maior e deixa para trás uma posição vazia carregada positivamente, denominada **buraco**.

Diz-se que os elétrons condutores, que estão no estado de energia mais elevado, estão em uma **banda de condução**, enquanto os elétrons ligados covalentemente estão em uma **banda de valência**. A diferença entre os isolantes elétricos e os semicondutores está no tamanho do **intervalo de energia** (E_g) entre as bandas. Como mostrado na Figura 8-4, os *isolantes* têm um grande intervalo de energia, enquanto os semicondutores têm um intervalo bem menor. Os materiais semicondutores tradicionais, incluindo o silício e o germânio, têm intervalos de energia suficientemente pequenos, de forma que eles se tornam condutores em temperaturas elevadas. Materiais com muitas ligações covalentes tendem a ser excepcionais isolantes. Moléculas poliméricas de cadeias longas, tal como o poliestireno, chegam a ser 20 ordens de grandeza menos condutoras que os metais.

8.4 SEMICONDUÇÃO INTRÍNSECA

Os semicondutores têm condutividades elétricas entre aquelas dos isolantes e dos condutores e possuem intervalos de energia pequenos o suficiente para que elétrons sejam alçados da banda de valência para a banda de condução. Um **semicondutor intrínseco** é um cristal perfeito, sem defeitos (discordâncias, átomos substitucionais ou contornos de grão), que tem uma banda de valência completamente preenchida e tem uma banda de condução totalmente vazia, separadas por um intervalo de energia de menos do que 2 eV. O silício elementar é o semicondutor intrínseco mais comum. Quando quatro átomos de silício estão próximos, seus orbitais se sobrepõem e formam híbridos, cada um contendo dois

| **Buraco** | Posição vazia, carregada positivamente, deixada por um elétron ao se mover para um estado de energia maior.

| **Banda de Condução** | Banda que contém os elétrons de condução em um estado mais elevado de energia.

| **Banda de Valência** | Banda que contém os elétrons ligados covalentemente.

| **Intervalo de Energia** | Intervalo entre as bandas de condução e de valência.

| **Semicondutor Intrínseco** | Material puro que tem condutividade variando entre a dos isolantes e a dos condutores.

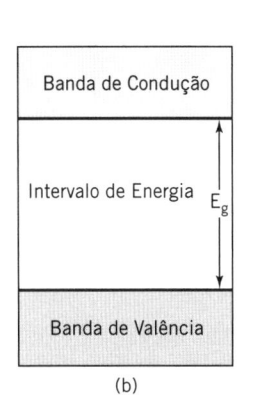

(a)

(b)

FIGURA 8-4 Intervalos de Energia para (a) Semicondutores e (b) Isolantes

Materiais Ópticos e Eletrônicos   219

elétrons, como mostrado na Figura 8-5. Os orbitais formam um tetraedro simétrico, para permitir que os átomos estejam mais afastados o possível no espaço. Os átomos adjacentes de silício formam ligações covalentes, com a banda de valência completamente preenchida e com a banda de condução completamente vazia.

Quando um campo elétrico é aplicado a um cristal de silício, os elétrons na banda de valência podem ganhar energia e se mover para a banda de condução, que está vazia. Quando energia suficiente é aplicada ao elétron para ele vencer o intervalo de energia, o elétron se torna livre e deixa um buraco para trás. A energia fornecida também pode estar na forma de um fóton de luz ou resultar da vibração térmica. O elétron livre pode migrar através do cristal em resposta ao campo aplicado. O buraco, positivamente carregado, também pode efetivamente migrar, pois elétrons adjacentes podem se mover para o buraco na banda de valência, preenchendo-o, mas deixando um novo buraco para trás. Assim sendo, existem dois portadores de carga distintos: os elétrons negativamente carregados e os buracos positivamente carregados. Os elétrons migram na direção oposta ao campo, enquanto os buracos migram na direção do campo, como está mostrado na Figura 8-6.

A corrente no semicondutor conduz através tanto do movimento dos buracos quanto do movimento dos elétrons; de modo que a densidade de corrente (J) pode ser definida pela Equação 8.15,

$$J = enV_{d,e} + enV_{d,b},\tag{8.15}$$

onde e é a carga do elétron, n é o número de elétrons na banda de condução e $V_{d,e}$ e $V_{d,b}$ são as velocidades de deriva dos elétrons e dos buracos, respectivamente.

Conforme discutido na Seção 8.2, a quantidade de elétrons na banda de condução depende fortemente da temperatura. Próximo ao zero absoluto, todos os elétrons estarão na banda de valência e a banda de condução estará vazia. À medida que a temperatura aumenta mais elétrons são capazes de vencer o intervalo de energia e entrar na banda de condução, deixando vazios na banda de valência. A dependência desse fenômeno com a temperatura é representada por uma simples relação de Arrhenius,

$$n = n_0 \exp\left(\frac{-E_A}{RT}\right),\tag{8.16}$$

onde a constante pré-exponencial, n_0, é uma função da constante de Boltzmann, da constante de Planck, da massa de um elétron e da massa efetiva de um buraco.

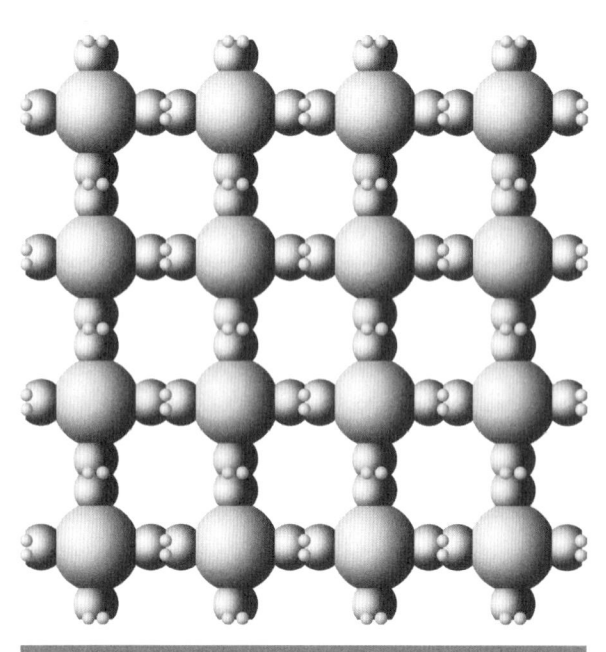

FIGURA 8-5 Formação de Orbital Híbrido entre Átomos de Silício Adjacentes

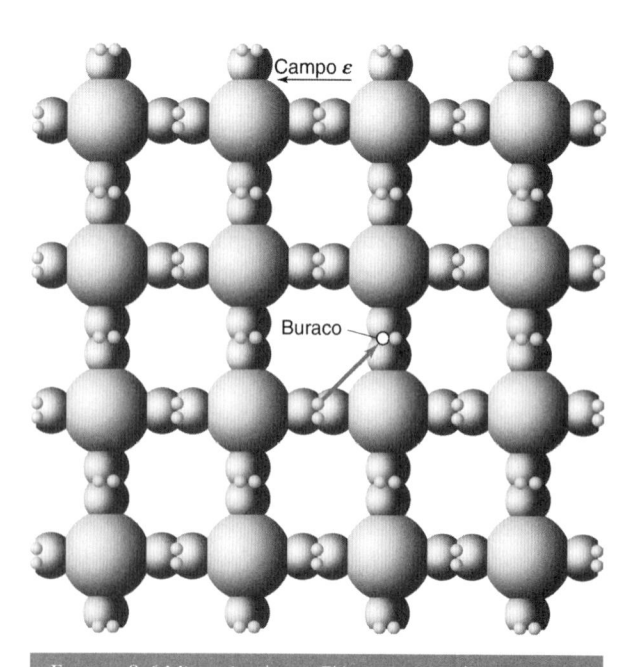

FIGURA 8-6 Migração de um Elétron Livre e de um Buraco

A dependência, essencialmente exponencial, da condutividade dos semicondutores intrínsecos com a temperatura limita a aplicabilidade deles na microeletrônica. Pequenas variações na temperatura podem afetar dramaticamente a condutividade do material e, em função disso, o desempenho do dispositivo. Portanto, as aplicações comerciais requerem semicondutores cujas condutividades não sejam, primariamente, dependentes da temperatura.

8.5 SEMICONDUÇÃO EXTRÍNSECA

Pela introdução de determinadas impurezas, denominadas **dopantes**, nos semicondutores, um **semicondutor extrínseco** é produzido. A condutividade de um semicondutor extrínseco depende principalmente do tipo e da quantidade de dopantes e é aproximadamente independente da temperatura, dentro de faixas limitadas de temperatura. A natureza do dopante afeta muito as propriedades do semicondutor.

Em um semicondutor intrínseco, o número de elétrons (n) alçados para a banda de condução é sempre igual ao número de buracos (p) deixados na banda de valência, mas isso não é verdade para os semicondutores extrínsecos. Se o átomo do dopante doar elétrons para a banda de condução, o número de buracos na banda de condução será menor do que o número de elétrons na banda de condução e o semicondutor é classificado como um **semicondutor tipo n**. De modo semelhante, é possível adicionar um dopante que remova elétrons da banda de valência, resultando em mais buracos na banda de valência do que elétrons na banda de condução. Esse dopante cria um **semicondutor tipo p**.

O dopante adicionado a um semicondutor tipo n atua como um **doador de elétrons** e envolve, tipicamente, um átomo do Grupo VA (fósforo, arsênio ou antimônio) com valência 5. Nesses átomos, quatro elétrons são participantes ativos na ligação covalente, mas o quinto elétron não participa diretamente da ligação e flutua em um nível de energia logo abaixo da banda de condução. A energia requerida para alçar esse elétron para a banda de condução (E_D) é substancialmente menor do que a energia necessária para promover um típico elétron da banda de valência (E_g), como é mostrado na Figura 8-7.

Esse comportamento tem um impacto significativo sobre as propriedades do semicondutor. Praticamente não existe condutividade quando as temperaturas são muito baixas para dar energia suficiente para vencer a barreira de energia (E_D), mesmo que reduzida, do elétron do doador. Entretanto, em toda a faixa de temperaturas que fornece energia suficiente para vencer E_D, mas não o suficiente para vencer E_g, a condutividade do semicondutor é controlada pelo número presente de átomos dos dopantes (e, portanto, dos elétrons dos doadores). Isso torna os semicondutores extrínsecos ideais para aplicações em microeletrônica, pois as propriedades dos materiais são governadas por uma característica controlável (o número de átomos do dopante), em vez de uma variável externa, como a temperatura.

O átomo de dopante adicionado a um semicondutor tipo p atua como um **receptor de elétron** e, tipicamente, envolve um átomo do Grupo IIIA (boro, alumínio, gálio ou índio), com uma valência 3. Com apenas três elétrons disponíveis, esses dopantes não podem participar totalmente do processo de ligação covalente sem capturar um elétron de algum lugar na banda de valência; o que deixa um buraco nela. As posições desses buracos têm um nível de energia ligeiramente maior do que o restante da banda de valência, de modo que uma barreira de energia ligeiramente menor (E_A) deve ser vencida para criar um buraco

| *Dopantes* | Impurezas deliberadamente adicionadas a um material para aumentar a condutividade do material.

| *Semicondutor Extrínseco* | Material criado pela introdução de impurezas, denominadas dopantes, em um semicondutor.

| *Semicondutor Tipo n* | Semicondutor no qual um dopante doa elétrons para a banda de condução, fazendo com que o número de buracos seja menor do que o número de elétrons na banda de condução.

| *Semicondutor Tipo p* | Semicondutor no qual um dopante remove elétrons da banda de valência, fazendo com que o número de buracos seja maior do que o número de elétrons na banda de valência.

| *Doador de Elétrons* | Elemento que doa elétrons para outra substância.

| *Receptor de Elétrons* | Elemento que aceita elétrons de outra substância.

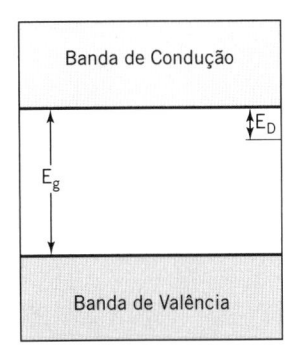

FIGURA 8-7 Diferença dos Níveis de Energia entre Elétrons de Doadores e Elétrons de Valência Regulares

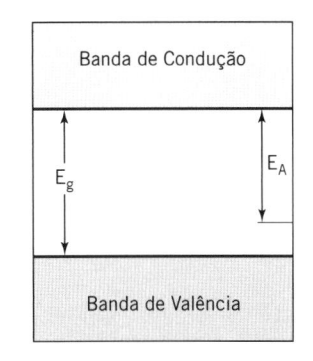

FIGURA 8-8 Barreira de Energia (E_A) para um Semicondutor Tipo p

na banda de valência, como é mostrado na Figura 8-8. Esse buraco, então, pode migrar e transportar carga.

Como Operam os Dispositivos Eletrônicos?

8.6 | DIODOS

Tanto os semicondutores tipo p quanto os tipo n são capazes de conduzir carga, mas quando são colocados juntos eles podem ser usados para formar um *diodo*, que é um dispositivo eletrônico que permite que a corrente passe apenas em uma direção. Considere um único semicondutor, que é dopado para ser do tipo p de um lado e do tipo n do outro, como mostrado na Figura 8-9. O material do lado do tipo p conduz carga através do movimento dos buracos, enquanto o material do lado do tipo n conduz carga pelo movimento de elétrons. Na fronteira entre os dois lados os elétrons e os buracos são imediatamente atraídos entre si. A energia do elétron cai e ele reocupa um estado eletrônico vazio (o buraco). O buraco desaparece e o elétron sai da banda de condução e retorna para a banda de valência. Esse processo é chamado *recombinação*. A área onde as regiões do tipo p e do tipo n se encontram é conhecida como uma *junção p-n*, e a camada não condutora entre essas regiões, na qual ocorre a recombinação, é denominada *zona de depleção*.

O comportamento da junção p-n pode ser influenciado pela sua ligação a uma bateria. Quando o terminal positivo é ligado à extremidade tipo p e o terminal negativo é ligado à extremidade tipo n, como mostra a Figura 8-10, os buracos na região tipo p e os elétrons na região tipo n migram na direção da junção e a zona de depleção se torna mais fina. À medida que a distância entre os elétrons e os buracos diminui, os elétrons são capazes de passar através da zona de depleção e criar uma corrente significativa. A conexão da bateria desse modo é denominada *fluxo para a frente*.

Quando um *fluxo reverso* é usado (o terminal positivo da bateria é conectado ao lado tipo n e o terminal negativo ao lado tipo p), o comportamento é bem diferente. Nessa configuração, os elétrons e os buracos são afastados da zona de depleção, como mostrado na Figura 8-11, e praticamente não ocorre recombinação. Assim sendo, a junção se torna um potente isolante. Se o fluxo reverso se tornar muito grande, qualquer portador que conseguir atraves-

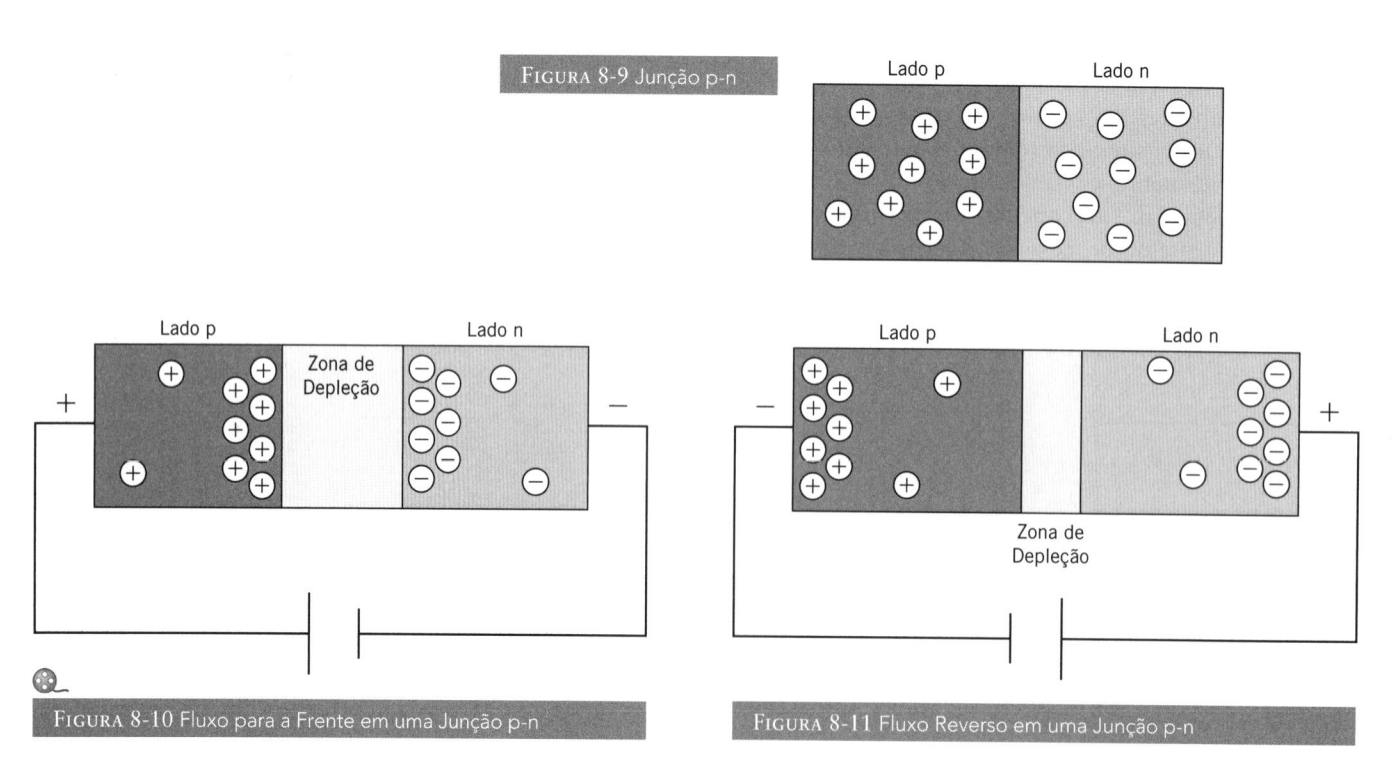

FIGURA 8-9 Junção p-n

FIGURA 8-10 Fluxo para a Frente em uma Junção p-n

FIGURA 8-11 Fluxo Reverso em uma Junção p-n

sar a zona de depleção é rapidamente acelerado, o que excita outros portadores na região e gera uma corrente, grande e repentina, na direção oposta. Esse fenômeno é conhecido como *ruptura Zener*. Alguns diodos são projetados especificamente para romper em voltagens específicas, para proteger os circuitos eletrônicos.

8.7 TRANSISTORES

Os *transistores* servem como dispositivos de amplificação ou como interruptores em microeletrônica. O *transistor de junção bipolar (BJT)* revolucionou a indústria microeletrônica quando foi desenvolvido nos laboratórios da Bell em 1948. O BJT consiste em três regiões: emissor, *base* e *coletor*; e está disponível em dois formatos: p-n-p e n-p-n. Em qualquer dos casos, o transistor é essencialmente um sanduíche de três regiões dopadas. A base está localizada entre o coletor e o transmissor e consiste em um material de alta resistividade, ligeiramente dopado. A região do coletor é muito maior do que a do emissor e a envolve completamente, como mostrado na Figura 8-12, de modo que essencialmente todos os elétrons (ou buracos, no caso de um transistor p-n-p) emitidos pelo emissor são capturados. Em função disso, um pequeno aumento de voltagem entre o emissor e a base resulta em grande aumento na corrente no coletor.

Os transistores de junção foram quase inteiramente relegados em favor dos mais modernos *MOSFETs* (transistores semicondutores de efeito de campo metal-óxido; em inglês: *metal oxide semiconductor field effect transistors*). Os MOSFETs originais usavam óxidos metálicos como o material semicondutor, mas atualmente quase todos usam ou silício ou misturas de silício e germânio. Os transistores sem óxidos metálicos são mais apropriadamente chamados de *IGFETs* (transistores com porta de efeito de campo isolada; em inglês: *insulated gate field effect transistors*), mas os termos IGFET e MOSFET são usados indistintamente.

Os MOSFETs podem ser produzidos como tipo p ou tipo n, mas os princípios de operação são semelhantes para os dois. Em um MOSFET tipo p, duas pequenas regiões do material semicondutor do tipo p são depositadas sobre uma grande região de material tipo n. Essas pequenas regiões são ligadas por um estreito canal tipo p, como mostrado na Figura 8-13. As conexões metálicas são presas a cada região e, então, uma fina camada de dióxido de silício é depositada sobre o material tipo p para servir como um isolante. Uma região do

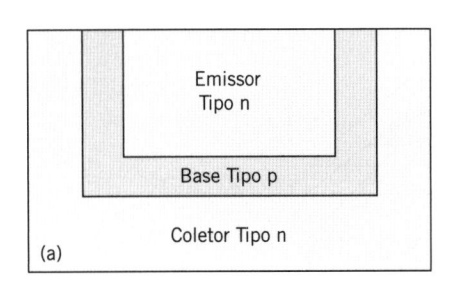 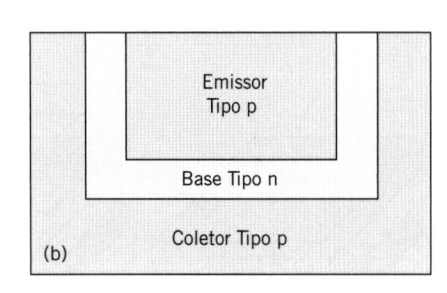

Figura 8-12 Esquemas dos Transistores (a) n-p-n e (b) p-n-p

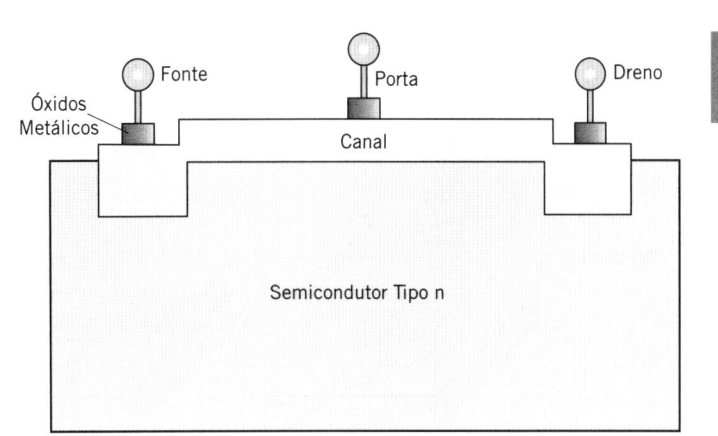

Figura 8-13 Esquema de um MOSFET (ou de um IGFET)

material tipo p servirá como uma *fonte* enquanto a outra será um *dreno*. Um conector metálico adicional, denominado *porta*, é ligado à camada isolante entre a fonte e o dreno.

Quando um campo elétrico é aplicado à porta, a condutividade no canal é diretamente afetada. Pequenas alterações no campo aplicado resultam em uma diferença substancial na corrente. A operação dos MOSFETs é bastante semelhante à dos BJTs, mas correntes muito menores são necessárias na porta e os MOSFETs não estão sujeitos à ruptura.

8.8 CIRCUITOS INTEGRADOS

Por volta da metade do século XX, companhias foram capazes de integrar muitos transistores em um único microchip. Por volta de 2006, um único chip podia ser impresso com 1 milhão de transistores por milímetro quadrado. Os *circuitos integrados* podem ser classificados aproximadamente em três categorias: *circuitos analógicos*, *circuitos digitais* e de *sinal misto*, que contêm tanto componentes analógicos quanto digitais no mesmo chip. Os circuitos analógicos realizam funções, incluindo amplificação, demodulação e filtro; os circuitos integrados digitais podem incluir flip-flops, ou oscilantes, portas lógicas e outras operações mais complexas.

Os circuitos integrados são fabricados a partir de grandes monocristais de silício de pureza extremamente elevada, que são cortados em finas lâminas (*wafers*). Após a lâmina ter sido completamente limpa, uma fina camada de SiO_2 é depositada sobre a superfície, seguida de uma cobertura *fotorresistiva*, que se torna solúvel quando exposta à luz ultravioleta. A película fotorresistiva é um polímero, ou uma mistura física polimérica sensível à luz, tal como a *DNQ-Novolaca* (diazonaftoquinona e resina novolaca). Solventes residuais são removidos do fotorresistor através de um processo denominado *recozimento* e, então, uma placa transparente de vidro, ou *máscara*, é colocada sobre a lâmina e uma emulsão de filme metálico forma um padrão sobre um dos lados do vidro. Quando a luz ultravioleta é acesa sobre a máscara, a cobertura fotorresistiva é dissolvida, deixando a lâmina abaixo dela exposta. Toda a lâmina é, então, exposta a uma solução alcalina denominada *revelador*, a qual remove o material exposto, como é mostrado na Figura 8-14. Através desse método, circuitos com padrões complexos podem ser construídos, uma camada de cada vez.

Quando esse método foi desenvolvido, a máscara era aplicada diretamente sobre a lâmina de silício, mas esse processo tendia a deixar defeitos microscópicos que se tornavam mais importantes à medida que os circuitos se tornavam mais compactos. Hoje em dia, a *litografia*

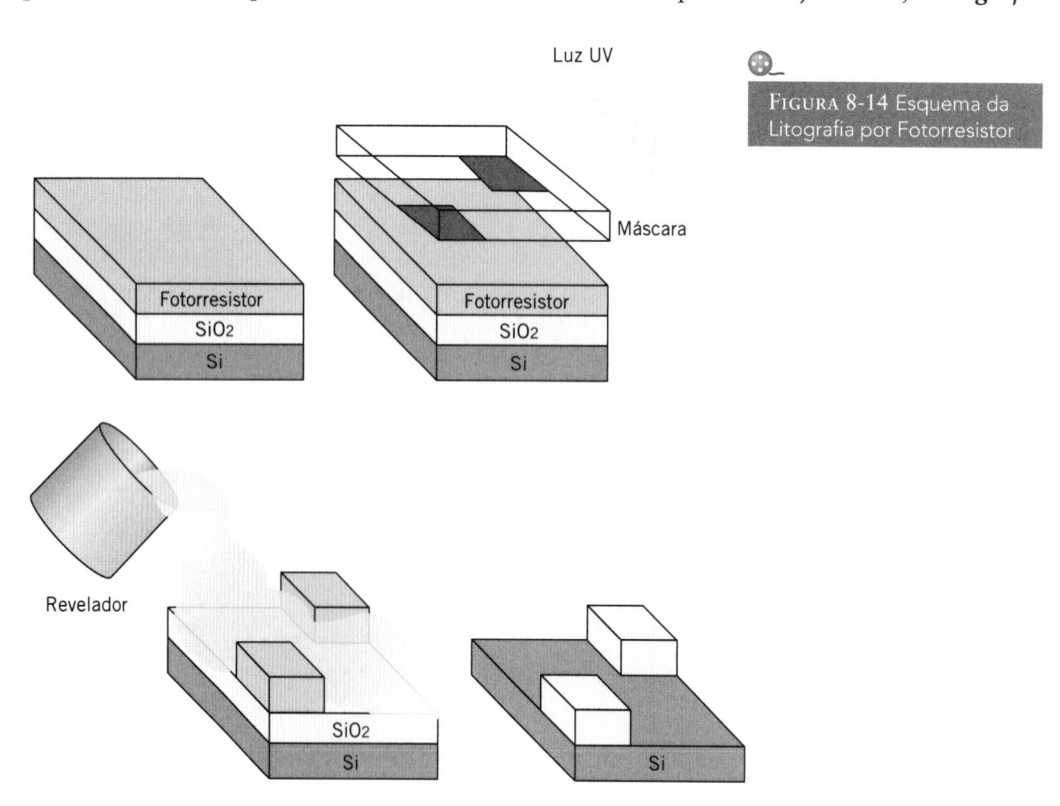

Luz UV

Máscara

Fotorresistor
SiO_2
Si

Fotorresistor
SiO_2
Si

Revelador

SiO_2
Si

Si

Figura 8-14 Esquema da Litografia por Fotorresistor

de projeção, na qual a luz ultravioleta é projetada sobre a lâmina de forma semelhante à de um projetor de slides, tornou-se bem mais comum.

A densidade de transistores nos circuitos integrados se expande rapidamente, tornando os dispositivos eletrônicos menores, mais rápidos e mais baratos. Gordon Moore, um cofundador da Intel, gigante fabricante de chips, observou que desde 1965 a densidade de transistores dobra a cada 18 a 24 meses. Essa observação empírica se tornou conhecida como a *lei de Moore* e se tornou um alvo para toda a indústria da microeletrônica.

| *Lei de Moore* | Observação empírica de que a densidade dos transistores dobra a cada 18 a 24 meses.

8.9 COMPORTAMENTO DIELÉTRICO E CAPACITORES

Quando duas placas paralelas são ligadas a uma bateria, as placas ficam carregadas e um campo elétrico é formado, indo da placa positiva para a placa negativa, como é mostrado na Figura 8-15. Quando essas placas carregadas são usadas como parte de um circuito elétrico, elas são denominadas *capacitores* e servem, principalmente, como uma maneira de armazenar energia. A capacitância (C) das placas paralelas é definida como

$$C = \frac{Q}{A},\qquad(8.17)$$

| *Capacitores* | Duas placas carregadas, separadas por um material dielétrico.

onde Q é a carga nas placas (tipicamente expressa em Coulombs) e A é a área da seção transversal de uma placa.

Se apenas o ar separar as placas paralelas, então, um forte campo elétrico resultaria em uma descarga entre as placas. Para prevenir que isso ocorra, um material *dielétrico* é colocado entre as duas placas para reduzir a resistência do campo elétrico sem abaixar a voltagem. O dielétrico é um material polarizado, que se opõe ao campo elétrico entre as placas, como mostrado na Figura 8-16. A capacidade do material dielétrico se opor ao campo é dada por uma *constante dielétrica* adimensional (K), que é uma função da composição, da microestrutura, da temperatura e da frequência elétrica. Valores de K para materiais dielétricos comuns estão resumidos na Tabela 8-5. A capacitância para capacitores contendo dielétricos é dada por

| *Dielétrico* | Material colocado entre as placas de um capacitor para reduzir a resistência do campo elétrico sem reduzir a voltagem.

| *Constante Dielétrica* | Valor adimensional representando a capacidade de um material dielétrico de se opor a um campo elétrico.

$$C = \frac{K\epsilon_0 A}{d},\qquad(8.18)$$

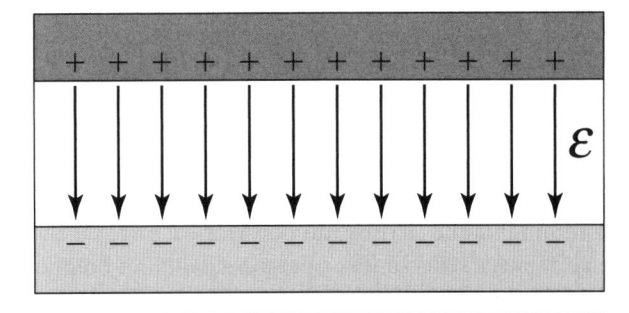

FIGURA 8-15 Capacitor de Placas Paralelas

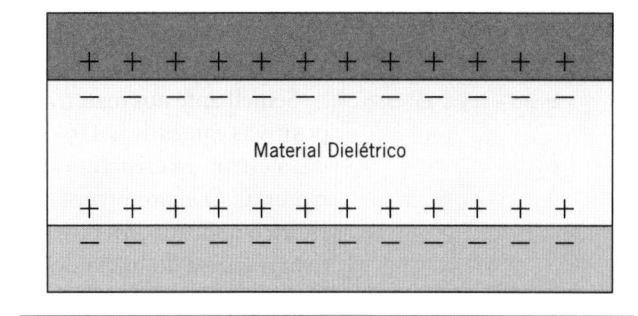

Material Dielétrico

FIGURA 8-16 Papel de um Material Dielétrico em um Capacitor

TABELA 8-5	Constantes Dielétricas de Materiais Comuns	
Material	*K (a 60 Hz)*	*K (a 1.000.000 Hz)*
Alumina	9,0	6,5
Borracha	4,0	3,2
Cloreto de Polivinila	3,5	3,2
Náilon	4,0	3,6
Polietileno	2,3	2,3
Poliestireno	2,5	2,5
Titanato de Bário ($BaTiO_3$)	n/d	2000-5000
Vidro de Cal-Soda	7,0	7,0

onde ϵ_0 é a *permissividade* do vácuo ($8,85 \times 10^{-12}$ F/m) e d é a distância entre as placas. As placas paralelas são geralmente feitas de níquel ou de uma liga prata-paládio.

Que Outros Comportamentos Elétricos Alguns Materiais Apresentam?

8.10 | MATERIAIS FERROELÉTRICOS E PIEZELÉTRICOS

| *Materiais Ferroelétricos* |
Materiais com dipolos permanentes, que se polarizam espontaneamente sem a aplicação de um campo elétrico.

| *Temperatura de Curie* |
Temperatura acima da qual um material não apresenta mais propriedades ferromagnéticas.

| *Materiais Piezelétricos* |
Materiais que convertem energia mecânica em energia elétrica, ou vice-versa.

| *Transdutores* | Dispositivos que convertem ondas sonoras em campos elétricos.

| *Efeito Piezelétrico* | Produção de um campo elétrico em resposta a uma força mecânica.

| *Efeito Piezelétrico Reverso* |
Variação na espessura de um material em resposta a um campo elétrico aplicado.

A maioria dos materiais eletrônicos discutidos neste capítulo requer a aplicação de um campo elétrico para que suas propriedades eletrônicas se tornem evidentes. Os *materiais ferroelétricos*, entretanto, têm dipolos permanentes, que fazem com que eles se polarizem espontaneamente mesmo sem um campo elétrico aplicado. A polarização pode ser revertida se um campo elétrico for aplicado ao material e terminará se a temperatura for elevada acima de um limite crítico denominado *temperatura de Curie* (T_c). Os materiais ferroelétricos têm empregos em sistemas de acesso aleatório a memórias dinâmicas (DRAMs: *dynamic random access memory systems*) e em sensores infravermelhos. Materiais ferroelétricos comuns incluem o titanato de bário ($BaTiO_3$) e o titanato de chumbo e zircônio (PZT).

A natureza ferroelétrica desses materiais é devida à estrutura assimétrica das células unitárias. Acima da *temperatura de Curie* (120°C), o titanato de bário tem estrutura CFC (cúbica de faces centradas), com o íon titânio (Ti^{4+}) posicionado no centro, com o oxigênio (O^{2-}) nas faces e o bário (Ba^{2+}) nos vértices, como mostrado na Figura 8-17. Essa estrutura é simétrica e incapaz de ser ferroelétrica. Quando a temperatura do material cai abaixo de 120°C, a célula unitária se transforma em cúbica simples, resultando em uma mudança da posição relativa dos íons. As cargas positivas tendem a se acumular próximo ao topo da célula unitária, com as cargas negativas se agrupando próximo à parte de baixo.

Os *materiais piezelétricos* convertem energia mecânica em energia elétrica, ou energia elétrica em energia mecânica, e são largamente usados em *transdutores* que convertem ondas sonoras em campos elétricos. A produção de um campo elétrico em resposta a uma força mecânica é denominada *efeito piezelétrico*. A mudança em espessura de um material em resposta a um campo elétrico aplicado é denominada *efeito piezelétrico reverso*.

Semelhante aos materiais ferromagnéticos, os piezelétricos são polarizados, mas suas cargas positivas e negativas são distribuídas simetricamente. Quando uma tensão mecânica é aplicada, a estrutura cristalina se deforma ligeiramente e gera uma diferença de potencial através do material. O efeito inverso, no qual a estrutura cristalina se deforma em resposta a um campo elétrico aplicado, foi postulado a partir da termodinâmica e provado por Marie Curie, a cientista francesa do início do século XX, que permanece sendo a única pessoa a ganhar o Prêmio Nobel em dois diferentes ramos da ciência: Física em 1903 e Química em 1911.

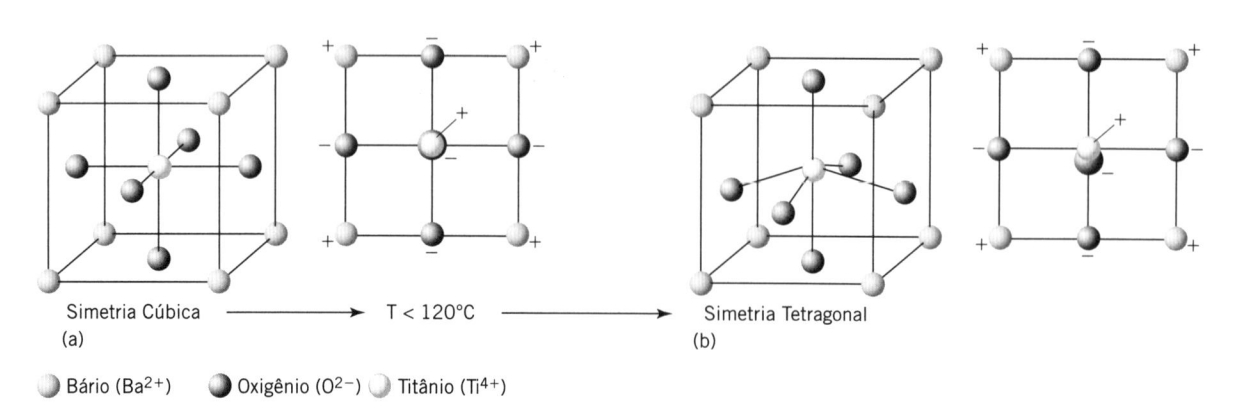

Simetria Cúbica ⟶ T < 120°C ⟶ Simetria Tetragonal
(a)   (b)

⬤ Bário (Ba^{2+})   ⬤ Oxigênio (O^{2-})   ◯ Titânio (Ti^{4+})

FIGURA 8-17 Estrutura do Titanato de Bário (a) acima e (b) abaixo da Temperatura de Curie

O que São as Propriedades Ópticas e Por que Elas Têm Importância?

8.11 PROPRIEDADES ÓPTICAS

Os materiais ópticos são especiais devido aos modos como eles refletem, transmitem ou refratam a luz. A luz visível é apenas uma pequena fração de todo o espectro eletromagnético, mostrado na Figura 8-18. Os raios gama, os raios X (discutidos no Capítulo 2), as micro-ondas, as ondas de rádio, o infravermelho e a radiação ultravioleta variam em frequência e em comprimento de onda, mas viajam na mesma velocidade (3×10^8 m/s no vácuo). A radiação eletromagnética tem propriedades tanto de partículas quanto de ondas e a velocidade da radiação é definida como o produto do comprimento de onda vezes a frequência, como mostrado na Equação 8-19:

$$c = \lambda \nu. \tag{8.19}$$

Toda a radiação eletromagnética viaja em unidades discretas chamadas *fótons*, que são governados pela equação fundamental

$$E = h\nu = \frac{hc}{\lambda}, \tag{8.20}$$

onde E é a energia do fóton e h é a constante de Planck ($6,62 \times 10^{-34}$ J·s). Em função disso, o fóton pode ser considerado simultaneamente uma partícula com energia (E) ou uma onda com uma dada frequência e um dado comprimento de onda.

Quando um fóton de energia eletromagnética interage com qualquer material existem quatro possibilidades, como mostra a Tabela 8-6.

Uma parcela da intensidade do feixe de luz incidente é refletida quando o feixe atinge a superfície, enquanto o restante prossegue seu percurso. O físico francês Augustin-Jean Fresnel desenvolveu uma equação para quantificar a parcela da luz refletida. A *equação de Fresnel* enuncia que, para um feixe de luz com ângulo de incidência próximo a zero,

$$R = \left(\frac{n_1 - n_2}{n_1 + n_2}\right)^2, \tag{8.21}$$

onde R é o *coeficiente de reflexão* e n é o índice de refração dos dois meios. O *coeficiente de transmissão* (T) é simplesmente 1 – R.

O *índice de refração* (n) representa a variação na velocidade relativa da luz conforme ela passa através de um novo meio. A luz viajando através do vácuo tem um índice de refração igual a 1. A maioria dos materiais tem índices de refração que são maiores do que 1; a maioria dos vidros e dos polímeros tem valores na faixa entre 1,5 e 1,7. O matemático holandês

| *Fótons* | Unidades discretas da luz.

| *Equação de Fresnel* | Relação matemática que descreve a parcela de luz refletida na interface entre dois meios diferentes.

| *Coeficiente de Reflexão* | Parcela de luz refletida na interface entre dois meios.

| *Coeficiente de Transmissão* | Parcela de luz que não é refletida na interface de dois meios e, em vez disso, entra no segundo meio.

| *Índice de Refração* | Termo característico de um material, que representa a mudança na velocidade relativa da luz à medida que ela passa através de um meio específico.

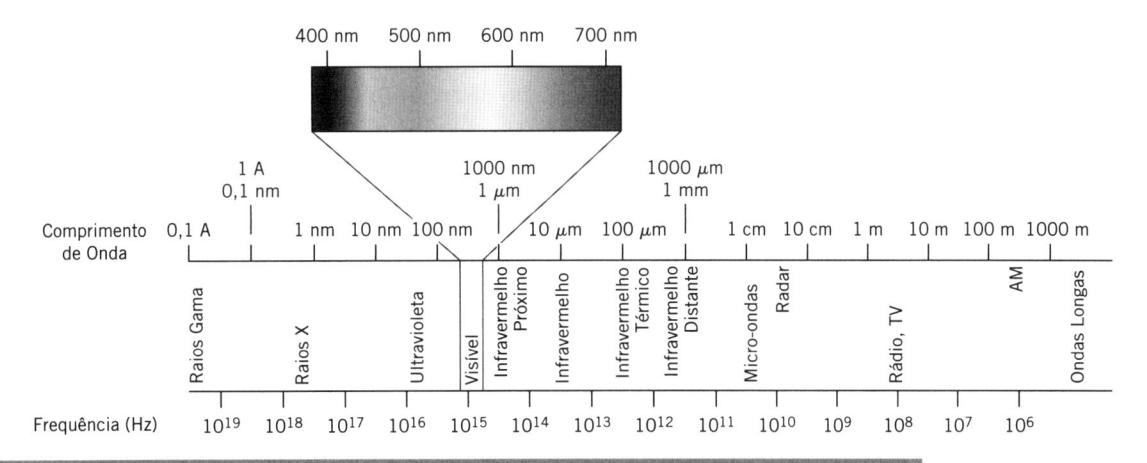

FIGURA 8-18 Espectro Eletromagnético

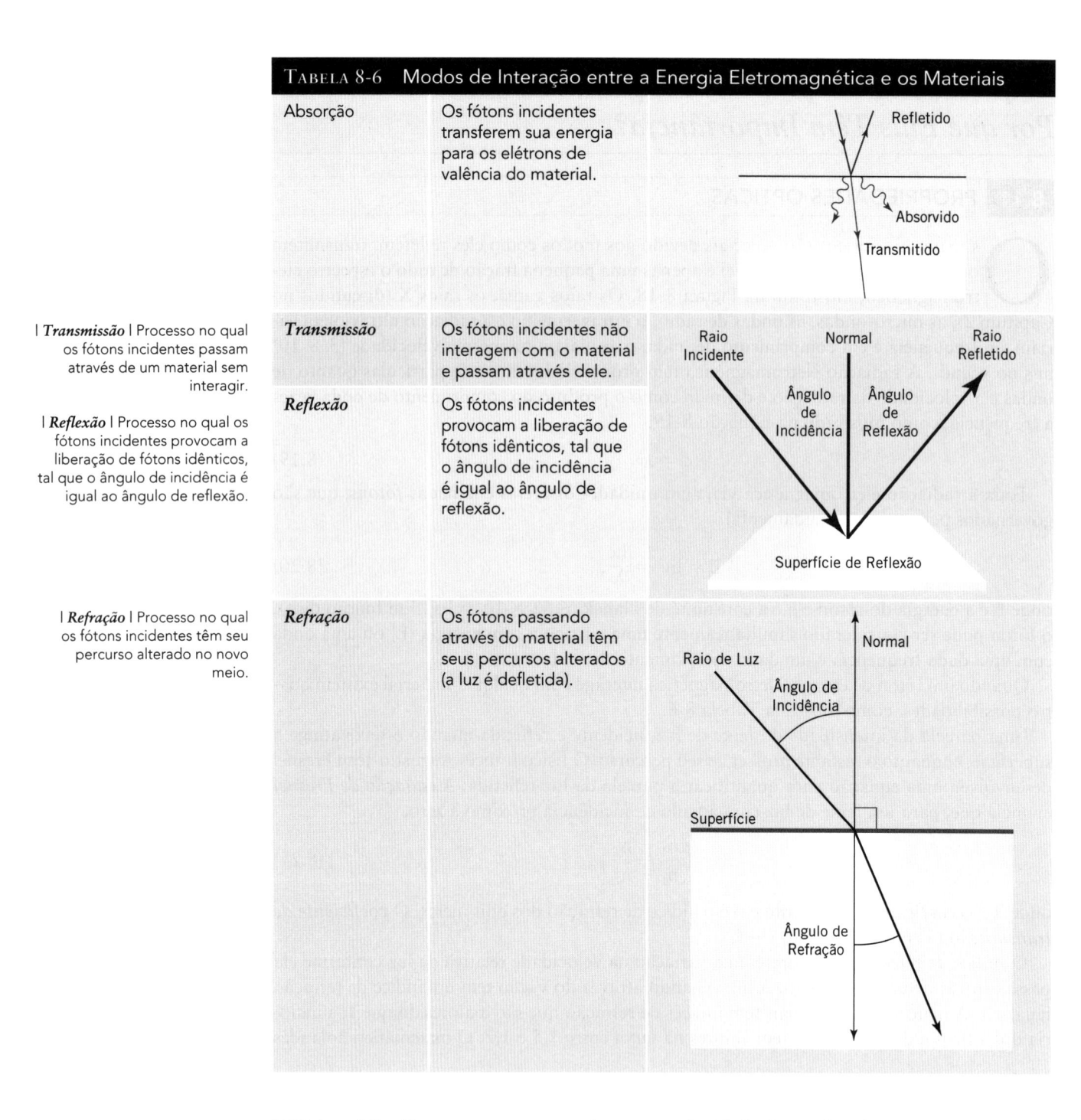

TABELA 8-6 Modos de Interação entre a Energia Eletromagnética e os Materiais

Absorção	Os fótons incidentes transferem sua energia para os elétrons de valência do material.	Refletido / Absorvido / Transmitido
Transmissão	Os fótons incidentes não interagem com o material e passam através dele.	Raio Incidente / Normal / Raio Refletido
Reflexão	Os fótons incidentes provocam a liberação de fótons idênticos, tal que o ângulo de incidência é igual ao ângulo de reflexão.	Ângulo de Incidência / Ângulo de Reflexão / Superfície de Reflexão
Refração	Os fótons passando através do material têm seus percursos alterados (a luz é defletida).	Normal / Raio de Luz / Ângulo de Incidência / Superfície / Ângulo de Refração

| **Transmissão** | Processo no qual os fótons incidentes passam através de um material sem interagir.

| **Reflexão** | Processo no qual os fótons incidentes provocam a liberação de fótons idênticos, tal que o ângulo de incidência é igual ao ângulo de reflexão.

| **Refração** | Processo no qual os fótons incidentes têm seu percurso alterado no novo meio.

| **Lei de Snell** | Equação que descreve a mudança na velocidade das ondas eletromagnéticas passando entre dois meios.

Willebrord Snellius provou que a mudança na velocidade das ondas eletromagnéticas podia ser relacionada diretamente ao ângulo de refração. A *lei de Snell* enuncia que

$$\frac{n_1}{n_2} = \frac{\operatorname{sen}\theta_2}{\operatorname{sen}\theta_1}. \tag{8.22}$$

Assim, ambas as parcelas de luz refletida e o ângulo da luz refratada podem ser preditos conhecendo-se apenas o ângulo de incidência e os índices de refração dos dois materiais.

Determine o coeficiente de reflexão, o coeficiente de transmissão e o ângulo de refração para um raio de luz visível passando do ar (n = 1) para uma chapa fina de vidro de cal-soda (n = 1,52), com um ângulo de incidência de 10 graus.

SOLUÇÃO

O coeficiente de reflexão (R) é calculado a partir da equação de Fresnel (Equação 8.21),

$$R = \left(\frac{n_1 - n_2}{n_1 + n_2}\right)^2 = \left(\frac{1,52 - 1}{1,52 + 1}\right)^2 = 0,043,$$

Assim, 4,3% da luz são refletidos na superfície do vidro de cal-soda. De acordo com isso, o coeficiente de transmissão (T) é dado por

$$T = 1 - R = 0,957,$$

e 95,7% da luz passam para o vidro.

O ângulo de refração é determinado pela lei de Snell (Equação 8.23) tal que

$$\text{Sen}\,\theta_2 = \frac{n_1 \,\text{sen}\,\theta_1}{n_2} = \frac{(1)(\text{sen}\,10)}{1,52} = 0,114, \text{ e}$$

$$\theta_2 = \text{sen}^{-1}(0,114) = 6,55°.$$

Na maioria dos casos, o feixe refratado passará para o novo material, mas em certos casos, quando o feixe estiver viajando em um material com um maior índice de refração e atingir um material com menor índice de refração, ocorrerá reflexão interna total. Como a Figura 8-19 ilustra, quando o feixe incidente estiver aproximadamente paralelo ao contorno entre os dois materiais, o raio refratado pode não ser capaz de atravessar o contorno. A lei de Snell pode ser usada para determinar um *ângulo de incidência crítico* (θ_c) acima do qual ocorre reflexão interna total,

$$\theta_c = \text{sen}^{-1}\left(\frac{n_2}{n_1}\right). \tag{8.23}$$

A aparência de um material é influenciada significativamente por suas reflexões. Um índice de refração alto (n > 2) resulta na oportunidade de múltiplas reflexões internas da luz. Diamantes e vidros à base de chumbo cintilam devido a essas múltiplas reflexões. Materiais com superfícies lisas, altamente polidas, refletem a luz com muito pouca variação no ângulo de reflexão. Esse efeito é denominado *reflexão especular*. Materiais mais rugosos têm variações locais significativas dos ângulos superficiais. A *reflexão difusa* resultante leva a uma faixa mais ampla de ângulos de refletância, de modo semelhante ao efeito dos cristais imperfeitos em um material, que levam ao espalhamento dos picos de difração de raios X, conforme foi discutido em detalhe no Capítulo 2.

| *Ângulo de Incidência Crítico* | Ângulo acima do qual um raio não pode passar para um material adjacente com um índice de refração diferente e, em vez disso, é refletido totalmente.

| *Reflexão Especular* | Reflexão devida a uma superfície lisa, com pequena variação no ângulo de reflexão.

| *Reflexão Difusa* | Ampla faixa de ângulos de reflexão, resultante das ondas eletromagnéticas atingirem objetos rugosos, com diversos ângulos superficiais.

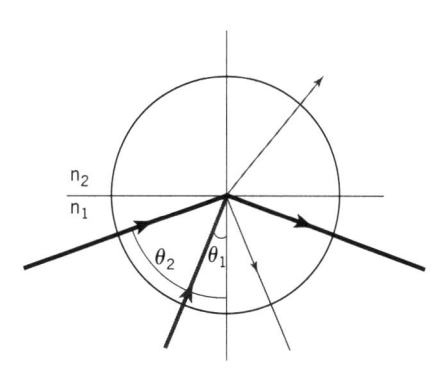

FIGURA 8-19 Reflexão Interna Total

Materiais ópticos são classificados com base em sua tendência a transmitir luz. Os materiais transparentes permitem que luz suficiente passe através deles, de modo que uma imagem clara pode ser vista. Materiais opacos não permitem que luz suficiente passe através deles para que uma imagem seja vista. Materiais translúcidos cobrem quase todo o espectro entre o transparente e o opaco, permitindo que apenas uma imagem difusa seja vista. Vidros e jarras leitosas são translúcidos. A translucidez é devida ao espalhamento da luz, seja devido a superfícies rugosas, seja devido a poros ou outras impurezas presentes no material.

A cor de um material é baseada na absorção seletiva de comprimentos de onda específicos da luz. Um objeto terá a cor da luz refletida por ele. Quando um material reflete igualmente todo o espectro visível ele aparece como branco. Quando ele absorve todo o espectro ele aparece como preto. A adição de corantes aos vidros (discutida no Capítulo 6) é projetada para alterar as cores que serão absorvidas, para alterar a aparência do vidro.

8.12 APLICAÇÃO DOS MATERIAIS ÓPTICOS

As propriedades ópticas dos materiais têm usos especiais em inúmeras aplicações comerciais importantes. Duas aplicações específicas, que serão consideradas aqui são as *fibras ópticas* e os *lasers*.

As *fibras ópticas* são finas fibras de vidro ou poliméricas usadas para transmitir ondas de luz por grandes distâncias e são especialmente importantes na indústria de comunicação. Até o final dos anos 1970, a maioria dos sinais de comunicação era transportada como sinais elétricos através de fios de cobre. Entretanto, as fibras ópticas oferecem vantagens importantes, incluindo a ausência de interferência das fibras adjacentes, menor perda e, mais importante, uma capacidade muito maior de transportar dados. Uma única fibra óptica pode ter a capacidade de transportar dados de milhares de cabos elétricos.

As fibras ópticas são materiais fotônicos, que transmitem sinais por fótons em vez de por elétrons. A maioria das fibras ópticas comerciais contêm um núcleo fino de vidro envolvido por uma cobertura feita de um material que tenha um índice de refração menor. A cobertura é envolvida em uma camada polimérica externa de proteção. Como discutido anteriormente, a reflexão total de um feixe vai ocorrer quando a luz passar através de um material com um índice de refração maior. A reflexão total permite que o sinal fotônico se propague por longos comprimentos da fibra. Enquanto o ângulo de incidência for maior do que o ângulo crítico, a reflexão interna total irá fazer com que o sinal óptico se propague pelo núcleo da fibra, como mostrado na Figura 8-20.

À medida que o fóton viaja por dentro do cabo, uma parcela da potência do sinal é perdida devido à absorção de fótons ou a espalhamento. Esse processo é denominado *atenuação*. O sinal óptico deve ser amplificado periodicamente para sobrepujar a atenuação. Os primeiros sistemas de fibras ópticas requeriam repetidores; dispositivos que convertiam sinais ópticos em sinais elétricos, amplificando-os, e, então, convertendo-os novamente em sinais ópticos. Entretanto, os sistemas modernos usam amplificadores ópticos (essencialmente lasers) para amplificar os sinais ópticos, sem convertê-los em sinais elétricos.

| **Fibras Ópticas** | Finas fibras de vidro ou poliméricas, que são usadas para transmitir ondas de luz por longas distâncias.

| **Atenuação** | Perda de potência durante a transmissão de um sinal óptico, resultante da absorção ou do espalhamento de fótons.

FIGURA 8-20 Propagação de um Sinal Óptico por Reflexão Interna Total

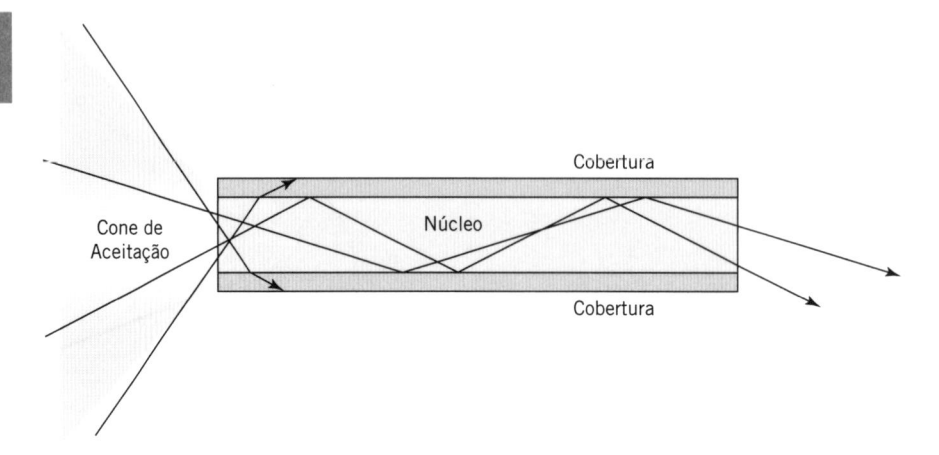

Cobertura

Cone de Aceitação

Núcleo

Cobertura

Além de transmitir sinais ópticos por longas distâncias, os cabos de fibras ópticas são usados em aplicações do dia a dia, tal como na conexão de equipamentos de áudio. O conector mais comum, o *TOSLINK*, foi criado pela Toshiba e teve largo aceite como o principal conector para CD players. Um conector TOSLINK é mostrado na Figura 8-21.

As fibras ópticas têm aplicações além daquelas na indústria de comunicações. Endoscópios médicos usados para fazer imagens de sistemas internos do corpo usam fibras ópticas como um sistema de iluminação. Quando sinais de luz colorida são usados, as fibras ópticas servem, algumas vezes, propósitos puramente decorativos como a lâmpada mostrada na Figura 8-22.

Geralmente, a luz transmitida através de uma fibra óptica é produzida por um laser. A palavra *laser* é uma abreviação para "*light amplification by stimulated emission of radiation*" (amplificação da luz por emissão estimulada de radiação). Embora os lasers existam desde 1960, muitas pessoas ainda visualizam uma arma de raios, criada por Hollywood, quando ouvem esse termo. Na prática, os lasers têm maior uso em leitoras de código de barras e em DVD players, onde suas propriedades permitem que eles leiam as imagens ópticas sobre a superfície do código de barras ou do DVD.

Um laser é um dispositivo surpreendentemente simples, que consiste em um *meio de ganho* e de uma *cavidade óptica*. O meio de ganho é uma substância que pode passar de um estado de maior energia para um de menor energia e transferir a energia associada para o feixe do laser. Gases, tais como o neônio, o hélio e o argônio são excelentes meios de ganho, bem como cristais dopados com átomos de terras raras, tais como os de ítrio, alumínio e granada. Uma fonte externa de potência (normalmente corrente elétrica) estimula o meio de ganho ao estado excitado. A cavidade óptica consiste essencialmente em dois espelhos que refletem repetidamente um feixe de luz através do meio de ganho. Cada vez que o feixe passa através do meio de ganho, ele aumenta em intensidade. Um laser esquemático é mostrado na Figura 8-23.

Conceitualmente, a operação de um laser é semelhante à de uma lâmpada de bulbo incandescente. Entretanto, a luz gerada por um laser é *coerente*, o que significa que ela tem um único comprimento de onda e é emitida em um feixe bem definido.

| *TOSLINK* | Conector comum para cabos ópticos.

| *Laser* | Dispositivo que produz luz com um único comprimento de onda em um feixe bem definido. Abreviação para "*light amplification by stimulated emission of radiation*" (amplificação da luz por emissão estimulada de radiação).

| *Meio de Ganho* | Substância que passa de um estado de energia maior para um estado de energia menor e transfere a energia associada para um feixe de laser.

| *Cavidade Óptica* | Par de espelhos que refletem repetidamente um feixe de luz através do meio de ganho de um laser.

FIGURA 8-21 Conector TOSLINK

Cortesia de James Newell

FIGURA 8-22 Dispositivo Decorativo Usando Fibras Ópticas

Cortesia de James Newell

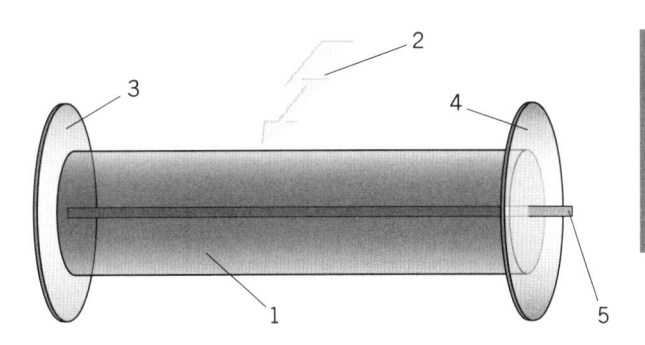

FIGURA 8-23 Esquema de um Laser: (1) Meio de Ganho, (2) Fonte de Potência Externa Usada para Excitar o Meio de Ganho, (3) e (4) Cavidade Óptica e (5) Feixe de Laser.

Resumo do Capítulo 8

Neste capítulo examinamos:

- Discutimos porque as propriedades elétricas e ópticas devem ser analisadas separadamente
- Examinamos as bases físicas e químicas para a condução nos metais
- Calculamos a mobilidade de deriva, a densidade de corrente e a condutividade
- Exploramos os fatores que influenciam a resistividade e como determinar a resistividade de uma liga
- Aprendemos sobre o intervalo de energia entre a banda de valência e a banda de condução
- Discutimos a natureza da semicondução intrínseca e a migração de elétrons e buracos em resposta a um campo elétrico aplicado
- Analisamos o papel dos dopantes nos semicondutores extrínsecos tipo p e tipo n
- Examinamos a operação dos diodos baseados em junções p–n
- Descobrimos os princípios operacionais dos transistores BJT e MOSFETs
- Aprendemos sobre a fabricação de circuitos integrados
- Determinamos o papel dos materiais dielétricos nos capacitores
- Exploramos os comportamentos diferenciados dos materiais ferroelétricos e piezelétricos
- Examinamos a interação entre ondas eletromagnéticas e materiais
- Aplicamos a equação de Fresnel e a lei de Snell para analisar a refração
- Examinamos aplicações de fibras ópticas e de lasers

Termos-Chave

ângulo de incidência crítico	efeito piezelétrico reverso	recombinação
atenuação	energia de Fermi	recozimento
banda de condução	equação de Fresnel	reflexão
banda de valência	fibras ópticas	reflexão difusa
bandas de energia	fluxo para a frente	reflexão especular
base	fluxo reverso	refração
buraco	fótons	regra de Matthiessen
capacitores	fotorresistiva	regra de Nordheim
cavidade óptica	IGFET	resistividade elétrica
circuitos analógicos	índice de refração	revelador
circuitos digitais	intervalo de energia	ruptura Zener
circuitos integrados	isolante	semicondutor extrínseco
coeficiente de Nordheim	junção p-n	semicondutor intrínseco
coeficiente de reflexão	laser	semicondutor tipo n
coeficiente de transmissão	lei de Moore	semicondutor tipo p
coletor	lei de Snell	semicondutores
condutividade elétrica	litografia de projeção	sinal misto
constante dielétrica	máscara	temperatura de Curie
densidade de corrente	materiais ferroelétricos	TOSLINK
dielétrico	materiais piezelétricos	transdutores
diodo	meio de ganho	transistor de junção bipolar (BJT)
DNQ-Novolaca	mobilidade de deriva	transistores
doador de elétrons	MOSFET	transmissão
dopantes	número quântico principal	velocidade de deriva
efeito piezelétrico	receptor de elétrons	zona de depleção

Problemas Propostos

1. Por que a condutividade elétrica dos metais puros diminui com a temperatura, enquanto a dos semicondutores aumenta?

2. Calcule a resistividade de uma rede de cobre com 2% de ouro.

3. Calcule a mobilidade de deriva do ouro próximo a temperatura ambiente.

4. Como o cálculo da mobilidade de deriva vai variar se realizado para o zinco em vez de para o ouro ou a prata?

5. Explique o propósito de um material dielétrico em um capacitor.

6. Descreva o papel do emissor em um transistor BJT.

7. Discuta as vantagens de usar um MOSFET em vez de transistores BJT.

8. Discuta o papel do intervalo de energia na condução e explique quais parâmetros físicos influenciam seu valor.

9. Compare e diferencie os semicondutores tipo n e tipo p.

10. Compare e diferencie os materiais piezelétricos em relação aos materiais ferroelétricos; e explique porque o titanato de bário se enquadra em ambas as definições.

11. Explique a relação entre as equações de densidade de corrente desenvolvidas nas Equações 8.12 e 8.15.

12. Como o aumento da voltagem afeta o tamanho da zona de depleção em uma junção p-n de fluxo reverso?

13. Explique porque a adição de um elétron proveniente de um átomo dopante em um semicondutor tipo n não resulta na criação de um buraco.

14. O fósforo serviria como doador de elétron ou como receptor de elétron se for usado como dopante? Explique.

15. Quais propriedades do silício o tornam adequado para ser usado em semicondutores?

16. Por que os buracos migram na direção do campo elétrico aplicado?

17. Explique por que os materiais poliméricos são isolantes tão eficientes.

18. Calcule a mobilidade de deriva do cobre próximo a temperatura ambiente.

19. Explique como os transistores podem ser usados para amplificar um sinal elétrico.

20. Que considerações devem ser levadas em conta quando se seleciona um dopante?

21. A maioria dos circuitos integrados é fabricada em salas limpas. Explique por que esse nível de limpeza é necessário e como ele afeta o custo dos circuitos.

22. Como foi discutido no Capítulo 6, os diamantes estão sendo considerados como uma possível "próxima geração" de materiais semicondutores. Quais propriedades os tornam candidatos atraentes?

23. Discuta as vantagens da litografia de projeção em relação a simples litografia por fotorresistor.

24. Explique por que os materiais piezelétricos são úteis em transdutores.

25. Gere um gráfico das densidades de transistores em função do tempo para os processadores 286, 386, Pentium, Pentium 2, Pentium 3 e Pentium 4. (Você precisará achar esses dados.) A lei de Moore se ajusta bem a esse gráfico? Extrapole os resultados para estimar as densidades daqui a cinco anos. Quais barreiras tecnológicas e econômicas existem para a continuidade da aplicação da lei de Moore?

26. Quais propriedades físicas são mais importantes na seleção de um meio de ganho para um laser?

27. Por que uma cobertura de uma fibra óptica tem menor índice de refração do que o núcleo?

28. Determine o ângulo de incidência crítico para o ar, com índice de refração igual a 1, e a água, com índice de refração igual a 1,333.

29. Determine o ângulo de incidência crítico para o PMMA, com índice de refração igual a 1,49, e o poliestireno, com índice de refração igual a 1,60.

30. Se um feixe de luz viajando no ar atinge um cubo de gelo (n = 1,309) em um ângulo de 15°, qual será o ângulo do feixe refratado?

9 Biomateriais e Materiais Biológicos

SUMÁRIO

Que Tipos de Materiais Interagem com Sistemas Biológicos?

9.1   Biomateriais, Materiais Biológicos e Biocompatibilidade

Quais Materiais Biológicos Dão Sustentação Estrutural e Quais Biomateriais Interagem com Eles ou os Substituem?

9.2   Materiais Biológicos Estruturais e Biomateriais

Quais Biomateriais Têm uma Função Não Estrutural no Corpo?

9.3   Biomateriais Funcionais

Que Questões Éticas São Particulares aos Biomateriais?

9.4   Ética e Biomateriais

Objetivos do Aprendizado

Ao final deste capítulo, um estudante deve ser capaz de:

- Explicar com suas próprias palavras as diferenças entre biomateriais, materiais biológicos, materiais baseados em sistemas vivos e materiais biomiméticos.

- Distinguir entre biomateriais funcionais e estruturais.

- Definir biocompatibilidade e como ela afeta o projeto de biomateriais.

- Explicar a estrutura do osso e o papel dos quatro principais tipos de células ósseas.

- Descrever a autorregeneração dos ossos através da remodelagem.

- Explicar o uso de parafusos de metal e de preenchimentos ósseos.

- Justificar a seleção de materiais usados na substituição da bacia e explicar suas funções.

- Avaliar as considerações de projeto e os materiais de construção para próteses de membros.

- Descrever o papel das próteses vasculares extensíveis (*stents*) na angioplastia.

- Comparar e diferenciar o impacto do nitinol ou do aço inoxidável como material a ser escolhido para uma prótese vascular extensível.

- Descrever o uso de um cateter de Foley e explicar a base para a seleção do material usado para fazer o cateter.

- Diferenciar os materiais usados em implantes de mamas (silicone ou solução salina) e descrever as controvérsias envolvendo seus usos.

- Comparar e distinguir as diferenças financeiras, mecânicas e cosméticas entre o uso de amálgamas metálicos tradicionais e compósitos dentários.

- Descrever o papel da membrana na diálise renal e comparar os possíveis materiais para membranas.

- Discutir as questões sobre a seleção de materiais para corações artificiais e dispositivos de assistência ventricular.

- Discutir as propriedades mecânicas da derme e da epiderme e como a pele artificial simula essas propriedades.

- Explicar a fabricação da bexiga artificial a partir de materiais biológicos.

- Descrever as diferentes válvulas cardíacas mecânicas, que são implantadas e como a escolha do material afeta o projeto.

- Calcular o índice de desempenho para comparar o desempenho de diferentes válvulas cardíacas, baseado nas propriedades hemodinâmicas.

- Distinguir entre transplante, autotransplante e transplante entre espécies e suas vantagens e desvantagens entre si e em relação a válvulas cardíacas mecânicas.

- Discutir os dois enfoques experimentais para desenvolver sangue artificial (terapia de oxigenação) e explicar porque a hemoglobina não pode ser usada diretamente para aumentar o fluxo de oxigênio no sangue.

- Descrever os principais mecanismos para liberação controlada de fármacos.

- Explicar a construção e o uso de adesivos transdérmicos.

Que Tipos de Materiais Interagem com Sistemas Biológicos?

9.1 BIOMATERIAIS, MATERIAIS BIOLÓGICOS E BIOCOMPATIBILIDADE

| *Biotecnologia* | Ramo da engenharia que envolve a manipulação de materiais orgânicos e inorgânicos para trabalharem em conjunto entre si.

| *Materiais Biológicos* | Materiais produzidos por seres vivos, incluindo ossos, sangue, músculos e outros materiais.

| *Biomateriais* | Materiais projetados especificamente para uso em aplicações biológicas, tais como membros artificiais e membranas para diálise, assim como ossos e músculos.

| *Materiais Baseados em Sistemas Vivos* | Materiais derivados de tecidos vivos, mas que não têm função para um organismo.

| *Materiais Biomiméticos* | Materiais que não são produzidos por um organismo vivo, mas que são química e fisicamente semelhantes aos produzidos por sistemas vivos.

Os biomateriais e os materiais biológicos na realidade são polímeros, metais, cerâmicas e compósitos usados em sistemas vivos. Mas, devido ao rápido crescimento da *biotecnologia*, esses materiais têm seu próprio capítulo.

A diferenciação entre materiais biológicos, biomateriais, materiais baseados em sistemas vivos e materiais biomiméticos serve como um importante ponto de partida para qualquer discussão de tais materiais. Os *materiais biológicos* são produzidos por seres vivos e incluem o osso, o sangue, os músculos e diversos outros materiais que têm muitas funções diferentes. Os *biomateriais* são definidos pela Sociedade Europeia para Biomateriais como "materiais que devem trabalhar com sistemas biológicos para avaliar, tratar, aumentar ou substituir

Classificação dos Materiais	Definição
Materiais biológicos	Materiais produzidos por seres vivos, incluindo o osso, o sangue, os músculos e outros materiais.
Biomateriais	Materiais projetados especificamente para uso em aplicações biológicas, tais como membros artificiais e membranas para diálise, assim como ossos e músculos.
Materiais baseados em sistemas vivos	Materiais que são derivados de tecidos vivos, mas que não têm função para um organismo.
Materiais biomiméticos	Materiais que não são produzidos por um organismo vivo, mas que são química e fisicamente semelhantes aos produzidos por sistemas vivos.

qualquer tecido, órgão ou função do corpo". Os **materiais baseados em sistemas vivos** não têm uma função para um organismo, mas são materiais derivados de um tecido vivo, tal como o amido de milho ou polímeros fabricados a partir do óleo de soja. Os **materiais biomiméticos** não são produzidos por organismos vivos, mas são química e fisicamente semelhantes a materiais que o são. Desse modo, eles são, com frequência, usados como substitutos dos materiais biológicos.

Os biomateriais são classificados, a princípio, em duas classes principais: **biomateriais estruturais (ou inertes)**, cuja principal função é dar um suporte físico para o corpo, e **biomateriais funcionais (ou ativos)**, que realizam uma função no corpo, diferente da sustentação física. O osso artificial, as próteses vasculares extensíveis (*stents*) nas artérias e os membros artificiais seriam considerados biomateriais estruturais; os órgãos artificiais, os marca-passos e implantes para liberação controlada de drogas seriam classificados como biomateriais funcionais.

Os biomateriais têm os mesmos requisitos de projeto que os materiais usados para aplicações convencionais: Eles devem ter um compromisso desejável entre propriedades mecânicas e custo; devem manter suas propriedades durante a vida esperada para o material e devem realizar a função para a qual foram projetados. Entretanto, os biomateriais também devem ter **biocompatibilidade**, que é a habilidade de atuar dentro de um organismo hospedeiro sem disparar uma **resposta imune**. As células brancas do sangue (incluindo os macrófagos e as células assassinas naturais) são especificamente projetadas para identificar materiais estranhos no corpo e destruí-los. Se o biomaterial dispara a resposta imune, ele será rejeitado pelo corpo.

O tópico sobre materiais biológicos e biomateriais é amplo e se desenvolve continuamente. Este capítulo classifica os materiais por suas funções principais, sejam estruturais ou funcionais, e, então, compara e diferencia o material biológico natural com os biomateriais projetados para substituí-lo ou para interagir com ele.

| *Biomateriais Estruturais* | Materiais projetados para suportar cargas e dar suporte para um organismo vivo, tal como os ossos.

| *Biomateriais Funcionais* | Materiais que interagem ou substituem sistemas biológicos, com uma função principal diferente daquela de dar suporte estrutural.

| *Biocompatibilidade* | Capacidade de um biomaterial ser usado em um hospedeiro sem gerar uma resposta imunológica.

| *Resposta Imune* | Identificação, pelas células brancas do sangue, de um material estranho ao corpo e tentativa de destruí-lo.

Quais Materiais Biológicos Dão Sustentação Estrutural e Quais Biomateriais Interagem com Eles ou os Substituem?

9.2 MATERIAIS BIOLÓGICOS ESTRUTURAIS E BIOMATERIAIS

9.2.1 // Osso

O material biológico estrutural mais importante é o **osso**, que é um compósito reforçado por fibras de ocorrência natural, que forma os sistemas esqueléticos da maioria dos animais. O osso consiste em **colágeno** orgânico; fibrilas em uma matriz formada principalmente de fosfato de cálcio. O colágeno é uma proteína estrutural com elevada resistência à tração (ou **escleroproteína**), que forma uma substrutura em hélice tríplice, com ligações cruzadas entre os ramos individuais. O colágeno compõe 40% da proteína na maioria dos mamíferos e, também, forma o principal componente orgânico na pele e nos dentes. Uma fibra de colágeno típica é mostrada na Figura 9-1.

Os ossos podem ser classificados tanto como tecidos ou como lamelares, dependendo da orientação das fibrilas de colágeno. Durante o crescimento ou a restauração, as fibrilas de colágeno se alinham aleatoriamente, de modo semelhante a um compósito de fibras picadas. Esse **tecido ósseo** tem uma resistência à tração comparativamente baixa. À medida que o crescimento continua, o tecido ósseo é gradualmente substituído por um **osso lamelar**, no qual as fibrilas de colágeno se alinham ao longo do comprimento do osso.

A matriz, predominantemente de fosfato de cálcio, dá uma alta resistência à compressão ao osso, mas é relativamente frágil. O fosfato de cálcio se forma em uma estrutura de rede hexagonal, semelhante à **hidroxiapatita** ($Ca_{10}(PO_4)_6(OH)_2$). As células ósseas administram a produção, a reabsorção e a reparação desses ossos compósitos por toda a vida.

Existem quatro tipos distintos de células ósseas:

| *Osso* | Material biológico estrutural, que é um compósito reforçado por fibras e que compõe a maioria dos animais.
| *Colágeno* | Proteína estrutural com elevada resistência à tração, encontrada nos ossos e na pele.
| *Escleroproteína* | Proteína estrutural com elevada resistência à tração.
| *Tecido Ósseo* | É o osso produzido durante o crescimento e a restauração, que tem as fibrilas de colágeno alinhadas aleatoriamente.
| *Osso Lamelar* | Osso que substitui o tecido ósseo, no qual as fibrilas de colágeno se alinham ao longo do comprimento do osso.
| *Hidroxiapatita* | Material biomimético, que é usado com frequência como enchimento ósseo quando osteoblastos não podem reunir sem ajuda das partes separadas do osso.

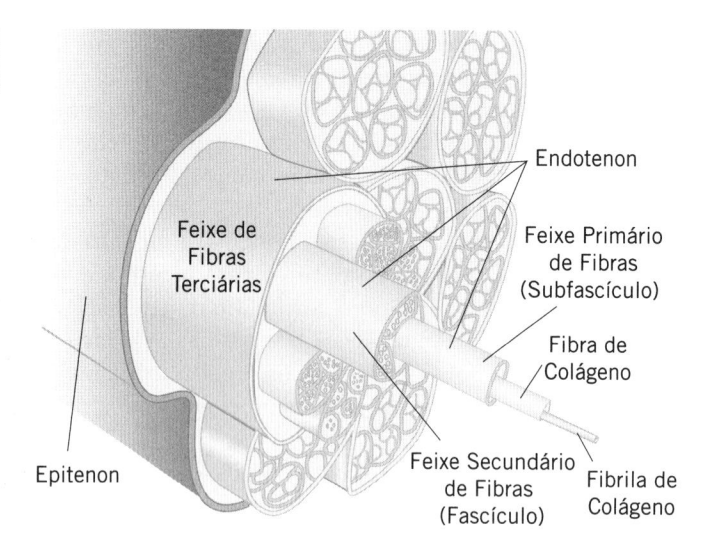

FIGURA 9-1 Esquema da Fibra de Colágeno

Endotenon

Feixe de Fibras Terciárias

Feixe Primário de Fibras (Subfascículo)

Fibra de Colágeno

Epitenon

Feixe Secundário de Fibras (Fascículo)

Fibrila de Colágeno

| **Osteoblastos** | Células localizadas próximas à superfície do osso, que produzem osteoides.

| **Osteoide** | Mistura de proteínas estruturais, contendo principalmente colágeno e hormônios, e que regula o crescimento dos ossos.

| **Células de Recobrimento dos Ossos** | Células que servem como uma barreira iônica e recobrem o osso.

| **Osteócitos** | Osteoblastos aprisionados na matriz óssea, que facilitam a transferência de nutrientes e de rejeitos.

| **Osteoclastos** | Células que dissolvem a matriz óssea, empregando fosfatase ácida e outros produtos químicos para permitir que o corpo reabsorva o cálcio do osso.

| **Mineralização** | Crescimento da matriz óssea sobre fibrilas de colágeno.

| **Remodelagem** | Processo contínuo no qual o osso é reabsorvido e substituído durante toda a vida de um organismo.

1. Os *osteoblastos* são células localizadas próximas à superfície do osso, que produzem *osteoide*, uma mistura de proteínas estruturais que contêm, principalmente, colágeno e hormônios, que regulam o crescimento dos ossos.
2. As *células de recobrimento dos ossos* servem como uma barreira iônica e recobrem o osso.
3. Os *osteócitos* são as células mais numerosas presentes no osso. Os osteócitos começam como osteoblastos, que são aprisionados na matriz e se desenvolvem em uma série de células com forma de estrela, ligadas por finos canais, que facilitam a transferência de nutrientes e de rejeitos.
4. Os *osteoclastos* são células que destroem os ossos, e que migram para áreas específicas do osso e se agrupam em cavidades na superfície. Essas células liberam fosfatase ácida e outros produtos químicos que dissolvem a matriz óssea e permitem que o cálcio seja reabsorvido pelo corpo.

Quando está na época de o osso crescer, os osteoblastos secretam fibrilas de colágeno, juntamente com osteoides. Durante o crescimento da matriz, denominada *mineralização*, os osteoblastos liberam vesículas seladas, que contêm a enzima da fosfatase alcalina, a qual rompe as ligações fosfato. Fosfato e cálcio começam a se depositar sobre as vesículas, as quais, então, se rompem e servem como núcleos heterogêneos para facilitar o crescimento dos cristais.

O osso é um material relativamente frágil, a despeito da flexibilidade dada pelas fibrilas de colágeno, e tende a apresentar trincas e fraturas superficiais. Entretanto, por toda a vida do organismo, o osso é continuamente reabsorvido e substituído, através de um processo denominado *remodelagem*. A deformação que gera microtrincas ou outros defeitos produz um pequeno potencial químico, devido à natureza piezelétrica do osso. Quando o sinal é recebido, os osteoclastos migram e se agrupam sobre as áreas danificadas e começam a reabsorver o osso danificado. Por fim, os osteoblastos produzem novo colágeno e osteoides para substituir o osso, sem qualquer variação significativa da sua forma.

Quando áreas específicas são submetidas a tensões repetidas (tal como os antebraços de jogadores profissionais de tênis), a taxa de crescimento do osso aumenta e o osso engrossa. A *lei de Wolf* indica que o osso irá se adaptar a tensões ambientais repetidas, se tornando mais resistente quando exposto a altos níveis de tensões e se tornando menos resistente quando a tensão for reduzida. Essa lei tem implicações potenciais para os astronautas, que podem ser submetidos à perda óssea quando livres das deformações devidas à gravidade por períodos longos de tempo.

Embora o osso seja um sistema que continuamente se adapta e que se autorrepara, biomateriais são usados para auxiliar indivíduos com problemas específicos. Pequenas fraturas vão se autorreparar e frequentemente não requerem mais do que uma tala ou gesso para manter o osso no lugar enquanto ele se remodela. Quando fraturas severas ocorrem, a adição cirúrgica de parafusos, barras ou placas de titânio pode ser necessária para manter o osso no lugar.

Quando grandes segmentos de osso devem ser removidos, os osteoblastos não podem religar as partes separadas sem ajuda. Frequentemente, hidoxiapatita em pó ou em partículas é usada como um enchimento do osso, criando uma rede para sustentar o crescimento do novo osso. A hidroxiapatita é um material biomimético, que não é produzido pelo corpo, mas é semelhante o suficiente nas suas propriedades químicas e mecânicas para ser aceito pelo corpo. Embora a hidroxiapatita, em si, não seja suficientemente resistente para suportar cargas mecânicas, ela é termodinamicamente estável no pH do corpo e tem uma composição química semelhante o suficiente; de modo que ela se torna parte da matriz óssea em crescimento, através de um processo denominado *osseointegração*.

Nas pessoas jovens, a taxa da formação dos ossos excede a taxa de reabsorção. A máxima densidade e resistência dos ossos ocorrem por volta de 30 anos de idade. Quando a taxa de reabsorção excede a taxa de produção de novos ossos, uma condição médica denominada *osteoporose* pode ocorrer, resultando em ossos porosos enfraquecidos. A falta de cálcio na dieta e a falta de exercícios são fatores que contribuem, mas a osteoporose afeta mais de 10 milhões de norte-americanos. O resultado mais comum da osteoporose são fraturas dos ossos. Mais de 300.000 fraturas da bacia ocorrem a cada ano nos Estados Unidos.

A cirurgia de substituição da bacia se tornou a norma nesses casos. A bacia é uma articulação do tipo esfera e soquete, onde a cabeça femoral se encaixa na *fossa do acetábulo*, como mostrado na Figura 9-2. Quando a substituição da bacia é realizada, a cabeça femoral é removida e substituída por um implante de titânio ou de aço inoxidável com cobalto. O implante inclui uma cabeça femoral com formato esférico e uma longa haste, que se estende até o estreito centro do fêmur, como mostrado na Figura 9-3. A cabeça do fêmur substituta é, normalmente, feita de titânio ou de alumina, mas avanços recentes em *biocerâmicas* resultaram no emprego de *cabeças de fêmur Y-TZP*, de zircônia tetragonal policristalina, estabilizada com ítria (Y-TZP é um acrônimo do inglês: *yttria-stabilized tetragonal zirconia polycrystal*). Esse material tem melhores taxas de desgaste e melhor resistência e permite que cabeças com menores diâmetros sejam usadas.

Para facilitar a osseointegração, o implante é recoberto com hidroxiapatita para reduzir qualquer chance de uma resposta imune, pois a hidroxiapatita já está presente no corpo e não dispara uma resposta imune. A cabeça de fêmur de titânio é recoberta com um revestimento de polietileno e tem um soquete de polietileno ou cerâmica (óxido de alumínio), que é preso à fossa acetabular usando cimento ósseo (polimetilmetacrilato) lubrificado com fluido sino-

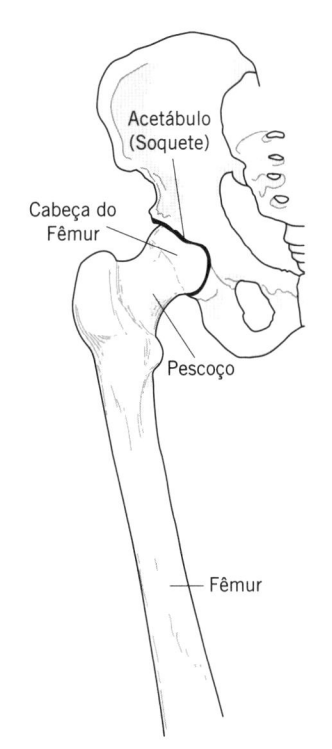

FIGURA 9-2 Articulação Esfera e Soquete da Bacia

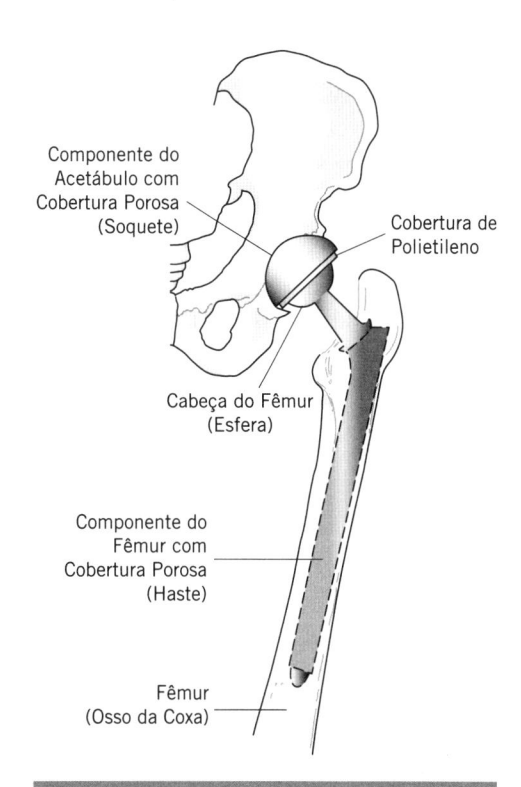

FIGURA 9-3 Implante Artificial na Bacia

vial, que é o fluido viscoso naturalmente encontrado nas juntas. A esfera de titânio pode girar dentro do soquete, dando mobilidade. Desenvolvimentos recentes incluem o uso de implantes sem cimentos, que se baseiam na osseointegração para manter o soquete no lugar.

Os biomateriais usados nas próteses de bacia ainda encontram muitos desafios. Como os metais biocompatíveis usados nas próteses são muito mais resistentes do que o osso natural, menos carga é aplicada ao osso remanescente. A lei de Wolf prediz que menor carga em um osso resultará em menos osso; de modo que o osso ao redor do metal se torna menos resistente e mais fino. A lubrificação natural da junta é, frequentemente, insuficiente, e tentativas para cobrir os implantes com Teflon e outros lubrificantes semipermanentes falharam. O fluido sinovial, que existe naturalmente, pode corroer o metal, gerando compostos potencialmente tóxicos. Com os materiais atuais, as próteses de bacia são uma solução temporária, que não duram mais do que 10 a 20 anos.

9.2.2 // Próteses de Membros

| *Próteses de Membros* |
Substitutos artificiais dos membros.

As *próteses de membros* representam outra aplicação importante para os biomateriais estruturais. Por muitos anos, pernas artificiais eram de madeira ou de hastes metálicas presas ao joelho através de uma série de faixas, que permitiam ao amputado caminhar (com dificuldade), mas pouco mais que isso. A primeira prótese não fixa apareceu em 1696 e usava dobradiças externas para permitir articulação em torno do tornozelo. Por volta de 1800, foi desenvolvido um sistema de polias que levava em consideração o movimento do pé. Esse sistema permitia um caminhar mais normal, mas sua tecnologia estagnou por 150 anos.

Em 1946, a Associação Americana de Ortopedia e Próteses foi encarregada de melhorar as próteses. Nos últimos 60 anos, uma nova geração de materiais e projetos para prótese revolucionou esse campo e oferece uma qualidade de vida melhor para os amputados. Mesmo as próteses modernas não podem reproduzir completamente o desempenho do membro natural, mas as próteses avançaram ao ponto de muitos amputados poderem participar em eventos de atletismo.

| *Próteses Transtibiais* |
Membros artificiais começando abaixo dos joelhos.

As *próteses transtibiais*, que são membros artificiais começando abaixo do joelho, como o mostrado na Figura 9-4, são, de longe, as mais comuns. A parte superior da prótese deve encaixar firmemente no membro residual. O membro é, com frequência, sensível à pressão, de modo que um soquete duro é moldado, para cada paciente, em polietileno e/ou em materiais compósitos de fibra de carbono. Uma cobertura mais macia de silicone é colocada entre o soquete e o membro residual para fazer um acolchoamento.

| *Haste* | Longa barra que substitui a tíbia em uma prótese transtibial.

Para substituir a tíbia, todas as próteses transtibiais contêm uma longa barra denominada *haste*, que deve suportar as elevadas forças de compressão associadas com o caminhar. Na maioria das vezes a haste é feita em titânio ou em compósitos de fibra de carbono. Ela deve ser rígida, mas deve ter alguma capacidade de flexionar. Se o módulo elástico do material for muito alto, caminhar e correr poderá ser doloroso, pois uma maior parcela da força do caminhar será transmitida para o membro residual. Se o módulo elástico for muito baixo, manter o equilíbrio durante a caminhada ou a corrida será difícil.

| *Pé do Tipo SACH* | Pé de tornozelo sólido e calcanhar acolchoado; a prótese transtibial mais comum, que contém uma cunha de borracha no calcanhar e uma haste sólida, frequentemente de madeira.

A maioria das próteses transtibiais não são articuladas (elas não se flexionam no tornozelo); o pé fica alinhado em um ângulo de 90 graus com o tornozelo. A prótese para pés mais comum é do tipo *pé de tornozelo sólido e calcanhar acolchoado* (*SACH*, do inglês *solid-ankle-cushion heel*), que é mais durável e tem comparativamente menor custo. O calcanhar tem uma cunha de borracha compressível, com uma haste sólida (frequentemente de madei-

FIGURA 9-4 Prótese Transtibial

Cortesia de James Newell

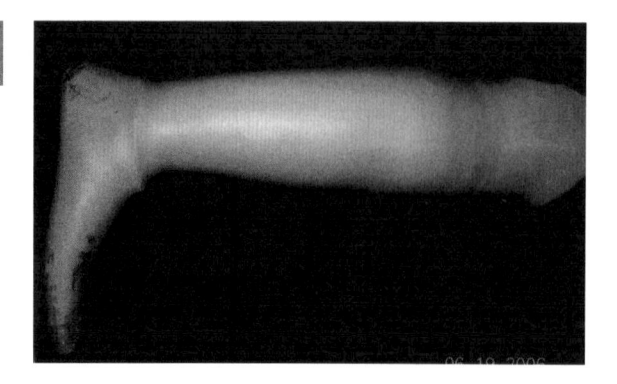

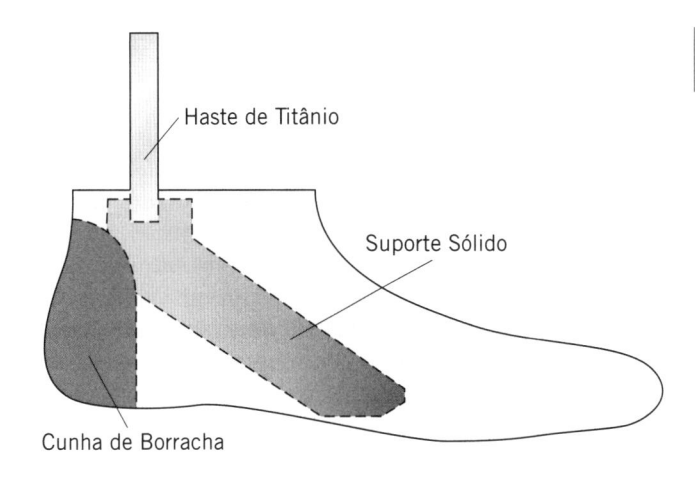

FIGURA 9-5 Esquema de um Pé do Tipo SACH

Haste de Titânio

Suporte Sólido

Cunha de Borracha

ra) na parte inferior do pé para dar estabilidade, como mostrado na Figura 9-5. Juntas pé-tornozelo projetadas para atletas devem ter uma maior faixa de movimento e são articuladas, mas são menos estáveis e têm maior peso.

Próteses para braços têm desafios diferentes. Embora elas não tenham as mesmas responsabilidades de suportar carga, como as próteses das pernas, e a junta do cotovelo não seja mais complicada que a do joelho, a gama de movimentos e necessidades para as mãos é bem mais complexa do que para os pés. Até 1909, as escolhas para próteses de braços consistiam em um soquete de couro, que se ajustava ao membro residual, e de uma complicada armação de aço, que sustentava ou um único gancho (que permanece popular, hoje em dia, em filmes de terror) ou uma mão sintética, que parecia mais real, mas tinha pouca funcionalidade.

Em 1909, o médico D. W. Dorrance desenvolveu a primeira prótese para braço capaz de preensão. Seu sistema de gancho móvel podia ser aberto ou fechado, dando ao seu portador alguma habilidade para segurar objetos. O projeto básico do sistema usava um arreio e um cabo que se prendia em torno do ombro oposto para dar controle do membro. Muitos amputados transradiais de hoje em dia usam essa estrutura da *prótese Dorrance*, mas com materiais mais modernos: o soquete é normalmente fabricado de polipropileno no lugar do couro usado na prótese original; o aço da armação foi substituído por ligas de alumínio ou de titânio ou mesmo por compósitos de fibra de carbono em alguns casos; a armação é recoberta com uma espuma de poliuretano com as medidas do usuário, para simular a forma do outro braço; e uma meia (normalmente feita de Lycra) cobre a espuma e é tingida para ter o tom de pele do amputado.

A maior inovação nas próteses *transradiais* foi o desenvolvimento dos *braços mioelétricos*, que são braços artificiais que respondem aos impulsos dos músculos do amputado para controlar a função da prótese. Os impulsos elétricos da parte superior residual do braço são transferidos, através de eletrodos colocados na parte externa da prótese, para circuitos nos dedos, que disparam respostas que simulam a mão normal. Embora essas mãos mioelétricas estejam agora disponíveis comercialmente e sejam cobertas por alguns planos de saúde, elas ainda não têm a durabilidade de outras opções de próteses transradiais.

Dean Kamen, o inventor do popular *Segway* e de inúmeros outros itens, desenvolveu o protótipo daquilo que é, provavelmente, a próxima geração de próteses transradiais. O "braço Luke", denominado em relação à mão biônica usada por Luke Skywalker no filme *O Império Contra Ataca*, oferece 18 graus de liberdade e é capaz de imitar a maioria dos movimentos delicados da mão humana.

9.2.3 // Próteses Vasculares Extensíveis

Na maior parte do século XX, a cirurgia de ponte de safena foi o único procedimento viável para lidar com bloqueios nas artérias. Entretanto, uma combinação de *angioplastia coronariana* e a colocação de *próteses vasculares extensíveis* substituiu a cirurgia de ponte, muito mais invasiva, em mais de 1 milhão de casos por ano nos Estados Unidos. Durante a angioplastia, um fino cateter guia é introduzido através da área bloqueada na artéria. Um balão é introduzido juntamente com o cateter e é inflado na área obstruída para alargar a abertura do vaso, rompendo a camada interna da artéria e deslocando a obstrução. Uma prótese vascular extensível é uma pequena grade metálica, que é inserida no vaso sanguíneo durante a

| *Prótese Dorrance* | Sistema de ganchos móveis para amputados transradiais, que fornece alguma habilidade preênsil.

| *Transradial* | Abaixo do cotovelo.

| *Braços Mioelétricos* | Próteses transradiais que usam os impulsos dos músculos na parte residual do braço para controlar a função da prótese.

| *Angioplastia Coronariana* | Procedimento usado para alcançar bloqueios arteriais, que pode substituir o procedimento cirúrgico mais invasivo de ponte de safena. Um balão é inserido, juntamente com um fino cateter guia e é inflado na área bloqueada, para alargar o vaso.

| *Próteses Vasculares Extensíveis* | Pequenas grades metálicas que são inseridas nos vasos sanguíneos durante a angioplastia, para manter a artéria aberta após o procedimento.

angioplastia para ajudar a manter a artéria aberta após o procedimento. Sem a prótese vascular extensível, a artéria voltaria a colapsar para seu diâmetro original em aproximadamente 40% das angioplastias.

As próteses vasculares extensíveis são de dois tipos básicos: *com balão inflável* e *autoinflável*. As **próteses vasculares extensíveis com balão inflável** se ajustam sobre o balão da angioplastia e se expandem quando o balão é inflado. Em 1987, o Dr. Julio Palmaz desenvolveu a primeira prótese extensível com balão inflável, que abriu o caminho para tudo o que veio depois. As **próteses vasculares extensíveis autoinfláveis** não são introduzidas sobre o balão da angioplastia, sendo posicionadas por um cateter.

A **prótese vascular extensível Palmaz**, mostrada na Figura 9-6, era feita de aço inoxidável, que foi o material escolhido por muitos anos e ainda é usado em algumas próteses extensíveis. As próteses vasculares extensíveis de aço inoxidável provocam com frequência **reestenose**, que é o crescimento de tecido de cicatrização em torno da prótese, o que leva a restrição do fluxo sanguíneo. Entretanto, as propriedades especiais de uma liga níquel-titânio, denominada **nitinol**, revolucionaram a fabricação de próteses vasculares extensíveis. O nitinol sofre uma transformação adifusional de uma estrutura CFC (cúbica de faces centradas) semelhante a da austenita, para uma estrutura CCC (cúbica de corpo centrado) análoga à da martensita. Essa transformação faz com que a prótese extensível de nitinol apresente um **efeito de memória de forma**, no qual uma liga de nitinol deformada não muda de forma quando a carga é removida, mas retorna a sua forma original quando aquecida. Quando a prótese de nitinol é usada no vaso, a temperatura do corpo de 38ºC é suficiente para causar uma transformação de fases, retornando à estrutura CFC.

O nitinol não é, inerentemente, biocompatível e a exposição prolongada aos fluidos do corpo pode resultar na lixiviação de níquel, que é tóxico, para a corrente sanguínea. Assim sendo, uma camada apassivadora de metal, aprovada pela FDA (Food and Drug Administration: Controladoria de Alimentos e Medicamentos), deve cobrir a superfície das próteses de nitinol. Além disso, a maioria das próteses vasculares extensíveis é recoberta com finas camadas de polímeros, que foram aditivados com fármacos que retardam a reestenose. Esses fármacos são lentamente liberados por difusão e reduzem o desenvolvimento de tecido de cicatrização na artéria. Uma prótese típica de nitinol é mostrada na Figura 9-7.

Os **cateteres** são tubos que são inseridos nos vasos ou artérias do corpo, geralmente para fazer ou a injeção ou o dreno de fluidos. Embora os cateteres possam ser usados para várias finalidades, incluindo a drenagem de abcessos e a introdução de fluidos intravenosos, de medicação ou de anestesia, o uso de um **cateter de Foley** para substituir uma uretra defeituosa tem importantes questões em relação à seleção de materiais. O cateter de Foley, mostrado na Figura 9-8, é um tubo flexível inserido, pela extremidade do pênis, na bexiga para drenar a urina.

Os cateteres de Foley podem ser fabricados a partir de diversos materiais, incluindo látex, cloreto de polivinila (vinil) e silicone. Os cateteres de látex são os mais comuns, mas têm desvantagens, incluindo reações alérgicas ao látex, que estão ficando comuns entre os pacientes, e a tendência de sustentar colônias de bactérias. Infecções do trato urinário ocorrem dentro de quatro dias após um cateter de Foley de látex ser usado, enquanto cateteres de silicone podem

FIGURA 9-6 Próteses Vasculares Extensíveis Palmaz

Cortesia de James Newell

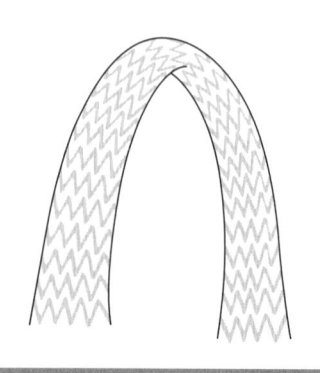

FIGURA 9-7 Prótese Vascular Extensível de Nitinol

FIGURA 9-8 Cateter de Foley

Cortesia de James Newell

durar várias semanas sem infecções. Os cateteres de silicone oferecem o melhor desempenho geral, mas são significativamente mais caros que os de látex e os de vinil. Os cateteres de vinil têm um compromisso entre desempenho e custo, mas apresentam desafios em si próprios. Os cateteres de Foley devem ser macios e flexíveis. O PVC é extremamente duro, a não ser que plastificantes sejam adicionados para flexibilizá-lo, como foi discutido no Capítulo 4. Ainda existem preocupações sobre a probabilidade desses plastificantes serem lixiviados do cateter para o corpo.

9.2.4 // Implantes de Mamas

Os *implantes de mamas* são usados para aumentar o tamanho dos seios ou para substituir tecido mamário que tenha sido removido cirurgicamente, frequentemente devido a câncer. O aumento dos seios é, atualmente, a terceira cirurgia cosmética mais comum realizada nos Estados Unidos, com aproximadamente 300.000 operações desse tipo sendo realizadas a cada ano. O custo total de uma cirurgia varia de US$4.000 a US$10.000, tornando os implantes de mamas uma indústria de bilhões de dólares por ano.

Os primeiros implantes de mamas ocorreram pouco após a Segunda Guerra Mundial e envolveram a injeção direta de silicone nos seios. Os resultados foram desastrosos. Inúmeras complicações ocorreram, levando a que muitos pacientes sofressem mastectomias e, pelo menos, três mulheres morreram devido a bloqueios de vasos sanguíneos causados pelo silicone injetado.

Em 1962, a companhia Dow Corning produziu o primeiro *implante de gel de silicone* comercial, que usava uma bolsa de borracha de silicone preenchida com um gel de silicone. A Figura 9-9 mostra uma foto de implantes de gel de silicone. Como esses dispositivos médicos não eram regulados nos Estados Unidos até meados da década de 1970, não existem estudos detalhados dos efeitos desses primeiros implantes sobre a saúde. Entretanto, é sabido que diversos problemas ocorreram. Como parte da resposta imune, formam-se tecidos de cicatrização ao redor de um implante, criando uma barreira do restante do corpo. Em alguns casos, essa barreira aumenta, levando a uma *contratura capsular*, que comprime e potencializa rupturas do implante. A contratura capsular causa bastante dor e pode fazer com que o seio se torne disforme.

Quando uma bolsa vaza, o gel de silicone que escapa da barreira de tecido de cicatrização fica livre para migrar através do corpo. Esse *silicone extracapsular* pode resultar em consequências adicionais para a saúde, embora a natureza, a frequência e a severidade dessas consequências permaneçam um tópico de grande debate.

Na década de 1970, os implantes de silicone foram mudados para ter géis mais finos, bolsas mais finas e uma cobertura de poliuretano projetada para reduzir a contratura capsular. A FDA baniu os implantes recobertos com poliuretano após ter-se descoberto que eles se decompunham em um produto químico carcinogênico. As bolsas mais finas eram também mais fáceis de romper. Esses implantes foram, por fim, substituídos por um projeto envolvendo duas câmaras; uma câmara interna preenchida com gel de silicone e uma externa preenchida com solução salina, para reduzir a chance de uma ruptura gerar silicone extracapsular.

As preocupações em relação à saúde resultaram no total banimento dos implantes de silicone no Canadá e na restrição de seu uso nos Estados Unidos. De 1992 até 2006, a FDA limitou o uso de implantes de gel de silicone à substituição de implantes já existentes, que haviam rompido, ou em estudos clínicos controlados para a reconstrução após mastectomias. A tecnologia atual utiliza *implantes de mamas de goma de silicone*, que têm uma forma estável. O gel é coesivo, de modo que ele tem bem menos probabilidade de vazar para o corpo. Esses implantes são extensivamente usados fora da América do Norte e causam menos preocupações em relação à saúde que seus predecessores, mas não foram aprovados nos Estados Unidos até novembro de 2006. A FDA exigiu que os fabricantes realizassem um estudo de 10 anos, após a aprovação, em 40.000 mulheres que receberam os novos implantes.

Os *implantes de mamas de solução salina*, mostrados na Figura 9-10, oferecem uma alternativa para o silicone. Os implantes salinos apareceram inicialmente em meados da década de 1960, mas sua produção parou na década de 1970, devido aos persistentes problemas de rupturas. Quando as controvérsias em relação aos implantes de silicone começaram nos anos 1990, os implantes salinos emergiram como a principal escolha para implantes. Os novos implantes salinos utilizam cápsulas vulcanizadas na temperatura ambiente, mais grossas, que resistem à ruptura. Embora os implantes salinos apresentem menos complicações, eles não podem reproduzir a aparência mais natural dos implantes de gel de silicone.

| *Implantes de Mamas* | Bolsas cheias de líquidos, inseridas cirurgicamente no corpo para aumentar o tamanho dos seios ou para substituir o tecido mamário, que tenha sido removido cirurgicamente.

$

| *Implante de Gel de Silicone* | Implante de mamas que usa uma bolsa de borracha de silicone preenchida com gel de silicone.

| *Contratura Capsular* | Endurecimento do tecido de cicatrização em torno de um implante de mamas, que pode levar à ruptura do implante.

| *Silicone Extracapsular* | O silicone que escapa da cápsula dura de tecido de cicatrização que envolve um implante mamário e fica livre para migrar através do corpo.

| *Implantes de Mamas de Goma de Silicone* | Implantes de mamas de silicone que, potencialmente, eliminam ou pelo menos reduzem significativamente o vazamento do gel de silicone. Recebeu esse nome devido à textura da bolsa se assemelhar àquela de uma bala.

| *Implante de Mamas de Solução Salina* | Alternativa aos implantes de mamas de silicone, onde se usa uma bolsa com solução salina no lugar do silicone.

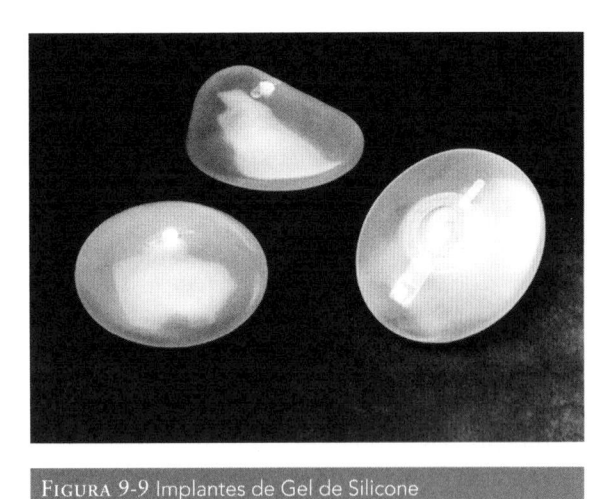

FIGURA 9-9 Implantes de Gel de Silicone

Cortesia da Food and Drug Administration

FIGURA 9-10 Implantes de Mamas de Solução Salina

Cortesia da Food and Drug Administration

9.2.5 // Dentes e Restaurações Dentárias

| *Polpa Dentinária* | Tecido vivo e macio localizado no centro de um dente.

| *Esmalte* | A substância mais dura do corpo, que recobre os dentes e consiste, principalmente, em hidroxiapatita.

| *Dentina* | Material poroso, amarelo, composto de colágeno e de outras proteínas estruturais, misturadas com dalita.

| *Cemento* | Camada de material ósseo nos dentes que provê, principalmente, um ponto de ancoragem para os ligamentos periodontais.

| *Dalita* | Mineral hexagonal de fosfato de cálcio na dentina.

| *Amálgamas* | Ligas à base de mercúrio usadas para restaurações dentárias.

| *Amálgama Bifásica Gama* | Amálgama contendo 50% de mercúrio e 50% de uma liga, em pó, contendo pelo menos 65% de prata, menos do que 29% de estanho, cerca de 6% de cobre e pequenas quantidades de mercúrio e de zinco.

O tecido vivo e macio no centro do dente é denominado *polpa dentinária*. Ele é protegido por três camadas de material – *esmalte*, *dentina* e *cemento* – como mostra a Figura 9-11. O esmalte é a substância mais dura do corpo e consiste, principalmente, em hidroxiapatita, de forma semelhante ao osso. A espessura da camada de esmalte varia em função do local, mas pode ser de até 2,5 mm. Embora extremamente duro, o esmalte dos dentes é também bastante frágil.

A dentina é um material poroso, amarelo, composto de colágeno e de outras proteínas estruturais, misturadas com um mineral hexagonal de fosfato de cálcio, chamado *dalita*. O cemento é um material ósseo cuja função principal é de fornecer um ponto de amarração para os ligamentos periodontais. Ele é amarelo, mais macio que a dentina e o esmalte e consiste em aproximadamente 45% de hidroxiapatita, 33% de proteínas estruturais e 22% de água.

A hidroxiapatita presente em todas as três camadas de proteção está sujeita ao ataque por ácidos. Muitas bactérias que residem na boca podem interagir com açúcares para produzir ácido lático, o que abaixa o pH da boca e começa a dissolver o esmalte. À medida que mais hidroxiapatita se degrada, a superfície do dente amolece e, com frequência, se forma uma cavidade.

As restaurações dentárias datam do século XVI pelo menos, quando chumbo e cortiça foram usados para preencher cavidades. Os primeiros materiais padronizados para restaurações dentárias foram as ligas de mercúrio denominadas *amálgamas*. Começando em 1895, a amálgama dentária-padrão era a *amálgama bifásica gama*, que era uma mistura contendo 50% de mercúrio e 50% de um liga, em pó, contendo pelo menos 65% de prata, menos do que 29% de estanho, cerca de 6% de cobre e pequenas quantidades de mercúrio e de zinco. Por volta de 1970, a formulação-padrão para as amálgamas dentárias mudou para uma *amálgama com*

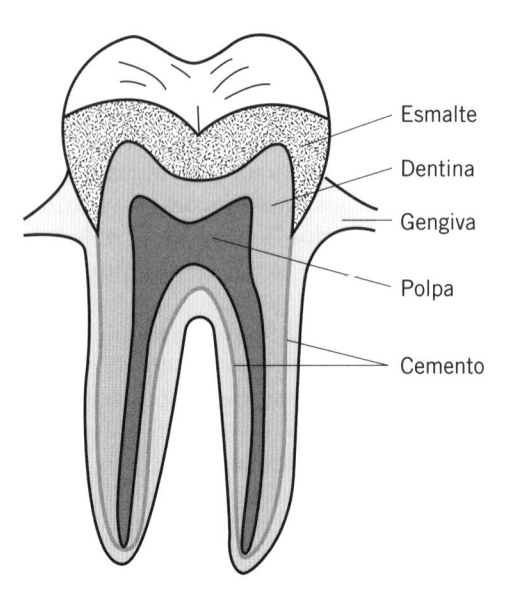

FIGURA 9-11 Esquema de um Dente Mostrando as Camadas de Diferentes Materiais

Esmalte

Dentina

Gengiva

Polpa

Cemento

alto teor de cobre, principalmente por razões econômicas. A nova amálgama continha 50% de mercúrio líquido, mas o novo pó metálico tinha cerca de 40% de prata (o metal mais caro na liga), 32% de estanho, 30% de cobre e pequenas quantidades de mercúrio e de zinco.

As amálgamas permanecem em uso devido a um equilíbrio entre dureza, facilidade de fabricação e baixo custo, mas algumas preocupações têm sido levantadas sobre os efeitos do mercúrio na saúde. Mesmo baixos níveis de mercúrio no corpo têm sido ligados a defeitos em recém-nascidos, deficiências no sistema nervoso e desordens mentais. Muitos cientistas argumentam que o mercúrio está ligado na amálgama e que apenas quantidades desprezíveis podem percolar para o corpo. Entretanto, o uso de amálgamas está declinando, à medida que mais dentistas mudam para os *compósitos dentários*, que parecem mais com os dentes naturais.

Os compósitos dentários são mais caros do que as amálgamas e tendem a durar menos. Espera-se que uma amálgama típica dure entre 10 e 15 anos, enquanto 8 anos é um prazo mais típico para um compósito dentário. O compósito dentário mais comum envolve uma *resina bis-GMA (resina acrílica de bisfenol glicidilmetacrilato)* junto com cargas, tal como pó de vidro. As cargas reduzem o custo do processo, mas também reduzem a contração da resina durante a cura. O compósito é fabricado uma camada de cada vez, com a resina sendo curada com luz, a cada camada. A formação de radicais livres é essencial para a cura da resina; assim sendo catalisadores foto-químicos, tal como a canforoquinona, são adicionados ao compósito.

Diferentemente das restaurações de amálgama, as restaurações compósitas se ligam ao esmalte remanescente do dente. Em função disso, as restaurações compósitas têm menor probabilidade de fraturar, embora elas tenham uma menor resistência inerente do que as restaurações de amálgama. Além disso, as restaurações de amálgama se expandem com o tempo e podem trincar o próprio dente. Por outro lado, as restaurações compósitas contraem e têm maior probabilidade de simplesmente cair.

| *Amálgama com Alto Teor de Cobre* | Amálgama contendo 50% de mercúrio líquido e 50% de uma liga, em pó, com 40% de prata, 32% de estanho, 30% de cobre e pequenas quantidades de mercúrio e de zinco.

| *Compósitos Dentários* | Substitutos das amálgamas, os quais se assemelham mais com os dentes naturais, mas são mais caros e tendem a não durar tanto.

| *Resina bis-GMA* | O material de união no compósito dentário mais comum, que contém ainda cargas, tal como pó de vidro.

Quais Biomateriais Têm uma Função Não Estrutural no Corpo?

9.3 BIOMATERIAIS FUNCIONAIS

Os biomateriais funcionais têm uma função além da estrutural no corpo. Eles podem estar tão comprometidos quanto os órgãos artificiais, que substituem todo, ou em parte, o funcionamento de uma parte do corpo, ou serem itens mais simples, tal como os marca-passos, que ajudam a controlar os sinais elétricos que fazem o coração bater. Em muitos casos, os biomateriais funcionais são implantados no corpo, mas, algumas vezes, materiais são removidos do corpo, passados através do biomaterial funcional e, então, são retornados ao corpo.

9.3.1 // Órgãos Artificiais

Na maioria dos casos, o melhor substituto para um órgão defeituoso é um órgão transplantado de outra pessoa. Entretanto, a disponibilidade limitada de órgãos compatíveis para serem transplantados, tornou o uso de órgãos artificiais uma necessidade médica.

Os rins são responsáveis pela remoção da ureia, de outros rejeitos e do excesso de fluido da corrente sanguínea. Quando os rins não são capazes de desempenhar completamente essa função, os pacientes são tratados usando um sistema de filtração por membranas, denominado *diálise*. Na forma mais comum da diálise, a *hemodiálise*, o sangue de um paciente é removido por um cateter e é passado através de uma membrana semipermeável. O *fluido de diálise* (água altamente purificada e esterilizada contendo sais minerais específicos) flui do outro lado da membrana, como mostra a Figura 9-12. A diferença de pressão faz com que a água passe através da membrana, reduzindo o excesso de fluido e a concentração de eletrólitos no sangue. Esse processo é chamado de *ultrafiltração*. Simultaneamente, os gradientes de concentração fazem com que a ureia e outras toxinas se difundam através da membrana e saiam do sangue. A diálise geralmente requer várias horas por seção e, muitas vezes, é necessária com frequência de até três vezes por semana.

| *Diálise* | Sistema de filtração por membranas, usado em pacientes cujos rins não são capazes de eliminar completamente a ureia, outros rejeitos e o excesso de fluido da corrente sanguínea.

| *Hemodiálise* | A forma mais comum de diálise, na qual o sangue do paciente é removido por um cateter e passado através de uma membrana semipermeável para remover toxinas e o excesso de água.

| *Fluido de Diálise* | Água altamente purificada e esterilizada, contendo sais minerais específicos, usada na diálise.

| *Ultrafiltração* | Na diálise, processo no qual a diferença de pressão faz com que a água passe através da membrana, reduzindo o excesso de fluido e a concentração de eletrólitos no sangue.

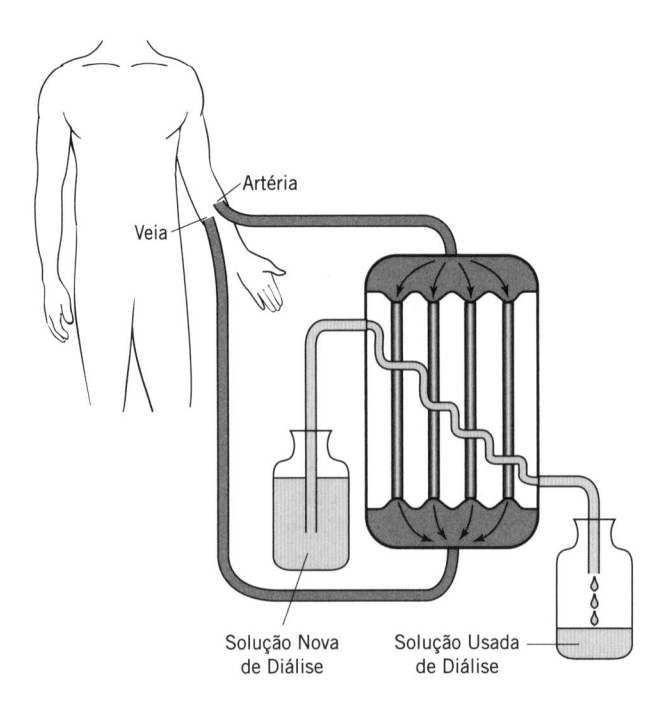

FIGURA 9-12 Esquema da Hemodiálise

Solução Nova de Diálise   Solução Usada de Diálise

A membrana é a pedra de toque do processo de diálise. A membrana deve ser:

- Permeável à ureia e a outros rejeitos.
- Impermeável às células do sangue, ao plasma e a outros componentes-chave.
- Resistente o suficiente para suportar as diferenças de pressão.
- Biocompatível o suficiente para não disparar uma resposta imune do sangue.

O material mais comumente usado em hemodiálise é o acetato de celulose, também denominado *celulose regenerada não modificada*. De fato, as primeiras membranas de diálise eram feitas do celofane usado no revestimento de salsichas. O acetato de celulose é relativamente barato e é poroso ao fluido, mas os tamanhos dos poros são pequenos o suficiente para evitar que as células de sangue, as proteínas e outros componentes-chave passem através da membrana.

A biocompatibilidade das membranas de acetato de celulose tem sido um problema; com o passar dos anos um número significativo de reações negativas tem sido reportado. Tratamentos superficiais são realizados no acetato de celulose para torná-lo menos hidrofílico e mais biocompatível. Materiais alternativos para membranas incluem a polissulfona, o PMMA e o PAN. Esses polímeros são preparados, geralmente, como tubos ocos. O sangue do paciente flui através do centro do tubo, com o fluido de diálise fluindo pelo lado de fora. Embora essas membranas poliméricas sejam mais caras, elas têm menos problemas de biocompatibilidade.

O coração é o órgão responsável pelo bombeamento do sangue através do corpo. Quando uma doença do coração é muito grave para que o paciente espere por um órgão doado, um coração artificial é algumas vezes usado. Já em 1969, um paciente foi mantido vivo por 60 horas usando um coração mecânico, mas o momento máximo para os corações artificiais ocorreu em 1982, quando um *coração artificial Jarvik-7* foi implantado em um paciente chamado Barney Clark, que sobreviveu por 112 dias. O coração Jarvik-7 requeria uma fonte de energia externa, que o paciente podia usar em uma mochila nas costas.

| *Coração Artificial Jarvik-7* |
Coração artificial implantado em um paciente chamado Barney Clark em 1982, e que o manteve vivo por 112 dias.

| *Dispositivos de Assistência Ventricular (DAVs)* |
Dispositivos que auxiliam um coração doente a aumentar sua funcionalidade e capacidade de bombeamento.

Devido às numerosas dificuldades — biocompatibilidade, fontes de energia, destruição das células do sangue, e outras semelhantes — associadas com corações verdadeiramente artificiais, boa parte da ênfase de pesquisa atual está focada nos *dispositivos de assistência ventricular (DAVs)*, que auxiliam um coração doente a aumentar sua funcionalidade e capacidade de bombeamento. Em alguns projetos, o DAV é implantado diretamente no ventrículo esquerdo do coração doente. Dentro de uma caixa de titânio, um motor faz com que uma hélice de titânio gire, aumentando dessa maneira o fluxo sanguíneo através do coração. Em outros casos, o DAV fica colocado na cavidade abdominal, puxa o sangue do ventrículo esquerdo e, então, o bombeia diretamente na aorta, suplementando efetivamente a vazão do coração.

DAVs externos são usados durante cirurgias de coração aberto, mas os modelos implantados são, geralmente, encarados como pontes para o transplante e são projetados para permanecer nos pacientes por vários meses, enquanto são localizados corações de doadores. A FDA aprovou o implante permanente de um dispositivo de assistência ventricular em pacientes terminais, que não se qualificam para um transplante e a Associação Americana do Coração recomendou que os DAVs se tornem uma medida permanente para pacientes com doenças cardíacas em último estágio. Essa medida reflete os desenvolvimentos na Europa, onde foi aprovada a implantação do Jarvik 2000 DAV pela União Europeia.

A pele fornece a barreira para proteger os órgãos internos de patógenos, manter a água no organismo e contribui com mais de 15% do peso total do corpo humano. A pele é formada por duas camadas distintas: a *epiderme* e a *derme*. A epiderme é a camada externa e não contém células sanguíneas. Assim, ela recebe nutrientes por difusão a partir da camada interna (derme). Mais de 90% da epiderme é composta por *queratinócitos*, que são células que contêm uma grande quantidade da proteína estrutural dura *queratina*. A resistência da pele é aumentada pela presença de queratina, juntamente com um par de outras proteínas estruturais: colágeno e *elastina*. À medida que as células da pele afloram através da epiderme, elas mudam de forma e produzem mais queratina, até que eventualmente elas atingem a camada superficial. Essa camada dura de queratinócitos serve como uma barreira principal para a umidade. Após cerca de 30 dias, as células da epiderme secam e caem do corpo, para dar lugar para a nova camada, em um processo chamado *queratinização*. A camada inferior, a derme, contém um conjunto de estruturas bem mais diverso, incluindo vasos sanguíneos, glândulas de suor, células nervosas, folículos capilares, glândulas sebáceas e músculos.

A pele, em grande parte, se autorregenera. O processo de queratinização repara, automaticamente, feridas que não ultrapassem a epiderme, mas um mecanismo de regeneração mais ativo é necessário quando a ferida atinge a derme. O corpo responde à ferida na derme dispondo novas fibras de colágeno por sobre o local da ferida. As fibras fornecem uma matriz para o crescimento de uma nova pele, mas também resultam na presença de uma cicatriz. O tecido de derme novamente crescido irá sustentar células da epiderme e será uma barreira contra a perda de água e infecções, mas os folículos capilares e as glândulas de suor não serão substituídos.

Quando grandes segmentos de pele são feridos (por exemplo, no caso de vítimas de queimaduras), os locais de ferimento são muito grandes para que o corpo se regenere efetivamente. Antes de 1986, vítimas que sofriam queimaduras de terceiro grau em mais de 50% de seus corpos tinham quase certeza de morrer. Mas desde 1986 uma pele artificial oferece uma nova esperança.

No lugar de depender do corpo para a colocação de fibras de colágeno, uma matriz sintética de fibras é aplicada sobre a área ferida. A rede porosa fornece uma estrutura para o crescimento de novas células de pele e reduz drasticamente a cicatrização. Em alguns casos, uma mistura de fibras de colágeno de vacas e fibras de glicosaminoglicano (obtidas da cartilagem de tubarões) é entretecida para formar a matriz para o crescimento de novas células da derme, enquanto uma malha mais simples de polissiloxano sustenta o crescimento de novas células da epiderme. Esses suportes macios simulam materiais biológicos naturais e permitem que a pele cresça sem as cicatrizes associadas com a rede natural de colágeno gerada pelo corpo. Quando a camada tiver curado suficientemente, ela pode ser substituída por pedaços de pele de outras partes do corpo. A Figura 9-13 mostra uma comparação das camadas de derme e de epiderme na pele natural a na pele artificial.

No passado, pacientes que sofriam problemas na bexiga, seja devido a trauma ou por câncer de bexiga, eram forçados a ter uma bolsa externa para coleta da urina e ter um pequeno

| *Epiderme* | Camada externa da pele, que não contém células sanguíneas, mas recebe seus nutrientes por difusão a partir da derme.

| *Derme* | Camada inferior da pele, que contém vasos sanguíneos, glândulas de suor, células nervosas, folículos capilares, glândulas sebáceas e músculos.

| *Queratinócitos* | Células que formam 90% da epiderme e contêm uma grande quantidade de queratina.

| *Queratina* | Proteína estrutural dura contida nos queratinócitos.

| *Elastina* | Proteína estrutural que aumenta a resistência da pele e sua capacidade de se esticar.

| *Queratinização* | Processo pelo qual, após cerca de 30 dias, as células da epiderme secam e caem do corpo para dar lugar a próxima camada de células.

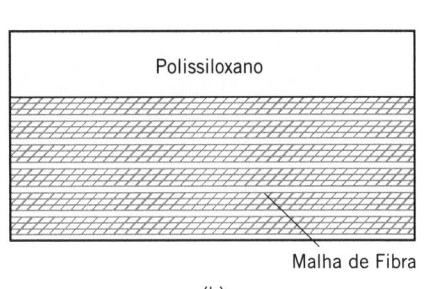

FIGURA 9-13 Comparação da (a) Pele Natural e (b) Pele Artificial

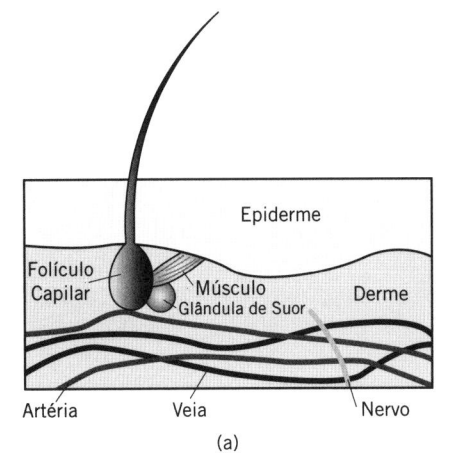

(a)

(b)

furo feito em seus corpos. Entretanto, a primeira bexiga artificial de sucesso foi fabricada em 1999. Diferente de muitos órgãos artificiais, a bexiga artificial é um material biológico em vez de ser um biomaterial, pois ela é feita de uma seção do intestino delgado do próprio paciente. Os cirurgiões podem agora remover aproximadamente três pés (90 centímetros) do intestino delgado e dar-lhe a forma de uma toranja (*grapefruit*). O intestino com a nova forma é colocado novamente no corpo e ligado ao ureter e aos rins, funcionando, assim, de forma semelhante à bexiga original.

Pesquisas estão caminhando na direção de biomateriais aperfeiçoados, para substituir muitos outros órgãos, incluindo os olhos, músculos e a laringe. Embora muitos desafios permaneçam, o campo dos biomateriais como substitutos para órgãos defeituosos, tem um futuro muito promissor.

9.3.2 // Biomateriais Funcionais no Auxílio de Órgãos Funcionais

Muitos biomateriais são usados para melhorar o desempenho de órgãos funcionais naturais, em vez de substituí-los. Embora inúmeros biomateriais se enquadrem nessa ampla classificação, aplicações-chave incluem as válvulas de coração mecânicas, o sangue artificial, os marcapassos e implantes poliméricos para a liberação controlada de fármacos.

Cada uma das quatro câmaras do coração tem uma válvula de segurança que previne que o sangue se infiltre de uma câmara para a outra, permite altos fluxos sem contrapor uma resistência desnecessária ao fluxo e controla a alta pressão do fluxo sanguíneo. Como mostra a Figura 9-14, a *válvula mitral* separa o ventrículo esquerdo do átrio esquerdo do coração, a *válvula tricúspide* separa o átrio direito e o ventrículo direito, a *válvula pulmonar* controla o fluxo de sangue para os pulmões e a *válvula aorta* regula a entrada do sangue oxigenado no corpo.

Válvulas do coração com problemas tendem a ter um desses dois problemas: *regurgitação* ou *estenose*. A regurgitação ocorre quando a válvula não veda adequadamente, permitindo que algum sangue retorne para a câmara anterior. Como resultado disso, o coração deve trabalhar mais forte para bombear duas vezes certa porção do mesmo sangue. Quando o retorno é grande, o coração não pode compensar o decréscimo de eficiência e ocorre falha congestiva do coração. A estenose é o endurecimento da válvula, que previne sua abertura correta. Pressões sanguíneas altas ocorrem atrás da válvula e o coração deve trabalhar mais forte para bombear o sangue pelo corpo, acarretando em um aumento no tamanho do coração.

As primeiras válvulas artificiais foram implantadas em 10 pacientes em 1952 pelo Dr. Charles Hufnagel. Seis dos 10 pacientes sobreviveram à operação. Hufnagel usava uma *válvula de gaiola* feita de acrílico, como a mostrada na Figura 9-15, para substituir válvulas aorta defeituosas. A esfera original era feita de borracha de silicone (Silastic). Os pacientes que morreram geralmente apresentaram *trombose* (coagulação do sangue), em parte devido à reação do corpo com o acrílico. Hoje em dia aproximadamente 70% dos pacientes que recebem válvulas artificiais sobrevivem por pelo menos cinco anos após sua implantação.

| *Válvula Mitral* | Válvula do coração que separa o ventrículo esquerdo do átrio esquerdo.

| *Válvula Tricúspide* | Válvula do coração que separa o átrio direito do ventrículo direito.

| *Válvula Pulmonar* | Válvula do coração que controla o fluxo de sangue para os pulmões.

| *Válvula Aorta* | Válvula do coração localizada entre o ventrículo esquerdo e a aorta, que regula a entrada de sangue oxigenado no corpo.

| *Regurgitação* | Retorno do sangue para a câmara anterior do coração quando uma válvula não veda adequadamente.

| *Estenose* | Endurecimento da válvula do coração, o que a impede de abrir adequadamente.

| *Válvula de Gaiola* | Válvula cardíaca artificial que usa uma esfera para selar a válvula.

| *Trombose* | Coágulos no sangue.

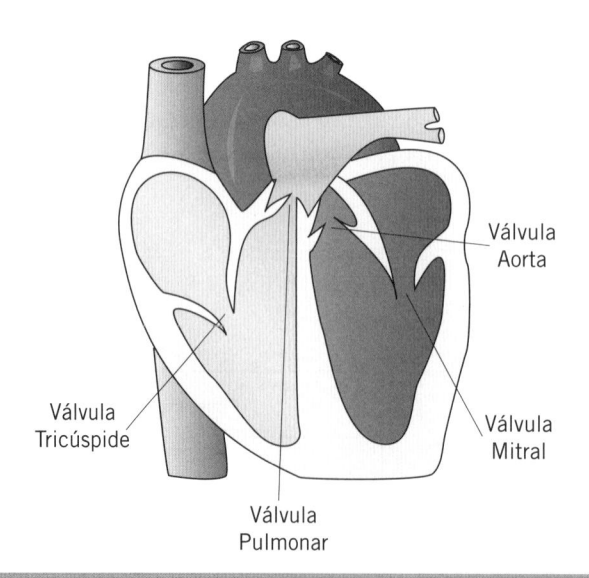

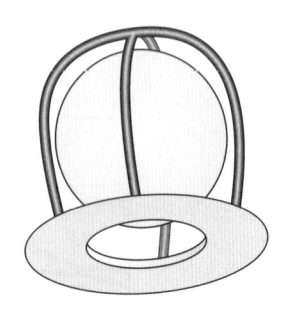

FIGURA 9-14 Esquema do Coração Mostrando as Quatro Válvulas

FIGURA 9-15 Válvula de Gaiola

O projeto da válvula de gaiola inclui um orifício através do qual o sangue flui e uma série de hastes metálicas que mantém a esfera no seu lugar. O único projeto moderno de válvula de gaiola aprovado para uso é a *válvula Starr-Edwards*, que usa uma esfera polimérica de borracha de silicone impregnada com sulfato de bário e uma liga de cromo-cobalto nas hastes da gaiola. A esfera se move até a extremidade da gaiola quando houver pressão suficiente no orifício, o que permite que haja fluxo em uma direção. Quando a pressão é reduzida, a esfera desce na gaiola e veda o orifício, evitando regurgitação.

As *válvulas de disco*, como a representada na Figura 9-16, têm um disco circular único, que regula o fluxo. A válvula de disco mais comum, a *válvula Medtronic Hall*, é feita de titânio, tendo quatro hastes que regulam um disco plano recoberto de carbono, que pode se inclinar em 75°, tanto para as válvulas da aorta quanto para a mitral. O orifício é feito de carbono pirolítico e é coberto por um anel de poliéster sem costura. Os suportes de titânio sustentam e guiam o disco, que abre durante o fluxo e, então, fecha para prevenir regurgitação. O projeto dessa válvula basicamente não variou desde o início da década de 1980.

A *válvula St. Jude de duas folhas* foi implantada em mais de 500.000 pacientes desde seu primeiro emprego em 1977. Essa válvula, representada na Figura 9-17, apresenta duas folhas que basculam independentemente quando a válvula está aberta e criam três regiões de fluxo separadas. O suporte da válvula consiste em carbono pirolítico depositado sobre grafite. Existem dois batentes no lado da entrada para controlar a abertura e o fechamento das folhas. O fluxo de sangue através de uma válvula de duas folhas se aproxima mais das condições hemodinâmicas do fluxo através de uma válvula cardíaca normal.

Todas as válvulas cardíacas mecânicas perdem material com o passar do tempo. Perdas por erosão e abrasão afetam a superfície da esfera e da gaiola, as dobradiças das válvulas de duas folhas e a região de contato entre as hastes e o disco nas válvulas de disco. Aquelas válvulas que usam hastes de titânio também são susceptíveis a falha por fadiga após uso prolongado, mas esse não é um fator importante nas válvulas de duas folhas, fabricadas em grafite.

A redução de área quando o sangue passa através da válvula resulta em uma queda na pressão. Como o fluxo volumétrico de sangue (Q) deve ser o mesmo em ambos os lados do orifício,

$$Q = A_1 v_1 = A_2 v_2,$$

ou
$$\text{(9.1)}$$

$$v_2 = \frac{A_1 v_1}{A_2},$$
$$\text{(9.2)}$$

onde v é a velocidade do sangue, 1 indica a posição antes da entrada na válvula, 2 indica a posição após a entrada da válvula e A é a área da seção transversal do vaso. A *equação de Bernoulli* mostra que

$$P_1 + \frac{\rho_1 v_1^2}{2} = P_2 + \frac{\rho_2 v_2^2}{2},$$
$$\text{(9.3)}$$

onde P é a pressão sanguínea e ρ é a densidade. A Equação 9.3 pode ser rescrita como

$$P_2 - P_1 = \frac{\rho_1 v_1^2}{2} - \frac{\rho_2 v_2^2}{2},$$
$$\text{(9.4)}$$

que permite que a queda de pressão através da válvula seja calculada.

O desempenho de uma válvula cardíaca mecânica é frequentemente estimado pela *área efetiva do orifício (AEO)*, que mede a eficiência da válvula. Uma AEO mais elevada implica menor perda de energia pelo sangue que passa através da válvula. A equação de definição da AEO é

$$AEO = \frac{Q}{51,6\sqrt{P}}.$$
$$\text{(9.5)}$$

Como a Equação 9.5 não leva em consideração o tamanho da válvula, um termo adimensional denominado *índice de desempenho (ID)* é calculado dividindo-se a área efetiva do orifício por uma área-padrão,

$$ID = \frac{AEO}{AEO_p}.$$
$$\text{(9.6)}$$

O índice desempenho fornece uma medida da efetividade, que é independente do tamanho da válvula.

| *Válvula Starr-Edwards* | O único projeto moderno de válvula cardíaca de gaiola aprovado para uso pela FDA.

| *Válvula de Disco* | Válvula cardíaca artificial, com um disco circular que regula o fluxo de sangue.

| *Válvula Medtronic Hall* | A mais comum das válvulas de disco usada como válvula cardíaca artificial.

| *Válvula St. Jude de Duas Folhas* | Válvula cardíaca artificial que apresenta duas folhas (discos semicirculares) que basculam independentemente quando a válvula está aberta, criando três regiões separadas de fluxo.

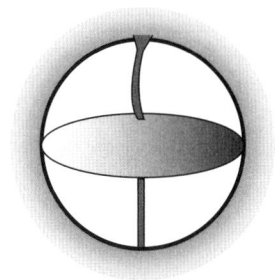

FIGURA 9-16 Válvula de Disco

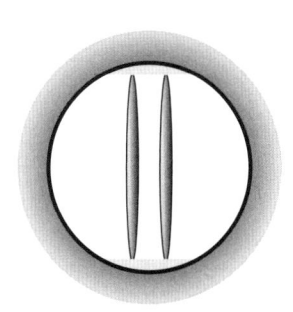

FIGURA 9-17 Válvula St. Jude de Duas Folhas

| *Equação de Bernoulli* | Uma forma do equilíbrio da energia mecânica relacionando a queda de pressão com a variação da densidade e da velocidade em um fluido.

| *Área Efetiva do Orifício (AEO)* | Estimativa que mede a eficiência de uma válvula.

| *Índice de Desempenho (ID)* | Termo adimensional que é calculado dividindo-se a área efetiva do orifício por um padrão.

Grandes quedas de pressão requerem que o músculo do coração trabalhe com mais força e são indesejáveis. As válvulas de gaiola causam uma queda de pressão significativamente maior que as válvulas de disco quanto as de duas folhas. Entretanto, as válvulas de gaiola não apresentam quase nenhuma regurgitação em comparação com as válvulas de disco e de duas folhas, que apresentam, ambas, maior regurgitação.

Todas as três válvulas mecânicas submetem o sangue a tensões que tendem a induzir a formação de coágulos sanguíneos (trombose), Assim, os pacientes que recebem as válvulas devem tomar anticoagulantes. Altas tensões de cisalhamento e a formação de regiões onde o sangue pode estagnar são as maiores causas de trombose. O projeto da gaiola desenvolve tensões elevadas ao longo das paredes das hastes, enquanto a área de basculamento das válvulas de duas folhas tem tanto tensões elevadas quanto estagnação, tornando comum a formação de coágulos. As válvulas de disco desenvolvem a maioria dos coágulos atrás das hastes.

Devido às complicações associadas com as válvulas mecânicas, alguns médicos usam válvulas feitas de materiais biológicos. Essas válvulas são de três tipos fundamentais:

| **Transplantes** | Tecidos que após terem sido removidos de um cadáver e serem congelados em nitrogênio líquido são descongelados e colocados diretamente em um corpo.

| **Autotransplantes** | Tecidos formados pela remoção de tecidos de outras partes do corpo do paciente, que são moldados em torno de uma prótese de aço inoxidável.

| **Transplantes entre Espécies** | Implantes de tecidos de outras espécies.

1. *Transplantadas.* Válvulas cardíacas são removidas de um cadáver e congeladas em nitrogênio líquido. As válvulas são então descongeladas e instaladas diretamente em substituição à válvula original em um corpo.
2. *Autotransplantadas.* Os cirurgiões removem tecido de outras partes do corpo de paciente (normalmente o pericárdio) e o moldam em torno de uma prótese extensível de aço inoxidável para fazer novas válvulas.
3. *Transplantadas entre Espécies.* Os cirurgiões implantam válvulas de outras espécies (normalmente de porcos, mas válvulas de bois também têm sido usadas). Elas podem ser válvulas cardíacas naturais ou de tecido pericardíaco moldado em torno de próteses extensíveis.

Os transplantes de válvulas apresentam diversas vantagens claras. Como são válvulas cardíacas naturais, elas quase não criam coágulos e não requerem o uso de anticoagulantes. Suas propriedades hemodinâmicas são muito superiores às das válvulas mecânicas. Entretanto, o suprimento de doadores de válvulas é limitado. As válvulas devem ter o tamanho correto e devem ser compatíveis para transplante. O paciente deve tomar imunodepressores para prevenir rejeição e a técnica cirúrgica para implantar a válvula substituta é difícil e perigosa.

Os autotransplantes têm a vantagem de não ativar a resposta imune, pois o próprio tecido do paciente é usado. Entretanto, o material usado para fazer o autotransplante não foi especificamente projetado para atuar como uma válvula. Portanto, a eficiência é frequentemente menor do que a das válvulas transplantadas ou a das válvulas mecânicas.

As válvulas transplantadas entre espécies envolvem, geralmente, colocar um cilindro oco de polipropileno através da válvula de porco e usar uma prótese extensível em liga cromo-cobalto dentro do cilindro para manter a integridade estrutural. As válvulas de porco são mais facilmente disponíveis do que as de doadores humanos e a cirurgia de implantação não é tão complexa quanto a das válvulas artificiais. Os pacientes devem tomar imunodepressores após receberem um transplante desse tipo. Essas válvulas apresentam propriedades hemodinâmicas entre as das válvulas mecânicas e as das válvulas transplantadas a partir de doadores humanos.

| **Plasma** | Fluido amarelo que forma 60% do volume total do sangue.

| **Corpúsculos** | Glóbulos brancos, glóbulos vermelhos e plaquetas da corrente sanguínea.

O sangue tem muitas funções no corpo, mas suas principais funções envolvem o transporte de oxigênio para as células do corpo e a remoção de resíduos para fora das células. O sangue consiste em um fluido amarelo chamado de *plasma*, que corresponde a 60% do volume total e de *corpúsculos* (glóbulos brancos, glóbulos vermelhos e plaquetas), que correspondem aos outros 40%. Os corpúsculos são produzidos na medula óssea e são continuamente substituídos. Entretanto, quando um trauma ou uma doença causa uma deficiência aguda de glóbulos vermelhos, é necessária uma transfusão de sangue.

A fonte mais comum para substituição do sangue são os doadores. A Cruz Vermelha Americana e bancos de sangue regionais solicitam rotineiramente doações de sangue ao público e o sangue doado pode ser armazenado por até 42 dias antes da transfusão. Entretanto, em emergências graves, a demanda por sangue frequentemente excede o suprimento, especialmente porque a presença de antígenos nos glóbulos vermelhos limita a compatibilidade do sangue entre as pessoas.

A maior necessidade de um paciente que sofreu perda substancial de sangue é a de obter oxigênio para as células do corpo. Normalmente os glóbulos vermelhos fazem essa função, devido à presença de uma proteína contendo ferro, denominada *hemoglobina*. Quatro moléculas de oxigênio se ligam a cada molécula de hemoglobina enquanto o sangue está nos pulmões, onde a pressão parcial de oxigênio é alta. À medida que os glóbulos vermelhos percorrem o corpo, a menor pressão parcial de oxigênio provoca a liberação gradual das moléculas de oxigênio. Um sangue artificial (mais adequadamente denominado *oxigênio terapêutico*) capaz de absorver oxigênio dos pulmões e de liberá-lo gradualmente através do corpo teria grande valor médico.

A procura por um sangue artificial levou a duas tecnologias concorrentes, embora atualmente nenhuma seja aprovada para uso médico nos Estados Unidos. A primeira técnica envolve o uso de perfluorocarbonos (PFCs), que são moléculas orgânicas que têm o flúor substituindo o hidrogênio em diversas posições. O oxigênio é quase 100 vezes mais solúvel nos PFCs do que no plasma sanguíneo; de modo que teoricamente uma solução de PFC deveria ser capaz de sustentar a vida do paciente até que uma transfusão de sangue normal fosse possível. Uma companhia japonesa realizou experiências clínicas com uma emulsão de PFC como sangue artificial, mas os resultados não foram tão efetivos quando o esperado. Novas tecnologias usando menores moléculas de PFC, que desenvolvem emulsões mais estáveis, se mostram promissoras.

A técnica alternativa envolve a extração de hemoglobina de produtos de sangue que ultrapassaram seus 42 dias de armazenamento e que normalmente seriam descartados. A ideia de usar a hemoglobina em uma solução diluída, que escoaria facilmente, tem sido usada a décadas, mas as experiências iniciais foram desastrosas. A injeção direta de hemoglobina livre na corrente sanguínea causava o colapso dos capilares, interrompendo, assim, o suprimento de sangue para as células. Além de se ligar ao oxigênio, a hemoglobina livre é capaz de se ligar às moléculas de óxido nítrico, que ajudam os vasos sanguíneos a se manterem abertos. A molécula de hemoglobina deve ser tratada por encapsulamento, por formação de ligações cruzadas e por polimerização para que ela venha a ter propriedades de transporte de oxigênio próximas àquelas que ela tem quando é parte dos glóbulos vermelhos do sangue.

Ao final de 2003, a FDA iniciou experiências clínicas em um substituto do sangue baseado em uma hemoglobina aprimorada, denominado *polihemo*. Esse novo produto restaura os níveis de hemoglobina na corrente sanguínea, pode ser feita sua transfusão para qualquer paciente independentemente do tipo de sangue e permanece usável por pelo menos 12 meses. O produto dos Laboratórios Northfield está aguardando a aprovação final da FDA.

Os *marca-passos artificiais* são uma das aplicações dos biomateriais funcionais de maior sucesso. Em um coração normal, o batimento é controlado pelo *nodo sinusal*, que faz com que o coração bata entre 60 e 80 vezes por minuto (cerca de 100.000 vezes por dia) e em taxas maiores durante exercícios. Quando o nodo sinusal não funciona bem ou os sinais elétricos gerados pelo nodo não podem atingir o coração, ocorre um batimento irregular denominado *bradicardia*, que pode causar complicações tão graves quanto a morte.

Um marca-passo artificial é um pequeno dispositivo implantado diretamente no coração. Um estojo de titânio, biocompatível, contém uma bateria de longa duração, um microprocessador e uma leitora da qual saem pequenos fios que são ligados diretamente ao átrio direito, ao ventrículo direito ou a ambos. Quando o microprocessador detecta um batimento irregular, ele envia um sinal elétrico pelos fios, fazendo com que o coração bata normalmente. Mais de 2.250.000 marca-passos foram implantados em pacientes nos Estados Unidos desde 1958.

Os *agentes de liberação controlada* de drogas são os últimos biomateriais funcionais a serem discutidos neste capítulo. Tradicionalmente, a maioria dos produtos farmacêuticos é ingerida oralmente ou é injetada na corrente sanguínea por uma seringa hipodérmica. Entretanto, esses métodos de liberação de drogas têm diversas limitações específicas. Primeiramente, é difícil controlar a dose. Todo o fármaco é dado de uma única vez, implicando que a concentração inicial é maior do que a ótima e decresce gradualmente. Além disso, o fármaco deve ser levado pelo corpo até o local desejado.

Sistemas de liberação controlada, que liberam os fármacos em uma forma que permite a liberação contínua da dose em nível ótimo, apresentam vantagens importantes. Os sistemas são classificados em três categorias principais:

1. *Sistemas difusivos.* O fármaco é suspenso em uma matriz polimérica ou é encapsulado em uma membrana e se difunde gradualmente para o corpo.
2. *Sistemas ativados por solventes.* Um implante, inicialmente seco, absorve água fazendo com que a matriz ou a membrana inchem. A pressão osmótica leva o fármaco para o corpo em uma taxa controlada.

| *Hemoglobina* | Proteína que contém ferro, que fornece oxigênio para as células do corpo.

| *Terapia de Oxigenação* | Sangue artificial capaz de absorver oxigênio dos pulmões e de liberá-lo através do corpo.

| *Polihemo* | Substituto do sangue baseado em uma hemoglobina aprimorada, com o qual a FDA iniciou experiências clínicas no final de 2003.

| *Marca-Passos Artificiais* | Pequenos dispositivos implantados no coração, que, ao sentirem um batimento irregular, enviam um sinal elétrico para fazer com que o coração bata normalmente.

| *Nodo Sinusal* | Grupo de células que geram um sinal elétrico que controla o batimento em um coração normal.

| *Bradicardia* | Batimento irregular, que pode causar complicações tão graves quanto a morte.

| *Agentes de Liberação Controlada* | Sistemas implantados no corpo, que liberam gradualmente um produto farmacêutico em uma taxa prescrita.

3. *Sistemas com degradação polimérica.* De modo semelhante aos sistemas difusivos, o fármaco é encapsulado em uma matriz polimérica ou em uma membrana, mas nesse caso o polímero se degrada gradualmente, permitindo ao fármaco escapar.

A Figura 9-18 ilustra o tempo de liberação típico de um produto farmacêutico através de cada sistema de liberação controlada.

Uma das primeiras aplicações de sistemas com degradação polimérica data de 1986, quando um copolímero de estireno-hidroximetacrilato foi usado para encapsular insulina e vasopressina; duas drogas geralmente injetadas no fluxo sanguíneo. O copolímero protegia as drogas da digestão no estômago e podia suportar o baixo pH dos ácidos estomacais, mas as enzimas bacterianas nos intestinos erodiam gradualmente o polímero para liberar os fármacos na região-alvo do corpo.

Os sistemas poliméricos oferecem várias outras vantagens. As ligações peptídicas, que podem controlar onde o polímero é absorvido no corpo, podem estar presas à superfície dos materiais poliméricos. Muita pesquisa foi focada no uso de agentes de liberação controlada para introduzir medicamentos contra o câncer diretamente nos locais dos tumores.

Outro exemplo específico de liberação controlada envolve implantes oculares, para liberar o medicamento pilocarpina, que reduz a pressão nos olhos de pacientes com glaucoma. Um implante consistindo em pilocarpina disposta entre duas finas membranas transparentes, feitas do copolímero etileno-vinil acetato, é colocado diretamente na vista, de modo semelhante a uma lente de contato. As lágrimas produzidas no olho se difundem através da membrana e dissolvem a pilocarpina, que é liberada a uma taxa consistente durante sete dias. Após sete dias, a membrana vazia é removida e uma nova é inserida em seu lugar.

Diversos polímeros são usados em aplicações de liberação controlada. O acetato de vinila é frequentemente selecionado, pois a sua permeabilidade é facilmente regulada. Os poliuretanos fornecem elasticidade; o polietileno não incha e aumenta a resistência da matriz ou da membrana. Os metilmetacrilatos são transparentes e resistentes e o poli(vinil)álcool tem uma forte afinidade por água.

Nem todos os agentes de liberação controlada devem ser implantados ou ingeridos. Uma das maiores aplicações comerciais com liberação controlada são os adesivos de nicotina, que são colocados nos braços dos indivíduos que estão tentando parar de fumar. Mais de 35 adesivos transdérmicos foram aprovados pela FDA para diversas aplicações, incluindo contracepção e a prevenção de enjoo. Um adesivo transdérmico contém cinco partes principais:

1. *Cobertura.* Protege o adesivo durante o transporte. Ela é removida e descartada antes do adesivo ser usado.

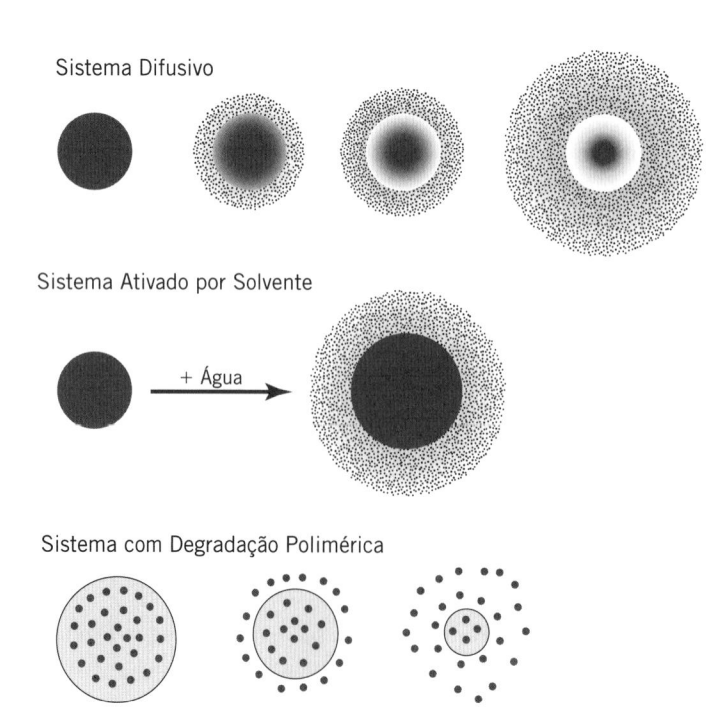

FIGURA 9-18 Liberação Controlada de Fármacos

Sistema Difusivo

Sistema Ativado por Solvente

+ Água

Sistema com Degradação Polimérica

2. *Adesivo*. Mantém o conjunto íntegro e o prende à pele. Nos tipos mais simples, o adesivo também serve como a matriz que contém o fármaco.
3. *Fármaco*. O produto projetado para ser liberado a uma taxa controlada. Ele é normalmente armazenado em um reservatório dentro de adesivo, embora possa estar distribuído pelo adesivo.
4. *Membrana*. Controla a liberação do fármaco no reservatório.
5. *Material de sustentação*. Protege o adesivo de danos enquanto está sobre a pele.

Os processos de difusão para agentes de liberação controlada transdérmicos são mais complexos, pois o fármaco deve se difundir através do adesivo e para a pele.

Que Questões Éticas São Particulares aos Biomateriais?

9.4 ÉTICA E BIOMATERIAIS

As questões éticas levantadas pelo uso de biomateriais são muitas. O custo, a clareza dos procedimentos, o acesso e a segurança têm todos sua importância aumentada quando uma determinada vida humana está em jogo. Que quantidade de testes é suficiente? Se poucos testes forem realizados, um produto potencialmente perigoso pode ser colocado no mercado. Entretanto, testes adicionais requerem tempo (retardando, assim, a introdução do produto e restringindo o acesso de potenciais usuários a ele) e dinheiro (aumentando o custo do produto final, quando esse for aprovado).

Muitas das aplicações para biomateriais discutidas neste capítulo têm o potencial de prolongar vidas e/ou aumentar a qualidade da vida de muitas pessoas. Mas, como se determina quem tem acesso a esses produtos: necessidade? Capacidade de pagar? Idade? O estado geral de saúde? A causa do problema? O valor do indivíduo para a sociedade?

Essas questões se tornaram tão complexas que todo um campo, denominado ***bioética***, foi criado para lidar com esses dilemas éticos. Os bioéticos não estão orientados por suas opiniões pessoais, mas, em vez disso, pelo seu entendimento da história e de pesquisas nesse campo. Desafios particulares existem para bioéticos religiosos, que devem equilibrar os avanços científicos com as doutrinas religiosas. Essa situação se torna particularmente importante nas civilizações não ocidentais, onde a religião não está tão claramente separada do governo ou da investigação científica quanto está no Ocidente.

| ***Bioética*** | Campo de estudo que examina as repercussões moral, profissional e legal dos avanços na biologia e na medicina.

Resumo do Capítulo 9

Neste capítulo examinamos:

- Aprendemos a distinguir entre materiais biológicos, biomateriais, materiais baseados em sistemas vivos e materiais biomiméticos

- Classificamos os biomateriais e os materiais biológicos como estruturais ou funcionais

- Aprendemos sobre o osso (um material biológico) e sobre a hidroxiapatita (um material biomimético)

- Discutimos diversas aplicações de biomateriais estruturais, incluindo bacias artificiais, próteses vasculares extensíveis, cateteres, implantes de mamas, próteses de membros e amálgamas e compósitos dentários

- Examinamos órgãos artificiais, incluindo corações (dispositivos de assistência ventricular), rins (hemodiálise), pele e bexiga

- Consideramos o uso de outros biomateriais funcionais, incluindo válvulas cardíacas mecânicas, sangue artificial (terapia de oxigenação), marca-passos e agentes de liberação controlada de drogas.

- Examinamos as questões da bioética

Termos-Chave

agentes de liberação controlada
amálgama bifásica gama
amálgama com alto teor de cobre
amálgamas
angioplastia coronariana
área efetiva do orifício (AEO)
autotransplantes
biocerâmicas
biocompatibilidade
bioética
biomateriais
biomateriais estruturais
biomateriais funcionais
biotecnologia
braços mioelétricos
bradicardia
cabeças de fêmur Y-TZP
cateter de Foley
cateteres
células de recobrimento dos ossos
cemento
colágeno
compósitos dentários
contratura capsular
coração artificial Jarvik-7
corpúsculos
dalita
dentina
derme
diálise
dispositivos de assistência ventricular (DAVs)
efeito de memória de forma
elastina

epiderme
equação de Bernoulli
escleroproteína
esmalte
estenose
fluido de diálise
fossa do acetábulo
haste
hemodiálise
hemoglobina
hidroxiapatita
implante de gel de silicone
implantes de mamas
implantes de mamas de goma de silicone
implantes de mamas de solução salina
índice de desempenho (ID)
marca-passos artificiais
materiais baseados em sistemas vivos
materiais biológicos
materiais biomiméticos
mineralização
nitinol
nodo sinusal
osseointegração
osso
osso lamelar
osteoblastos
osteócitos
osteoclastos
osteoide
pé do tipo SACH
plasma
polihemo
polpa dentinária

prótese Dorrance
prótese transtibial
prótese vascular extensível Palmaz
próteses de membros
próteses vasculares extensíveis
próteses vasculares extensíveis autoinfláveis
próteses vasculares extensíveis com balão inflável
queratina
queratinização
queratinócitos
reestenose
regurgitação
remodelagem
resina bis-GMA
resposta imune
silicone extracapsular
tecido ósseo
terapia de oxigenação
transplante
transplantes entre espécies
transradial
trombose
ultrafiltração
válvula aorta
válvula de disco
válvula de gaiola
válvula Medtronic Hall
válvula mitral
válvula St. Jude de duas folhas
válvula Starr-Edwards
válvula tricúspide
valvular pulmonar

Problemas Propostos

1. Explique por que a maioria das próteses de membros não flexiona no tornozelo, a não ser aquelas projetadas para atletas.

$ 2. Compare e diferencie as vantagens e as desvantagens das restaurações dentárias feitas de compósitos em relação àquelas feitas de amálgamas.

3. Descreva a diferença entre os biomateriais funcionais e estruturais.

4. Compare o projeto e o mecanismo operacional das válvulas de gaiola, das válvulas de disco e das válvulas St. Jude de duas folhas.

5. Por que não existe um teste único para biocompatibilidade?

6. Explique os três mecanismos básicos para a liberação controlada de fármacos.

7. Descreva os papéis dos osteoblastos e dos osteoclastos na formação repetida do osso.

8. Por que o titânio é um biomaterial tão comumente usado?

9. Qual é o propósito de recobrir alguns biomateriais com carbono pirolítico?

10. Por que a hemoglobina pura não é injetada na corrente sanguínea dos pacientes que precisam de transfusões?

11. O sangue artificial realmente realiza todas as funções do sangue? Se não as realizar, qual é a sua principal função e por que ele não realiza as outras funções?

12. Qual é vantagem de usar uma rede biocompatível no caso de machucados na pele?

13. Compare e diferencie o papel da derme e da epiderme e discuta como esses papéis afetam a seleção de materiais para a pele artificial.

14. Discuta as propriedades mecânicas que governam a seleção de materiais e o projeto da haste nos membros artificiais.

15. Explique a finalidade das quatro válvulas cardíacas.

16. Explique a vantagem das próteses vasculares extensíveis de nitinol em relação àquelas feitas de aço inoxidável.

17. Classifique os itens listados como biomateriais, materiais biológicos, materiais baseados em sistemas vivos ou materiais biomiméticos:
    a. Hidroxiapatita
    b. Osso
    a. Conchas usadas como agregados no concreto
    c. Nitinol usado em uma prótese vascular extensível

18. Calcule a queda de pressão percentual através de uma artéria parcialmente bloqueada, se a seção sã da artéria tem 0,5 cm de diâmetro e o bloqueio reduz a área em 30%.

19. Explique o princípio operacional da hemodiálise.

20. Por que a maioria dos biomateriais não é reutilizada ou reciclada?

21. Compare e diferencie os implantes de mama de gel de silicone, goma de silicone e de solução salina.

22. Por que os dispositivos de assistência ventricular (DAVs) são usados no lugar de corações artificiais?

23. Descreva a função de um marca-passo e explique como são selecionados os materiais com os quais ele é fabricado.

24. Quais propriedades dos materiais são importantes na seleção para a substituição do acetábulo em uma bacia artificial?

25. Por que as cabeças de fêmur de Y-TZP estão ficando populares?

26. Por que o custo é um fator mais importante na seleção de materiais para as membranas de diálise do que na construção de membros artificiais?

27. Quais são as vantagens e as desvantagens de usar válvulas cardíacas mecânicas em vez daquelas feitas de materiais biológicos?

28. Descreva como as preocupações que afetam a seleção de um material para uma membrana de hemodiálise são diferentes daquelas para uma membrana usada em um adesivo transdérmico.

29. Por que o índice de desempenho é usado para medir a eficiência de válvulas cardíacas?

30. Por que um dentista deve remover esmalte adicional quando está preparando uma cavidade dentária para restauração?

31. Explique os papéis do colágeno na reparação da pele e na formação do osso.

32. Como a lei de Wolf afeta o tempo de vida das bacias artificiais?

33. Que vantagens apresentam os agentes de liberação controlada sobre a injeção de fármacos por uma seringa?

34. Por que é muito mais difícil desenvolver olhos artificiais do que outros órgãos artificiais?

35. Explique o processo de queratinização.

36. Descreva as diferentes camadas do dente e as propriedades dos biomateriais que formam as duas camadas mais externas.

37. Compare e diferencie autotransplantes, transplantes e transplantes entre espécies.

Apêndice A
Principais Produtores de
Metais e Polímeros

TABELA A-1 Principais Produtores de Alumínio nos Estados Unidos

Companhia	Estado	Principais Produtos	Página na Rede
Alcoa, Inc.	Pensilvânia	Lingotes, alumina, embalagens, produtos para construção	www.alcoa.com
Alcan, Inc.	Montreal	Bauxita e alumina, metal primário, produtos acabados e embalagens	www.alcan.com
Century Aluminum Company	Califórnia	Alumínio fundido, lingotes, tarugos e sucata	www.centuryca.com
Columbia Falls Aluminum Company	Montana	Alumínio e minério de alumínio refinado	www.cfaluminum.com
Noranda Aluminum, Inc.	Missouri	Barras de alumínio, tarugos, lingotes de fundição e sucata primária	www.norandaaluminum.com
Ormet Corporation	Ohio	Folhas de alumínio, tarugos, alumina refinada	www.ormet.com

TABELA A-2 Os 10 Maiores Produtores Mundiais de Ouro

Posição	Companhia	País	Produção de Ouro em 2007 (milhares de onças)	Página na Rede
1	Barrick Gold	Canadá	2.964	www.barrick.com
2	Newmont Mining	EUA	2.362	www.newmont.com
3	Rio Tinto	Reino Unido	681	www.riotinto.com
4	Kinross Gold	Canadá	627	www.kinross.com
5	Anglogold Ashanti	África do Sul	189	www.anglogold.com
6	Sumitomo Metal Mining	Japão	133	www.smm.co.jp
7	Quadra Mining	Canadá	108	www.quadramining.com
8	Teck Cominco	Canadá	104	www.teckcominco.com
9	Goldcorp	Canadá	94	www.goldcorp.com
10	Golden Cycle	EUA	93	www.goldencycle.com

Os dados são da National Mining Association. www.nma.org

TABELA A-3 Os 10 Maiores Produtores Mundiais de Prata

Posição	Companhia	País	Produção de Prata em 2007 (milhões de onças)	Página na Rede
1	BHP Billiton	Austrália	45,7	www.bhpbilliton.com
2	Industrias Penoles	México	44,5	www.penoles.com.mx
3	KGHM Polska Miedz	Polônia	39,1	www.kghm.pl
4	Cia. Minera Volcan	Peru	21,1	www.volcan.com.pe
5	Khazakmys	Casaquistão	19,0	www.khazakmys.com
6	Pan American Silver	Canadá	17,1	www.panamericansilver.com
7	Goldcorp	Canadá	17,0	www.goldcorp.com
8	Cia. De Minas Buenaventura	Peru	16,0	www.buenaventura.com
9	Polymetal	Rússia	15,9	en.polymetal.ru
10	Southern Copper Company	EUA	15,2	www.southerncopper.com

Os dados são do Silver Institute. www.silverinstitute.org

TABELA A-4 Os 10 Maiores Produtores Mundiais de Aço

Posição	Companhia	País	Produção de Aço Bruto em 2007 (milhões de toneladas métricas)	Página na Rede
1	Arcelor Mittal	Luxemburgo	116,4	www.arcelormittal.com
2	Nippon Steel	Japão	35,7	www.nsc.co.jp
3	JFE	Japão	34,0	www.JFE-steel.co.jp
4	Posco	Coreia	31,1	www.posco.com
5	Baosteel	China	28,6	www.baosteel.com
6	Tata Steel	Índia	26,5	www.tatasteel.com
7	Anshan-Benxi	China	23,6	www.anbensteel.net
8	Jian-Su Shagang	China	22,9	www.huaigang.com
9	Tangshan	China	22,8	www.tangsteel.com
10	U.S. Steel	EUA	21,5	www.ussteel.com

Os dados são do International Iron and Steel Institute. www.worldsteel.org

Tabela A-5 Os 10 Maiores Produtores Mundiais de Estanho*

Posição	Companhia	País	Produção de Estanho em 2007 (milhares de toneladas métricas)	Página na Rede
1	Yunnan Tin	China	61,1	www.ytl.com.cn
2	PT Timah	Indonésia	58,3	www.timah.com
3	Minsur	Peru	35,9	www.JFE-steel.co.jp
4	Malaysia Smelting Corporation	Malásia	25,5	www.minsur.com.pe
5	Thaisarco	Tailândia	19,8	www.thaisarco.com
6	Yunnan Chengfeng	China	18,0	en.yhtin.cn
7	Liuzhou China Tin	China	13,2	n/d
8	EM Vinto	Bolívia	9,4	Nacionalizada em 2007
9	Metallo Chimique	Bélgica	8,4	www.metallo.com
10	Gold Bell Group	China	8,0	www.shjzong.com

*Observe-se que não há mineração ou refino de estanho nos EUA desde 1983.
Os dados são do ITRI (antigo Tin Research Council). www.itri.co.uk

Tabela A-6 Principais Fornecedores Mundiais de Dióxido de Titânio

Companhia	País	Página na Rede
DuPont	EUA	www.dupont.com
Huntsman Tioxide Europe	Reino Unido	www.huntsman.com
Ishihara Sangyo Kaisha	Japão	www.iskweb.co.jp
Kronos Worldwide Inc.	Bélgica	www.kronostio2.com
Millenium Chemicals	Reino Unido	www.milleniumchem.com
Precheza	República Checa	www.precheza.cz
Sachtleben Chemie	Alemanha	www.sachtleben.de
Tayca	Japão	www.tayca.co.jp
Tronox Pigments	Países Baixos	www.tronox.com

TABELA A-7 Principais Nomes Comerciais de Polímeros e Seus Produtores*

Polímero	Nome Comercial	Companhia	Página na Rede
Polifenileno benzobisoxazolo (PBO)	Zylon	Toyobo	www.toyobo.co.jp
Policloropreno	Neoprene	DuPont	www.dupont.com
Polietileno (PE)	Alathon	Lyondellbasell	www.lyondell.com
	Chemplex	Chemplex	www.chemplex.com
	Dylan	Sinclair Koppers	www.koppers.com
	Marlex	Chevron Phillips	www.cpchem.com
	Paxon	ExxonMobil Chemical	www.exxonmobil.com
	Rexene	Huntsman	www.huntsman.com
	Tyvek	DuPont	www.dupont.com
	Unival	Dow Chemical	www.dow.com
Polietileno tereftalato (PET)	Dacron	Invista	www.invista.com
	Diolen	Diolen	www.diolen.com
	Mylar	Dupont Teijin	www.dupontteijinfilms.com
	Polyclear	Polyclear	www.polyclear.com.uk
Polimetil metacrilato (PMMA)	Acrylex	Acrylex	n/d
	Lucite	Lucite	www.lucite.com
	Oroglass	Rohm and Haas	www.rohmhaas.com
	Plexiglas	Atoglas	www.plexiglas.com
Polipropileno (PP)	Marlex	Chevron Phillips	www.cpchem.com
	Moplen	Lyondellbasell	www.lyondell.com
	Norchem	Quantum Chemical	www.quantum.com
	Profax	Lyondellbasell	www.lyondell.com
	Tenite	Eastman	www.eastman.com
Polifenileno tereftalato (PPTA)	Kevlar	Dupont	www.dupont.com
	Twaron	Teijin	
Poliestireno (PS)	Styron	Dow Chemical	www.dow.com
	Lustrex	Monsanto	www.monsanto.com
Politetrafluoretileno (PTFE)	Teflon	Dupont	www.dupont.com
Cloreto de polivinilideno (PVDC)	Saran	Dow Chemical	www.dow.com
Raiom	Bemberg	Asahi-Kasei	www.asahi-kasei.jp.co
	Danufil	Kelheim Fibres	www.kelheim-fibres.com
	Tencel	Lenzing Fibers	www.lenzing.com
	Viloft	Kelheim Fibres	www.kelheim-fibres.com
Spandex	Dorlacren	Bayer	www.bayer.com
	Lycra	Invista	www.invista.com

*Nota: Essa lista é representativa, mas certamente não é exaustiva.

Apêndice B
Propriedades dos Principais Metais e Ligas

Os dados provêm de inúmeras fontes, incluindo:

Robert C. Weast e Melvin J. Astle, eds., *CRC Handbook of Chemistry and Physics, 63rd edition* (Boca Raton, FL: CRC Press Inc., 1982)

Matweb: The Material Property Database. www.matweb.com

Observe-se que as propriedades dos materiais variam com a composição química exata e com as condições de processamento. Os valores apresentados neste apêndice são representativos do material em um espectro de temperaturas e condições de ensaio. Os dados dos fabricantes devem ser usados em projetos.

TABELA B-1   Propriedades dos Metais Puros

Material	Massa Específica (g/cm^3)	Limite de Resistência (MPa)	Temperatura de Fusão $(°C)$	Condutividade Térmica $\frac{w}{(mK)}$
Alumínio	2,6989	45	660,37	210
Antimônio	6,618	11,4	630,74	18,6
Cádmio	8,64	75	321	92
Cálcio, laminado	1,54	110	841	126
Cálcio, recozido	1,54	40	841	126
Cério	6,70	100	795	109
Chumbo	11,34	18	327,5	33
Cobalto	8,80	225	1493	69,21
Cobre, Estirado a Frio	8,96	344	1083,2	385
Cobre, recozido	8,96	210	1083,2	385
Cromo	7,19	413	1860	69,1
Disprósio	8,54	246	1409	10
Érbio	9,05	136	1522	9,6
Escândio	3,0	255	1539	6,3
Estanho	5,765	220	231,968	63,2
Ferro	7,87	540	1535	76,2
Gadolínio	7,89	190	1310	8,8
Háfnio	13,31	485	2207	22
Hólmio	8,80	259	1470	16,2
Irídio	7,31	4,50	156,61	83,7
Itérbio	6,98	72	824	34,9
Ítrio	4,472	150	1515	14,6
Lantânio	6,166	130	915	14
Lítio	0,53	15	180,54	71,2

Material	Massa Específica (g/cm³)	Limite de Resistência (MPa)	Temperatura de Fusão (°C)	Condutividade Térmica $\dfrac{w}{(m\,K)}$
Lutécio	9,84	140	1651	16,4
Magnésio, Fundido em Areia	1,74	90	648,3	159
Manganês	7,44	496	1244	8
Mercúrio	13,546	n/d	−38,87	8,50
Molibdênio, recozido	10,22	324	2617	138
Molibdênio, recristalizado	10,22	324	2617	138
Neodímio	7,01	170	1010	13
Nióbio	8,60	585	2468	52,3
Níquel	8,88	317	1455	60,7
Ósmio	22,5	1000	3050	91,67
Ouro	19,32	120	1064,43	301
Paládio	12,02	180	1552	71,2
Platina	21,45	165	1769	69,1
Plutônio	19,0	400	640	8,4
Potássio	0,860	n/d	63,25	99,2
Praseodímio	6,77	100	927	11,7
Prata	10,491	140	961,93	419
Promécio	7,264	160	1042	17,9
Rênio	21,03	2100	3180	39,6
Ródio	12,4	700	1960	151
Rutênio	12,3	540	2310	116
Samário	7,54	120	1067	13,3
Selênio	4,81	n/d	220	Assimétrica: 1,31 paralelamente ao 4,52 perpendicularmente ao eixo c,
Sódio	0,97	110	97,8	135
Tálio	11,85	7,5	304	39,4
Tântalo	16,6	3452	890	59,4
Tecnécio	11,5	1510	2200	50,6
Telúrio	6,23	11	449,5	Assimétrica: 3,38 paralelamente ao eixo c, 1,97 perpendicularmente ao eixo c.
Térbio	8,27	140	1356	11,1
Titânio	4,50	220	1650	17,0
Tório	11,3	200	1800	37,7
Túlio	9,33	140	1530	16,9
Tungstênio	19,3	980	3370	163,3
Urânio	19,07	400	1132,3	26,8
Vanádio	6,11	911	1735	31,0
Zinco	7,10	37	419,58	112,2
Zircônio	6,53	330	18`52	16,7

TABELA B-2	Ligas de Alumínio					
Especificação da Liga	Massa Específica (g/cm³)	Dureza Brinnel	Limite de Resistência (MPa)	Limite de Escoamento (MPa)	Módulo de Elasticidade (GPa)	Condutividade Térmica $\frac{w}{(m\,K)}$
1190-O	2,70	12	45	10	62,0	243
1199-H18	2,70	31	115	110	62,0	240
2011-T3	2,83	95	379	296	70,3	151
2014-O	2,80	45	186	96,5	72,4	193
2017-O	2,79	45	179	68,9	72,4	193
2024-O	2,78	47	186	75,8	73,1	193
2024-T3	2,78	120	483	345	73,1	121
2024-T6	2,78	48	427	345	72,4	151
2090-O	2,59	57	210	190	76,0	88
2090-T3	2,59	86	320	210	76,0	88
2219-O	2,84	46	172	75,8	73,1	171
2219-T31	2,84	100	359	248	73,1	112
2219-T87	2,84	130	476	393	73,1	121
3003-O	2,73	28	110	41,4	68,9	193
3003-H12	2,73	35	131	124	68,9	163
3003-H18	2,73	55	200	186	68,9	154
3004-O	2,72	45	179	68,9	68,9	163
3004-H18	2,73	65	240	225	69,0	160
4043-O	2,69	39	145	70	69,0	163
5005-O	2,70	28	124	41,4	68,9	200
5005-H12	2,70	38	138	131	68,9	200
5005-H38	2,70	51	200	186	68,9	200
5050-O	2,69	36	145	55,2	68,9	193
5050-H38	2,69	63	221	200	68,9	193
5052-O	2,68	47	193	89,6	70,3	138
5052-H38	2,68	77	290	255	70,3	138
5154-O	2,66	58	241	117	70,3	125
5154-H38	2,66	80	331	269	70,3	125
5454-O	2,69	62	248	117	70,3	134
5454-H34	2,69	81	303	241	70,3	134
6053-O	2,69	26	110	55	69,0	171
6053-T6	2,69	80	255	220	69,0	163
6061-O	2,70	30	124	55,2	68,9	180
6061-T8	2,70	120	310	276	69,0	170
6463-O	2,69	25	90	50	69,0	200
6463-T6	2,69	74	241	214	68,9	200
7005-O	2,78	53	198	80	72,0	166
7005-W	2,78	93	345	205	72,0	140
7005-T53	2,78	105	390	345	72,0	148

TABELA B-3 Propriedades dos Aços ao Carbono

Especificação da Liga	Massa Específica (g/cm³)	Dureza Brinnel	Limite de Resistência (MPa)	Limite de Escoamento (MPa)	Módulo de Elasticidade (GPa)
1006 Estirado a Frio	7,872	95	330	285	205
1010 Estirado a Frio	7,87	105	365	305	205
1020 Como Laminado	7,87	143	450	330	200
1020 Estirado a Frio	7,87	121	420	350	205
1020 Laminado a Quente	7,87	111	380	205	200
1030 Como Laminado	7,85	179	550	345	205
1030 Estirado a Frio	7,85	149	525	440	205
1030 Laminado a Quente	7,87	137	470	260	200
1040 Como Laminado	7,845	201	620	415	200
1040 Estirado a Frio	7,845	170	585	515	200
1040 Laminado a Quente	7,845	149	525	290	200
1050 Como Laminado	7,85	229	725	415	205
1050 Estirado a Frio	7,85	197	690	580	205
1050 Laminado a Quente	7,87	179	620	345	200
1060 Como Laminado	7,85	241	814	485	205
1060 recozido a 790°C	7,85	179	625	370	205
1060 Laminado a Quente	7,87	201	660	370	200
1080 Como Laminado	7,85	293	965	585	205
1080 recozido a 790°C	7,87	174	615	350	200
1080 Laminado a Quente	7,85	229	772	425	205
1095 Como Laminado	7,85	293	965	570	205
1095 recozido a 790°C	7,85	192	665	380	205
1095 Laminado a Quente	7,87	248	827	455	200
1117 Como Laminado	7,85	143	490	305	205
1117 Estirado a Frio	7,87	143	485	415	200
1117 Laminado a Quente	7,87	116	400	220	200
1141 Como Laminado	7,87	192	675	360	205
1141 Estirado a Frio	7,85	212	725	605	205
1141 Laminado a Quente	7,85	187	650	360	205
1211 Estirado a Frio	7,87	163	515	400	200
1211 Laminado a Quente	7,87	121	380	230	200
1547 Estirado a Frio	7,87	207	710	605	200
1547 Laminado a Quente	7,87	192	650	360	200

Tabela B-4	Propriedades dos Aços Inoxidáveis			
Especificação da Liga	Massa Específica (g/cm³)	Limite de Resistência (MPa)	Limite de Escoamento (MPa)	Módulo de Elasticidade (GPa)
301	8,03	515	205	212
302	7,86	640	250	193
304	8,00	505	215	200
330	8,00	586	290	197
348, recozido	8,00	620	255	195
384	8,00	510	205	193
405	7,80	469	276	200
420	7,80	2025	1360	200
440	7,80	1720	1280	200
651	7,94	838	579	200
661	8,25	824	362	200

GLOSSÁRIO

A

Abrasivos Materiais usados para desgastar outros materiais.

Aceleradores Catalisadores de hidratação, que aceleram a taxa de hidratação no cimento Portland.

Aço-carbono Liga comum formada de átomos intersticiais de carbono em uma matriz de ferro.

Aço Hipereutetoide Solução sólida ferro-carbono com mais de 0,76% em peso de carbono.

Aço Hipoeutetoide Solução sólida ferro-carbono com menos de 0,76% em peso de carbono.

Aços Ferramentas Soluções sólidas ferro-carbono com alto teor de carbono, o que resulta em altas dureza e resistência à abrasão.

Aços Inoxidáveis Soluções sólidas ferro-carbono com pelo menos 12% de cromo.

Aços Inoxidáveis Austeníticos Soluções sólidas ferro-carbono com pelo menos 12% de cromo e contendo pelo menos 7% de níquel.

Aços Inoxidáveis Ferríticos Soluções sólidas ferro-carbono com pelo menos 12% de cromo e que não contêm níquel.

Aços Inoxidáveis Martensíticos Soluções sólidas ferro-carbono com 12% a 17% de cromo, que podem sofrer transformação martensítica.

Aços-liga Soluções sólidas ferro-carbono com outros elementos adicionados para alterar as propriedades.

Acrílico Um tipo de polímero que contém pelo menos 85% de poliacrilonitrila (PAN).

Aditivos Substâncias adicionadas a um polímero, ou a um compósito, para aumentar ou alterar determinadas propriedades, ou substâncias adicionadas ao concreto com outros propósitos que não sejam os de modificar uma determinada propriedade.

Agentes de Liberação Controlada Sistemas implantados no corpo, que liberam gradualmente um produto farmacêutico em uma taxa prescrita.

Agregado Partículas duras e orientadas aleatoriamente em um compósito particulado, que ajudam o compósito a suportar cargas compressivas.

Agregados Finos Partículas de agregado com diâmetro menor do que 0,25 polegada (6,35 mm).

Agregados Grossos Partículas de agregado com diâmetro maior do que 0,25 polegada (6,35 mm).

Alimentador Parte de um equipamento de extrusão, que armazena uma grande quantidade de *pellets* poliméricos, à medida que eles são alimentados ao corpo da extrusora.

Alongamento Elástico A região em uma curva tensão-deformação na qual não ocorrem mudanças permanentes no material.

Amálgama Bifásico Gama Amálgama contendo 50% de mercúrio e 50% de uma liga, em pó, contendo pelo menos 65% de prata, menos do que 29% de estanho, cerca de 6% de cobre e pequenas quantidades de mercúrio e de zinco.

Amálgama com Alto Teor de Cobre Amálgama contendo 50% de mercúrio líquido e 50% de uma liga, em pó, com 40% de prata, 32% de estanho, 30% de cobre e pequenas quantidades de mercúrio e de zinco.

Amálgamas Ligas à base de mercúrio usadas para restaurações dentárias.

Análise do Valor Atual Sistema que permite se fazer uma comparação direta entre o valor dos recursos gastos no presente e o valor da mesma quantidade de recursos no futuro.

Análises de Envelhecimento Acelerado Ensaios que aproximam o efeito, ao longo do tempo, de uma variável ambiental sobre um material, pela exposição do material a um maior nível desta variável por períodos de tempo menores.

Angioplastia Coronariana Procedimento usado para alcançar bloqueios arteriais que pode substituir o procedimento cirúrgico mais invasivo de ponte de safena. Um balão é inserido, juntamente com um fino cateter guia e é inflado na área bloqueada, para alargar o vaso.

Ângulo de Incidência Crítico (θ_c) Ângulo acima do qual um raio não pode passar para um material adjacente com um índice de refração diferente e, em vez disso, é refletido totalmente.

Anilinas Aditivos dissolvidos diretamente no polímero, fazendo com que o polímero mude de cor.

Anodo O local no qual ocorre a oxidação em uma reação eletroquímica.

Anodo de Sacrifício Um metal situado na parte de baixo da série galvânica, usado para se oxidar e para transferir elétrons a um metal mais importante.

Apassivação A formação espontânea de uma barreira de proteção, que inibe a difusão de oxigênio e a corrosão.

Apolar Interação na qual a densidade eletrônica em torno de átomos adjacentes é simétrica.

Aprisionadores de Ar Aditivos que causam a formação de bolhas de ar uniformemente distribuídas no concreto para permitir que o concreto suporte ciclos de expansão por congelamento-descongelamento sem falhar.

Aramida Polímero no qual mais de 85% dos grupos amida estão ligados a dois anéis aromáticos.

Área Efetiva do Orifício (AEO) Estimativa que mede a eficiência de uma válvula.

Argila Material refratário, contendo pelo menos 12% de dióxido de silício (SiO_2).

Argila Refratária Material à base de argila contendo entre 50% e 70% de sílica e 25% a 45% de alumina.

Arrancamento de Fibra Falha prematura em um compósito causada pela ligação inadequada entre a fibra e a matriz.

Arranjo Atômico O segundo nível da estrutura dos materiais, que descreve como os átomos estão posicionados uns em relação aos outros, bem como as ligações entre eles.

Asfalto Mistura de hidrocarbonetos de alto peso molecular obtidos como resíduo da destilação do petróleo. Também é o nome comum usado para o *concreto asfáltico*.

Ataque Uniforme Tipo de corrosão no qual toda a superfície do metal é afetada.

Atático Termo usado para descrever um polímero que contém um número significativo de díades, tanto sindiotáticas quanto isotáticas.

Atenuação Perda de potência durante a transmissão de um sinal óptico resultante da absorção ou do espalhamento de fótons.

Austenita Fase presente no aço na qual o ferro está em uma rede CFC e na qual o carbono tem maior solubilidade.

Austenitização Processo pelo qual a rede do ferro no aço se reorganiza de uma estrutura CCC para uma estrutura CFC.

Autotransplantes Tecidos formados pela remoção de tecidos de outras partes do corpo do paciente que são moldados em torno de uma prótese de aço inoxidável.

Avaliação do Ciclo de Vida O método de análise mais detalhado do ciclo de vida de um material.

B

Bainita Um produto fora do equilíbrio do aço, com partículas alongadas de cementita em uma matriz de ferrita.

Banda de Condução Banda que contém os elétrons de condução em um estado mais elevado de energia.

Banda de Valência Banda que contém os elétrons ligados covalentemente.

Bandas de Energia Subdivisão dos níveis de energia, em níveis com pequenas variações de energia.

Barra de Erro Um limite colocado em relação à precisão de uma média reportada, baseado no número de amostras testadas, no desvio-padrão e no nível de confiabilidade desejado.

Base Parte central de um transistor BJT que é fabricada em material altamente resistivo e ligeiramente dopado.

Bauxita Classe de minerais rica em óxidos de alumínio que servem como o principal minério para a produção de alumínio.

Biocerâmicas Cerâmicas usadas em aplicações biomédicas.

Biocompatibilidade Capacidade de um biomaterial ser usado em um hospedeiro sem gerar uma resposta imunológica.

Bioética Campo de estudo que examina as repercussões moral, profissional e legal dos avanços na biologia e na medicina.

Biomateriais Materiais projetados especificamente para serem usados em aplicações biológicas, tais como membros artificiais e membranas para diálise, bem como para ajudar na reparação de ossos e músculos.

Biomateriais Estruturais Materiais projetados para suportar cargas e fornecer suporte para um organismo vivo, tal como os ossos.

Biomateriais Funcionais Materiais que interagem ou substituem sistemas biológicos, com outra função principal que não seja a de dar suporte estrutural.

Biotecnologia Ramo da engenharia que envolve a manipulação de materiais orgânicos e inorgânicos para trabalharem em conjunto entre si.

Biscuit Material vitrificado resultante da queima da argila de caolinita.

Bitola Categorização do diâmetro dos vergalhões, onde cada número representa um incremento adicional de 0,125 polegada (3,1 mm).

Bobina Grande carretel, que é usado para enrolar as fibras poliméricas solidificadas após elas terem sido forçadas através da fieira ou carretel formado por um grande número de cabos de fibras, enrolados paralelamente.

Borte Diamantes que não têm qualidade de gemas usados com propósitos industriais.

Braços Mioelétricos Próteses transradiais que usam os impulsos dos músculos na parte residual do braço para controlar a função da prótese.

Bradicardia Batimento irregular que pode causar complicações tão graves como a morte.

Bronze Liga de cobre e estanho.

Bronze ao Chumbo Ligas cobre-estanho que também contêm até 10% de chumbo, o qual é adicionado para tornar o metal mais maleável.

Buraco Posição vazia, carregada positivamente, deixada por um elétron ao se mover para um estado de energia maior.

C

Cabeças de Fêmur Y-TZP Prótese artificial da cabeça do fêmur, fabricada em biocerâmica, usando policristais de zircônia tetragonal estabilizada por ítria, que tem melhores taxas de desgaste e maior resistência que as cabeças de fêmur de titânio ou de alumina.

Calcinação Segundo estágio no processamento do cimento Portland, no qual o carbonato de cálcio é convertido em óxido de cálcio.

Calcocita (Cu_2S) O minério de cobre mais comum.

Calcopirita ($CuFeS_2$) Mineral contendo ferro e que representa cerca de 25% dos minérios de cobre.

Camadas de Planos de Grafeno Planos paralelos consistindo na combinação de anéis aromáticos de carbono, de seis elementos.

Caolinita Mineral argiloso, cujo nome é derivado da região de Gaolin, na China, onde ele foi descoberto.

Capacitores Duas placas carregadas, separadas por um material dielétrico.

Carbonização   A pirólise controlada de uma fibra precursora em uma atmosfera inerte.

Cargas   Aditivos cujo principal propósito é reduzir o custo do produto final.

Carretel   Dispositivo capaz de puxar continuamente filamentos de inúmeras bobinas diferentes, sem parar o processo.

Catalisador da Hidratação   Catalisador que altera a taxa de hidratação no cimento Portland.

Cateter de Foley   Tubo usado para substituir uma uretra defeituosa.

Cateteres   Tubos inseridos nos vasos ou artérias do corpo, normalmente para fazer a injeção ou a remoção de fluidos.

Catodo   O local no qual ocorre a redução em uma reação eletroquímica.

Cavidade Óptica   Par de espelhos que refletem repetidamente um feixe de luz através do meio de ganho de um laser.

Célula Eletroquímica   Dispositivo projetado para criar voltagem e corrente a partir de reações químicas.

Célula Unitária   A menor subdivisão de uma rede, que ainda mantém as características da rede.

Células de Recobrimento dos Ossos   Células que servem como uma barreira iônica e recobrem o osso.

Cementita   Uma fase dura e frágil de carbeto de ferro (Fe_3C), que se precipita no aço acima do limite de solubilidade do carbono.

Cemento   Camada de material ósseo nos dentes que provê, principalmente, um ponto de ancoragem para os ligamentos periodontais.

Cerâmicas   Compostos que contêm átomos metálicos ligados a átomos não metálicos, tais como oxigênio, carbono ou nitrogênio.

Cerâmicas Avançadas   Materiais cerâmicos especialmente desenvolvidos, usados principalmente para aplicações finais de alto desempenho.

Ciclo de Vida   O caminho percorrido por um material desde sua obtenção inicial até sua disposição final.

Cimento   Qualquer material capaz de unir partes.

Cimento Portland   O cimento hidráulico mais comum fabricado pela pulverização de silicatos de cálcio sinterizados.

Cimentos Hidráulicos   Materiais para ligação, que requerem água para formar um sólido.

Cimentos Não Hidráulicos   Materiais para ligação, que formam um sólido sem precisar de água.

Circuito de Sinal Misto   Tipo de circuito integrado contendo componentes analógicos e digitais no mesmo chip.

Circuitos Analógicos   Tipo de circuito integrado que pode executar funções tais como amplificação, demodulação e filtragem.

Circuitos Digitais   Tipo de circuito integrado capaz de realizar funções tais como flip-flop, portas lógicas e outras operações mais complexas.

Circuitos Integrados   Muitos transistores integrados em um único microchip.

Cisalhamento Fora do Plano   A aplicação de uma tensão paralela a uma trinca, a qual empurra as partes superior e inferior em direções opostas.

Cisalhamento no Plano   A aplicação de tensões paralelas à trinca, fazendo com que a parte superior seja empurrada para a frente e a parte inferior seja puxada na direção oposta.

Cobre Blister   Produto intermediário do refino do cobre do qual todo o ferro foi removido.

Coeficiente de Nordheim   Constante de proporcionalidade representando a efetividade de uma impureza em aumentar a resistividade.

Coeficiente de Poisson   Relaciona a deformação longitudinal c a dcformação lateral de um material sob tensão.

Coeficiente de Reflexão   Parcela de luz refletida na interface entre dois meios.

Coeficiente de Transmissão   Parcela de luz que não é refletida na interface de dois meios e, em vez disso, entra no segundo meio.

Colágeno   Proteína estrutural com elevada resistência à tração, encontrada nos ossos e na pele.

Coletor   Maior região de um transistor BJT que envolve o emissor e previne a fuga de todos os elétrons ou buracos.

Compensado   Tipo mais comum de compósito laminado, consistindo em camadas finas de madeira unidas por adesivos.

Compósito Sanduíche   Compósito usado quando é necessária resistência, mas o peso é um fator importante. Normalmente é fabricado com camadas resistentes nas superfícies dos compósitos, tendo um material de baixa densidade no interior; frequentemente em uma estrutura colmeia, que dá rigidez e resistência à tensão perpendicular.

Compósitos   Materiais formados pela mistura de dois materiais em fases distintas, produzindo um novo material com propriedades diferentes dos materiais iniciais.

Compósitos de Matriz Cerâmica (CMCs)   Compósitos nos quais há a adição de fibras cerâmicas a uma matriz de um cerâmico diferente, para aumentar significativamente a tenacidade à fratura do compósito.

Compósitos de Matriz Metálica   Compósitos que usam um metal como o material da matriz no lugar das matrizes poliméricas mais comuns.

Compósitos Dentários   Substitutos das amálgamas que se assemelham mais com os dentes naturais, mas são mais caros e tendem a não durar tanto.

Compósitos Híbridos   Materiais compósitos produzidos com pelo menos uma fase que é, por si própria, um material compósito.

Compósitos Laminados   Compósitos fabricados alternando-se camadas de diferentes materiais.

Compósitos Particulados   Compósitos que contêm um grande número de partículas de grande granulometria, tal como o cimento e a brita encontrados no concreto.

Compósitos Reforçados por Fibras   Compósitos nos quais um material forma a matriz externa e transfere quaisquer cargas aplicadas para as fibras, que são mais resistentes e frágeis.

Concentradores de Tensão Trincas, vazios e outras imperfeições em um material que causam aumentos altamente localizados das tensões.

Concreto O compósito particulado mais importante comercialmente, que consiste em uma mistura de brita ou de pedras quebradas e de cimento Portland.

Concreto Asfáltico Mistura de agregado mineral e uma fase ligante de asfalto. É um compósito particulado importante usado no pavimento de estradas e de estacionamentos, podendo ser refundido e remoldado. Também é chamado de *cimento asfáltico*.

Concreto Asfáltico Misturado a Frio Concreto asfáltico criado pela adição de água e moléculas de surfactante ao asfalto, levando à formação de um concreto asfáltico semelhante àquele obtido pelo processo de mistura a quente de concreto asfáltico. Esse processo serve como o principal meio para a reciclagem de solo contaminado com petróleo.

Condição de Extinção A redução sistemática na intensidade dos picos de difração de determinados planos da rede.

Condição de Isodeformação Condição na qual a qualidade da ligação entre a fibra e a matriz é suficiente para que ambas se alonguem na mesma taxa e sofram a mesma deformação.

Condição de Isotensão Condição na qual as fibras em uma matriz não causam, essencialmente, qualquer reforço à matriz quando uma carga é aplicada na direção transversal, fazendo com que as fibras e a matriz sejam submetidas, essencialmente, à mesma tensão.

Condutividade Elétrica Habilidade de um material conduzir uma corrente elétrica.

Configuração Arranjo espacial de substituintes ao redor da cadeia principal de átomos de carbono, que pode ser alterado apenas pela quebra de ligações.

Conformação Referente à geometria espacial da cadeia principal e dos substituintes, que pode ser alterada por rotação e por movimento flexional.

Conformação cis Ocorre quando os substituintes em torno de uma cadeia de carbono estão diretamente alinhados, causando uma considerável repulsão entre si e uma conformação desfavorável. Também é denominada *conformação em eclipse*.

Conformação Deslocada Arranjo dos maiores substituintes, no qual os substituintes estão defasados de 120°.

Conformação em Eclipse Veja *Conformação cis*.

Conformação Gauche Conformação que ocorre quando os maiores substituintes em uma molécula estão defasados de 60°.

Conformação trans Conformação na qual os maiores substituintes estão defasados de 180°. Essa conformação é tipicamente a mais favorável.

Congelamento Terminação de uma reação de polimerização de condensação pela adição de um material com apenas um grupo funcional.

Conjunto de Peneiras Parte do equipamento de extrusão que é usada como um filtro para separar partículas não fundidas, sujeira e outros contaminantes sólidos do polímero fundido.

Constante Dielétrica Valor adimensional representando a capacidade de um material dielétrico de se opor a um campo elétrico.

Constituição Todas as questões relacionadas às ligações em polímeros, incluindo ligações primárias e secundárias, ramificações, formação de rede e grupos terminais.

Contornos de Grão As áreas de um material que separam diferentes regiões de cristalitos.

Contratura Capsular Endurecimento do tecido de cicatrização em torno de um implante de mamas que pode levar à ruptura do implante.

Copolímeros Polímeros formados por dois ou mais monômeros diferentes, ligados entre si covalentemente.

Copolímeros Aleatórios Polímeros formados por dois ou mais monômeros diferentes, que se ligam à cadeia polimérica sem uma ordem ou sequência particular.

Copolímeros Alternados Polímeros formados por duas ou mais unidades monoméricas diferentes que se ligam à cadeia em uma sequência alternada (A-B-A-B-A-B).

Copolímeros em Bloco Polímeros formados por dois ou mais monômeros diferentes que se ligam à cadeia em longas sequências de um tipo de monômero, seguidas por longas sequências do outro monômero (AAAAAA-ABBBBBBBBBAAAAAA).

Copolímeros Enxertados Polímeros nos quais uma cadeia de um determinado monômero está ligada à cadeia do outro tipo de monômero como uma cadeia lateral.

Coração Artificial Jarvik-7 Coração artificial implantado em um paciente chamado Barney Clark em 1982, e que o manteve vivo por 112 dias.

Corantes Pigmentos ou anilinas que alteram o modo pelo qual a luz é absorvida ou é refletida por um polímero.

Corpo da Extrusora Parte do equipamento de extrusão que contém um parafuso aquecido usado para fundir o polímero e para empurrar o polímero à frente, para a próxima câmara.

Corpúsculos Glóbulos brancos, glóbulos vermelhos e plaquetas da corrente sanguínea.

Corrosão Perda de material devido a uma reação química com o ambiente.

Corrosão em Frestas Perda de material resultante do aprisionamento de soluções estagnadas em contato com um metal.

Corrosão Galvânica Perda de material do metal que está mais abaixo na série galvânica e que se oxida preferencialmente ao metal mais catódico.

Corrosão Intergranular Perda de material resultante do ataque preferencial de agentes corrosivos aos contornos de grão.

Corrosão por Erosão Perda de material resultante da abrasão mecânica de um metal por um material corrosivo.

Corrosão por Pites Forma de corrosão devida à aglomeração de material corrosivo em pequenos defeitos superficiais.

Corrosão sob Tensão Perda de material resultante da influência combinada de um ambiente corrosivo e uma tensão de tração aplicada.

Craqueamento Processo de quebra dos grandes hidrocarbonetos orgânicos em moléculas menores.

Crescimento de Grão O segundo estágio na formação dos cristais, o qual é dependente da temperatura e pode ser descrito usando a equação de Arrhenius.

Cristalitos Regiões de um material nas quais os átomos estão arrumados em um arranjo regular.

Cristobalita Forma polimorfa do dióxido de silício (SiO_2), estável em alta temperatura, e que exibe uma rede cúbica.

Cúbica de Corpo Centrado (CCC) Uma das redes de Bravais que contém um átomo em cada vértice da célula unitária, bem como um átomo no centro da célula unitária.

Cúbica de Faces Centradas (CFC) Uma das redes de Bravais, que contém um átomo em cada vértice da célula unitária e um átomo em cada face da célula unitária.

Cúbica Simples Uma rede de Bravais que tem um átomo em cada vértice da célula unitária.

Cura Endurecimento de um material polimérico pela formação de ligações cruzadas entre as cadeias poliméricas.

Curva de 50% de Conversão Linha em um diagrama de transformações isotérmicas que indica quando metade da transformação de fases foi alcançada.

Curva de Conversão Linha em um diagrama de transformações isotérmicas que indica quando uma transformação de fase terminou.

Curva de Início Linha em um diagrama de transformações isotérmicas que representa o limiar do início da transformação de fase.

Curva S-N Uma representação gráfica dos resultados do ensaio de diversas amostras sob diferentes níveis de tensão, que é usada para determinar a vida em fadiga do material em um dado nível de tensão.

Curva T-T-T Veja *Diagrama de Transformações Isotérmicas*

D

Dalita Mineral hexagonal de fosfato de cálcio na dentina.

Defeito de Frenkel Um defeito pontual encontrado em materiais cerâmicos, que ocorre quando um cátion se difunde para uma posição intersticial da rede.

Defeito de Schottky Um defeito pontual que ocorre em cerâmicas quando faltam tanto um cátion quanto um ânion na rede.

Defeitos Intersticiais Defeitos pontuais que ocorrem quando um átomo ocupa um espaço que normalmente estaria vazio.

Defeitos Pontuais Um defeito na estrutura de um material que ocorre em uma única posição da rede, tal como lacunas e defeitos substitucionais e intersticiais.

Defeitos Substitucionais Defeitos pontuais que resultam da substituição de um átomo da rede por um átomo de um elemento diferente.

Deformação de Engenharia Uma propriedade determinada medindo-se a variação no comprimento de uma amostra e dividindo-a pelo comprimento inicial da amostra.

Deformação Plástica A região em uma curva tensão-deformação na qual o material sofreu uma variação da qual não pode se recuperar completamente.

Deformação Verdadeira Representa a razão entre o comprimento instantâneo da amostra e o comprimento inicial da amostra.

Densidade de Corrente Densidade da corrente elétrica.

Dentina Material poroso, amarelo, composto de colágeno e de outras proteínas estruturais, misturadas com dalita.

Derme Camada inferior da pele que contém vasos sanguíneos, glândulas de suor, células nervosas, folículos capilares, glândulas sebáceas e músculos.

Deslizamento O movimento de discordâncias através de um cristal, causado pela ação de tensões cisalhantes no material.

Desvio-Padrão A raiz quadrada da variância. Esse valor dá um maior conhecimento sobre a distância em relação à média que o valor de uma amostra aleatória tem probabilidade de ter.

Díade Isotática Configuração de um substituinte em um polímero, na qual o substituinte está localizado no mesmo lado da cadeia polimérica em todas as unidades repetidas.

Díade Sindiotática Configuração de um polímero, na qual o substituinte está localizado em lados opostos da molécula em cada unidade repetida.

Diagrama de Fases Uma representação gráfica, em função da temperatura e da composição, das fases em equilíbrio presentes.

Diagrama de Transformações Isotérmicas Figura usada para resumir o tempo necessário para completar uma transformação de fase específica em função da temperatura, para um dado material.

Diagramas de Ashby Procedimento usado para fornecer de modo rápido e simples uma visualização de como as diferentes classes de materiais tendem a se desempenhar em termos de determinadas propriedades.

Diálise Sistema de filtração por membranas, usado em pacientes cujos rins não são capazes de eliminar completamente a ureia, outros rejeitos e o excesso de fluido da corrente sanguínea.

Diamante Uma forma alotrópica altamente cristalina do carbono, que é o material mais duro conhecido.

Dielétrico Material colocado entre as placas de um capacitor para reduzir a resistência do campo elétrico sem reduzir a voltagem.

Difração A interação de ondas.

Difusão O movimento resultante de átomos em resposta a um gradiente de concentração.

Difusão de Lacunas O movimento de um átomo, dentro da própria rede, para uma posição vazia.

Difusão Intersticial O movimento de um átomo de uma posição intersticial para outra, sem alterar a rede.

Difusão Substitucional Movimento de um átomo para uma posição desocupada da própria rede.

Difusividade Coeficiente dependente da temperatura, relacionando o fluxo resultante ao gradiente de concentração.

Diodo Dispositivo eletrônico que permite que os elétrons fluam apenas em uma direção.

Direção de Deslizamento A direção na qual uma discordância se move durante o processo de deslizamento.

Direção Longitudinal Direção do alinhamento das fibras.

Direção Transversal Direção perpendicular às fibras em um compósito.

Discordância em Hélice Defeito da rede que ocorre quando a rede é cortada e deslocada por um espaçamento atômico.

Discordâncias Defeitos da rede, de larga escala, que ocorrem devido a alterações da estrutura da própria rede.

Discordâncias em Aresta Defeitos da rede causados pela adição de um plano de átomos parcial na estrutura de uma rede.

Discordâncias Mistas A presença na mesma rede tanto de discordâncias em aresta quanto em hélice, separadas por uma certa distância.

Dispositivo para Sopro de Filmes Tipo de processamento de polímeros que fabrica produtos tais como sacos de lixo e de supermercado, forçando ar para cima, através do polímero fundido, formando uma bolha que é resfriada e colapsa para formar um filme fino.

Dispositivos de Assistência Ventricular (DAVs) Dispositivos que auxiliam um coração doente a aumentar sua funcionalidade e capacidade de bombeamento.

DNQ-Novolaca Mistura polimérica sensível à luz, usada como fotorresistor.

Doador de Elétrons Elemento que doa elétrons para outra substância.

Dopante Uma impureza adicionada deliberadamente a um material para aumentar a condutividade do material.

Dúcteis Materiais que podem se deformar plasticamente sem se romper.

Ductilidade A facilidade de um material deformar sem romper.

Dureza A resistência da superfície de um material à penetração por um objeto duro, sob uma força estática.

Dureza Brinell Uma das muitas escalas usadas para avaliar a resistência da superfície de um material à penetração por um objeto mais duro, sob uma força estática.

Dureza Mohs Uma escala qualitativa, não linear, usada para avaliar a resistência da superfície de um material à penetração por um objeto duro.

E

Efeito de Memória de Forma Efeito pelo qual a liga não muda de forma quando a carga é removida, mas retorna a sua forma original quando aquecida.

Efeito Piezelétrico Produção de um campo elétrico em resposta a uma força mecânica.

Efeito Piezelétrico Reverso Variação na espessura de um material em resposta a um campo elétrico aplicado.

Elastina Proteína estrutural que aumenta a resistência da pele e sua capacidade de se esticar.

Elastômeros Polímeros que podem se alongar cerca de 200% ou mais e ainda retornar ao seu comprimento original quando a tensão é aliviada.

Eletrodeposição A deposição eletroquímica de uma camada metálica fina sobre uma superfície condutora.

Eletronegatividade A capacidade de um átomo atrair para si os elétrons em uma ligação covalente.

Eletroquímica Ramo da química que lida com a transferência de elétrons entre um eletrólito e um condutor de elétrons.

Empilhamento Cruzado No compensado, os grãos de uma camada de madeira estão defasados de 90° em relação às camadas vizinhas, fazendo com que o compensado seja mais resistente à contração e ao empeno do que a madeira comum.

Endurecedor Substância adicionada à resina epóxi para causar ligações cruzadas; o endurecedor fica incorporado ao polímero resultante.

Endurecimento por Deformação Veja *Trabalho a frio*.

Endurecimento por Envelhecimento Processo que emprega a variação das solubilidades de soluções sólidas com a temperatura para provocar a precipitação de finas partículas da segunda fase. Também denominado *endurecimento por precipitação*.

Endurecimento por Precipitação Veja *Endurecimento por envelhecimento*.

Energia de Fermi Nível de energia da maior banda de energia ocupada.

Energia de Impacto A quantidade de energia perdida na destruição da amostra durante um ensaio de impacto.

Energia Elástica A área sob a parte elástica da curva tensão-deformação, que representa quanta energia o material pode absorver antes de se deformar permanentemente.

Engenharia Verde Um movimento que apoia um aumento no conhecimento e na prevenção de riscos ambientais causados durante a produção, uso e disposição de produtos.

Enrolamento Filamentar por Via Úmida Processo de fabricação de formas mais complexas de compósitos reforçados por fibras.

Ensaio de Compressão Processo no qual um material é submetido a uma carga de esmagamento, para determinar sua resistência à compressão.

Ensaio de Dureza Um método usado para medir a resistência da superfície de um material à penetração por um objeto duro, sob uma força estática.

Ensaio de Dureza Rockwell Um método específico de medir a resistência da superfície de um material à penetração por um objeto duro, sob uma força estática.

Ensaio de Flexão Um método usado para medir a resistência à flexão de um material.

Ensaio de Impacto Charpy Ensaio onde um único choque é dado sobre a amostra, denominado em referência a Georges Charpy, e no qual uma amostra entalhada é quebrada por um pêndulo oscilante.

Ensaio de Temperabilidade Jominy Procedimento usado para determinar a temperabilidade de um material.

Ensaio de Tração Um método usado para determinar a resistência à tração, a resistência à ruptura e o limite de escoamento de uma amostra.

Ensaio de Viga Engastada Método usado para determinar o comportamento em fadiga, alternando forças de tração e de compressão em uma amostra.

Ensaio Izod Um ensaio de impacto semelhante ao ensaio Charpy, no qual a amostra é alinhada verticalmente com o entalhe na face onde há o choque, mas fora do percurso do martelo.

Epiderme Camada externa da pele, que não contém células sanguíneas, mas recebe seus nutrientes por difusão a partir da derme.

Equação de Arrhenius Equação geral usada para predizer a dependência de várias propriedades físicas com a temperatura.

Equação de Bernoulli Uma forma do equilíbrio da energia mecânica relacionando a queda de pressão com a variação da densidade e da velocidade em um fluido.

Equação de Bragg Equação que relaciona o espaçamento interplanar em uma rede à interferência construtiva dos raios X difratados. Seu nome deriva do pai e filho (W.H. e W.L. Bragg) que provaram a relação.

Equação de Fresnel Relação matemática que descreve a parcela de luz refletida na interface entre dois meios diferentes.

Equação de Hall-Petch Correlação usada para estimar o limite de escoamento de um dado material em função do tamanho de grão.

Equação de Scherrer Uma maneira de relacionar o alargamento dos picos em um difratograma de raios X com a espessura dos cristais na amostra.

Escalagem de Discordâncias Mecanismo pelo qual as discordâncias se movem em direções perpendiculares ao plano de deslizamento.

Escalagem Negativa O preenchimento de uma lacuna no semiplano de uma discordância em aresta por um átomo adjacente, resultando na dilatação do cristal na direção perpendicular ao plano parcial.

Escalagem Positiva O preenchimento de uma lacuna adjacente ao semiplano de uma discordância em aresta, por um átomo do semiplano, resultando em uma contração do cristal na direção perpendicular ao semiplano.

Escleroproteína Proteína estrutural com elevada resistência à tração.

Esferoidita Um produto fora do equilíbrio do aço, com esferas de cementita dispersas em uma matriz de ferrita.

Esmalte Mistura de SiO_2 e óxidos metálicos, que são usados para recobrir o biscuit e dar cor quando o material é reaquecido.

Esmalte dentário A substância mais dura do corpo, que recobre os dentes e consiste, principalmente, em hidroxiapatita.

Espaçamento Interplanar A distância entre planos repetidos em uma rede.

Estabilização A conversão de um precursor de uma fibra de carbono a uma forma termicamente estável, que não se fundirá durante a carbonização.

Estabilizantes Aditivos que melhoram a resistência de um polímero a variáveis que podem causar quebra das ligações, tal como o calor e a luz.

Estado-Padrão Condição na qual todos os elétrons estão em seus menores níveis de energia.

Estenose Endurecimento da válvula do coração, o que a impede de abrir adequadamente.

Estricção Redução brusca em uma região da seção transversal de uma amostra sob um carregamento de tração.

Estrutura Aberta Arranjo molecular nos vidros, no qual não existe ordem de longo alcance, mas onde os tetraedros de SiO_4^{4-} compartilham um átomo de oxigênio em seus vértices.

Estrutura Atômica O primeiro nível da estrutura dos materiais, que descreve os átomos presentes.

Estrutura Colmeia Formato comum usado para materiais de baixa densidade em compósitos sanduíche, para prover rigidez e resistência a tensões perpendiculares.

Estrutura Cristalina O tamanho, forma e arranjo dos átomos em uma rede tridimensional.

Estrutura da Blenda de Zinco Sistema da rede CFC com um número igual de cátions e de ânions no qual cada ânion está ligado a quatro cátions idênticos.

Estrutura da Cadeia Formada por átomos ligados covalentemente, normalmente átomos de carbono, que formam o núcleo da cadeia polimérica.

Estrutura da Perovsquita Sistema da rede CFC com dois tipos de cátions, um ocupando as posições dos vértices e o outro ocupando os sítios octaédricos. Um ânion ocupa as posições das faces na rede.

Estrutura do Cloreto de Sódio Sistema cristalino no qual os ânions preenchem as posições das faces e dos vértices de uma rede CFC, enquanto um número igual de cátions ocupa as regiões intersticiais.

Estrutura do Córindon Estrutura com rede HC, com os cátions ocupando dois terços das posições octaédricas.

Estrutura do Espinélio Sistema da rede CFC com dois tipos de cátions, um ocupando as posições tetraédricas e o outro ocupando os sítios octaédricos. Um ânion ocupa as posições das faces e dos vértices na rede.

Estrutura do Fluoreto de Cálcio (CaF₂) Rede do sistema CFC com os cátions ocupando as posições da rede, os ânions nos sítios tetraédricos e com os sítios octaédricos desocupados.

Estrutura Widmanstätten Microestrutura presente no latão na qual os grãos da fase β são envolvidos por precipitados da fase α.

Eutético Binário Um diagrama de fases contendo seis regiões distintas: um líquido monofásico, duas regiões de sólidos monofásicos (α e β) e três regiões multifásicas (α + β, α + L e β + L).

Eutetoides Pontos nos quais uma fase sólida está em equilíbrio com uma mistura de duas fases sólidas diferentes.

Evaporação-Deidratação Primeiro estágio no processamento do cimento Portland, no qual toda a água livre é removida.

Extrusão Um processo no qual um material é empurrado através de uma matriz, fazendo com que o material adquira a forma da abertura da matriz.

Extrusora Dispositivo usado no processamento de polímeros, que funde os *pellets* de polímero e os alimenta continuamente para dentro de um dispositivo que lhes dará forma.

F

Fabricação de Pré-impregnados Processo de fabricação dos pré-impregnados pela imersão das fibras em um banho de resina e pelo ligeiro aquecimento do conjunto, para assegurar que a cobertura adira às fibras.

Fadiga Falha devido a tensões repetidas inferiores ao limite de escoamento.

Fase Qualquer parte de um sistema que seja física e quimicamente homogênea e possua uma interface definida com quaisquer fases que a envolvam.

Fator de Concentração de Tensão A razão entre a tensão máxima e a tensão aplicada.

Fator de Empacotamento Atômico A porcentagem da célula unitária ocupada por átomos, em contraposição ao espaço vazio.

Fator de Intensidade de Tensão Termo que leva em consideração o aumento da tensão aplicada em uma trinca elíptica cujo comprimento é muito maior do que sua largura.

Ferro-Gusa Metal resultando do processo de fabricação do aço após as impurezas terem se difundido para a escória. Quando tratado com oxigênio para remover o excesso de carbono, o ferro-gusa se torna o aço.

Ferrugem Fe(OH)₃ Produto final da corrosão eletroquímica do ferro.

Fiação em Solução Processo usado para fabricar fibras termorrígidas fazendo a reação de polimerização em um solvente à medida que o material flui através de uma fieira e entra em um banho de resfriamento.

Fibras de Carbono Uma forma de carbono obtida convertendo-se uma fibra precursora em uma fibra totalmente aromática, com excepcionais propriedades mecânicas.

Fibras Ópticas Finas fibras de vidro ou poliméricas, que são usadas para transmitir ondas de luz por longas distâncias.

Fieira Bloco estacionário, circular, com pequenos furos através dos quais o polímero fundido pode fluir, e tomar a forma de uma fibra.

Fluência Deformação plástica de um material sob tensão, em temperaturas elevadas.

Fluência Primária O primeiro estágio da fluência, durante o qual as discordâncias em um material andam e se movem em torno dos obstáculos.

Fluência Secundária Estágio onde a taxa na qual as discordâncias se movem é igual à taxa na qual elas são bloqueadas, resultando em uma região praticamente linear no gráfico deformação-tempo.

Fluência Terciária O estágio final da fluência, durante o qual a taxa de deformação acelera rapidamente e continua alta até a ruptura.

Fluido de Diálise Água altamente purificada e esterilizada, contendo sais minerais específicos, usada na diálise.

Fluxo para a Frente Conexão de uma bateria com o terminal positivo correspondendo à posição tipo p e o terminal negativo correspondendo à posição tipo n.

Fluxo Reverso Conexão de uma bateria com o terminal positivo correspondendo à posição tipo n e o terminal negativo correspondendo à posição tipo p.

Força Dipolar Interação eletrostática entre moléculas, resultante do alinhamento de cargas.

Forjado Conformado por deformação plástica.

Forjamento A conformação mecânica de metais.

Formação do Clínquer Terceiro estágio no processamento do cimento Portland, no qual são formados os silicatos de cálcio.

Fossa do Acetábulo Cavidade à qual se ajusta a cabeça do fêmur.

Fótons Unidades discretas da luz.

Fotorresistor Cobertura que se torna solúvel quando exposta a luz ultravioleta.

Frágil Materiais que falham completamente no limiar da deformação plástica. Esses materiais apresentam gráficos tensão-deformação lineares.

Fratura Taça e Cone Fratura de materiais dúcteis, na qual uma trinca se forma tal que uma parte do material tem uma superfície de fratura com centro plano e uma borda elevada, como uma taça, enquanto a outra parte tem uma ponta aproximadamente cônica.

Friável Que forma bordas vivas quando quebrado sob tensão.

Fulerenos Veja *Fulerenos de Buckminster*

Fulerenos de Buckminster Formas alotrópicas de carbono formadas por uma rede de 60 átomos de carbono ligados entre si na forma de uma bola de futebol. Também são conhecidos por *buckyballs* em referência ao arquiteto Buckminster Fuller, que desenvolveu o domo geodésico.

Funcionalidade Número de ligações formadas por uma molécula.

Fundido Cuja forma é dada por fusão e vazamento em um molde.

Fusão-Enrolamento Processo pelo qual polímeros são forçados através de um fieira e as fibras solidificadas são enroladas sobre uma bobina; esse processo impõe uma tensão cisalhante nas fibras ao emergirem da fieira.

G

Gemas   Grandes monocristais produzidos artificialmente.

Grafite   Uma forma alotrópica do carbono, consistindo em anéis aromáticos de carbono, com seis átomos ligados entre si em camadas planas; o que permite o fácil deslizamento entre as camadas.

Grau de Polimerização   Número de unidades repetidas em uma cadeia polimérica.

Grupos Funcionais   Arranjos específicos de átomos que fazem com que compostos orgânicos se comportem de maneiras previsíveis.

Grupos Laterais   Átomos ligados à estrutura da cadeia. Também denominados *substituintes*.

Grupos Terminais   Dois substituintes encontrados nas duas extremidades de uma cadeia polimérica, que têm pouco ou nenhum efeito sobre as propriedades mecânicas.

H

Haste   Longa barra que substitui a tíbia em uma prótese transtibial.

Hemodiálise   A forma mais comum de diálise, na qual o sangue do paciente é removido por um cateter e passado através de uma membrana semipermeável para remover toxinas e o excesso de água.

Hemoglobina   Proteína que contém ferro, que fornece oxigênio para as células do corpo.

Hexagonal Compacta (HC)   A mais comum das redes de Bravais não cúbicas, tendo seis átomos formando um hexágono nos planos do topo e da base, cercando um único átomo central entre os dois anéis hexagonais.

Hidroxiapatita $Ca_{10}(PO_4)_6(OH)_2$ Material biomimético, que é usado com frequência como enchimento ósseo quando osteoblastos não podem reunir partes separadas do osso sem ajuda.

Homopolímero   Polímero que é formado por uma única unidade de repetição.

I

Identificação do Tratamento Realizado   Nomenclatura que mostra se uma liga de alumínio foi endurecida por deformação ou foi tratada termicamente.

IGFETs (Transistores com Porta de Efeito de Campo Isolada)   Transistor fabricado sem o emprego de óxidos metálicos, mas o termo é agora usado de modo indistinto ao termo MOSFET.

Implantes de Gel de Silicone   Implante de mamas que usa uma bolsa de borracha de silicone preenchida com gel de silicone.

Implantes de Mamas   Bolsas cheias de líquidos inseridas cirurgicamente no corpo para aumentar o tamanho dos seios ou para substituir o tecido mamário que tenha sido removido cirurgicamente.

Implantes de Mamas de Goma de Silicone   Implantes de mamas de silicone que, potencialmente, eliminam ou pelo menos reduzem significativamente o vazamento do gel de silicone. Recebeu esse nome devido à textura da bolsa se assemelhar à de uma bala.

Implantes de Mamas de Solução Salina   Alternativa aos implantes de mamas de silicone, onde se usa uma bolsa com solução salina em vez de com silicone.

Índice de Desempenho (ID)   Termo adimensional que é calculado dividindo-se a área efetiva do orifício por um padrão.

Índice de Refração   Termo característico de um material, que representa a mudança na velocidade relativa da luz à medida que ela passa através de um meio específico.

Índices de Miller   Um sistema numérico usado para representar planos específicos em uma rede.

Iniciação   Primeira etapa no processo de polimerização, durante a qual é formado um radical livre.

Instituto Americano do Concreto (*Americam Concrete Institute, ACI*)   Sociedade técnica dedicada a melhorar o projeto, a construção e a manutenção de estruturas de concreto.

Interferência Construtiva   O aumento na amplitude resultante da interação em fase de duas ou mais ondas.

Interferência Destrutiva   A anulação de duas ondas interagindo fora de fase.

Intervalo de Energia   Intervalo entre as bandas de condução e de valência.

Isolante   Material que não tem elétrons livres no zero absoluto.

Isomorfo Binário   Liga binária com uma fase sólida e uma fase líquida.

Isoterma Eutética   Uma linha de temperatura constante em um diagrama de fases, que passa pelo ponto eutético.

J

Junção p-n   Área na qual as regiões tipo p e tipo n se encontram.

L

Lacunas   Defeitos pontuais resultantes da falta de um átomo em uma posição particular da rede.

Laminação   Redução da espessura de uma chapa metálica, pressionando-a entre dois cilindros, que aplicam uma força compressiva.

Largura Total a Meia Altura (LTMA)   Uma normalização usada para medir o alargamento no pico de um difratograma, medida no valor da intensidade correspondente à metade do maior valor do pico.

Laser   Dispositivo que produz luz com um único comprimento de onda em um feixe bem definido. Abreviação para *"light amplification by stimulated emission of radiation"* (amplificação da luz por emissão estimulada de radiação).

Latão   Liga de cobre e zinco.

Lehr   Forno de recozimento usado na fabricação do vidro.

Lei de Moore   Observação empírica de que a densidade dos transistores dobra a cada 18 a 24 meses.

Lei de Schmid   A equação usada para determinar a tensão cisalhante rebatida crítica em um material.

Lei de Snell Equação que descreve a mudança na velocidade das ondas eletromagnéticas passando entre dois meios.

Lei de Wolf A taxa de crescimento ósseo se adaptará às tensões ambientais repetidas, se tornando maior quando houver exposição a níveis mais elevados de tensão e menor quando a tensão for mais baixa.

Ligação Iônica A doação de um elétron de um átomo eletropositivo para um átomo adjacente eletronegativo.

Ligação Metálica A partilha de elétrons entre átomos de um metal, o que confere ao metal excelentes propriedades de condução, porque os elétrons são livres para se mover pela nuvem eletrônica, ao redor dos átomos.

Ligação Primária Ligação covalente na estrutura do polímero e nos grupos laterais.

Ligação Secundária Ligação fortemente dependente da distância entre as cadeias poliméricas adjacentes; normalmente inclui ligação de hidrogênio, dipolos e forças de Van der Waals.

Ligas Misturas de dois ou mais metais.

Ligas de Cobre com Baixo Teor de Elementos de Liga Soluções sólidas contendo pelo menos 95% de cobre.

Limite de Confiabilidade O grau de certeza na estimativa de uma média.

Limite de Escoamento A tensão no ponto de transição entre o alongamento elástico e a deformação plástica.

Limite de Escoamento a 0,2% de Deformação Estimativa da transição entre o alongamento elástico e a deformação plástica para um material sem uma transição clara entre essas regiões na curva tensão-deformação.

Limite de Fadiga O nível de tensão abaixo do qual existe uma probabilidade de 50% de que a falha nunca ocorra.

Limite de Resistência A tensão referente à maior força aplicada em uma curva tensão-deformação.

Linha da Discordância A linha que se estende ao longo do semiplano extra de átomos em uma discordância em aresta.

Linha de Amarração Uma linha horizontal à temperatura constante, que passa pelo ponto de interesse.

Linha de Congelamento Termo associado ao equipamento de sopro de filme, que indica o ponto no qual as moléculas desenvolvem uma orientação mais cristalina em torno da bolha de ar.

Linha Liquidus Linha em um diagrama de fases acima da qual existem apenas líquidos em equilíbrio.

Linha Solidus Linha em um diagrama de fases abaixo da qual existem apenas sólidos em equilíbrio.

Linhas Solvus Linhas que definem a fronteira entre o campo monofásico e a mistura de duas fases sólidas em um diagrama de fase.

Litografia de Projeção Processo de projeção da luz ultravioleta sobre um microchip, de maneira semelhante a um projetor de slides.

Lixívia Seletiva A eliminação preferencial de um constituinte de uma liga metálica.

Louça Branca Cerâmicas de textura fina usadas em pratos, pisos e tijolos para paredes e para esculturas.

M

Macroestrutura O quarto nível e último nível da estrutura dos materiais, que descreve como as microestruturas se ajustam para formar os materiais como um todo.

Marca-passos Artificiais Pequenos dispositivos implantados no coração que, ao sentirem um batimento irregular, enviam um sinal elétrico para fazer com que o coração bata normalmente.

Martensita Produto fora do equilíbrio do aço, formado pela transformação adifusional da austenita.

Máscara Placa transparente de vidro usada no processo do fotorresistor.

Massa Específica Teórica A massa específica que um material deveria ter se ele tivesse uma rede única e perfeita.

Massa Molecular Relativa (MMR) Termo usado para representar a massa molecular média de uma amostra contendo uma larga faixa de comprimentos de cadeias poliméricas. Esse termo é usado para evitar confusão entre o peso molecular numérico médio e o peso molecular ponderal médio.

Materiais Amorfos Materiais cuja ordem alcança apenas os átomos vizinhos mais próximos.

Materiais Baseados em Sistemas Vivos Materiais derivados de tecidos vivos, mas que não têm uma função para um organismo.

Materiais Biológicos Materiais produzidos por seres vivos, incluindo ossos, sangue, músculos e outros materiais.

Materiais Biomiméticos Materiais que não são produzidos por um organismo vivo, mas que são química e fisicamente semelhantes aos produzidos por sistemas vivos.

Materiais Eletrônicos Materiais que possuem a capacidade de conduzir elétrons, tais como os semicondutores.

Materiais Ferroelétricos Materiais com dipolos permanentes, que se polarizam espontaneamente sem a aplicação de um campo elétrico.

Materiais Piezelétricos Materiais que convertem energia mecânica em energia elétrica, ou vice-versa.

Matriz (1) Em um compósito, o material que protege, orienta e transfere carga para o material de reforço. (2) Parte do equipamento de processamento de polímeros, através da qual o polímero é empurrado, forçando o polímero a adquirir formas simples, tais como uma barra ou um tubo.

Mecânica da Fratura O estudo do crescimento de trinca que leva à fratura do material.

Mecânica Quântica A ciência que governa o comportamento de partículas extremamente pequenas, como os elétrons.

Meio de Ganho Substância que passa de um estado de energia maior para um estado de energia menor e transfere a energia associada para um feixe de laser.

Metais Materiais que possuem átomos que compartilham elétrons sem uma posição fixa.

Método APAT Processo para produzir diamantes sintéticos usando temperaturas e pressões elevadas.

Microestrutura   O terceiro nível da estrutura dos materiais, que descreve o sequenciamento dos cristais em um nível invisível a olho nu.

Microscopia Eletrônica de Transmissão   É uma técnica de microscopia que passa um feixe de elétrons através da amostra e usa as diferenças no espalhamento e na difração do feixe para visualizar o objeto desejado.

Microscopia Óptica   O emprego de luz para ampliar objetos até 2000 vezes.

Microscópios Eletrônicos de Varredura (MEV)   Microscópios que focalizam um feixe de elétrons de alta energia na amostra e recolhem os feixes retroespalhado e secundário desses elétrons.

Mineralização   Crescimento da matriz óssea sobre fibrilas de colágeno.

Mistura com a Resina   Processo no qual pedaços de fibras picadas são misturados à matriz, juntamente com quaisquer agentes de cura, aceleradores, diluentes, cargas ou pigmentos, para se obter um compósito simples, reforçado por fibras picadas.

Misturas Físicas   Dois ou mais polímeros mecanicamente misturados juntos, mas sem ligações covalentes entre eles.

Mobilidade de Deriva   Constante de proporcionalidade relacionando a velocidade de deriva com um campo elétrico aplicado.

Modelo da Boneca Russa   Representação dos nanotubos de carbono de parede múltipla, na qual camadas externas de grafeno envolvem camadas internas, semelhante às bonecas que se encaixam umas dentro das outras.

Modelo de Bohr   Representação clássica da estrutura atômica na qual os elétrons orbitam o núcleo positivamente carregado, em níveis de energia distintos.

Modificadores de Rede   Aditivos usados para reduzir a viscosidade das redes abertas do vidro.

Módulo à Tração   Veja *Módulo de elasticidade*.

Módulo de Elasticidade   A inclinação da curva tensão-deformação na região elástica. Também chamado de *módulo de Young* ou *módulo de tração*.

Módulo de Elasticidade Secante Efetivo (E_c)   Módulo de elasticidade especificado pelo Instituto Americano do Concreto, que leva em consideração a tendência do módulo de elasticidade do concreto variar com o nível de tensão.

Módulo de Resiliência   A razão entre a energia elástica e a deformação no ponto de escoamento, que determina quanta energia será usada para deformação e quanta será transformada em movimento.

Módulo de Ruptura (f_r)   Máxima tensão de tração na superfície inferior de uma viga de concreto.

Módulo de Young   Ver *Módulo de elasticidade*.

Moldagem por Injeção   Tipo de processamento de polímeros, semelhante à extrusão, mas que pode ser usado para fabricar rapidamente peças com formas complexas.

Moldagem por Transferência de Resina   Processo para transformar tecidos ou mantas em compósitos usando um molde, no qual o tecido é colocado e a resina é injetada sob uma pressão alta o suficiente para permear e envolver o tecido.

Molhabilidade   Qualidade da ligação entre a fibra e a matriz em um material compósito.

Monocristais   Materiais nos quais toda a estrutura é um único grão sem fronteiras.

Monômero Vinílico   Molécula orgânica com ligação dupla usada para iniciar a polimerização de adição.

Monômeros   Unidades básicas de baixo peso molecular que se repetem na cadeia polimérica.

Mosaico Cristalino   Uma estrutura hipotética que considera as irregularidades nos contornos entre os cristalitos.

MOSFETs (Transistores Semicondutores Metal-Óxido de Efeito de Campo)   Transistor originalmente fabricado com óxidos metálicos, mas o termo é agora usado de modo indistinto ao termo IGFET.

Mulita   Material argiloso formado por aluminossilicatos estáveis à alta temperatura.

N

Náilon   Tipo de poliamida no qual menos de 85% dos grupos amida estão ligados a dois anéis aromáticos.

Nanocristais   Materiais cristalinos, com dimensões nanométricas.

Nanotubos de Carbono   Tubos sintéticos de carbono formados enrolando-se um plano de grafeno sobre outro.

Nitinol   Liga níquel-titânio usada na fabricação de próteses vasculares extensíveis e que apresenta efeito de memória de forma.

Nodo Sinusal   Grupo de células que geram um sinal elétrico que controla o batimento em um coração normal.

Normas ASTM   Métodos publicados pela Sociedade Americana de Testes e Materiais (American Society for Testing and Materials) que fornecem procedimentos detalhados de ensaios para assegurar que testes realizados em diferentes laboratórios sejam diretamente comparáveis.

Nucleação   O processo de formação de pequenas aglomerações ordenadas de átomos, que servem como base para o crescimento dos cristais.

Nucleação Heterogênea   Aglomeração de átomos em torno de uma impureza, a qual atua como substrato para o crescimento de cristais.

Nucleação Homogênea   Aglomeração de átomos que ocorre quando um material puro resfria o suficiente para autossustentar a formação de núcleos estáveis.

Núcleos   Pequenas aglomerações ordenadas de átomos, que servem como base para o subsequente crescimento dos cristais.

Número de Coordenação   O número de ânions em contato com cada cátion em uma rede cerâmica.

Número do Tamanho de Grão   Um valor numérico estabelecido pela ASTM para caracterizar os tamanhos de grão em um material.

Número Quântico Principal   Número que descreve a camada principal, na qual está localizado o elétron.

Número Quântico Secundário Número que descreve a forma da nuvem eletrônica.

Número Quântico Terciário Número que representa a orientação da nuvem eletrônica.

Números Quânticos Quatro números usados para classificar individualmente os elétrons, em função das suas energias, da forma da nuvem eletrônica, da orientação da nuvem e da rotação.

O

Oligômeros Pequenas cadeias de monômeros unidos entre si, cujas propriedades seriam alteradas pela adição de mais uma unidade monomérica.

Operações de Conformação Técnicas para alterar a forma de metais sem fusão.

Osseointegração Processo no qual a hidroxiapatita se torna parte do osso em crescimento.

Osso Material biológico estrutural que é um compósito reforçado por fibras e que compõe o sistema esquelético da maioria dos animais.

Osso Lamelar Osso que substitui o tecido ósseo, no qual as fibrilas de colágeno se alinham ao longo do comprimento do osso.

Osteoblastos Células localizadas próximo à superfície do osso, que produzem osteoides.

Osteócitos Osteoblastos aprisionados na matriz óssea, que facilitam a transferência de nutrientes e de rejeitos.

Osteoclastos Células que dissolvem a matriz óssea, empregando fosfatase ácida e outros produtos químicos para permitir que o corpo reabsorva o cálcio do osso.

Osteoide Mistura de proteínas estruturais, contendo principalmente colágeno e hormônios, e que regula o crescimento dos ossos.

Oxidação Reação química na qual um metal transfere elétrons para outro material.

Óxidos Intermediários Aditivos usados para dar propriedades especiais aos vidros.

P

Parâmetro de Fuller-Thompson Parâmetro da equação usada para determinar a máxima densidade de empacotamento no concreto.

Parâmetro de Larson-Miller Um valor usado para caracterizar a fluência, baseado no tempo, na temperatura e em constantes do material.

Parâmetros da Rede Os comprimentos das arestas e os ângulos de uma célula unitária.

Pasta de Cimento Mistura de partículas de cimento e água.

Pé do Tipo SACH Pé de tornozelo sólido e calcanhar acolchoado; a prótese transtibial mais comum, que contém uma cunha de borracha no calcanhar e uma haste sólida, frequentemente de madeira.

Pedra da China Mistura de quartzo e mica usada para fazer porcelana chinesa.

Periclásio Material refratário que contém pelo menos 90% de óxido de magnésio (MgO).

Peritéticos Pontos nos quais um sólido e um líquido estão em equilíbrio com uma fase sólida diferente.

Perlita Mistura de cementita (Fe_3C) e ferrita α cujo nome deriva da sua semelhança com a madrepérola.

Perlita Fina Microestrutura do aço, com camadas alternadas finas de cementita e de ferrita α.

Perlita Grossa Microestrutura do aço, com camadas alternadas grossas de cementita e de ferrita α.

Peso Molecular Numérico Médio Medida do peso molecular de uma amostra de cadeias poliméricas, determinada dividindo-se a massa da amostra pelo número total de mols presentes.

Peso Molecular Ponderal Médio Um método para dar o peso molecular de uma amostra de polímero, com a média baseada no peso. Esse método é mais útil quando moléculas grandes presentes dominam o comportamento da amostra.

Piche Mesofásico Subproduto da destilação do carvão ou do petróleo, contendo regiões líquidas com ordem cristalina, obtidas através de tratamentos térmicos.

Pigmentos Corantes que não se dissolvem no polímero.

Placas de Acabamento Fabricadas, tipicamente, de materiais muito resistentes e usadas nas faces externas de um compósito sanduíche.

Planos de Deslizamento Os planos mais compactos em uma rede cristalina.

Plasma Fluido amarelo que forma 60% do volume total do sangue.

Plastificantes Aditivos que causam inchamento, o que permite que as cadeias poliméricas deslizem mais facilmente entre si, tornando o polímero mais dúctil e mais dobrável. Também é usado para reduzir a viscosidade da pasta de cimento para tornar mais fácil o escoamento do concreto, para a sua forma final.

Pó de Vidro Aparas de vidro finamente moídas usadas na reciclagem de cerâmicas.

Polar Interação na qual a densidade eletrônica em torno de átomos adjacentes é assimétrica.

Poliamidas Polímeros que contêm grupos amida (—N—) na cadeia.

Poliésteres Polímeros de cadeias longas que contêm pelo menos 85% de um éster de um ácido carboxílico aromático substituído. Essas fibras são resistentes e podem ser tingidas ou feitas transparentes.

Poli-hemo Substituto do sangue baseado em uma hemoglobina aprimorada, com o qual a FDA iniciou experiências clínicas no final de 2003.

Polimerização de Adição Uma das duas rotas de reação mais comuns, usada para fabricar polímeros e que envolve três etapas: iniciação, propagação e terminação. Também é chamada *polimerização por crescimento de cadeia* e *polimerização por radical livre*.

Polimerização de Condensação Formação de um polímero que ocorre quando dois grupos terminais potencialmente reativos em um polímero reagem para formar uma nova ligação covalente entre as cadeias poliméricas. Essa reação também forma subproduto, que é, tipicamente, água. Também é conhecida como *polimerização por crescimento passo a passo*.

Polimerização Passo a Passo   Veja *Polimerização de condensação*.

Polimerização por Crescimento de Cadeia   Veja *Polimerização de adição*.

Polimerização por Radical Livre   Veja *Polimerização de adição*

Polímeros   Cadeia de moléculas ligadas covalentemente, com as pequenas unidades monoméricas se repetindo de uma extremidade à outra da cadeia.

Poliolefinas   Polímeros que contêm apenas hidrogênio e carbono alifático.

Poliuretanos   Vasta categoria de polímeros, que inclui todos os polímeros que contêm ligações uretano.

Polpa Dentinária   Tecido vivo e macio localizado no centro de um dente.

Ponte de Hidrogênio   Forte interação dipolar entre um átomo de hidrogênio e um átomo fortemente eletronegativo.

Ponto Eutético   O ponto no diagrama de fases no qual as duas fases sólidas se fundem completamente para formar um líquido monofásico.

Porcelana   Louça branca translúcida devido à formação de vidro e mulita durante o processo de queima.

Porcentagem de Trabalho a Frio (%TF)   A representação da quantidade de deformação plástica sofrida por um metal durante o endurecimento por deformação (trabalho a frio).

Poros Capilares   Espaços abertos entre grãos.

Poros Gel   Espaços dentro do C-S-H durante a hidratação do cimento.

Posições Octaédricas   Espaços intersticiais entre seis átomos em uma rede. Um octaedro é formado quando linhas são desenhadas unindo os centros dos átomos que envolvem essas posições.

Posições Tetraédricas   Quatro posições intersticiais estão presentes na rede. Um tetraedro é formado quando linhas são desenhadas unindo os centros dos átomos que envolvem essa posição.

Pré-impregnado   Feixe de fibras já impregnado com o material da matriz, que pode ser convertido em um compósito sem qualquer processamento adicional.

Prensagem de Pós   Permite a obtenção de um material sólido pela compactação de finas partículas sob pressão.

Primeira Lei de Fick   Equação que descreve a difusão em estado estacionário.

Princípio da Exclusão de Pauli   Conceito pelo qual não mais do que dois elétrons podem ocupar um orbital e que esses elétrons devem ter spins opostos.

Processo de Aerossol e Chama   Método para produzir nanopartículas cerâmicas no qual um líquido organometálico é direcionado a uma chama para formar um núcleo para crescimento das partículas.

Processo de Mistura a Quente do Concreto Asfáltico   Processo usado para produzir a maioria do asfalto usado nas principais rodovias, no qual o asfalto é aquecido até 160°C, antes de se misturar o agregado e é aplicado e compactado a 140°C.

Processo de Mistura à Temperatura Moderada do Concreto Asfáltico   Processo para produzir concreto asfáltico pela adição de zeólitas, para reduzir a temperatura de amolecimento de até 25°C. Isso reduz a liberação de emissões e o custo e cria melhores condições de trabalho.

Processo Float-Glass   Técnica de produção de vidro na qual uma chapa fina de vidro é puxada de um forno e flutua sobre a superfície de uma piscina de estanho fundido.

Processo Pittsburgh   Processo de fabricação de vidro desenvolvido em 1928 para reduzir tanto o custo quanto a distorção.

Processo Viscose   Técnica usada para fazer raiom, que envolve tratar a celulose da madeira ou do algodão com álcali e extrudá-la por uma fieira.

Produtos Estruturais à Base de Argila   Quaisquer materiais cerâmicos usados na construção de prédios, incluindo tijolos e terracota.

Projetar para Reciclar (PPR)   Esforço para se considerar as consequências do ciclo de vida quando se projeta um material ou um produto.

Propagação   Segunda etapa do processo de polimerização, durante o qual a cadeia polimérica começa a crescer à medida que monômeros são adicionados à cadeia.

Proteção Catódica   Forma de resistência à corrosão dada pelo uso de um anodo de sacrifício.

Prótese Dorrance   Sistema de ganchos móveis para amputados transradiais, que fornece alguma habilidade preênsil.

Prótese Transtibial   Membros artificiais começando abaixo dos joelhos.

Prótese Vascular Extensível   Pequena malha metálica tubular inserida em um vaso sanguíneo durante a angioplastia, para manter a artéria aberta após o procedimento cirúrgico.

Próteses de Membros   Substitutos artificiais dos membros.

Próteses Vasculares Extensíveis   Pequenas grades metálicas que são inseridas nos vasos sanguíneos durante a angioplastia, para manter a artéria aberta após o procedimento.

Próteses Vasculares Extensíveis com Balão Inflável   Próteses vasculares extensíveis que se ajustam sobre o balão usado na angioplastia e se expandem quando o balão é inflado.

Próteses Vasculares Extensíveis Palmaz   Próteses vasculares extensíveis com balão inflável fabricadas em aço inoxidável.

Pultrusão   Processo usado com frequência para fabricar compósitos reforçados por fibras uniaxiais.

Q

Quantidade de Disparo Peso especificado de um polímero, que é injetado, a partir da extremidade do corpo da injetora, no molde durante o processo de moldagem por injeção.

Quarto Número Quântico Número que representa a rotação de um elétron.

Queratina Proteína estrutural dura contida nos queratinócitos.

Queratinização Processo pelo qual após cerca de 30 dias, as células da epiderme secam e caem do corpo para dar lugar à próxima camada de células.

Queratinócitos Células que formam 90% da epiderme e contêm uma grande quantidade de queratina.

R

Radical Livre Molécula contendo um elétron não emparelhado, altamente reativo.

Raiom Polímero leve que absorve bem a água; o primeiro polímero sintético desenvolvido.

Ramificação Formação de cadeias laterais ao longo da estrutura do polímero.

Razão de Aspecto Razão entre o comprimento e o diâmetro de uma fibra usada em um compósito reforçado por fibras.

Receptor de Elétrons Elemento que aceita elétrons de outra substância.

Recombinação Processo no qual os buracos em um semicondutor tipo p e os elétrons em um semicondutor tipo n se cancelam mutuamente.

Recozimento (1) Processo de remoção de solventes residuais do fotorresistor. (2) Processo de tratamento térmico que reverte as mudanças na microestrutura de um metal ocorridas após trabalho a frio; ocorre em três etapas: recuperação, recristalização e crescimento de grão.

Recristalização A segunda etapa do recozimento, na qual a nucleação de pequenos grãos ocorre nos contornos de subgrãos, resultando em uma redução significativa no número de discordâncias presentes no metal.

Recuperação A primeira etapa do recozimento, na qual há formação de subgrãos nos grandes grãos deformados do material e as tensões residuais são reduzidas.

Rede Polimérica Estruturas tridimensionais obtidas quando as cadeias poliméricas formam um número grande de ligações cruzadas.

Redes de Bravais As 14 estruturas cristalinas diferentes nas quais os átomos estão posicionados nos materiais.

Redução Reação química na qual um material recebe elétrons transferidos de um metal.

Reestenose Crescimento de tecido de cicatrização, em torno da prótese vascular extensível, o que leva à restrição do fluxo sanguíneo.

Refino Processo pelo qual os óxidos metálicos são convertidos em metais puros.

Reflexão Processo no qual os fótons incidentes provocam a liberação de fótons idênticos, tal que o ângulo de incidência é igual ao ângulo de reflexão.

Reflexão Difusa Ampla faixa de ângulos de reflexão, resultante das ondas eletromagnéticas atingirem objetos rugosos, com diversos ângulos superficiais.

Reflexão Especular Reflexão devida a uma superfície lisa, com pequena variação no ângulo de reflexão.

Refração Processo no qual os fótons incidentes têm seu percurso alterado no novo meio.

Refratários Materiais capazes de suportar altas temperaturas sem fundir, degradar ou reagir com outros materiais.

Regra da Alavanca Um método para determinar as composições de materiais em cada fase usando linhas de amarração segmentadas, que representam as porcentagens em peso dos diferentes materiais.

Regra de Matthiessen Regra que afirma que a temperatura, as impurezas e a deformação plástica atuam independentemente umas das outras ao afetarem a resistividade de um metal.

Regra de Nordheim Método para estimar a resistividade de uma liga binária.

Regurgitação Retorno do sangue para a câmara anterior do coração quando uma válvula não veda adequadamente.

Remodelagem Processo contínuo no qual o osso é reabsorvido e substituído durante toda a vida de um organismo.

Rendimento Renda paga ao proprietário de um recurso pelo uso temporário desse recurso.

Resina bis-GMA (Resina Acrílica de Bisfenol Glicidilmetacrilato) O material de união no compósito dentário mais comum, que contém ainda cargas, tal como pó de vidro.

Resina Poliéster A escolha mais econômica para matriz de compósitos em situações onde as propriedades mecânicas da matriz não são cruciais à aplicação.

Resinas de Poli-imida Material polimérico usado como matriz, que é extremamente cara e é usada apenas em aplicações de alto desempenho devido a sua habilidade de manter suas propriedades em temperaturas acima de 250°C.

Resinas Epóxi Resinas usadas como matrizes em materiais compósitos, que são mais caras do que as resinas poliéster, mas que têm melhores propriedades mecânicas e excepcional resistência ao ambiente.

Resinas Éster Vinílicas Material polimérico usado como matriz, que combina as vantagens econômicas das resinas poliéster e as excepcionais propriedades das resinas epóxi.

Resinas Fenólicas Material polimérico usado como matriz que tem muitos vazios e propriedades mecânicas baixas, mas que oferece alguma resistência ao fogo.

Resistência à Compressão Máxima a 28 Dias Resistência à compressão do concreto, obtida de uma amostra ensaiada que foi endurecida à temperatura constante e a 100% de umidade por 28 dias.

Resistência à Flexão A tensão de flexão que um material pode suportar antes de romper. Medida pelo ensaio de flexão.

Resistividade Elétrica Barreira à condução de elétrons causada pelas colisões dentro da rede.

Resposta Imune Identificação, pelas células brancas do sangue, de um material estranho ao corpo e tentativa de destruí-lo.

Retardadores Catalisadores da hidratação que diminuem a taxa de hidratação no cimento Portland.

Revelador Solução alcalina que remove o material exposto quando aplicada a um microchip.

Rotação (Spin) Um conceito teórico, que permite que os elétrons dentro dos subníveis sejam individualmente distinguidos entre si.

Ruptura Zener Rápida aceleração dos portadores causada quando o fluxo reverso se torna muito grande, o que excita outros portadores na região e gera uma corrente alta e repentina na direção oposta.

S

Segunda Lei de Fick Equação que representa a variação, dependente do tempo, na difusão.

Semicondutor Extrínseco Material criado pela introdução de impurezas, denominadas dopantes, em um semicondutor.

Semicondutor Tipo n Semicondutor no qual um dopante doa elétrons para a banda de condução, fazendo com que o número de buracos seja menor do que o número de elétrons na banda de condução.

Semicondutor Tipo p Semicondutor no qual um dopante remove elétrons da banda de valência, fazendo com que o número de buracos seja maior do que o número de elétrons na banda de valência.

Semicondutores Materiais que apresentam uma faixa de condutividade entre a dos condutores e dos isolantes.

Semicondutores Intrínsecos Materiais puros que apresentam uma condutividade variando entre aquela dos condutores e dos isolantes.

Sensibilizado Tornado mais susceptível à corrosão intergranular pela perda localizada, na região do contorno de grão, de um elemento, que se precipita.

Separação Granulométrica Processo pelo qual o agregado é passado através de um conjunto de peneiras, para se estabelecer a distribuição de tamanho das partículas.

Série Galvânica Uma lista classificando os metais em ordem da sua tendência a oxidar quando ligado a outros metais, em soluções com seus íons.

Silicone Extracapsular O silicone que escapa da cápsula dura de tecido de cicatrização que envolve um implante mamário e fica livre para migrar através do corpo.

Sinterizado Material tornado um sólido, a partir de partículas, pelo aquecimento até que as partículas individuais se unam.

Sistema de Deslizamento Composto pelo plano de deslizamento e pela direção de deslizamento.

Sistema de Deslizamento Primário O primeiro conjunto de planos a sofrer deslizamento em um material, sob uma tensão aplicada.

Sol-Gel Material obtido pela formação de uma suspensão coloidal de sais metálicos e a posterior secagem da solução em um molde convertendo-a em um gel sólido, úmido.

Solubilidade A quantidade de uma substância que pode ser dissolvida em uma dada quantidade de solvente.

Spins Antiparalelos Elétrons com valores diferentes do quarto número quântico.

Spins Paralelos Elétrons com o mesmo valor do quarto número quântico.

Substituinte Veja *Grupos laterais*.

Sucata Metálica Metal disponível para reciclagem.

Sucata Nova Metal reciclado, proveniente de fontes pré-consumo.

Sucata Velha Metal reciclado proveniente de produtos oriundos do consumidor e que terminaram suas vidas úteis.

Sustentabilidade O período de tempo que um material permanecerá adequado para uso.

T

Tabela t Uma tabela estatística baseada nos graus de liberdade e no nível de incerteza em um conjunto de valores reportados de uma amostra.

Taticidade Configuração relativa de carbonos assimétricos adjacentes.

Taxa de Fluência A variação na inclinação do gráfico deformação-tempo, em qualquer ponto dado, durante um ensaio de fluência.

Tecido Ósseo É o osso produzido durante o crescimento e a restauração, que tem as fibrilas de colágeno alinhadas aleatoriamente.

Temperabilidade A capacidade de um material sofrer transformação martensítica.

Temperatura de Curie Temperatura acima da qual um material não apresenta mais propriedades ferromagnéticas.

Temperatura de Recristalização Temperatura na qual ocorre a recristalização total do material no intervalo de tempo de uma hora.

Temperatura de Transição Vítrea (T_g) Transição termodinâmica de segunda ordem na qual ocorre o início da mobilidade em larga escala das cadeias nos polímeros. Abaixo de T_g o polímero é frágil, semelhante a um vidro. Acima de T_g o polímero se comporta como uma borracha, flexível.

Tempo de Equivalência da Propriedade (TEP) O tempo usado para forçar os mesmos processos de envelhecimento em uma amostra, em um menor período de tempo.

Tenacidade Propriedade que define a resistência de um material a um choque, medida por um ensaio de impacto.

Tenacidade à Fratura O valor que o fator de intensidade de tensão deve exceder para permitir a propagação de uma trinca.

Tenacidade à Fratura em Deformação Plana A tenacidade à fratura acima da espessura crítica, na qual a espessura do material não mais influencia a tenacidade à fratura.

Tensão Cisalhante Rebatida Crítica   O menor nível de tensão no qual o deslizamento se iniciará em um material.

Tensão de Engenharia   A razão entre a carga aplicada e a área da seção transversal.

Tensão de Ruptura   A tensão na qual o material rompe completamente durante um ensaio de tração.

Tensão Nominal   Valores de tensão que não envolvem a presença de concentradores de tensão no material.

Tensão Verdadeira   A razão entre a força aplicada a uma amostra e a área da seção transversal instantânea da amostra.

Tensões de Abertura   Tensões que atuam perpendicularmente à direção de uma trinca, fazendo com que as extremidades da trinca se afastem e abram ainda mais a trinca.

Terapia de Oxigenação   Sangue artificial capaz de absorver oxigênio dos pulmões e de liberá-lo através do corpo.

Terminação   Etapa final do processo de polimerização, que causa o final do crescimento da cadeia polimérica.

Terminação por Recombinação   Um dos dois tipos diferentes de terminação no processo de polimerização. Durante esse tipo de terminação, os radicais livres de duas cadeias poliméricas diferentes se unem, terminando o processo de propagação.

Terminação Primária   Última etapa no processo de polimerização, que ocorre quando o radical livre de uma cadeia polimérica se une ao radical livre de um grupo terminal.

Termoplástico   Polímero com um ponto de fusão baixo devido à falta de ligações covalentes entre cadeias adjacentes. Tais polímeros podem ser fundidos e conformados repetidamente.

Termoplásticos de Alto Consumo (TAC)   Materiais poliméricos simples produzidos como *pellets* em grandes quantidades.

Termorrígido   Polímero que não pode ser repetidamente fundido e conformado devido às fortes ligações covalentes entre as cadeias.

Terracota   Material cerâmico feito com argila rica em óxido de ferro, reconhecível por sua cor laranja avermelhada.

TOSLINK   Conector comum para cabos ópticos.

Trabalho a Frio   A deformação do material acima do limite de escoamento, mas abaixo da temperatura de recristalização, resultando em um aumento do limite de escoamento, porém em redução da ductilidade. Também é conhecido como *endurecimento por deformação*.

Trabalho a Quente   Um processo no qual as operações de conformação são realizadas acima da temperatura de recristalização do metal. A recristalização ocorre continuamente e o material pode ser deformado plasticamente indefinidamente.

Transdutores   Dispositivos que convertem ondas sonoras em campos elétricos.

Transformação Martensítica   Conversão adifusional de uma rede de uma estrutura para outra, ocasionada por um resfriamento rápido.

Transição Dúctil-Frágil   A transição de comportamento dúctil para frágil de alguns metais devido à variação da temperatura.

Transistor de Junção Bipolar (BJT)   Protótipo dos dispositivos eletrônicos, desenvolvido em 1948, e usado para amplificar sinais.

Transistores   Dispositivos que servem como amplificadores e como interruptores em microeletrônica.

Transmissão   Processo no qual os fótons incidentes passam através de um material sem interagir.

Transplantes   Tecidos que após terem sido removidos de um cadáver e serem congelados em nitrogênio líquido são descongelados e colocados diretamente em um corpo.

Transplantes entre Espécies   Implantes de tecidos de outras espécies.

Transradial   Abaixo do cotovelo.

Tratamento Térmico de Precipitação   Segunda etapa do endurecimento por envelhecimento, na qual a taxa de difusão aumenta suficientemente para permitir que uma fase forme finos precipitados.

Tratamento Térmico de Solubilização   Primeira etapa do endurecimento por envelhecimento, que envolve o aquecimento até que uma fase tenha se dissolvido completamente na outra.

Trefilação   Um processo no qual um metal é puxado através de uma matriz, de modo que ele forma um tubo, ou um arame, com o mesmo diâmetro do orifício da matriz.

Tridimita   Forma polimorfa do dióxido de silício (SiO_2), estável em alta temperatura, e que exibe uma rede hexagonal.

Trinca de Têmpera   Defeito causado próximo à superfície de um metal devido à distribuição não uniforme de temperatura entre a superfície, resfriada rapidamente, e o interior quente.

Trombose   Coágulos no sangue.

Turboestrática   Estrutura na qual irregularidades causam distorções em planos que seriam paralelos.

U

Ultrafiltração   Na diálise, processo no qual a diferença de pressão faz com que a água passe através da membrana, reduzindo o excesso de fluido e a concentração de eletrólitos no sangue.

Unidade Estrutural   Veja *Unidade repetida*.

Unidade Repetida   A menor unidade que se repete em um polímero. Também conhecida como *unidade estrutural*.

V

Valor Temporal de um Recurso   O conceito de que um recurso no futuro vale menos do que o mesmo recurso no presente, devido ao rendimento que ele poderia ter gerado.

Válvula Aorta   Válvula do coração localizada entre o ventrículo esquerdo e a aorta que regula a entrada de sangue oxigenado no corpo.

Válvula de Disco   Válvula cardíaca artificial, com um disco circular que regula o fluxo de sangue.

Válvula de Gaiola   Válvula cardíaca artificial que usa uma esfera para selar a válvula.

Válvula Medtronic Hall   A mais comum das válvulas de disco usada como válvula cardíaca artificial.

Válvula Mitral   Válvula do coração que separa o ventrículo esquerdo do átrio esquerdo.

Válvula Pulmonar   Válvula do coração que controla o fluxo de sangue para os pulmões.

Válvula St. Jude de Duas Folhas   Válvula cardíaca artificial que apresenta duas folhas, que basculam independentemente quando a válvula está aberta, criando três regiões separadas de fluxo.

Válvula Starr-Edwards   O único projeto moderno de válvula cardíaca de gaiola aprovado para uso pela FDA.

Válvula Tricúspide   Válvula do coração que separa o átrio direito do ventrículo direito.

Variância   Uma quantidade estatística que leva em consideração o erro aleatório devido a diversas fontes e fornece informação sobre o espalhamento dos dados.

Variância Combinada   Um valor usado para determinar se dois conjuntos distintos de amostras são estatisticamente diferentes.

Velocidade de Deriva   Velocidade média dos elétrons devido a um campo elétrico aplicado.

Vergalhão   Barras de aço usadas para aumentar a capacidade do concreto suportar cargas de tração.

Vetor de Burgers   Uma representação matemática do módulo e da direção das distorções causadas pelas discordâncias em uma rede.

Vida em Fadiga   O número de ciclos, em um dado nível de tensão, um material pode suportar antes de falhar.

Vidro à Base de Sílica   Sólido não cristalino formado pelo resfriamento do dióxido de silício (SiO_2) fundido.

Vidro de Soda-Cal   A composição mais comum de vidro, que inclui dióxido de silício (72%), soda (14%) e cal (7,9%) como componentes principais.

Vidros   Sólidos inorgânicos que existem em uma forma rígida, mas não cristalina.

Vitrificação   Processo de aquecimento pelo qual um sólido vítreo desenvolve movimento em larga escala.

Vulcanização   Processo pelo qual ligações químicas cruzadas podem se formar entre cadeias poliméricas adjacentes, aumentando a resistência do material sem afetar significativamente suas propriedades elásticas.

Z

Zona de Depleção   Área não condutora entre uma junção p-n, na qual ocorre a recombinação.

ÍNDICE